Alfred B. Gottwaldt

HEERESFELDBAHNEN

im Zweiten Weltkrieg

1939 bis 1945

transpress

Einbandgestaltung: Luis dos Santos
Titelbild: Zahlreiche Baufirmen aus Deutschland und Frankreich wurden zusammen mit »Organisation Todt« und »Baustab Speer« für die Bauten am Atlantik herangezogen. »A. L. ROTTLAND DÜREN RHLD.« steht am Wasserkasten der schmalspurigen Baulok, die hier Loren auf eine Verladerampe gebracht hat, von der aus Baustoffe oder Erdaushub in offene Güterwagen gekippt werden.
Foto: W. Steiner, Berlin; Sammlung Reinhard Schulz

Bildnachweis:
Die zur Illustration dieses Buches verwendeten Aufnahmen stammen – wenn nichts anderes vermerkt ist – vom Verfasser.

ISBN 978-3-613-71565-3

1. Auflage 2018

Sie finden uns im Internet unter www.transpress.de

Lektor: Hartmut Lange
Innengestaltung: Jürgen Knopf
Repro: Medien und Printprodukte, 74321 Bietigheim
Druck und Bindung: F&W Druck- und Mediencenter GmbH, 83361 Kienberg
Printed in Germany

Vorbemerkung des Autors zur Ausgabe von 1998

Brigadelokomotiven und Heeresfeldbahnen sind das Thema dieses Buches – wer kennt diese Maschinen noch, und wer kann mit den historischen Begriffen aus der Geschichte des militärischen Transportwesens heute noch etwas anfangen?

Mehr als achtzig Jahre sind seit Beginn des Ersten Weltkrieges vergangen, in dem die Brigadebahnen der Kaiserlichen Armee eine bedeutsame Rolle gespielt haben. Und auch das Ende des letzten Krieges, in dem die taktischen Schmalspurbahnen der Wehrmacht bereits weitgehend von Lastkraftwagen verdrängt waren, liegt nun schon über fünf Jahrzehnte zurück. Immer weiter sinken diese traurigen Feldzüge, die vergeblichen technischen Leistungen und diese unsagbaren Menschenopfer auf jeweils beiden Seiten der Front in das Reich der Vergessenheit. Die Namen einst heiß umkämpfter Orte bedeuten uns beinahe nichts mehr; die nüchternen Zahlen von Streckenkilometern, eingesetzten Kriegsgefangenen und gefallenen Eisenbahnern überschreiten andererseits jedes Vorstellungsvermögen.

Mit dieser Veröffentlichung wird eine Arbeit aus dem Jahre 1986 wieder vorgelegt, die seit geraumer Zeit vergriffen war. In Form einer großen Überblicksdarstellung soll versucht werden, einen bisher recht vernachlässigten und wenig bekannten Aspekt der deutschen Eisenbahngeschichte und zugleich der Militärgeschichte zu beschreiben und wieder ins Bewußtsein zu rufen. In zahlreichen Museen und bei manchen Museumseisenbahnen befinden sich heute noch Feldbahnlokomotiven der beiden Weltkriege im Einsatz, ohne daß man viel über deren Herkunft und historische Verwendung wüßte. Technikgeschichte und Museumsbahnwesen kann sich aber nicht allein in Beschreibung, Ausstellung und Benutzung von Objekten aus der Vergangenheit erschöpfen, sondern muß auch die politische, wirtschaftliche und soziale Umgebung solcher Objekte gleichermaßen sichtbar machen: die Eisenbahn war stets ein Mittel zum Zweck, sie war nicht wertfrei, sondern wurde immer eingesetzt für bestimmte Aufgaben, die wir – damals wie heute – bewerten müssen. Es unterliegt keinem Zweifel, wie diese Bewertung von Eisenbahnen für den Angriffskrieg, namentlich im Zweiten Weltkrieg, auszufallen hat.

Eine kritische Position gegenüber Kriegführung und militärischem Eisenbahnwesen bedeutet freilich nicht, daß von einer nüchternen Beschreibung der historischen und technologischen Entwicklungen einfach abgesehen werden kann. Vielmehr muß sich die Darstellung darum bemühen, große Maschinenleistungen, Transportmengen und vorgestreckte Gleislängen als Bestandteile einer aggressiven nationalen Politik verständlich zu machen, die sich auch der Techniker und der Eisenbahner selbstverständlich bediente. Es ist gut, daß manche dieser Lokomotiven nachher lange Jahre ihren Friedensdienst verrichtet haben, und daß man heute auf Museumsbahnen mit ihnen fahren kann, doch vergessen dürfen wir ihren ursprünglichen Zweck, ihre einstigen Auftraggeber und ihre Einsätze in besetzten Ländern darüber nicht.

Die so gefundene Darstellung setzt sich zusammen aus zwei Teilen: über die Brigadebahnen des Ersten Weltkrieges, ihre Vorläufer und ihre Folgen, berichtet Paul Oskar Dost (1895 – 1984) in einem ersten Teil, und zwar in dem ihm eigen gewesenen persönlichen Stil. Die Darstellung ist geprägt von vielen subjektiven Beobachtungen und Erfahrungen, denn Dost war zwischen 1914 und 1918 selbst aktiv, nach dem Waffenstillstand sodann mit der Auflösung der kaiserlichen Brigadebahnen befaßt. Leider konnte er das Erscheinen seiner großen Ausarbeitung nicht mehr erleben. Diese Darstellung wurde ergänzt um Tabellen und Abbildungen aus jüngeren Forschungen.

Etwas anders aufgebaut ist der zweite Teil, der die Epoche der Heeresfeldbahnen zwischen 1938 und 1945 beschreibt. Hierzu lagen einerseits umfangreiche Akten vom Befehlshaber der Eisenbahntruppen aus dem Bundesarchiv (Koblenz und Freiburg) vor, während andererseits manche Erlebnisberichte ehemaliger Frontoffiziere eine nähere Beleuchtung dieser trockenen Dokumente gestatteten. So wurde dieser umfangreichere Teil des Buches zwar wieder sachlich-chronologisch aufgebaut, doch konnten an drei Stellen auch persönliche Darstellungen des ehemaligen Feldbahn-Offiziers Karl Sander (1906 – 1982) eingegliedert werden, welche die Beschreibungen aus den Akten um wesentliche Details ergänzen. Besonderer Wert wurde zugleich darauf gelegt, durch vielfältige Zitate aus den alten Quellen einen Einblick in die Denkweise und in die aktuellen Nöte der Männer zu geben, die im Zweiten Weltkrieg über die Heeresfeldbahnen und ihre Soldaten entschieden haben. Dabei wurde, um das Buch nicht wissenschaftlich zu überfrachten, von einem eingehenden Anmerkungsapparat mit akribischem Fundstellennachweis abgesehen, nur längere Auslassungen wurden gekennzeichnet, viele Abkürzungen aufgelöst und Schreibfehler stillschweigend berichtigt. Dadurch verlieren diese Dokumente nichts von ihrem originalen Charakter, fügen sich aber leichter in die Darstellung ein.

In diesem Ansatz weiß sich der Verfasser nicht nur einig mit Paul Dost und Karl Sander, von denen einzeln gekennzeichnete Beiträge stammen, sondern auch mit den Freunden Walter Ess, Dierk Lawrenz und Helmut Roggenkamp, die eine enorme Fülle von Anregungen und Beiträgen in Bild, Text und Tabellen zu der vorliegenden Arbeit beigesteuert haben. Ohne ihre Mithilfe hätte das Werk einfach nicht erscheinen können, und dafür gebührt ihnen ebenso Dank wie den beteiligten Stellen des Bundesarchivs und des Militärarchivs, des Verkehrsmuseums Nürnberg, des Museums für Verkehr und Technik Berlin, zahlreicher deutscher Lokomotivfabriken und Ausrüster sowie schließlich den vielen Bildautoren und Leihgebern der Abbildungen. Auch der Verlag verdient Lob für seinen Mut zum Risiko, ein derart spezielles Werk in so profunder Ausstattung herauszugeben.

Ein Hinweis zu einzelnen Tabellen darf nicht fehlen: Da es sich bei dem vorliegenden Werk um die unveränderte Neuherausgabe einer Schrift aus dem Jahre 1986 handelt, konnten die Daten zum Verbleib der noch vorhandenen Fahrzeuge nicht auf den heutigen Stand gebracht werden. Bekanntlich findet gerade zwischen den heute aktiven Museumseisenbahnen, soweit sie Brigadeloks oder Heeresfeldbahnloks einsetzen, ein regelmäßiger Austausch von Maschinen statt. Deshalb sollte sich jeder Liebhaber dieser Schmalspurbahnen, bevor er eine Besichtigungsreise antritt, noch einmal ganz aktuell davon überzeugen, welche Lokomotive heute an welchem Ort steht.

Die militärischen Schmalspurbahnen haben eine bewegte Vergangenheit, doch glücklicherweise keine Zukunft. Der Fortschritt der Technik dürfte über sie hinweggegangen sein; künftige Kriegsfälle werden heute ohne Heeresfeldbahnen geplant. Hoffen wir, daß solche Planungen eines Tagesganz überflüssig werden.

A. G.

Anmerkung zur Neuauflage von 2018

Für die Neuauflage des immer wieder nachgefragten Buches wurden die Texte des Autors in unveränderter Form übernommen, lediglich wenige orthographische oder grammatikalische Fehler wurden korrigiert. Die sogenannte alte Rechtschreibung wurde beibehalten.

Die Grundlage für diese Ausgabe bildet die Auflage aus dem Jahr 1998. Da die Leser vor allem eine Wiederauflage des zweiten Teils über die Jahre 1939 bis 1945 wünschten, hat sich der Verlag dazu entschlossen, bei dieser Neuveröffentlichung auf den ersten Abschnitt – er behandelte die Heeresfeldbahnen im Ersten Weltkrieg – zu verzichten und den umfangreichen Abschnitt über die Heeresfeldbahnen im Zweiten Weltkrieg in den Mittelpunkt stellen.

Heeresfeldbahnen im Zweiten Weltkrieg

VON WALTER ESS, ALFRED GOTTWALDT UND KARL SANDER

1. Einführung

Es hat kaum einen Krieg in der Weltgeschichte gegeben, der so uneinheitlich, zerrissen und vielteilig geführt wurde wie dieser, der eigentlich nicht ein Krieg war, sondern ein Zusammentreffen mehrerer schwerer Feldzüge auf völlig verschiedenen Räumen und unter verschiedenen Bedingungen zu gleicher Zeit. Eine Darstellung der Abfolge der einzelnen Feldzüge unter besonderer Berücksichtigung der Eisenbahn gibt Eugen Kreidler; daneben besteht eine solche Fülle von Literatur über die einzelnen militärischen Operationen des Zweiten Weltkriegs, daß der nachfolgende Überblick kurz gefaßt werden kann, ehe auf die Heeresfeldbahnen eingegangen wird.
»Aufgabe des Feldeisenbahnbetriebes ist die Durchführung von Wehrmachttransporten auf Bahnen im Feindesland«. Mit diesem Satz beginnen die »Vorläufigen Fahrdienstvorschriften für den Feldeisenbahnbetrieb, Ausgabe 1942«. Soweit möglich, richteten sich diese Vorschriften der Vollbahn nach den bei der Reichsbahn gültigen Vorschriften, während es für den Fahrdienst auf den kleinen Heeresfeldbahnen eigene Fahrdienstvorschriften gab. Die hier abgebildete Skizze zeigt die Organisation des Feldeisenbahnbetriebs, wobei man sich das Feldeisenbahnkommando als »Reichsbahndirektion« und die Betriebsabteilung als das klassische »Betriebsamt« vorzustellen hat. Weiter heißt es zu den Aufgaben des Feldeisenbahnbetriebs in der Vorschrift:
»Der Feldeisenbahnbetrieb erfordert von jedem Feldeisenbahner ein Höchstmaß an Pflichterfüllung, Einsatzbereitschaft und Verantwortungsfreudigkeit. Nur durch selbständiges und entschlossenes Handeln können die notwendigen Betriebsleistungen erreicht werden.
Der Feldeisenbahnbetrieb ist gekennzeichnet durch die Anwendung einfachster Betriebsmittel und Sicherungseinrichtungen. Der Mensch ist daher mehr als im Heimatgebiet Träger der Betriebssicherheit. Alle im Feldeisenbahnbetriebsdienst tätigen Bediensteten müssen sich jederzeit bewußt sein, daß die für die Bedürfnisse der Truppe notwendigen Transportleistungen auf der Schiene von der sicheren Führung des Betriebes abhängig sind. Nachlässigkeiten, Unterlassungen und Verstöße gegen die grundlegenden Eisenbahnbetriebsvorschriften gefährden die Sicherheit des Betriebes und können schwerwiegende Folgen haben.
Der Feldeisenbahner muß daher alle Betriebshandlungen mit der für den Eisenbahnbetrieb notwendigen Schnelligkeit und Überlegung umsichtig und mit äußerster Gewissenhaftigkeit durchführen.
Anordnungen müssen rechtzeitig in kurzer und klarer Form gegeben werden.
Die Besonderheiten des Feldeisenbahnbetriebes kön-

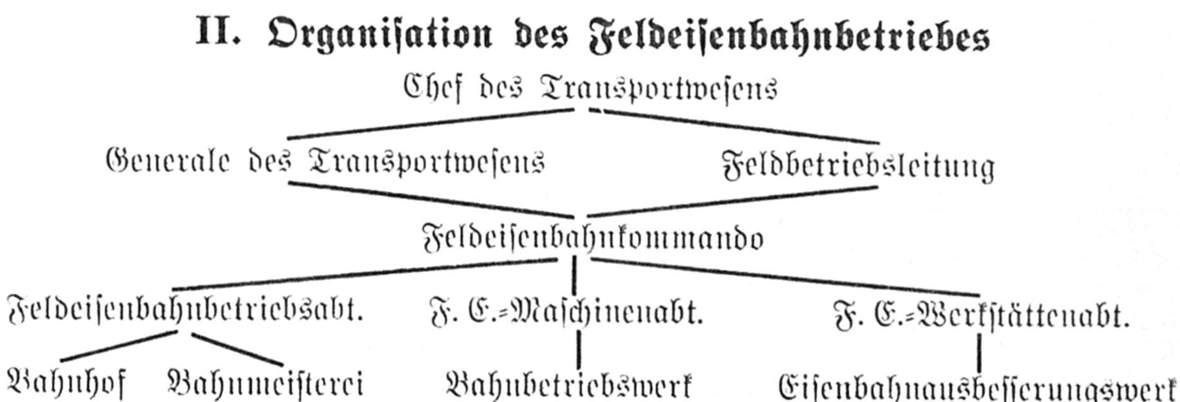

Organisation des Feldeisenbahnwesens im Jahre 1941.

nen, insbesondere in Frontnähe, in Einzelfällen ein selbständiges Handeln unter eigener Verantwortung und unter Abweichung von einzelnen Bestimmungen der allgemein gültigen Vorschriften erfordern. Wo besondere Verhältnisse ein öfteres Abweichen von den Betriebsvorschriften verlangen, ist von der F. B. Abt. die Genehmigung des F. E. Kdo. einzuholen.«
Eugen Kreidler (1904 – 1985), während des Krieges in der Gruppe »Landesverteidigung« des Reichsverkehrsministeriums tätig, hat in seinem Buch über das »Eisenbahnwesen im Machtbereich der Achsenmächte während des Zweiten Weltkrieges« auch über die Eisenbahnpioniere (S. 295, 297) berichtet: »Aufgabe der Eisenbahnpioniere war die erste Wiederherstellung der Strecken beim Vormarsch, vor allem der Brücken, und die Umspurung in Rußland, außerdem der Bau und Betrieb von Heeresfeldbahnen und Seilbahnen. Bei den Rückzügen hatten sie die Bahnen für den Gegner unbrauchbar zu machen. An der Spitze der Eisenbahnpioniere stand der Befehlshaber der Eisenbahntruppen (Bedeis), ab 1941 General der Eisenbahnpioniere und 1942 schließlich General der Eisenbahntruppen. Diese Stellung hatte während des ganzen Krieges General Will inne. Ihm unterstanden Gruppenkommandeure bei den Heeresgruppen (Grukodeis) und Kommandeure der den Armeen zugeteilten Eisenbahnpionierregimenter (Kodeis). Auch bei den Eisenbahnpionieren befand sich eine große Zahl von Eisenbahnern.
Die Neuaufstellung der im Versailler Vertrag verbotenen Eisenbahnpionierformationen begann im Oktober 1935. Bei Kriegsbeginn gab es ein Eisenbahn-Pionierregiment mit acht Kompanien und zwei Eisenbahn-Pionierbataillone mit je vier Kompanien, die sich bis Ende des Krieges auf drei Brigaden mit insgesamt acht Regimentern vergrößerten. Die Eisenbahnpanzerzüge unterstanden zunächst den Eisenbahnpionieren. Sie wurden 1943 den Panzertruppen angegliedert. Die Eisenbahnartillerie unterstand nicht dem Transportchef [...]
Für den Betrieb der Eisenbahnen in den Operationsgebieten wurde vor Beginn des Rußlandfeldzuges eine eigene Eisenbahnbetriebstruppe aufgestellt. Im allgemeinen Sprachgebrauch bezeichnete man ihre Angehörigen als graue Eisenbahner. Die wenigen bereits in der Eisenbahn-Pioniertruppe vorhandenen Eisenbahnbetriebskompanien traten im Sommer 1941 zur neuen Betriebstruppe über. Zunächst wurden vier Feldeisenbahndivisionen (FBDen) aufgestellt in einer Stärke von durchschnittlich je 10 000 Mann. Ihr Personal bestand zu etwa 90 Prozent aus eingezogenen Eisenbahnern [...]
Zur Betonung ihres militärischen Charakters erhielten sie im März 1942 die Bezeichnung Feldeisenbahnkommandos. Später kamen noch drei weitere dazu [...] Ab Dezember 1943 war die Eisenbahnbetriebstruppe als eigene Waffengattung anerkannt.«
Einen ersten Überblick der »Bauleistungen« der Eisenbahnpioniere gibt die folgende Zusammenstellung, doch sind zu den dort gegebenen Werten (nach Dost) kritische Anmerkungen zu machen.

Tabelle 1: Bauleistungen der Eisenbahnpioniere

	Westen	Osten	Gesamt
Vollbahn Neubau	165 km	938 km	1 100 km
Wiederherstellung	3 500 km	12 000 km	15 500 km
Feldbahn Neubau	...	840 km	...
Wiederherstellung	120 km	367 km	500 km
Brückenbau	2,370 km	34 km	36,5 km

Hier sollen kurz diejenigen Feldzüge erörtert werden (nach Paul Dost), an denen deutsche Eisenbahnpioniere beteiligt waren:
»Ihre Tätigkeit begann in Polen, wo es in Anbetracht der Kriegsführung als Blitzkrieg nichts zu bauen gab. Dafür aber entstand eine sehr erhebliche Beanspruchung durch Wiederherstellung zerstörter Strecken und Kunstbauten. Schwerpunkte waren Radom, Kutno und Warschau. So mancher Kriegsteilnehmer konnte Bahnen wiedersehen, an denen er im Ersten Weltkrieg gebaut hatte.
Der zu spät aufgestellten neuen Eisenbahntruppe traten unterstützend zur Seite die Reichsbahn und Arbeitsverbände der NSDAP wie die Organisation Todt. Dies entsprach durchaus früheren Bräuchen, der Unterschied lag in der Organisation: im Ersten Weltkrieg wurden von Fall zu Fall Hilfskräfte gesucht und eingesetzt, im Zweiten Weltkrieg standen sie einsatzbereit zur Verfügung. Wie früher, wurden auch jetzt Landeseinwohner, selbst Frauen, zum Eisenbahnbau herangezogen.
Die Kampfhandlungen in Frankreich waren ähnlich wie im polnischen Blitzkrieg so kurz, daß es zu Eisenbahnbauten nicht kommen konnte. Vom 3. September 1939 ab wurden die am Westwall beschäftigten Arbeiter zurückgeholt und 250 000 Einwohner des Grenzgebietes im Saarland sowie 13 500 vom Rheinland in das Landesinnere gebracht. Ab 12. Oktober 1939 sprengten die Franzosen die vier Rheinbrücken bei Wintersdorf (Rastatt), Breisach (Freiburg), Neuenburg und Kehl (Straßburg – Appenweier). In Frankreich und Belgien waren

viele Strecken durch Sprengung unbrauchbar gemacht worden, die deutschen Transporte nach Wiederherstellung dieser Bahnen wurden sodann lebhaft durch die französische Luftwaffe angegriffen. In *Belgien* wurden zerstört oder schwer beschädigt: 292 Brücken, 60 Überführungen und 60 Tunnel, in *Frankreich* (ohne Elsaß und das italienische Grenzgebiet) 448 Brücken, 67 Überführungen und 27 Tunnel. Hatten im Vormarsch die deutschen Eisenbahnpioniere die dringlichsten Wiederherstellungsarbeiten behelfsmäßig durchgeführt, wurden sie nach dem Waffenstillstand (25. Juni 1940) durch Kräfte der Deutschen Reichsbahn abgelöst. Anfang März 1944 begannen als Vorbereitung der englisch-amerikanischen *Landung schwere Luftangriffe* auf Eisenbahnen, namentlich Rangierbahnhöfe und Betriebswerke. Zum Einsatz der Eisenbahnpioniere führten sie nicht.

Die Kämpfe in den Balkanländern von Ende 1940 bis 1942 erforderten außer Wiederherstellungsarbeiten auch Neubauten. Im Südostzipfel von Ungarn wurde eine 16 km lange Schmalspurbahn (Spurweite und Art nicht angegeben) von Kolosznqyida nach Szaslekence gebaut, deren Betrieb im Dezember 1940 eröffnet wurde. Am 5. Dezember 1942 begann der Bau der 48 km langen Vollbahn Szeretfalva – Deda, eine Riegelverbindung zwischen zwei bis dahin getrennten Linien.

Sowjet-Rußland wurde, wie zu erwarten war, das Hauptarbeitsfeld der Eisenbahnpioniere auf allen Sachgebieten und in fast allen Frontabschnitten, vom Nordmeer bis zum Schwarzen Meer. Im Gegensatz zu den meisten schweren Kriegen der Weltgeschichte ergab sich nicht nur ein Marsch bis zum – ohne Sieg – erreichten Stillstand, sondern auch Rückzug unter Kämpfen mit härtesten Mitteln, vom Luftkrieg bis zum Partisanenkampf.

Beim Einsatz der noch recht jungen Eisenbahntruppe im Kriege gegen die Sowjetunion zeigte es sich, daß die kurze Zeit ihres Bestehens nicht ausgereicht hatte, um ihr alle Grundgedanken einzuprägen, derer ihre Offiziere bei Durchführung ihrer Aufgaben bedurften. Ein Beispiel bot das Umnageln der russischen Bahnen von Breitspur (1524 mm) auf Normalspur (1435 mm). Damit hatte man nicht gerechnet, es waren daher hierfür keine Vorbereitungen getroffen worden, denn man hatte unterstellt, daß Lokomotiven und Wagen in ausreichender Zahl erbeutet werden würden. Bis 1943 hatten die Eisenbahnpioniere 46 000 km, die Reichsbahn-Bautrupps 18 000 km umgespurt. Die Feldpioniere und neu aufgestellten Eisenbahnpioniere machten ihre Sache gewiß gut, aber das genügte nicht. Aus Unkenntnis, nicht aus bösem Willen oder gar Ehrgeiz (vielleicht gelegentlich einmal), meldeten sie eine umgenagelte Strecke als betriebsfähig, wenn sie eingleisig bis zum vorgesehenen Endpunkt befahrbar war. Wenn die Transportleitung nun Militärzüge auf diese Strecken setzte, stellte es sich heraus, daß man wohl einige Züge an das Ziel bringen konnte, doch die Leerzüge nicht mehr zurück und ohne Pflege ihrer Lokomotiven: die alte Eisenbahntruppe kannte den Eisenbahnbetrieb, die neue nicht.

Wenn die Feldeisenbahner sich deswegen beklagten, verwies man sie an die für die Transportleitung maßgebliche ‚Fertigmeldung', die objektiv falsch war. Man glaubte der Truppe mehr als den Eisenbahnern, die sich zu unrecht angegriffen fühlten. Dies führte zu schwerer Verbitterung. Es liegt in der Natur der Sache und bleibt zwiespältig, daß auf ein und demselben Gebiet nicht zwei rechtlich verschiedenartig gestellte Personengruppen oder Organe nebeneinander ohne Störung arbeiten können. Der Pionier war Soldat, der Feldeisenbahner war Zivilist im Rechtszustand des Heeresgefolges; er blieb Beamter, Angestellter oder Arbeiter, mußte aber in Partisanengebieten Waffen tragen (wenn auch nur zur persönlichen Abwehr). Verschieden waren auch die Besoldung und die Versorgung. Man hat sich Mühe gegeben und versucht, Klarheit zu erreichen durch Schaffung der Grauen Eisenbahner im Gegensatz zu den Blauen. Hier ergaben sich wieder andere Schwierigkeiten mit Offizieren unter Ungedienten. Völlig verfehlt war die von der Partei geschaffene Einrichtung des Sonderführers für das Kriegsgebiet. Sie mochte tragbar sein in der Heimat bei Friedensarbeit parteilicher Gebilde, nicht als Ersatz für Offiziere im Kriegseinsatz unweit der Front.

Voll- und Feldbahnen wurden auf beiden Seiten neu angelegt, die Russen bauten während des Krieges 9000 km (!), z. B. die Vollbahn Kisliar – Astrachan zum 7. August 1942.

Deutsche Vollbahnen wurden nur in Ausnahmefällen gebaut. Die 22 km lange Kriegsbahn Elisenhof – Slampe in Litauen stellte eine Umgehungsbahn für Schaulen dar und verband die Strecken Tukkum – Mitau und Mitau – Libau miteinander. Auf ihr wurden u. a. 300 Lokomotiven und 8000 Güterwagen zurückgeführt, die ohne sie in russischen Besitz gelangt wären. Schaulen war am 27. Juli 1944 verloren gegangen. Bis zum 19. Oktober 1944 stellte die Bahn die einzige Landverbindung nach Tukkum dar.

Zur Erleichterung des Rückzuges in Ostpreußen, besonders für seine Hauptstadt Königsberg, wurde in Verlängerung der Samlandbahn, einer nebenbahnähnlichen Kleinbahn, an der Ostseeküste entlang eine Kriegsbahn von Warnicken nach Gr. Dirschkau mit 26,8 km Länge

Pioniere beim Bau einer Eisenbahnbrücke im Übungsgelände von Fürstenwalde an der Spree, etwa 1939.

an die Bernstein-Bergwerksbahn Palmnicken heran gebaut, über die Anschluß nach Pillau bestand.
Wieviel und welche Heeresfeldbahnen im Osten von 1941 bis 1944 gebaut wurden, steht nicht genau fest; die vorhandenen Angaben sind spärlich und widersprüchlich. Oben sind einmal 840 km genannt.«
Soweit zur Einleitung nochmals Paul Dost (1981). Eugen Kreidler schreibt zusammenfassend über die Heeresfeldbahnen im Osten: »Auf dem östlichen Kriegsschauplatz hatten Heeresfeldbahnen mit verschiedenen Spurweiten wichtige örtliche Transportaufgaben zu erledigen. Es erwies sich als nachteilig, daß die in Deutschland vorhandenen Schmalspurbahnen verschiedene Spurweiten hatten und ungenügend genormt waren [S. 199]. Zur wirtschaftlichen Erschließung der Ukraine hatte die Reichsbahn ein umfangreiches Netz von Schmalspurbahnen mit verschiedenen Spurweiten in Angriff genommen. Im Bereich der Reichsverkehrsdirektionen Kiew und Dnjepropetrowsk waren 36 Feldbahnen von 1919 Kilometer Länge und verschiedenen Spurweiten geplant. Von diesem Bauprogramm wurde nur ein Bruchteil provisorisch fertiggestellt. Die Eisenbahnpioniere bauten im Osten mehrere hundert Kilometer Heeresfeldbahnen« [S. 254]. Nach diesen einleitenden Bemerkungen werden im nächsten Kapitel die Feldbahnen detailliert beschrieben.

2. Die Heeresfeldbahn der Deutschen Wehrmacht 1938 – 1941

2.1 AUFBAU UND ORGANISATION DER EISENBAHNPIONIERE

Der Vertrag von Versailles begrenzte die Stärke der Reichswehr auf 100 000 Mann. Die Weiterführung eines Generalstabes, der schweren Artillerie und der Eisenbahnpioniere als einer Führungstruppe wurde untersagt. Archive dieser Einheiten mußten abgeliefert oder vernichtet werden; die Durchführung wurde von einer interalliierten Kontrollkommission überwacht. Die Reichsregierung hielt sich bis 1933 relativ streng an die Bestimmungen von Versailles. Das änderte sich mit der Machtübernahme Hitlers, mit der Aufrüstung, der Einführung der Wehrpflicht und seiner Expansionspolitik. Hitler selbst, der zwar häufig Sonderzüge benutzte, setzte bei militärischen Planungen in erster Linie auf den Lastkraftwagen als Nachschubmittel. Immerhin wurde aber die Reichsbahn zu einem sehr qualitätsvollen Verkehrsunternehmen ausgebaut, und es gab eine »Gruppe L« (Landesverteidigung) in der Reichsbahn-Hauptverwaltung, welche intern durchaus nicht ohne Stimme und Einfluß bei Bau und Betrieb der Reichsbahn war. Für strenge militärische Zwecke wurde zum 1. Oktober 1936 ein »Pionierlehr- und Versuchsbataillon für schweren Brückenbau« (motorisiert) mit Standort im märkischen Sperenberg eingerichtet, das am 8. November 1938 zum ersten neuen Eisenbahnregiment als »Eisenbahn-Pionier-Regiment 68« unter Oberst v. Donat umgeformt wurde. Eine Inspektion der Eisenbahnpioniere unter Generalleutnant Jakob wurde am 24. November 1938 eingesetzt, nachdem ein Eisenbahnpionier-Lehrbataillon 2 in Fürstenwalde und ein Eisenbahnpionier-Bataillon 56 in Korneuburg (Österreich) aufgestellt worden waren.

Es ist in der Literatur nicht immer streng zwischen den »Feldeisenbahnen«, also den Soldaten und Zügen im Felde, und den kleinen »Feldbahnen« mit schmaler Spur unterschieden worden. Das war auch deshalb nicht immer möglich, weil die grau uniformierten Feldeisenbahner mitunter abwechselnd den Bau und Betrieb von Bahnen in Normal- und in Schmalspur zu besorgen hatten. Die Tabelle zeigt daher vorab und zusammenfassend alle Kriegseinheiten der Eisenbahnpioniere im Zweiten Weltkrieg (Quelle: Bundesarchiv).

Tabelle 2: Die Kriegseinheiten der Eisenbahn-Pioniere 1939 – 1945

A) Feldheer		
Oberkommando des Heeres		
Chef des Transportwesens		
Befehlshaber der Eisenbahn-Truppen		
3	Eisb.-Pi-Brigade-Stäbe Nr. 1 – 3	
6	Eisb.-Pi-Regtr. Nr. 1 – 6 mit je 2 Eisb.-Pi.-Btln. (zu je 1 le. Pi.-Kol., Eisb.-Pi.-Masch.-Zg. u. 4 Kpn.)	
2	Eisb.-Pi.-Regts.-Stäbe zb V Nr. 7 und 8	
8	Eisb.-Pi.-Btls.-Stäbe zb V Nr. 9 – 16	
1	Eisb.-Baustab Norwegen Nr. 701	
59	Eisb.-Pi.-Kpn. Nr. 49 – 107 (davon Nr. 49 und Nr. 56 für Seilbahnbau und Nr. 102 bis 107 für Stahlbau)	
27	Eisb.-Bau-Kpn. Nr. 101 – 127	
2	Eisb.-Pfeilergründungs-Kpn. Nr. 131 und 132	
12	Eisb.-Stellwerks-Kpn. Nr. 171 – 179 und Nr. 181 – 183	
29	Eisb.-Fspr.-Kpn. Nr. 141 – 169	
7	Eisb.-Wass.-Stat.-Kpn. Nr. 191 – 197	
8	Eisb-Betriebs-Kpn. Nr. 201 – 208	
8	Eisb.-Pi.-Park-Kpn. Nr. 401 – 406, 413 und 414	
2	Eisb.-Brück.-Bau-Btle. Nr. 12 (4 Kpn. u. Bau-Kol.) Nr. 501 (4 Kpn. mit Eisb.-Pi.-Masch.-Zg. und Eisb.-Pi.-Park-Kp.)	
16	Eisb-Bau-Btle.	
	Nr. 2 (5 Kpn.)	Nr. 511 (5 Kpn.)
	Nr. 15 (4 Kpn.)	Nr. 512 (4 Kpn.)
	Nr. 83 (5 Kpn.)	Nr. 513 (4 Kpn.)
	Nr. 106 (5 Kpn.)	Nr. 514 (4 Kpn.)
	Nr. 111 (5 Kpn.)	Nr. 515 (5 Kpn.)
	Nr. 139 (4 Kpn.)	Nr. 516 (3 Kpn.)
	Nr. 404 (4 Kpn.)	Nr. 517 (3 Kpn.)
	Nr. 408 (4 Kpn.)	Nr. 518 (3 Kpn.)
17	Gr. Eisb.-Pi.-Kw.-Kolonnen Nr. 517 – 520, 523, 526, 526 (neu) – 528, 539 u. 540, 631, 635, 638 u. 639, 665, 680	
3	Feldbahn-Btl.-Stäbe Nr. 501 – 503	
17	Feldbahn-Kpn. Nr. 601 – 617	
2	Eisb.-Pi.-Masch.-Züge Nr. 702 u. 703	

2 Seilbahn-Kdos. Nr. 601 u. 602
10 Seilbahn-Trupps Nr.621 – 630
1 Feldbahn-Werkstatt-Kp. Nr. 20
11 Unterwasser-Schneidetrupps Nr. 681, 684, 687 – 689, 691 – 696
4 Feldfernkabel-Kpn Nr. 2. – 4./643, 7./645
1 Schienen-Schlepper-Zug Nr. 2
1 Schienen-Schlepper-Kol. Nr.7
2 Seilzug-Kdos. Nr. I und II

B) Ersatzheer

Ober-Befehlshaber des Ersatzheeres

Inspekteur der Pioniere und der Festungen des Ers.-Heeres

Inspekteur der Eisb.-Pi. des Ers.-Heeres

5 Eisb.-Pi.-Ersatz-Btle. Nr. 1 – 5 (zu je 5 Kpn.)
7 Eisb.-Pi.-Ers.-Parks (mit je 1 Eisb.-Pi.-Park-Kp.)
1 Kdo. der Eisb.-Pi.-Schule (mit 5 Lehrgängen im Regts. und Btls.-Rang)
dazu 2 Taucherschulen
1 Unterwasser-Schneide-Schule
1 Seilbahn-Schule
4 Eisb.-Pi.-Lehr-Kpn.
1 Feldb.-Betr.-Kdo.
1 Eisb.-Pi.-Übungsplatz
1 Übungsfeldbahn

2.2 ERSTE SCHRITTE ZUR HEERESFELDBAHN 1938 – 1939

Bei einer Betrachtung von Aufbautempo und Organisation der ehemaligen deutschen Wehrmacht bis zum Beginn des Zweiten Weltkrieges ist schnell zu erkennen, daß dabei – anders als im Ersten Weltkrieg – auch die Errichtung von schmalspurigen Heeresfeldbahnen erst recht spät ins Auge gefaßt wurde. Etwa ab 1937 gab es dazu erste Überlegungen, 1938 wurde man konkret. Häufig lehnte man sich an die Erfahrungen des Ersten Weltkrieges an. Das betraf nicht nur den organisatorischen Aufbau, sondern ebenso die Art der geplanten Ausbildung, den Gleisbau und vor allem auch das rollende Material. Man wußte allerdings, daß zu Ende des Ersten Weltkrieges sowohl der Gleisbau als auch vor allem die Lokomotiven den gestiegenen Transportanforderungen nicht mehr gewachsen waren. So spielte beim Wiederaufbau der Heeresfeldbahnen 1938 die Überlegung eine bedeutende Rolle, ob man bei der 60-cm-Spur bleiben oder aber generell auf die »neue Feldbahnspur« von 75 cm überwechseln solle (wobei während des Krieges namentlich in Rußland die 60-cm-Spur deutlich überwog). Von der 75-cm-Spur wurde erwartet, daß man auf ihr auch Panzerwagen verladen und transportieren konnte.
Zu den ersten Schritten beim Aufbau der neuen Eisenbahntruppe 1938 gehörte also die Berufung von erfahrenen Offizieren des Ersten Weltkrieges, um deren Erinnerungen und Vorschläge zu nutzen. Ein langer Gelehrtenstreit entbrannte zunächst unter ihnen nochmals um die für eine Feldbahn günstigste Spurweite, weil für 600 mm der schnellere Bau und für 750 mm die größere Förderleistung sprachen. Schließlich wurde entschieden, beide Spurweiten vorzuhalten und das Rollmaterial möglichst (durch Verschieben der Räder auf den Achsen) umspurbar auszuführen. Aus den Erfahrungen des vergangenen Krieges folgerte man aber zudem eine Verstärkung des 600-mm-Gleises und allgemein eine bessere Ausrüstung der Einheiten mit maschinellen Hilfsmitteln (Rammen, Bohrmaschinen usw.).
Im Zusammenhang mit Hitlers Kriegsplänen (»Hößbach-Protokoll«) schrieb das Allgemeine Heeresamt unter dem 13. Mai 1938 zur »Entwicklung von Feldbahngerät« an das Waffenamt seine Anforderungen:
»I.
Es wird gebeten, neben dem bereits in Entwicklung befindlichen Feldbahngerät für Stellungen auch für Nachschubzwecke Feldbahngerät zu entwickeln. Hierfür werden folgende Forderungen gestellt:

1. Die Feldbahn ist ein Nachschubtransportmittel, das auch im Bewegungskrieg verwendbar sein muß. Sie wird im allgemeinen von den (Vollbahn-) Eisenbahnendpunkten, bzw. Ausladebahnhöfen als *zusätzliches* Beförderungsmittel für Nachschub neben Kraftwagenkolonnen eingesetzt.
   Bei mangelhaften Eisenbahnverhältnissen und ungenügendem Wegenetz kann die Feldbahn zum Hauptträger des gesamten Nachschubs werden. Die hauptsächlichsten Transportgüter sind Massengüter wie Munition und Verpflegung.
2. *Schnelligkeit des Vorbaues* und rasche Inbetriebnahme sind wichtigstes Erfordernis; eine anfangs geringere Leistungsfähigkeit ist in Kauf zu nehmen. Dauerhafter Ausbau der Strecken wird sich im Bewegungskrieg vielfach erübrigen.
   Ausschließlich der Fertigstellung des Übergangsbahnhofes und der Verstärkung oder des Neuaufbaues von Brücken wird eine tägliche Vorbauleistung von mindestens 10 km gefordert. Anzustreben ist eine tägliche Spitzenleistung von 15 km.

Unterbrechung von Feindeinwirkung (Flieger) muß in kürzester Frist wiederhergestellt werden können.
Für Erkundungen, Vorarbeiten und Einrichtung des Übergangsbahnhofes steht nur beschränkte Zeit zur Verfügung. Rückbau und Bergung des Gerätes muß den Forderungen für den Vorbau entsprechen.

3. *Streckenführung* auf Straßen und Wegen ist zur Beschleunigung des Baues immer anzustreben. Doch ist zu berücksichtigen, daß solche Straßen und Wege dann für den übrigen Verkehr ganz oder teilweise ausfallen.
4. *Gerät:*
   Über *Spurweite* werden keine Einschränkungen gegeben. Anlehnung an das von der freien Wirtschaft bevorzugte Gerät ist erwünscht.
   Dampflokomotiven werden wegen der für fdl. Flieger weithin sichtbaren Dampf- und Rauchentwicklung abgelehnt.
   Die Wagen sollen rasches Be- und Entladen ermöglichen. Fassungsvermögen je Wagen 3 bis 5 t. Fahrzeugtransport ist nicht erforderlich.
5. *Betrieb:*
   Als tägliche Betriebsleistung bei 20-stündigem Betrieb wird gefordert:
   während des Baues nach jeweiligem Vortreiben der Bauspitzen um 30 km:
   bis zu 1000 t = 14 Züge zu je 70 t
   nach Beendigung des Baues und einer Betriebseinrichtungszeit von 2 Tagen:
   bis zu 2500 t = 36 Züge zu je 70 t.

II.

1. Es wird gebeten, neben der Weiterentwicklung der für Stellungen vorgesehenen Feldbahnen auch neue Wege zu suchen, die es ermöglichen, obigen Forderungen, insbesondere bezüglich der Vorbau- und Betriebsleistungen im Bewegungskriege, voll zu entsprechen.
2. Es wird gebeten, die technische Entwicklung der Geräte und die Beschaffung von Versuchsgerät so durchzuführen, daß im Sommer 1940 ein Truppenversuch im Rahmen von Truppenübungen mit dem Bau und Betrieb einer etwa 50 km langen Feldbahnstrecke (einschl. Übungsbahnhof) stattfinden kann. Mob. Aufstellung der Geräteeinheiten und der Truppe und Einsatz dieser im Bau und Betrieb soll hierbei durchgeführt werden.
3. Es wird gebeten, Versuchsgerät in ausreichender Menge bereitzuhalten und zwar so, daß bereits im Frühjahr 1939 beginnend beim Pi. Lehr- u. Vers. Batl. 2 Ausbildung im Bau und Betrieb und im Frühjahr 1940 beginnend bei den Pionierregimentern für Eisenbahn- und schweren Brückenbau Ausbildung im Bau erfolgen kann.«

Mehrere Prototypen und Muster standen im Sommer 1938 in Sperenberg bereits zur Verfügung, wie sich aus einem Bericht des Generalstabs des Heeres (5. Abteilung) vom 29. Juli 1938 ergibt:

»*A. Feldbahnen.*

1. Gerät.

Heeres-Waffenamt entwickelt auf Grund der Besichtigung in Sperenberg nunmehr ein leichteres Feldbahngerät mit einer Spurweite von 75 cm. Die Arbeiten sind weit fortgeschritten. Wir sind der Auffassung, daß nur mit diesem vom Waffenamt entwickelten Gerät – nicht aber mit Gerät der Wirtschaft – die gewünschte Leistung erreicht werden kann und daß deshalb die zu schaffenden Feldbahneinheiten im Endziel mit diesem schon im Frieden bereitzulegenden Gerät ausgestattet werden müssen. Das neue Gerät wird jedoch schon wegen der Stahlknappheit zu Beginn des neuen Mob. Jahres am 1. 4. 40 noch nicht in genügendem Umfang zur Verfügung stehen. Es muß deshalb zum mindesten für die Übergangszeit Gerät aus der Wirtschaft erfaßt werden, auch wenn die geforderten Leistungen nicht voll erreicht werden.
Vom Reichswirtschaftsministerium ist eine Erhebung über Bestände an Feldbahngerät im Gange. Ergebnis soll im Laufe des Sommers vorliegen. Der Generalinspektor für das deutsche Straßenwesen und dessen Außenstellen werden voraussichtlich die Karteiführung übernehmen. Unabhängig von diesen Feststellungen wird Inspektion 5 gebeten, im Benehmen mit Waffenamt und Wirtschaftsstab die Erfassung von möglichst einheitlichem und leistungsfähigem Gerät für den Bau und Betrieb von zunächst 4 x 50 km Feldbahnstrecke in der Weise vorzubereiten, daß an die Herstellerfirmen von Feldbahngerät herangetreten, die für Wehrmachtzwecke geeigneten Gerätetypen ausgewählt und die mit diesem Gerät in den letzten Jahren belieferten Unternehmer festgestellt werden [...]

2. *Organisation.*

Für den Bau und Betrieb einer etwa 50 km langen Feldbahnlinie je Armee ist die Aufstellung eines Feldbahnbataillons in der ungefähren Kopfstärke von 1250 Mann erforderlich.
Ungefähre Gliederung:

Stab,
2 Bau-,
2 Betriebs-,
1 Depotkompanie.

Einzelheiten bedürfen noch der Festlegung.
Eigene Baueinheiten sind notwendig, da die Eisenbahn-Pioniertruppe für den Bau von Feldbahnen nicht zur Verfügung gestellt werden kann und Eisenbahnbaukolonnen sich außerdem hierfür nicht eignen. Die Eisenbahnpioniertruppe (Eisenbahnkolonnen) übernimmt jedoch den Ausbau der Anschlußbahnhöfe, soweit Veränderungen an den Vollbahngleisen notwendig sind.
Ein Feldbahnbataillon muß für den Bau noch um weitere Kräfte (Bautruppen) in Stärke von 1/2 bis 1 Bataillon verstärkt werden.
Vor Festlegung von Einzelheiten über Zusammensetzung, Ausstattung, Unterstellung usw. der Feldbahneinheiten wird um grundsätzliches Einverständnis zur mob. mäßigen Aufstellung von zunächst 4 Feldbahnbataillonen ab 1. 10. 39 gebeten.
Die Masse des Personals muß aus der Wirtschaft entnommen werden. Die Eisenbahnpioniertruppe kann wohl im Frieden die Ausbildung, im Kriege die Betreuung der Feldbahneinheiten übernehmen, keinesfalls aber stärkere Stämme stellen, ebenso wenig die Reichsbahn. Da die Wirtschaft sich mit dem Betrieb so langer und leistungsfähiger Feldbahnlinien nicht befaßt, muß eine planmäßige Ausbildung der Einheiten durch Lehrgänge und Mob.-Übungen im Frieden stattfinden. Inspektion 5 wird schon jetzt gebeten, hierfür beim Eisb. Pi. Lehr-Batl. Vorbereitungen zu treffen, insbesondere eine Übungsfeldbahnstrecke sicherzustellen, so daß ab 1. 4. 39 mit der Ausbildung begonnen werden kann. [...]
Im Endziel müßten für 400 km Feldbahn 8 Feldbahnbataillone aufgestellt werden.

B. *Seilbahnen.*
An der sollmäßigen Ausstattung der Gebirgstruppen mit Seilbahngerät, das durch die aktive Truppe (Pioniere) bedient wird, [sind wir] nicht interessiert. [...] Zur Prüfung der Frage, ob und in welchem Umfang bei den Heerestruppen eigene Seilbahneinheiten aufgestellt werden müssen, wird Heeres-Waffenamt um Mitteilung über den Stand der Geräteentwicklung gebeten, insbesondere über Leistungsfähigkeit, Bauzeiten und Kräftebedarf für Bau und Betrieb.
Es wird vorzusehen sein, für die Zwecke des Gebirgskrieges eine Seilbahneinheit (Bataillon) mit schwerem Seilbahngerät zu schaffen. Diese Einheit könnte im Gebirge die leistungsfähigen großen Nachschublinien für die 3 Gebirgsdivisionen bauen und betreiben, im Bedarfsfall aber auch in der Ebene eingesetzt werden. Im übrigen wird die Ausstattung jedes Feldbahnbataillons mit Seilbahngeräten in Frage kommen, ohne daß aber hierfür besondere Seilbahnkompanien aufzustellen sind. Bau und Betrieb der Seilbahnen müßten durch die für den Feldbahnbau und Betrieb vorgesehenen Einheiten erfolgen.«

Aus einer auf dem Schreiben vom Juli 1938 befindlichen Handnotiz geht hervor, daß das Waffenamt (Abteilung WA Prüf. 5) 1939 Material für zumindest 5 Feldbahneinheiten à 10 km = 50 km beschaffen wollte, also für ein Bataillon. Interessant aus dem gleichen Zeitraum ist auch ein Leistungs- und Kosten-Vergleich von Feldbahn und Kraftwagen für eine Leistung von 20 000 Tonnen täglich auf 50 km einfacher Strecke, den die Tabelle wiedergibt.

Tabelle 3: Vergleich von Feldbahn und Lastwagen

Feldbahn	Kraftwagen
8 Feldbahn-Bataillone	167 gr. Kraftwagen-Kolonnen (à 60 t Fassungsvermögen)
224 Offz., 12 000 Mann	167 Offz., 10 020 Mann
Mit Unterhalt der Strecke	Ohne Unterhalt der Straße
400 Loks, 4800 Wagen	3340 mittl. Lkw
100 t Dieselöl täglich	200 t Kraftstoff täglich; 120 Bereifungen täglich
Reparaturen möglich	10 Lkw täglich Abnutzung
Stahlbedarf 42 000 t	14 000 t
Beschaffungspreis 24 Mio RM	34 Mio RM

Einer Aktennotiz von 1940 ist zu entnehmen, daß man die Stärke einer Feldbahn-Kompanie mit 5 Offizieren, 25 Unteroffizieren und 275 Mann Personal rechnete.
Über die damaligen Planungen und Kriegsvorbereitungen vor 1939 schreibt Paul Dost in seinen Erinnerungen von 1978:
»Die Zeit der Doppellokomotive bei der Brigadebahn war vorüber. Wer nach 1938 als Maschinenmann nach Sperenberg kam und die neuen Lokomotiven sah, war im ersten Augenblick begeistert über ihre Schönheit und ihre vielen Zutaten. Bei längerer nüchterner Betrachtung wandelte sich dieses Gefühl in Enttäuschung über das ‚Zuviel'. Das waren bei einigen Probemaschinen keine Frontlokomotiven wie – sinngemäß – unsere brave alte G 7 aus dem Ersten Weltkriege. Sie waren überzüchtet.

Man kam auch schnell wieder davon ab und baute einfache klotzige Maschinen mit möglichst wenigen Zutaten. Da das neue Gleisjoch schwerer belastbar war als das alte der Brigade, genügte fortan ein zweiachsiger Tender für die bei Tenderlokomotiven zusätzlichen Vorräte. Nur die schwersten Bauformen der Lokomotiven erhielten vierachsige Tender. Erste Bauform war eine schöne starke C-Maschine, Mittelding zwischen Tender- und Schlepptender-Lokomotive wie die meisten weiteren Bauformen. Auffallend an ihr waren an beiden Enden die als verstärkte Pufferbohlen fast bis zur Schienenoberfläche herabgeführten Platten zum Ansetzen von Hebezeugen und Schneepflügen. Auf sie konnte sich die Maschine abstützen, wenn sie entgleiste oder gar die Achsen verlor. Bemerkenswert waren der große Dampfdom und das Dampfläutewerk, die großen Kolbenschieber mit Heusinger-Steuerung und die elektrische Beleuchtung. Die Gewichtszunahme gegenüber früher ist besonders auffällig. Das hohe Dienstgewicht beeinflußt die Zugkraft positiv, beeinträchtigt aber die Verladefähigkeit für den Vollbahntransport, denn nicht überall stehen hinter der Front die nötigen Kopframpen oder Hebekräne zur Verfügung.«
Wie die Lokomotiven konstruktiv ausgeführt waren, wird in einem folgenden Kapitel dargestellt.

2.3 BESTÄNDE 1940

Anders als im Ersten Weltkrieg wurde die neue Heeresfeldbahn vom ersten Tag ihrer Planung an ein Instrument des Angriffs- und Eroberungskrieges. Die Planungen zielten darauf ab, 1940 mit 8 Einheiten à 50 km Strecke einsatzfähig zu sein. Die Ungeduld der Reichsregierung und die Überschätzung der eigenen politischen Möglichkeiten ließen aber auch diese Waffengattung 1939 noch weitgehend unvorbereitet, besser gesagt: unfertig, in den Krieg hineinschlittern: 1939, bei Kriegsbeginn, bestanden erst ein in Ausbildung befindliches Eisenbahn-Pionierregiment mit acht Kompanien und ein selbständiges Bataillon mit vier Kompanien, zu dem bald ein zweites Bataillon kam. Bei Ende des Krieges gab es drei Brigaden mit insgesamt acht Regimentern Eisenbahnpioniertruppen. Die vorliegenden Zahlen des Jahres 1940 deuten darauf hin, daß seit Mitte 1939 nun der Aufbau mit schnellen Schritten vorangetrieben wurde: Aus einer Aufstellung vom 27. Januar 1940 geht hervor, daß bereits 450 km für Maschinenbetrieb geeignetes Feldbahngleis vorhanden waren. Davon stammten 50 km aus zu jenem Zeitpunkt abzubauender polnischer Beute, 24 km aus tschechischen Vorräten und 276 km aus ersten Beschlagnahmen in der Bauindustrie, dem Baugewerbe und der Pflasterindustrie. Von diesen 450 km waren zu jenem Zeitpunkt 260 km in Lagern des Befehlshabers der Eisenbahntruppen und in Operationsgebieten eingelagert. Anmerkung am Rande: Zum gleichen Zeitpunkt verfügte der RAD (Reichsarbeitsdienst) über 220 km Feldbahngleis und 270 km für Maschinenbetrieb nicht geeignetes Förderbahngleis, das dem Heer nicht zur Verfügung stand.
Für das erste Quartal 1940 sollte das Heer aus Neulieferungen der Industrie nur 20 km Feldbahngleis bekommen, für das ganze Jahr sollten etwa 2000 km aus der Bauindustrie neu beschlagnahmt werden. Dafür hatte man damals folgende Raten vorgesehen:

1. Rate: 500 km, fällig 25. 2. 1940;
2. Rate: 500 km, fällig 15. 3. 1940;
3. Rate: 400 km, fällig 15. 4. 1940;
4. Rate: 300 km, fällig 15. 5. 1940;
5. Rate: 300 km, fällig 15. 6. 1940.

Einen gewissen Überblick des bis Ende 1940 beschafften und bestellten Materials für die Heeresfeldbahnen geben Statistiken des Befehlshabers der Eisenbahntruppen vom November 1940, die hier abgedruckt sind. Man erkennt darin recht hohe »Lagerbestände«, die bereits deutlich als Vorbereitung auf den Krieg mit der Sowjetunion gedacht sind, und ist überrascht vom geringen Anteil der 75-cm-Spur. Die Tabelle nennt als »lokfähig« für 60 und 75 cm Spurweite 1025 km Gleis, 1078 Stück Weichen, als »nicht-lokfähig« 491 km Gleis und 2629 Stück Weichen, ferner 4208 Feldbahnwagen (davon 2903 vierachsig), 1922 Kipploren und 282 Lokomotiven.
Bei den knappen Beständen an eigenen Feldbahnen nahm die Wehrmacht dankbar auch die in Frankreich erbeuteten Schmalspurbahnen an. 1941 kam ein »Merkblatt für das französische Heeresfeldbahngerät« beim Oberkommando des Heeres heraus, in welchem die Loks von Péchot-Bourdon (1888) und drei Dampfloktypen von Decauville sowie zwei Schneider-Motorloks beschrieben sind. Ferner gab es »Hohlganglokomotiven Typ Nord-Ost«, Wagen und Oberbaumaterialien aus Frankreich. Insgesamt kennen wir als Beute des Frankreichkrieges: 140 km loses Gleis, 832 km lokfähiges Rahmengleis, 269 Weichen, sowie an rollendem Material 2044 Feldbahnwagen, 184 Behelfs-Feldbahnwagen, 828 Plattenwagen, 281 Muldenkipper, 61 Langholzwagen, 116 Dampflokomotiven und 65 Diesellokomotiven.

Im Sommer 1940 waren die wichtigsten Lagerstellen für Feldbahnmaterial die Orte Horrem (bei Köln), Plaidt (bei Koblenz) und Uhlerborn (bei Mainz). Von diesen Stellen waren 119 km Feldbahnen eingebaut und 531 km Gerät eingelagert.

In den ersten beiden Kriegsjahren bis zum Beginn des Feldzuges gegen die Sowjetunion waren demnach Bedeutung und Leistungen der schmalspurigen Heeresfeldbahn eher bescheiden. Der Grund hierfür lag einmal in den noch recht geringen Beständen an Gleismaterial und Fahrzeugen einerseits und in den rasch fortschreitenden militärischen Operationen andererseits, die den Bau von länger liegenden Nachschubstrecken nicht erforderlich machten. In der Phase des »Blitzkriegs« im Westen genügte tatsächlich zumeist der Lastkraftwagen den taktischen Anforderungen.

Das »Unternehmen Barbarossa«, also der geplante Rußlandkrieg, warf nun aber seine Schatten voraus. Bis zum Stichtag 1. April 1941 wurden neu weiter erwartet: 366 km lokfähiges Gleis, 530 Stück Weichen, 1300 Feldbahnwagen und 30 Dampflokomotiven; bei letzteren handelte es sich wohl um die von Henschel zu Chrzanow übertragenen Cn2-Schlepptenderloks. Damit dürften zu Beginn des Rußlandkrieges am 22. Juni 1941 die Heeresfeldbahnen etwa über folgendes Material verfügt haben:

1756 km lokfähiges Gleis, davon 742 km als loses Gleis, 20 km als 75-cm-Spur-Rahmengleis.
1998 Weichen, davon 240 Stück 75-cm-Spur.
674 km nicht lokfähiges Gleis mit 3883 Weichen,
6638 Feldbahnwagen,
4607 Muldenkipper,
415 Lokomotiven, davon 189 Diesellokomotiven.

Von den 415 Lokomotiven waren lediglich 1 Dampflokomotive und 4 Dieselloks in 75-cm-Spur abgeliefert. Ein großer Teil der übrigen Lokomotiven war jedoch umspurbar von 60 auf 75 cm und zurück.

Tabelle 4: Bestandsübersicht für Bahnmaterial, Stand 1.11.'40

I. Übersicht

Bestandsübersicht insgesamt	lokfähig *)		nicht lokfähig		Feldbahnwagen	Kipper	Loks
	Gleis km	Weichen Stück	Gleis km	Weichen Stück			
a.) ausgeliefert (Osten)	365	390	183	254	1130	2685	103
b.) Lagerbestand 1.11.'40	1025	1078	491	3629	4208**)	1922	282
c.) Neufertigung bis 1.4.'41	366	530	-	-	1300	-	30
d.) Lagerbestand 1.4.'41	1391	1608	491	3629	5508	1922	312
e.) ausgeliefert und Lagerbestand 1.4.'41	1756	1998	974	3883	6638	4607	415

**) 60 und 75 cm Spurweite; **) davon 2903 Stück zweiachsig*

II. Gleismaterial

Bestandsübersicht für Feldbahngleismaterial	Gleismaterial lokfähig							Gleismaterial nicht lokfähig						
	loses Gleis km	60 cm Spur			75 cm Spur			loses Gleis km	60 cm Spur			75 cm Spur		
		Rahmen Gleis	Weichen R	Weichen L	Rahmen Gleis	Weichen R	Weichen L		Rahmen Gleis	Weichen R	Weichen L	Rahmen Gleis	Weichen R	Weichen L
a) ausgeliefert (Osten)	247	115	163	163	3	33	31	-	183	127	127	-	-	-
b) Lagerbestand														
1.) aus Industrie beschl.	48	31	277	199	-	-	-	25	255	721	717	-	-	-
2.) erbeutet	140	632	139	130	-	-	-	50	60	970	1221	7	-	-
3.) aus Neufertigung bis 1.11.'41	57	100	142	145	17	30	16	44	50	-	-	-	-	-
Summe b)	245	763	558	474	17	30	16	119	365	1691	1938	7	-	-
c) Neufertigung bis 1.4.'41	250	116	200	200	-	65	65	-	-	-	-	-	-	-

III. Rollmaterial

Bestandsübersicht für Feldbahn rollendes Feldbahnmaterial	Feldbahnwagen		Behelfsfeldbahnwagen		Platten wagen		Kipper				Langholzwagen		Loks			
							Mulden		Holzlast				Dampf		Diesel	
	60	75	60	75	60	75	60	75	60	75	60	75	60	75	60	75
a) ausgeliefert (Osten)	364	37	729				2631	14		40			44	1	55	3
b) Lagerbestand																
1) aus Industrie beschl.	336		656		99		1625	16					35		65	1
2) erbeutet	2044		184		828		281				61		116		65	
Summe b)	2380		840		927		1906	16			61		151		130	1
e) Neufertigung bis 1.4.'41	1300												30			

In der Handakte des Befehlshabers der Eisenbahntruppen befindet sich übrigens mit Datum vom 5. Dezember 1940 auch eine »Übersicht über die Spurweiten in den europäischen Staaten und den Mittelmeerländern«. Hier wird deutlich, mit welchem Gedanken sich der Chef des Transportwesens seinerzeit befassen mußte.

Vielleicht mögen diese Gedanken an ferne Länder auch dazu beigetragen haben, daß für die neue Heeresfeldbahn sehr schwere Lokomotiven konstruiert wurden, die eigentlich nur auf gut ausgebauten, weiträumigen Netzen verkehren konnten. Gemeint sind die 1E1-Heißdampfmaschinen, wovon je drei Stück 1941 von Henschel und 1942 von Jung gebaut wurden. In Rußland sind sie später nie aufgetaucht, vielleicht waren sie aber auch für den afrikanischen Kriegsschauplatz gedacht. Mindestens zwei fanden sich später in Jugoslawien wieder. Aber dort gab es noch Vorbilder aus dem Ersten Weltkrieg: Für den schweren Güterverkehr auf der serbischen Ostbahn mit ihren Steilrampen baute Borsig 1913 große CC-Mallet-Naßdampf-Tenderlokomotiven, spätere jugoslawische Reihe 91. Sie bewährten sich, und deshalb baute nach 1914 Henschel 46 solcher Tenderlokomotiven für die k. u. k. Heeresfeldbahnen. Nach Ende des Ersten Weltkrieges fielen 34 dieser Lokomotiven an Jugoslawien. Sie standen hauptsächlich auf den Steilrampen über das Sargan-Gebirge zwischen Sarajevo und Titovo Użice in Betrieb. Eine aus dieser Heeresbahntype weiterentwickelte Mallet-Lokomotive mit Überhitzer und vierachsigem Zusatztender lieferte Henschel 1917 in 20 Exemplaren ebenfalls an die k. u. k. Heeresbahn für Strecken in Ost-Bosnien und Serbien. Dann folgten 1922 noch einmal 19 weitere als Reparationslieferung für Jugoslawien. Ob die Bewährungsprobe im Weltkrieg 1914/18 Pate gestanden hat bei der Konstruktion der großen 1E1-Maschinen der neuen Heeresfeldbahn?

2.4 ÜBUNGSFELDBAHN SPERENBERG

Oben wurde bereits gesagt, daß das neue Eisenbahn-Pionier-Regiment 68 unter Oberst v. Donat seinen Standort in Sperenberg bei Berlin hatte. An diesem Ort und in seiner Umgebung lag nun ab Ende 1936, wie schon zu Kaisers Zeiten, das neue Zentrum des deutschen Heeresfeldbahnwesens. Dort lagen auch Schießplätze und weites Manövergelände. Unter verschiedenen militärisch-organisatorischen Zuständigkeiten entstanden hier vor allem der »Heimat-Eisenbahnpionier-Park Rehagen-Klausdorf« und die »Übungsfeldbahn des Feldbahn-Lehrkommandos« (In 10) mit einer Werkstattkompanie.

Schon vor dem Ersten Weltkrieg, etwa ab 1900, hatte man ja südlich von Berlin im Gebiet von Jüterbog und Luckenwalde bei den Ortschaften Rehagen, Klausdorf und Sperenberg neben einem großen Artillerie-Schießplatz auch eine Pionierschule aufgebaut. Die damals noch junge Eisenbahn-Pioniertruppe legte 1900 sogar den Oberbau für die seinerzeitige Kleinbahn Jüterbog–Luckenwalde mit ihren Strecken nach Dahme und Ückrow in einer Gesamtlänge von nahezu 80 km. Dies geschah im Zuge der Ausbildung und erfolgte nach bestimmten Richtlinien unter Zahlung eines Zuschusses an die Truppe. Wir erinnern uns, daß etwas nördlich von der Kleinbahn die Übungsbahn der Eisenbahnbrigade von 600 mm Spurweite gelegen hatte, die südlich von Kummersdorf (Dorf) die KME-Strecke von West nach Ost überquerte und in Form eines Ringes nach Rehagen-Klausdorf zurückführte.

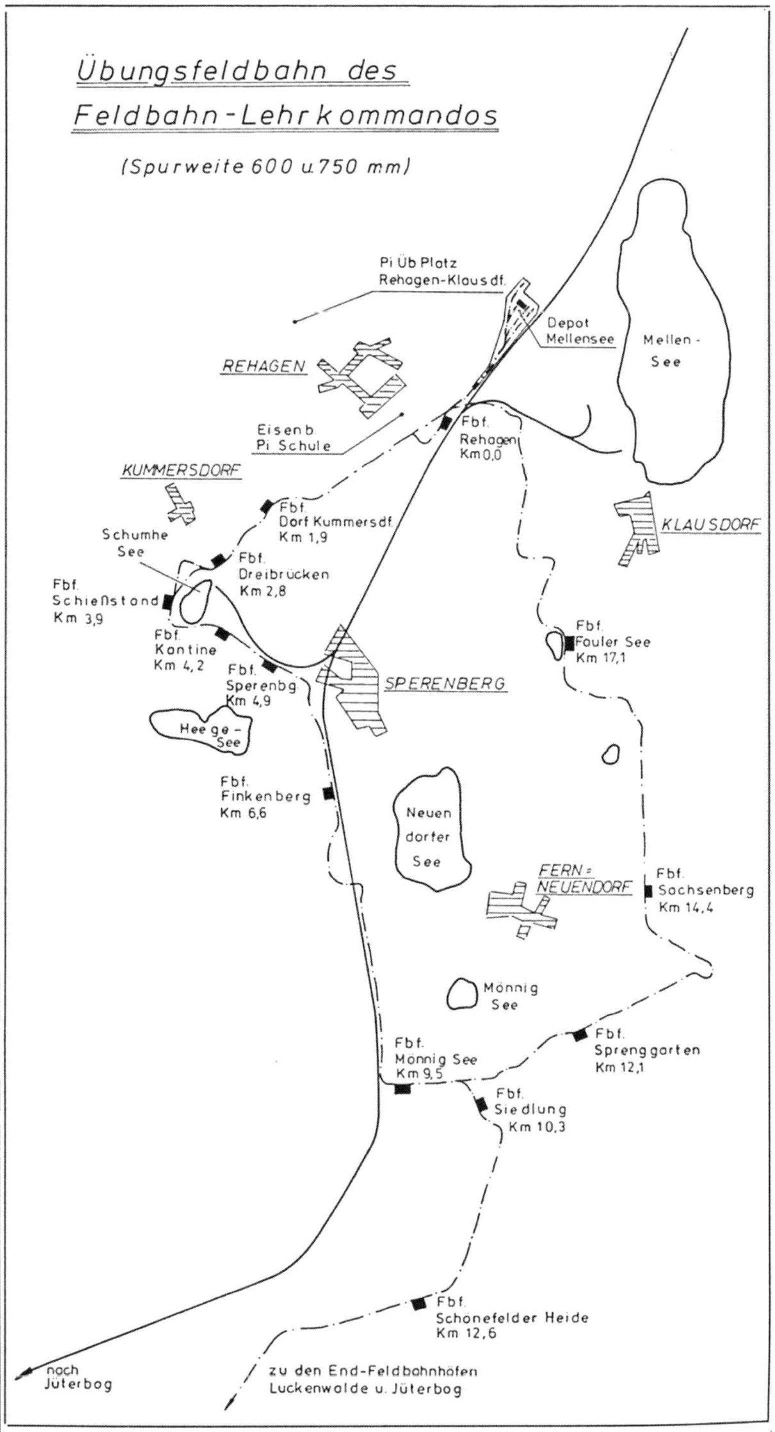

Übersichtskarte der »Übungsfeldbahn des Feldbahn-Lehrkommandos« mit 60 und 75 Zentimeter Spurweite an der Eisenbahnpionier-Schule Rehagen-Klausdorf, Stand etwa 1939. Die Karte zeigt den nördlichen Ring um Sperenberg und Kummersdorf mit dem Beginn der Verbindungsstrecke zur früheren Kreiskleinbahn Jüterbog – Luckenwalde. Schwarz ausgezogen ist die Reichsbahnstrecke Zossen – Jüterbog, vormals KME. *(Skizze: Jördens)*

Als nun 1938 die 750-mm-Spur zusätzlich eingeführt worden war und man in Rehagen-Klausdorf die praktische Arbeit aufnahm, wurde eine vergrößerte Ringbahn von etwa 20 km Länge mit Dreischienengleis für 600/750 mm in dieser Gegend neu verlegt. Zugleich wurden umfangreiche Baumaßnahmen für Personalunterbringung, Werkstätten, Lager- und Fahrzeugschuppen durchgeführt.

Am Mellensee, 3 km nördlich von Rehagen an der früheren KME, wurde ein umfangreiches »Depot I« für Oberbau und Rollmaterial gebaut. Selbst Vollbahn-Gleismaterial wurde dem Übungsgelände (zum Üben und als Mobilmachungsreserve) zugeführt.

Während all dieser Zeit warfen die Militärs bereits ein Auge auf die Kreiskleinbahn Jüterbog-Luckenwalde. Diese hatte am 31. Oktober 1936, möglicherweise wegen der vielen benachbarten Militäranlagen, ihren Personenverkehr aufgeben müssen. Bald darauf wurde von der Übungsbahn der Eisenbahnpioniere eine etwa 12 km lange Verbindungsbahn südwärts vom Mönningsee über die Schönefelder Heide und Dümde nach dem neuen Feldbahnhof »Gleisdreieck« bei Jänickendorf in 750 mm Spurweite errichtet, so daß die Eisenbahnpioniere die Kreisbahn ebenfalls befahren konnten. Für »Fernzüge« standen ihnen nun fast 100 km Betriebslänge zur Verfügung.

Am 15. Februar 1939 stellte die zuvor wohl bereits unwirtschaftlich arbeitende Kleinbahn auch ihren Güterverkehr ein. In den Haushalts-Voranschlägen der Inspektion 10 sind bereits 1938 für die Jahre 1941/42 und 1942/43 sodann zwei Raten (1. Rate: km 0 bis km 25 und km 0 bis km 9,5, zusammen 500 000 RM; 2. Rate: km 25 bis km 52 und km 0 bis km 10, zusammen 600 000 RM) mit dem Titel »Übernahme der Kleinbahn« enthalten, so daß anzunehmen ist, daß das (vorläufige) Ende dieser Kleinbahn durchaus im Sinne der Truppe war.

Über den Eisenbahnpionier-Park Mellensee gibt auch der nachfolgende Bericht eines ehemaligen Offiziers der Eisenbahnpioniere Aufschluß: »Meines Wissens befand sich in diesem Heimat-Eisenbahnpionier-Park das einzige Heeresfeldbahn-Depot. Während wir an der Front 1943 mit sieben verschiedenen Schienenprofilen und selbstgefertigten Schwellen fertig werden mußten, lag dort das Rahmengleis satzweise in Stapeln. 3 km südlich des Depots, um den Bahnhof Rehagen-Klausdorf herum, erstreckte sich die Kaserne des Eisenbahn-Pionierregiments 68, im Kriege benutzt von der Eisenbahn-Pionierschule. Von einem Endbahnhof mit Lokschuppen und Werkstätten innerhalb des Kasernengeländes führte annähernd parallel zur Vollbahn eine 750-mm-Bahn mit

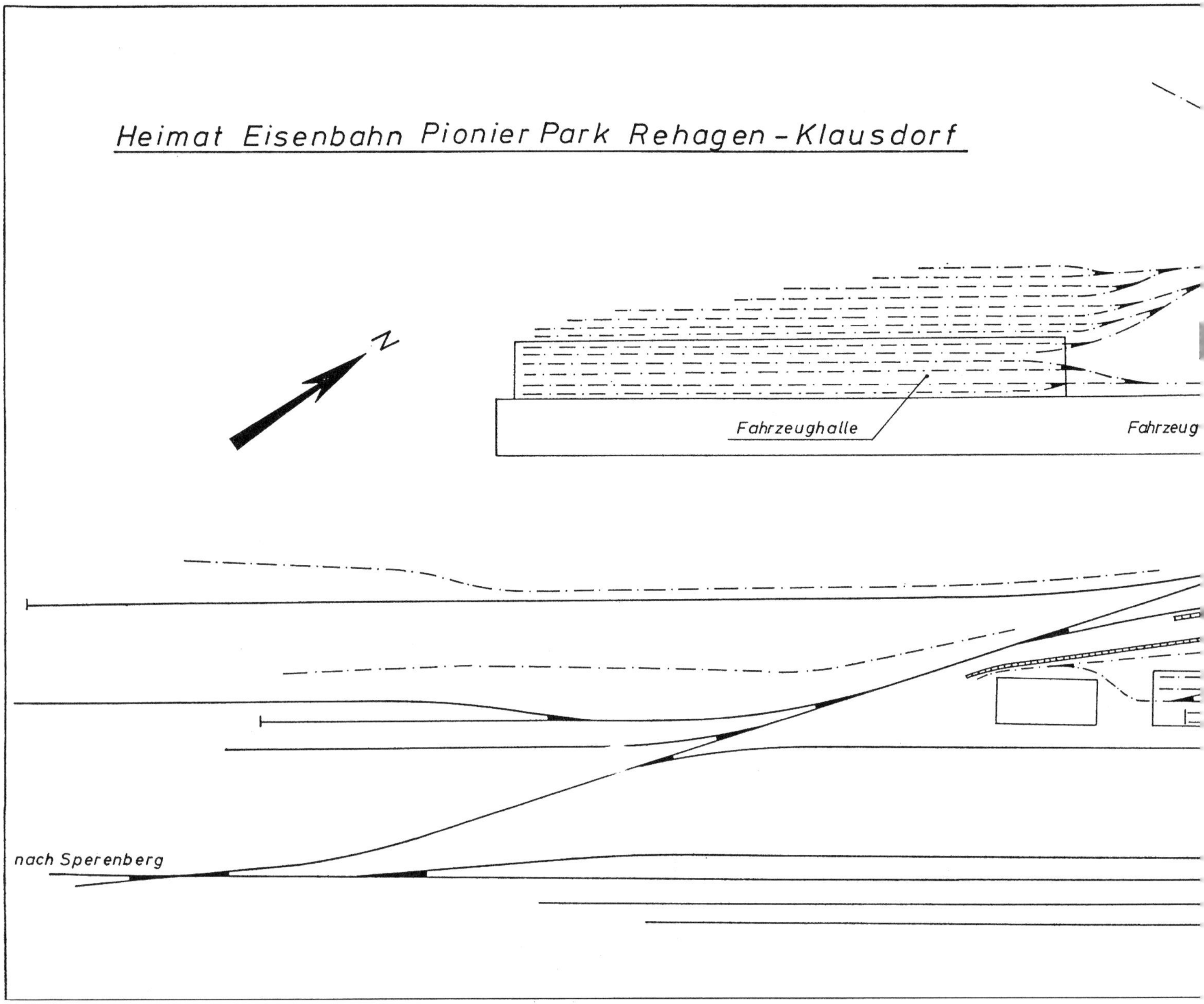

eingelegter Schiene für 600-mm-Feldbahn über Sperenberg – Schumkasee – Kummersdorf mit Anschluß nach Giersdorf – Dahme und Jüterbog, die im Regelbetrieb zur Ausbildung von Lokführern und Betriebspersonal des Feldeisenbahn-Betriebskommandos befahren, ausgebaut und unterhalten wurde. Ein großer Teil der Offiziersanwärter der Eisenbahnpioniere hat hier einmal eine Lok bedienen müssen. Fast stündlich pendelte ein Zug zwischen der Eisenbahnpionierschule und dem Eisenbahnpionier-Ersatzbataillon in Sperenberg mit den Brückenbau-Übungsstellen am Schumkasee.
So konnten die Lehrgänge schnell auf die Übungsplätze gelangen, ohne Kraftfahrzeuge einsetzen zu müssen.«
Noch eine Anmerkung von Paul Dost: »Die Artillerie-Werkbahn in Kummersdorf (Schießplatz) hatte immer schon 750-mm-Spur gehabt, blieb aber ohne Verbindung mit dem Feldbahn-Ring, weil sie allein der Artillerie-Prüfungs-Kommission diente.«

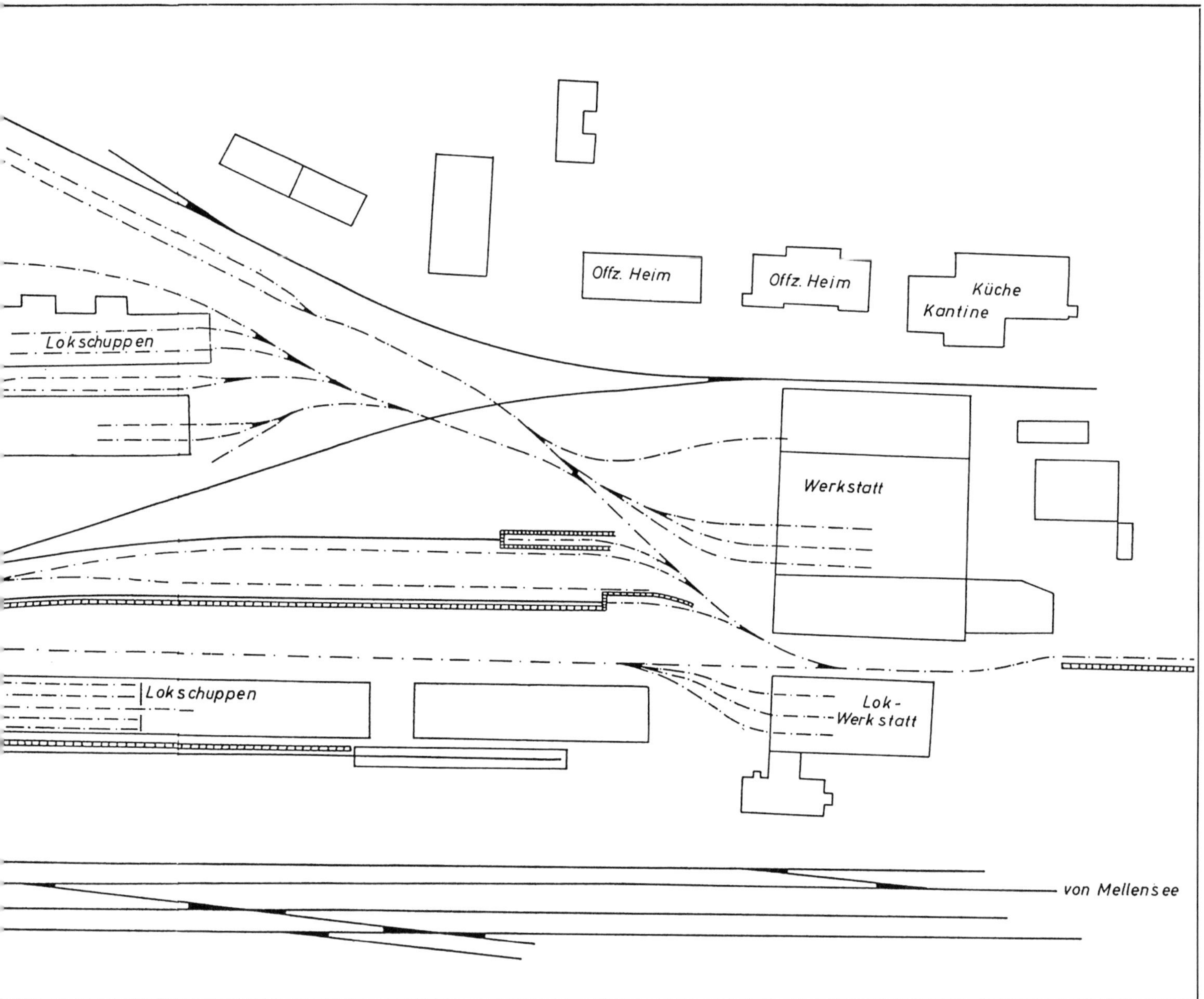

Außer für die als »Übungsbahn« bezeichnete Anlage in Sperenberg hatte die Inspektion 10 (Oberst Fritz Strobl) im Jahre 1938 auch Mittel für eine »Feldbahn Fürstenwalde« (Grunderwerb, Überführung von Material aus Sperenberg, Bau von fünf Schuppen) im Haushaltsjahr 1939/40 eingesetzt. Hier dürfte es sich um Material für das Eisenbahnpionier-Lehrbataillon 2 gehandelt haben; ob die Anlage gebaut wurde, ist nicht bekannt.

Übersicht der Gleisanlagen im »Depot I Rehagen-Klausdorf« am Heimat-Eisenbahnpionier-Park, aufgestellt anläßlich einer geplanten Erweiterung der Fahrzeughalle. Eine Fülle von Aufgaben und Zuständigkeiten traf hier zusammen: Das »Feldbahnlehrkommando« hatte den Lokschuppen und die Gebäude an der Vollbahnstrecke Jüterbog – Zossen unter sich, die Werkstatt-Kompanie saß in den Werkstätten rechts, während der Heimat-Eisenbahnpionier-Park die Gebäude links oben (Lokschuppen, Fahrzeugschuppen, Fahrzeughalle) als Lager nutzte. Zum Bereich der Kommandantur gehörten die Kantinen und Heime rechts. *(Skizze: Jördens)*

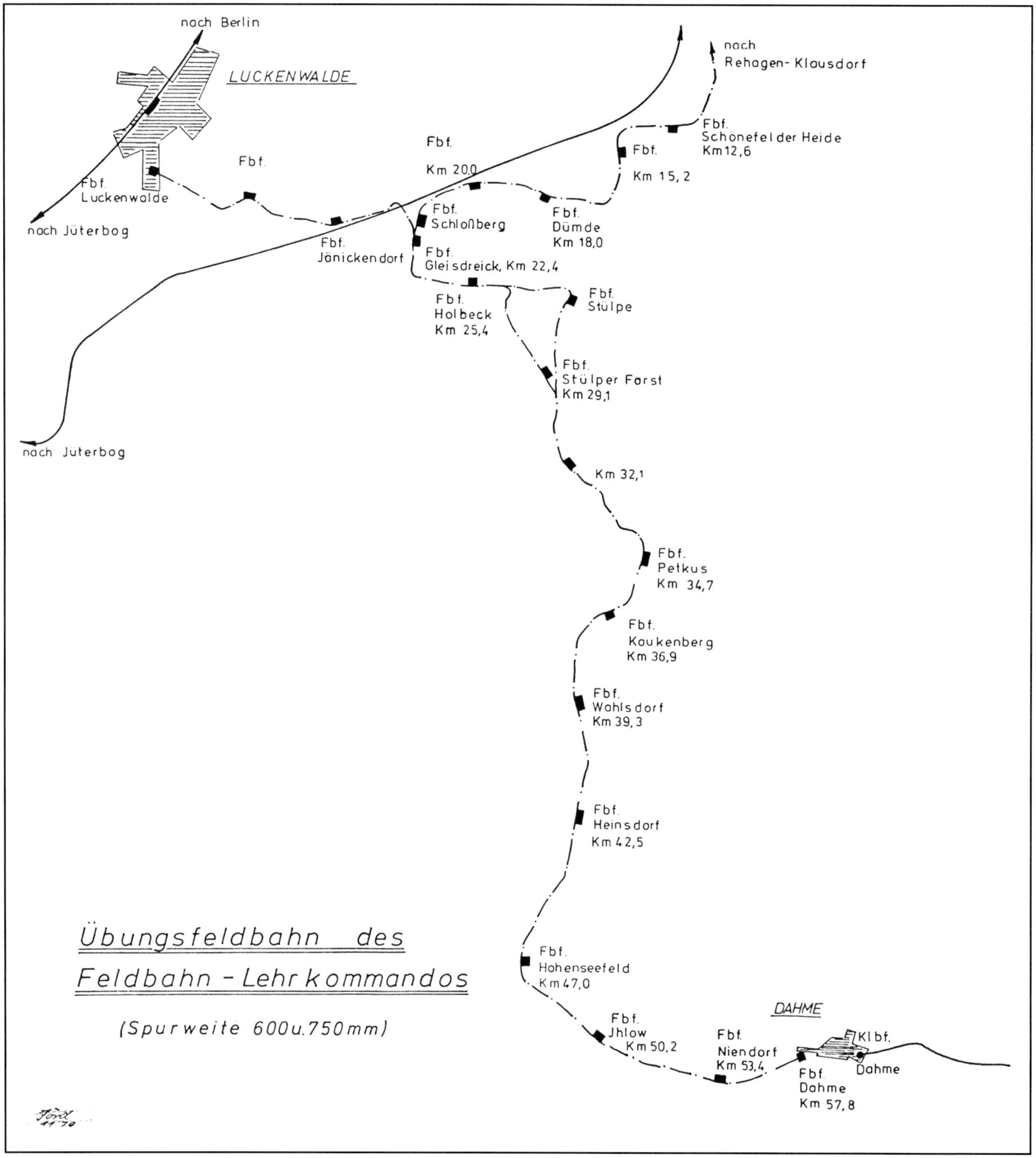

Übersichtskarte des südlichen Abschnitts der Sperenberger »Übungsfeldbahn« im Jahre 1939. Im Norden an der ehemaligen KME-Strecke die neue Verbindungsbahn nach Sperenberg (Anschluß an die vorangegangene Karte), ferner die Kleinbahnstrecke Luckenwalde – Dahme. Nicht dargestellt ist die Kleinbahnstrecke von Jüterbog nach Hohenseefeld.

Eine Henschel-Baulokomotive der Heeresfeldbahn auf zweispurigem Gleis, also wohl in Rehagen-Klausdorf aufgenommen. Die Lok des Typs »Monta« trägt die Nummer 107. *(Foto: Sammlung Ess)*

Auf der Probestrecke in Rehagen-Klausdorf: Henschel-Baulok der Type »Helfmann« (F.-Nr. 25 701) und eine der drei großen 1E1-Maschinen von Henschel (F.-Nr. 26 167–169) bei den ersten Gehversuchen. *(Foto: Nachlaß Dr. Ewald)*

3. Fahrzeuge der Heeresfeldbahn

3.1 ÜBERSICHT

Betrachten wir nun die Triebfahrzeuge der deutschen Heeresfeldbahnen des Zweiten Weltkrieges etwas näher. Anfänglich hat der Wunsch bestanden, auch die Heeresfeldbahnen so »modern« wie andere motorisierte Einheiten auszurüsten und auf Dampflokomotiven ganz zu verzichten, doch kam man von dieser Auffassung allein wegen des zu erwartenden Treibstoffproblems bald wieder ab: Fortan wurden, je nach Verwendungszweck, Dampfloks und Motorloks gleichzeitig entwickelt und beschafft.

Schon zur Jahreswende 1936/37 begannen die ersten geheimgehaltenen, aber offiziellen Konstruktionsbesprechungen zwischen der zuständigen Amtsgruppe für Entwicklung und Prüfung des Heereswaffenamtes (»WaPrüf 5«) und den einzelnen Lokomotivfabriken wegen der Entwicklung von für den Feldbahndienst geeigneten Lokomotiven. Erste Überlegungen sahen vor, den Dienst (»in Stellungen«) auf kurzen, leichten Strecken und in Depots von gängigen Bau-Lokomotiven mit rund 70 PS Leistung versehen zu lassen, während (»für Nachschubzwecke«) schwerere Streckenloks von 100 bis 150 PS Leistung neu zu entwickeln waren.

Als Rahmenbedingung für die Konstruktion wurde eine robuste, auch gegen Umstürzen wenig anfällige Ausführung als Naßdampflok aufgestellt, die zumeist beide vorkommenden Spurweiten (600 und 750 mm) nach entsprechender Anpassung befahren können sollte. Wie im Ersten Weltkrieg, so sollten auch die neuen Loks wieder mit Vorrichtungen zum Wasserheben (Elevator) ausgerüstet sein. Die Mehrzahl der Maschinen war als Halbtenderlok zu konzipieren, das heißt, daß Vorräte auf der Lokomotive selbst die Einzelfahrt ermöglichen mußten, während für längere Strecken der – bald in zwei Typen vereinheitlichte Tender – mitgeführt werden sollte.

Eine Zusammenfassung vorab erleichtert die Bewertung: Bei einigen der entwickelten Versuchs-Dampflokomotiven ist eine deutliche Ähnlichkeit mit den letzten Entwicklungen des Ersten Weltkrieges unverkennbar; gemeint sind die Entwicklungen 1917/18 von E-gekuppelten Tenderlokomotiven der Firmen Borsig und Schwartzkopff. Bei der zukünftigen Streckenlokomotive einigte man sich schließlich auf eine C-gekuppelte Naßdampflokomotive (110 PS) mit zweiachsigem Schlepptender und auf eine ebenfalls C-gekuppelte Diesellok (130 PS) mit hydraulischem Getriebe. Als Vorbau- und Rangierloks für freie Feldbahnstrecken wurde eine Reihe von B- und C-gekuppelten Tenderloks gebaut (60–90 PS). Im wesentlichen rekrutierte sich diese Kategorie aber aus Beschlagnahmen innerhalb der Wirtschaft und später auch aus Beutelokomotiven, vornehmlich aus Frankreich. Für die innerhalb der Festungsbauten des Westwalls zu errichtenden 60-cm-Feldbahnen wurde eine Reihe von kleinen Diesel-B-Kupplern (50 PS) entwickelt und vorgesehen.

Mit der nachstehenden Tabelle wird versucht, übersichtlich die verschiedenen Lieferungen an Heeresfeldbahnloks zusammenzufassen. Wegen der unsicheren Quellenlage sind gewisse Schwankungen um ein bis zwei Lokomotiven pro Fabrik möglich, doch genügt die Liste für einen ersten Einblick. Dazu kamen die – allein bis Herbst 1940 schon 116 Stück umfassenden – Beuteloks.

Tabelle 5: Heeresfeldbahn-Dampfloks 1938 bis 1945 nach Achsfolgen

Achsanordnung	Bt	C/Ct	D	E	1E1	ges
Borsig	-	-	-	1	-	1
Chrzanow	-	30	-	-	-	30
ČKD	-	6	-	-	-	6
FRANCO-BELGE	-	-	55 *)	-	-	55
Henschel	~ 61	~ 83	-	5	3	~ 152
Jung	1	44 **)	-	1	3	49
Krauss-Maffei	-	1	1	1	-	3
Krupp	1	1	3	-	-	5
O & K	11 ***)	2	1	1	-	15
Summe	74	167	60	9	6	316

*) Baulos der KDL 11 umfaßte 55 Stück, davon wurden 44 erst nach Kriegsende fertiggestellt und in Frankreich behalten

**) davon 8 Stück erst 1950/52 fertiggestellt

***) davon eine Lok für die Luftwaffe s. Text

3.2 ZUM NUMMERNSYSTEM DER FELDBAHNLOKOMOTIVEN

An dieser Stelle einige Bemerkungen zum Bezeichnungssystem der Heeresfeldbahnloks. Regelrecht »Nummernpläne«, wie sie von der Reichsbahn her bekannt sind, liegen nicht vor. Eine gewisse Übersicht läßt sich aus den Fahrzeuganschriften aber ableiten; dazu kommen jüngere Forschungen von Herbert Fritz (»Die Pinzgauer Lokalbahn«, Murau 1976, S. 63 – 77).

Die frühen Prototypen der Jahre ab 1937 hatten das Eigentumsmerkmal »WaPrüf 5« und eine laufende Nummer. Sie waren demnach als Gerät des Heereswaffenamtes, Prüfgruppe 5, inventarisiert. Einige bekannte Nummern sind 75 für die Borsig-Fabriknummer 14 806 (En2-Halbtenderlok) oder 154 für die Krauss-Maffei-Fabriknummer 15 791 (En2-Halbtenderlok). Es ist nicht anzunehmen, daß diese Nummernreihe durchgehend mit Lokomotiven besetzt war; vielmehr wurde wohl auch anderes militärisches Gerät von der Amtsgruppe »WaPrüf 5« beschafft und eingenummert.

Nach dem Ende der Prototyp-Bestellungen ging man zu einem eigenen Nummernschema der Heeresfeldbahn über, das etwa ab 1940 galt. Damit wurden die Loks der Truppe bezeichnet, die ohnehin nicht mehr über »WaPrüf 5« ausgeliefert wurden. Die neue Nummer bestand aus den Kennbuchstaben »HF« (für Heeresfeldbahnen) sowie zwei Zifferngruppen. Die erste Zifferngruppe gab ein Zehntel der Leistung in PS an, während die zweite Gruppe sich aus Spurweite und »laufender Nummer« zusammensetzte. Die erste Lok einer Serie mit 200 PS für 75 cm Spurweite (zum Beispiel die Henschel-Baulok Typ »Krutwig«, Fabriknummer 25 702) hieß demzufolge »HF 20 751«, während die kleinen Cn2-Halbtenderloks mit 110 PS als »HF 11 751 ff.« eingenummert wurden. Bei mehr als neun Loks einer Leistungsklasse und Spurweite ging man auf die nächste Zehnerreihe über; Motorloks erhielten zusätzlich ein »M« vor den Nummern, zum Beispiel »HF M 13 982« für eine der üblichen 130-PS-Dieselloks mit drei Achsen.

Zu besonderer Verwirrung trägt bei, daß die HF-Nummern wohl in der Reihenfolge der Anlieferung (»verworfen«) und nicht in der Folge der Fabriknummern vergeben wurden, so daß innerhalb der Serien aus einer bekanntgewordenen HF-Nummer keine weiteren abgeleitet werden können.

In der zweiten Kriegshälfte ging man immer häufiger dazu über, die Fabriknummer der Lok selbst auch als Feldbahnnummer zu verwenden, um den »Papierkrieg« zu vereinfachen: Abschreibfehler und Verwechslungen zwischen F.-Nr. und HF-Nr. waren besonders bei den Dampfloks üblich. Selbst innerhalb einer Lieferserie kamen beide Bezeichnungsweisen verworfen vor, so bei der Cn2-Halbtenderlok von BMMF aus dem Jahre 1944. Möglicherweise erfolgten die unterschiedlichen Numerierungen auch abhängig davon, ob die Lieferung an das Oberkommando des Heeres oder an den Befehlshaber des Ersatzheeres erfolgte, doch liegen dazu gesicherte Erkenntnisse nicht vor.

Neben den Neuentwicklungen der Jahre ab 1938 finden sich im Nummernsystem der Heeresfeldbahn allerhand ältere Lokomotiven. So ist als »WaPrüf 5/200« ein echter Gelegenheitskauf, die Lok 1 (11) der Kreuznacher Kleinbahn (F.-Nr. Krauss 7651/1920, Achsfolge C 1), verzeichnet. Auch alte Brigadeloks (HF 27 = Krauss 6942/1914) und »Illinge« (WaPrüf 5/116 = Henschel 6339/1914) sind nachgewiesen; dazu kamen etliche Zweikuppler-Bauloks von Autobahn-Baustellen und Fabriken. Sie dürften zumeist als Probe- und Schulungslokomotiven für Sperenberg angekauft worden sein, doch gelangten sie im Verlauf des Krieges gelegentlich auch zu Fronteinheiten und schließlich in das Depot von Mittersill in Österreich. Neben Dampfloks kamen auf diesem Weg auch einige Motorloks von Deutz, O & K, Windhoff und Billard zur Heeresfeldbahn.

3.3 DAMPFLOKOMOTIVEN

3.3.1 Die Cn2-Halbtenderlokomotiven von 1938 (Prototypen)

Den wohl ersten eigenständigen Entwurf über eine neue Heeresfeldbahnlok stellte Henschel & Sohn, Kassel, über eine dreiachsige Halbtender-Außenrahmenlokomotive am 19. März 1937 für das Heereswaffenamt auf. Der Entwurf entsprach durchaus den Anforderungen der Militärs, wurde aber wenige Wochen darauf mit einem etwas vergrößerten Tender (Wasser nun 5,8 statt 2,7 m^3, Kohle nun 2,0 statt 1,0 m^3, Achsstand 1300 mm statt 1100 mm) neu gezeichnet und am 7. April 1937 abermals dem Heer angeboten.

Zu dieser Zeit liefen auch schon die Gespräche mit anderen Lokfabriken, denn das Waffenamt sah anfangs die Erprobung von Modellen verschiedener Hersteller vor. Einheitlich für die Prototypen wurde aber bereits der zweiachsige Feldbahntender festgelegt, der im nächsten Planungsschritt – Mitte 1937 – diesem Henschel-Entwurf beigegeben wurde. Sein Achsstand belief sich nun, wie die Zeichnungen erkennen lassen, auf

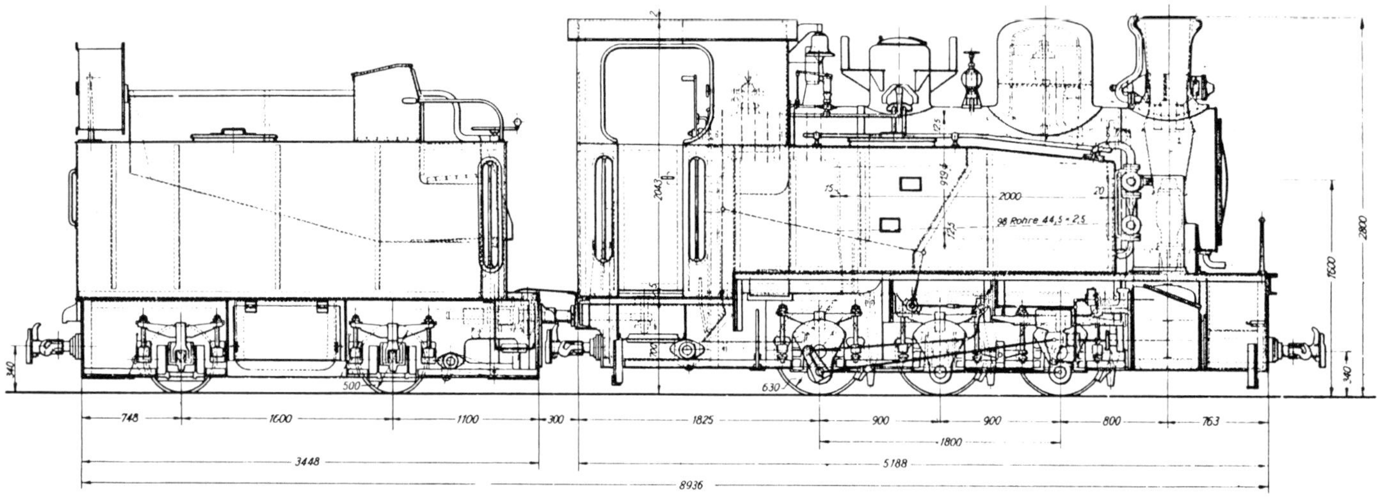

Hauptabmessungen:

Tender:		Lokomotive:			
Raddurchmesser	500 mm	Spurweite	600 mm	Heizfläche wb.	32,0 m²
Achsstand	1600 mm	Zylinderdurchmesser	300 mm	Wasservorrat	1,6 m³
Wasservorrat	6,0 m³	Kolbenhub	300 mm	Kohlenvorrat	0,6 m³
Kohlenvorrat	2,5 m³	Raddurchmesser	630 mm	Größte Breite	2220 mm
Leergewicht etwa	4,5 t	Achsstand	1800 mm	Leergewicht etwa	14,3 t
Dienstgewicht	12,5 t	Dampfüberdruck	13 kg/cm²	Dienstgewicht	18,0 t
		Rostfläche	0,7 m²	Zugkraft $0{,}6 \cdot p \cdot \frac{d^2 \cdot h}{D}$ =	3340,0 kg

Übersicht der Henschel-Halbtenderlok von 1938, Fabriknummern 23 902 und 903, für 600-Millimeter-Spur. *(Skizze: Henschel)*

Henschel-Halbtenderlok F.-Nr. 23 902 mit Außenrahmen und Hallschen Kurbeln. *(Werkfoto)*

Prototyp zur Halbtenderlok für die Heeresfeldbahn von Jung, Fabriknummer wohl 8643/1939. *(Werkfoto)*

1600 mm, der Wasservorrat auf 6 m^3, Kohle etwa 2,5 m^3 und Leergewicht 4,5 t. Eine Spule für Elevatorschlauch war neu vorgesehen.

Zu diesem Zeitpunkt wurde auch der Lokomotivkessel noch einmal durchgesprochen: Statt der 108 Rohre 41,5 x 2,5 der beiden alten Skizzen weist der letzte Entwurf von Mitte 1937 nun 98 Rohre der Dimension 44,5 x 2,5 auf. In dieser Form bestellte das Waffenamt bei Henschel unter den Fabriknummern 23 902 und 903 zwei Lokomotiven für 600 mm, die 1938 an »WaPrüf 5« geliefert wurden. Sie dienten zum Vergleich mit Projekten von Krauss-Maffei, O & K, Jung und Krupp; ihre Weiterentwicklung machte als HF 110 C von Henschel und Jung dann Feldbahngeschichte. Über den Verbleib der 23 902/903 nach dem Kriege ist nichts bekannt geworden.

Die Firma Jung in Jungenthal bei Kirchen an der Sieg war mit Projekten zu einer ähnlichen Tenderlok mit drei Kuppelachsen, aber mit Innenrahmen, beauftragt. Zu dem Typenbild der hierauf gebauten Maschine, die vor dem Fünfkuppler Nr. 8643/1939 geliefert wurde, dürfte die Fabriknummer 7860/1938 lauten. Hinweise über ihren Verbleib liegen nicht vor.

Von Orenstein & Koppel ist zu berichten, daß dieses Werk nur zwei kleine Dreikuppler an das Heereswaffenamt geliefert hat, und zwar im Juli 1939 die beiden Fabriknummern 13 211 – 212 mit 600-mm-Spur und 50 PS Leistung, Bauart Cn2t.

3.3.2 Krauss-Maffei-Prototypen von 1940, Bauarten Cn2, Dn2 und En2

Eine ganze Typenreihe von Heeresfeldbahnlokomotiven mit Innenrahmen zu drei, vier und fünf Achsen in den Leistungsklassen von 100, von 140 und von 180 PS ließ das Waffenamt bei der Münchner Lokomotivfabrik aufstellen. Soweit möglich, wurden Teile und Baugruppen für alle drei Modelle einheitlich ausgeführt. Die Loks waren für 750 mm Spurweite gebaut, konnten aber auf 600 mm umgearbeitet werden; auch der Aufbau als Halbtenderlok entsprach dem von den anderen Entwürfen gewohnten. Als kleinster befahrbarer Krümmungsradius werden 25 m angegeben.

Je ein Exemplar der drei Typen bestellte das OKH bereits am 20. Juni 1938. Die Ablieferung erfolgte erst Ende 1940:

Cn2	KM 15 790	5. 11. 1940
Dn2	KM 15 791	20. 11. 1940
En2	KM 15 792	8. 6. 1940

Der Vierkuppler trug später die Anschrift »WaPrüf 5/ Nr. 154«. Als diese Maschinen zur Erprobung bereitstanden, hatte der Krieg bereits eine Anzahl weiterer Beschaffungen bei anderen Werken notwendig gemacht; man kam in der Folge nicht mehr auf diese Typen zurück. Krauss-Maffei hat, soweit bekannt, keine weiteren Heeresfeldbahnloks geliefert. Nach dem

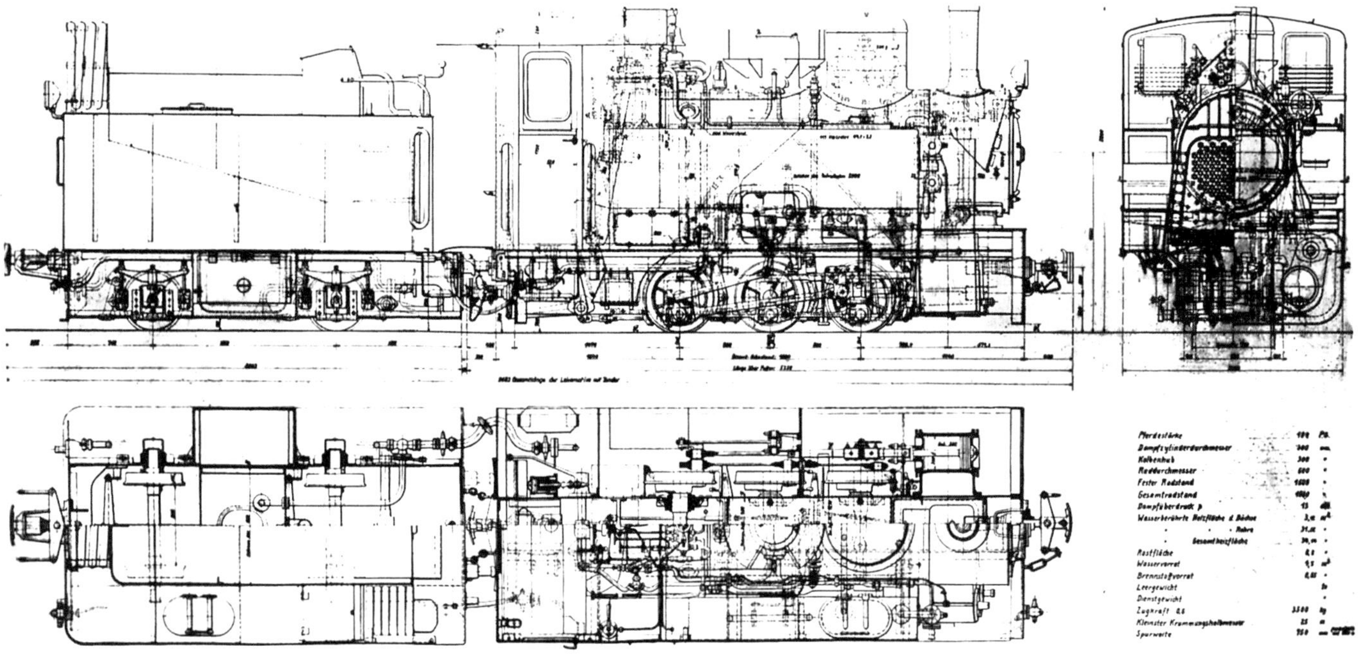

Übersicht der Dreikuppler Heeresfeldbahnlok von Krauss-Maffei mit Innenrahmen, Spurweiten 750 und 600 Millimeter. *(Werkbild)*

Unter Fabriknummer 15 791 baute Krauss-Maffei 1940 ein Vierkuppler-Musterstück mit veränderlicher Spurweite. Bemerkenswert die weitreichende Nietbauweise. *(Werkfoto)*

Rückansicht des Vierkupplers von Krauss-Maffei mit einem seltenen Blick auf die Führerhausrückwand der Halbtenderlokomotive. Hier ist gut die Aussparung im Frontblech zu erkennen, durch welche die Kolben nach vorn herausgenommen werden konnten. (Werkfoto)

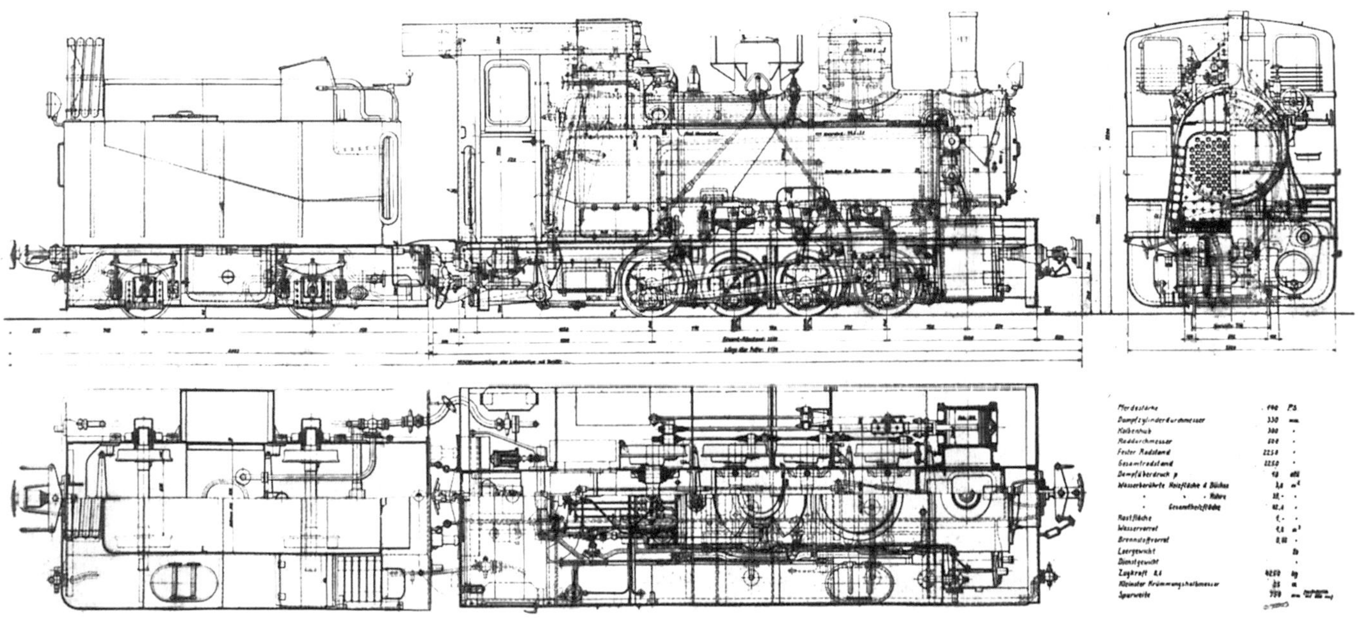

Übersicht des 140 PS starken Vierkupplers von Krauss-Maffei. (Werkfoto)

Größter Prototyp von Krauss-Maffei war die Eh2-Maschine von 1940, Fabriknummer 15 792. Aufnahme im Fabrikgelände. *(Werkfoto)*

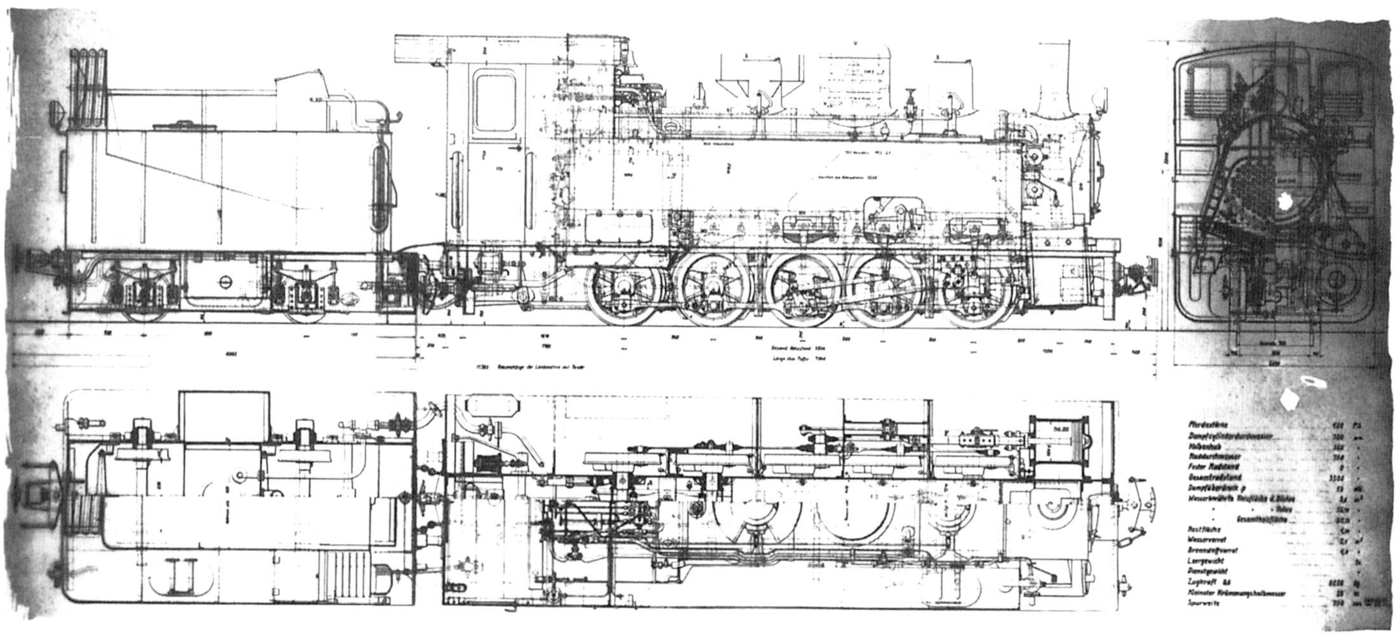

Typenskizze des Fünfkupplers für die Heeresfeldbahn aus München, gebaut 1939/40. *(Werkbild)*

Tabelle 6: Technische Daten der Krauss-Maffei-Feldbahnlokomotiven

		Cn2	Dn2	En2
Leistung	PS	100	140	180
Zylinder-Dmr.	mm	300	330	380
Kolbenhub	mm	300	300	350
Raddurchmesser	mm	600	600	750
Fester Radstand	mm	1600	2250	0
Radstand Lok	mm	1600	2250	3500
Länge ü. P.	mm	9403	10 243	11 393
Rostfläche	m^2	0,8	1,0	1,34
Heizfläche	m^2	34,14	42,6	60,25
Wasser	m^3	1,5	1,8	2,1
Kohle	m^3	0,65	0,85	1,0
Zugkraft (0,6)	kg	3500	4250	5250

Gemeinsame Daten:
Kesseldruck 13 atü, Breite 2000 mm, Höhe 2800 mm.

Krupp-Heeresfeldbahnlok mit drei Kuppelachsen, Fabriknummer 1773 von 1938. (Werkfoto)

Kriege war die Lok 154 bei der slowakischen Waldbahn Oscadnica – Zakamenne an der polnischen Grenze im Einsatz (vgl. H. Fröhlich in »Eisenbahn« 5/1969, S. 74, m. Bild).

3.3.3 Krupp-Prototypen von 1937/38, Bauarten Bn2, Cn2 und Dn2

Angesichts der nach wie vor komplizierten Quellenlage hinsichtlich aller Krupp-Lieferungen an das Militär können wir über die Heeresfeldbahn-Lokomotiven aus dieser Fabrik wenig mehr sagen als aus den Werkaufnahmen ersichtlich ist. Dem Vernehmen nach sollen fünf Exemplare geliefert worden sein. Die Bilder lassen Innenrahmen und recht große Wasserkästen erkennen; ein Wasserbehälter mag auch zwischen den Rahmenwangen gelegen haben. Folgende Maschinen sind bekannt: Für den Pionierpark Sperenberg zwei Dt-Loks (F.-Nr. 915 – 916/1938) in 750-mm-Spur sowie für das OKH drei Mustermaschinen in 600-mm-Spur als Bt (F.-Nr. 1711/1937), als Dt (1772/1938) und als Ct (1773/1938). Letztgenannte Lok gehörte zur 110-PS-Klasse. Verwendung und Nachkriegsgeschichte der Krupp-Lokomotiven liegen im Dunkeln.

3.3.4 Schwartzkopff-Dn2-Halbtenderlok von 1939

Als Ausgangsmodell für die spätere Kriegsdampflokomotive KDL 11 beansprucht diese Schwartzkopff-Entwicklung einer »D-Naßdampf-Tenderlokomotive mit zweiachsigem Hilfstender für leistungsfähige Transportbahnen« in 600 mm Spurweite besondere Aufmerksamkeit. Die hier wiedergegebene Skizze wurde erstaunlicherweise bereits 1938 in dem Firmenkatalog der Lokfabrik BMAG veröffentlicht. Dabei findet sich folgende Beschreibung der Einzelheiten: »Barrenrahmen, zwei

Enge Verwandtschaft mit dem Dreikuppler zeigte die vierfach gekuppelte Probelokomotive von Krupp, Fabriknummer 1772/1938, ausgestattet mit Heeresfeldbahntender. (Werkfoto)

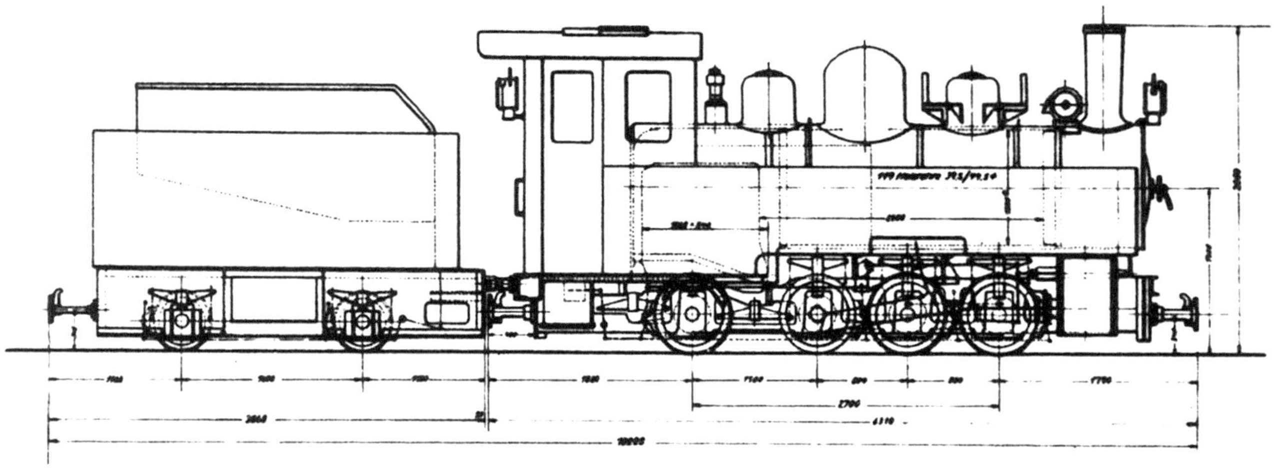

Entwurf zu einem Schwartzkopff-Prototyp aus dem Werkskatalog von 1938: Heeresfeldbahnlok mit 22 t Gesamtgewicht, 10 228 mm Länge über Puffer und 2700 mm Lok-Achsstand, Naßdampfkessel mit 119 Heizrohren. *(Werkbild)*

seitenbewegliche Achsen vorn durch Schwenkhebel so verbunden, daß sich die Achsen beim Befahren der Kurve nach der entgegengesetzten Seite verschieben, Treibachse ohne Spurkränze, kleinster Krümmungshalbmesser 30 m. Vorräte an Wasser und Kohle vor dem Führerhaus zu beiden Seiten des Stehkessels, Tür in der Führerhausrückwand, so daß Betrieb wie bei einer Lokomotive mit Tender möglich.«

Die Lok gehörte zur Leistungsklasse von 150 bis 160 PS, Gewicht 22 t. Bei dem eingezeichneten Tender handelt es sich bereits um den üblichen zweiachsigen Feldbahntender. In dieser Ausführung wurde laut BMAG-Lieferverzeichnis im Jahre 1939 die Fabriknummer 10 829 vom OKH bestellt. Vermutlich ist diese Schwartzkopff-Maschine etwas anders ausgeführt worden als abgebildet. Sie dürfte die Nummer »WaPrüf 5/153« erhalten haben. Weitere vierfach gekuppelte Feldbahnlok-Prototypen wurden von Krauss-Maffei (Nr. 15 791, Krupp siehe dort) sowie von Orenstein & Koppel (F.-Nr. 13 070 vom Juni 1938 mit einer Luttermöller-Endachse) geliefert.

3.3.5 Feldbahnlokomotiven der Bauart En2 von 1939

Läßt man einmal die in jeder Hinsicht untypischen 1E1-Loks für 750-mm-Spur von Jung/Henschel außer Betracht, so war als schwerste Heeresfeldbahntype in 600/750 mm Spurweite ein Fünfkuppler geplant, der etwa 200 PS leisten sollte. In dieser Leistungsklasse wurden 1938 die ersten Aufträge zum Bau von Prototypen vergeben, 1939/40 kamen die einzelnen Maschinen zur Truppe; Nachzügler kamen 1944 von Henschel.

Über die Krauss-Maffei-Lok Nummer 15 792 mit Innenrahmen wird an anderer Stelle berichtet. Orenstein & Koppel lieferten eine Maschine (F.-Nr. 13 202 vom Oktober 1939, Leistung 225 PS, Spur 600/750 mm, Luttermöller-Endachsen) mit Zusatztender an das Hee-

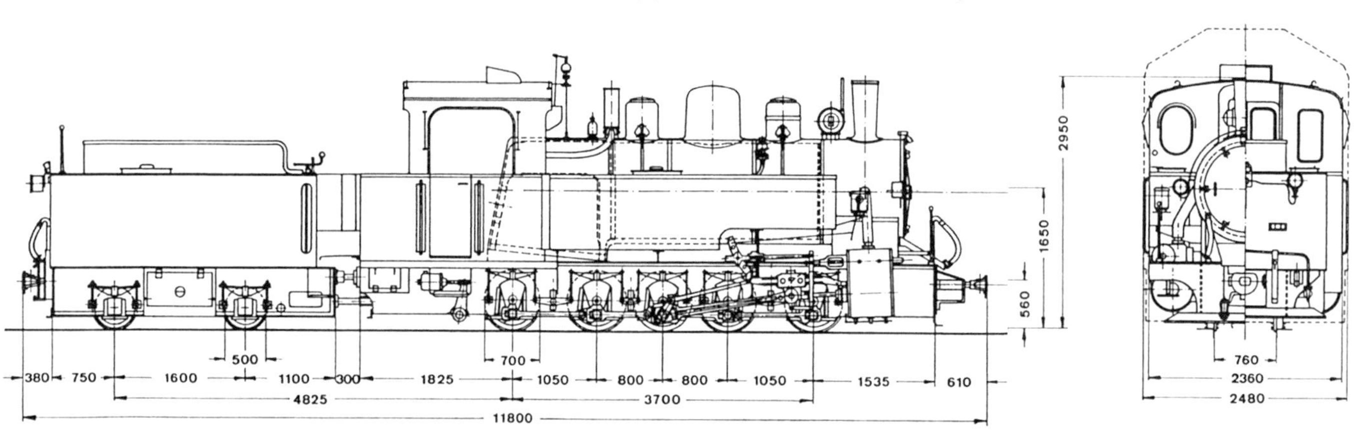

Übersicht der E-Halbtenderlok Nr. 4 der Zillertalbahn, von Borsig 1939 an das Heer geliefert, im Zustand von 1974. *(Skizze: Heiß)*

reswaffenamt. Jung baute unter Fabriknummer 8643/1939 einen Fünfkuppler, der nach dem Kriege noch bis 1953 bei der Kreisbahn Osterode Kreiensen (Nr. 6[II]) unter Dampf stand. Er besaß Außenrahmen und Klien-Lindner-Hohlachsen. Von Krupp-Fünfkupplern ist nichts bekannt.

Besonders bemerkenswert ist die – heute noch erhaltene – Borsig-Lokomotive Fabriknummer 14 806, Nummer »WaPrüf 5/75«, spätere Feldbahnnummer HF 191, von 1939. Allem Anschein nach ist diese Maschine zunächst als Tenderlok entwickelt worden, wurde aber bald zur Kupplung mit dem zweiachsigen Feldbahntender eingerichtet.

Einsatz der Eurovapor-Lok »Castle Caereinion« auf der Bregenzer-Waldbahn Bregenz – Bezau in Vorarlberg im Oktober 1974. *(Foto: Zopf)*

Diese Lokomotive überdauerte den Krieg, wurde bei der Salzkammergut-Lokalbahn (Nr. 22) bis 1958 eingesetzt und hierauf an die Zillertalbahn veräußert. Dort erhielt sie die Nummer 4 (II) und wurde seit Sommer 1974 als Eurovapor-Lok auf der Bregenzerwaldbahn Bregenz – Bezau in Vorarlberg vor Touristenzügen eingesetzt. Als 1980 die Fahrten dort eingestellt werden mußten, verkaufte sie die Zillertalbahn an einen deutschen Sammler, der sie – nach weiterer Überholung – seit 1981 im Zillertal bei Bedarf verkehren ließ, 1985 kam sie ins Jagsttal. So kann man eine der ältesten Heeresfeldbahnlokomotiven des Zweiten Weltkrieges noch unter Dampf beobachten. Bis 1980 lautete der Name der Lok 4 »Castle Caereinion«, seit 1981 nun »ZB 4 Aquarius C«.

3.3.6 Typisierte Henschel-Baulokomotiven für die Heeresfeldbahn

Für leichtere Aufgaben in der Leistungsklasse zwischen 60 und 90 PS, vornehmlich wohl zum Dienst in den Depots, auf Flughäfen und Lagerplätzen, sah man seitens der Wehrmacht keine eigene Lokomotiv-Entwicklung vor, sondern beschaffte typisierte Baulokomotiven von der Industrie. Es ist nicht geklärt, inwieweit diese Maschinen anfangs überhaupt für den Einsatz in den Mobilmachungs-Beständen gedacht waren, denn die ursprünglich in Aussicht genommenen Förderleistungen der Feldbahn ließen sich mit ihnen kaum erfüllen. Sie waren wohl als »Feldbahn in Stellungen« gedacht. Auf der anderen Seite waren diese Fahrzeuge, worauf 1939 bereits größter Wert gelegt werden mußte, rasch und preiswert in Serien zu beziehen, da die Industrie sie auf Lager hielt und in ihrem Bau bestens geübt war. Außerdem waren gerade diese Maschinen in der Bauindustrie, auf deren Bestände man im Kriegsfalle durch Beschlagnahmen zurückgreifen wollte, bereits vielfach vertreten.

Im Jahre 1939, als die ersten Heeresfeldbahn-Einheiten beschleunigt aufgestellt werden sollten, mußte man also nehmen, was man bekommen konnte. Noch 1939 lieferte Henschel 19 Stück Bn2t-Bauloks der Typen »Monta« und »Riesa« in 600 mm Spurweite, 1940 sodann weitere 23 Stück der Typen »Riesa« und »Fulda« für 600 mm und sogar 10 Stück Bn2t »Riesa« für 750 mm Spurweite. Die Bauart »Monta« mit 60 PS wurde als zu klein nicht mehr gekauft; zudem war sie im Programm der »Einheits-Lokomotiven der Deutschen Bauindustrie« von 1940 nicht mehr enthalten. Diese sozusagen freiwillige Typenbeschränkung war bereits vor dem Kriege eingeleitet worden, um die Beschaffung zu verbilligen und allgemeinen wirtschaftspolitischen Anforderungen zu folgen. Dieses Programm sah zunächst fünf Loktypen in den Leistungsklassen 70/90/160/200/250 PS für 600/750/900 mm Spurweite, alle in Bauart Bn2t, vor; bald wurde die 90-PS-Stufe »Fulda« auch noch gestrichen. Über die bis 1940 ausgeführten Henschel-Lieferungen gibt die Tabelle Auskunft.

Typenfoto der Henschel-Baulok Modell »Monta« mit 60 PS, wie acht Stück 1939 an das Heer geliefert wurden. *(Werkfoto)*

Tabelle 7: Henschel-Bauloks für die Wehrmacht

»Monta« 60 PS Bn2t					
Henschel	24	105 – 112	1939	8	600 mm
»Riesa« 70 PS Bn2t					
Henschel	24	138 – 141 (?)	1939	4	600 mm
		143 – 149	1939	7	600 mm
		627 – 632	1939	6	600 mm
		846 – 851	1940	6	600 mm
	26	206 – 215*)	1940	10	750 mm
				33	
»Fulda« 90 PS Bn2t					
Henschel	24	416 – 419	1940	4	600 mm
		564 – 569	1940	6	600 mm
		622 – 624	1940	3	600 mm
		863	1940	1	600 mm
				14	

*) Loknummern ab HF 7 751

Tabelle 8: Technische Daten der Henschel-Baulokomotiven (Bn2t)

		Monta	Riesa	Fulda
Leistung	PS	60	70	90
Zylinder-Dmr.	mm	235	245	280
Radstand	mm	1400	1400	1600
Länge o. P.	mm	4700	4600	5000
Breite	mm	1800	1800	2050
Rostfläche	m^2	0,45	0,5	0,53
Heizfläche	m^2	22	25	28
Wasser	m^3	0,65	0,8	1,25
Kohle	m^3	0,45	0,6	0,75
Dienstgewicht	t	9,8	11,0	13,5
Zugkraft (0,6)	kg	1890	2050	2680

Gemeinsame Daten: Kesseldruck 12 atü, Raddurchmesser 630 mm, Kolbenhub 300 mm, Höhe 2800 mm.

Henschel-Typenbild der Serienlokomotive Bauart »Riesa« mit 70 PS Leistung. *(Werkfoto)*

Unter F.-Nr. 25701 ist 1941 eine Bn2t-Baulok »Helfmann« für das OKH genannt. Ergänzend sei darauf hingewiesen, daß 1940 auch das Marinehafen-Bauamt Helgoland vier Stück Bn2t-Baulokomotiven für 1000-mm-Spur von Henschel bezog (F.-Nr. 24 833 – 836), die aber als Feldbahnloks nicht bezeichnet werden können. Übrigens baute auch O & K für Helgoland Schmalspurloks.

Ein Blick auf die Schleppleistungen: Die »Riesa« zog auf Steigung 1:100 mit 11 km/h dauerhaft noch 126 t, die »Fulda« 164 t bei 9 km/h, Höchstgeschwindigkeit aller Bn2t-Typen war 20 km/h.

Eine 70-PS-Type mit zwei Kuppelachsen taucht als »Einheitsbaulok« auch in den Dienstvorschriften und Behelfen der Heeresfeldbahner 1940/41 wieder auf. Es ist die Einheitstype »Riesa«, doch lassen sich weitere Beschaffungen nicht mehr nachweisen. Es ist anzunehmen, daß der Bedarf der Truppe mit den vorhandenen und beschlag-

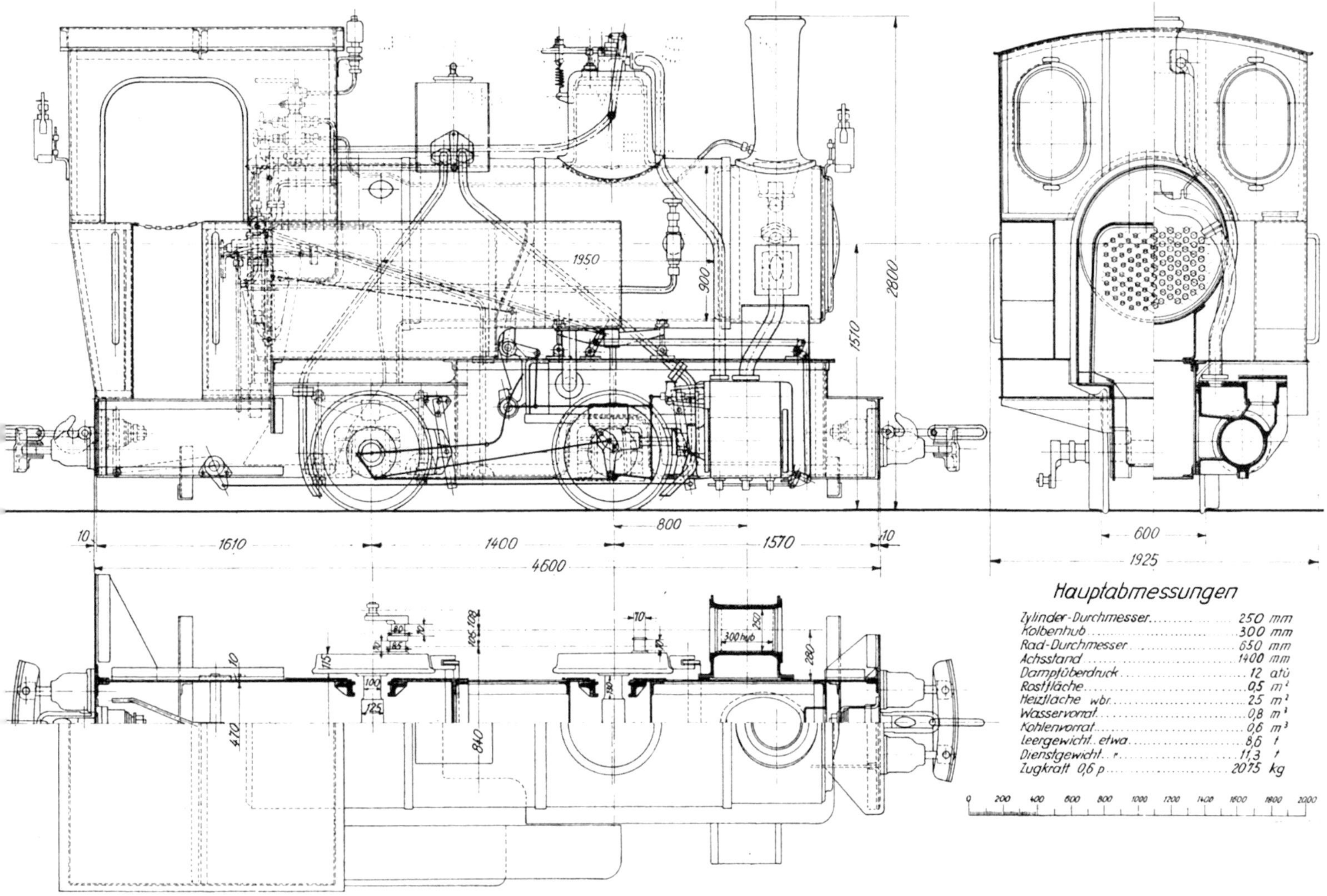

Übersicht der Einheits-Baulok »Riesa« mit 70 PS zur Bestellung durch das Waffenamt bei Henschel im Jahre 1940. Skizze von Henschel & Sohn.

Typenbild der Werksbauart »Fulda« mit 90 PS Kesselleistung. In dieser Art baute Henschel 14 Stück für das Heer. *(Werkfoto)*

nahmten Loks, mit den Beutemaschinen und den noch erwarteten größeren Triebfahrzeugen als gedeckt angesehen wurde. Dies galt jedenfalls für 600 mm Spurweite. Immerhin taucht aber, zumindest für die Nachfrage der Bauindustrie, die Type »Riesa« als KDL 13 im Kriegstypenkatalog von 1942 wieder auf. Für die Wehrmacht war diese Lokomotive nicht gedacht. Eine weitere Baulok, die 200-PS-Type »Krutwig«, war als KDL 10 aufgeführt; sie war für 900 mm Spurweite vorgesehen und konnte wohl auch für 750 mm gebaut werden.

3.3.7 Weitere Baulokomotiven

Neben Henschel war schon vor dem Kriege besonders Orenstein & Koppel als Anbieter von Bn2-Tenderloks stark.

Nach der probeweisen Beschaffung der Bn2t-Loks von Jung (F.-Nr. 6285/1937) und von Krupp (F.-Nr. 1711 /1937), die nicht zu Anschlußaufträgen führten, kaufte das OKH Berlin im Jahre 1940 immerhin zehn Zweikuppler bei O & K. Dabei dürfte es sich um (unterschiedliche) Lagertypen für 600-mm-Spur gehandelt haben:

F.-Nr.	Leistung	Liefermonat
13 235	90 PS	4/1940
13 238/9	60 PS	8/1939
13 320/1/2	70 PS	3/1940
13 335/6/7/8	90 PS	3/1940

Für den August 1944 weist das Lieferverzeichnis von O & K sodann eine Bn2t-Lok mit 600 mm Spurweite und 50 PS Leistung unter F.-Nr. 13 601 für den »Reichsminister der Luftfahrt und Oberbefehlshaber der Luftwaffe« in Berlin aus, also eigentlich keine Heeresfeldbahnlok. Zahlreiche weitere Lieferungen von Bauloks aus den Fabriken von O & K gingen an die Organisation Todt für kriegswichtige Bauten.

3.3.8 Cn2-Halbtenderlokomotive (HF 110) von Henschel und Jung

Wohl die bekannteste, weil nach dem Kriege verbreitet bei Kleinbahnen eingesetzte und heute noch bei Museumsbahnen vorhandene Lokomotivtype der ehemaligen Heeresfeldbahnen ist unter dieser Rubrik zu beschreiben; vgl. dazu auch W. Ess, Henschel-Nr. 25 983, Bielefeld 1976.

Der Entwurf zu einer dreifach gekuppelten Halbtenderlok von etwa 110 PS Leistung wurde im Jahre 1939 gemeinsam von Henschel und Jung aufgestellt, nachdem der Bau einiger Probeloks mit Innenrahmen vorangegangen war. Am 31. August 1939, zufällig dem letzten Tag des Friedens, wurden in einer Konstruktionsbesprechung mit dem Heereswaffenamt die letzten technischen Einzelheiten festgelegt, am 12. Oktober 1939 wurde die Lok von den beiden Firmen zum Bau angeboten. Die Konstruktion war für eine robuste Kleinbahnlok von 14,5 t Leergewicht mit kupferner Feuerbüchse von 0,725 m^2 Rostfläche und 34,0 m^2 Verdampfungsheizfläche nach der üblichen Bauweise aufgestellt; an besonderer Ausrüstung sind die Dampfheizungsanschlüsse und der Wasserheber von 100 l/min Förderleistung zu erwähnen. Gegenüber bisherigen Maschinen wurde das Führerhausdach »zum Splitterschutz so weit wie möglich nach hinten verlängert«. Laufwerk umspurbar von 600 auf 750 mm.

Über diese Lokomotivtype, allerdings mit aus Rohstoffgründen in Stahl ausgeführter Feuerbüchse, schloß das OKH Ende 1939 Verträge zur Lieferung von:

10 Stück Henschel	25 945 – 954 (1941)
10 Stück Jung	9 784 – 793 (1940/41)

Anschlußbestellungen sollten bald folgen. Die Firmen Henschel und Jung stellten aber noch im Oktober 1939

Projekte zu einer Version mit Heißdampfkessel auf, der nun zu etwa 135 PS Leistung verhelfen sollte. Die Rostfläche war mit 0,65 m², die Verdampfungsheizfläche mit 17,0 m² und die Überhitzerheizfläche mit 9,7 m² vorgeschlagen. Das Leergewicht sollte 15,0 t betragen.
Am 5. Dezember 1939 wurde dieser Entwurf der Abteilung »WaPrüf 5« angeboten. Dort entschied man jedoch, auch weiteren Bedarf in dieser Klasse mit der Naßdampf-Ausführung zu decken, die Henschel am 18. März 1940 ein weiteres Mal anbot. Hieran schlossen sich Aufträge an über:

40 Stück Henschel	25 322 – 361 (1942)
6 Stück Henschel	25 978 – 983 (1941)

Die erstgenannte Serie soll nur für 600-mm-Spur eingerichtet gewesen sein; die letztgenannten Loks waren (entgegen anderer Ansicht) wohl für beide Spuren eingerichtet und mit Frostschutz, Schneeräumpflug und Funkenfänger-Schornstein ausgerüstet. Diese sechs Loks wurden bei Henschel gleichzeitig mit den 17 »Rollbahn-Loks« von 1941 fertig, deren letzte Exemplare ebenfalls frostgeschützt waren. Es wird berichtet, daß die sechs Maschinen Nr. 25 978 ff. in Sperenberg als Übungsloks eingesetzt waren.
Gleichzeitig mit diesen Bestellungen wurde am 27. Juni 1940 auch ein Auftrag über sechs dieser Schmalspurloks nach Prag an die Böhmisch-Mährischen Maschinenfabriken (vormals ČKD) vergeben. Diese Lokomotiven wurden erst zwischen Juni und August 1944 fertiggestellt; sie dürften kaum noch zum Kriegseinsatz gekommen sein, sondern wurden zum Sammelplatz Mittersill transportiert. Die Loks hatten die Fabriknummern 2185 bis 2190/1944; drei von ihnen waren nach dem Kriege noch in Österreich eingesetzt.

Tabelle 9: Loks HF 110 C von ČKD

Herstellnummern von

Lok	Tender	Kessel	Liefertag	Verbleib
2185	578	16 463	17.6.1944	
2186	579	16 464	7.6.1944	
2187	580	16 465	24.6.1944	→ SKGLB 32 + '55
2188	581	16 466	11.7.1944	
2189	582	16 467	22.7.1944	→ ÖKB Da 8 +'56
2190	583	16 468	16.8.1944	→ StLB HF 11 805 + '65

Die polnische Lokomotivfabrik in Chrzanow wurde nach der deutschen Besetzung des Landes zunächst treuhänderisch verwaltet und sodann in den Konzernbereich von Henschel eingegliedert. So kam es, daß auch in den nun so genannten »Oberschlesischen Lokomotivwerken Krenau AG« eine Serie von 30 Loks dieser Bauart gefertigt wurden, möglicherweise mit Zulieferung von Henschel-Kesseln aus dem Stammwerk in Kassel: Die Fabriknummern in Krenau 941 bis 970 stehen unter der Angabe »Bauart Henschel, Typ 531« in der Lieferliste. Sie wurden bei der Großfeldbahn im Donbogen und später auch in Lettland gesichtet.
Eine letzte Serie von Lokomotiven dieses Typs nahm die Firma Jung im Jahre 1944 in Arbeit. Wir vermuten, daß die Bestellung bereits aus der Zeit um die Jahreswende 1941/42 vor Lieferung der Kriegslokomotiv-Reihe 52 für die Reichsbahn herrührt, denn die Fabriknummern waren eigentlich Anfang 1942 an der Reihe. Der Auftrag der Cn2-Halbtenderlok umfaßte nochmals 30 Stück, Spurweite nicht veränderlich 750 mm. Vorgesehen waren die Fabriknummern 10 115 bis 144.
Von diesen Maschinen wurden bis zum Kriegsende, also etwa März 1945, noch 22 Stück bis Fabriknummer 11 136 fertig und an Stellen der Wehrmacht abgeliefert. Da um diese Zeit an den Einsatz auf Heeresfeldbahnstrecken nicht mehr zu denken war, wurden die Lokomotiven – überwiegend in Mittersill – magaziniert. Sie standen nach dem Kriegsende in Österreich als fabrikneue Kleinbahnlokomotiven zur Disposition. Erfreulicherweise konnte die Firma Jung auch die restlichen angearbeiteten Lokomotiven zwischen 1950 und 1952 noch nutzbringend veräußern, und zwar konnten die F.-Nr. 10 142 bzw. 10 137 an die indische *Dalmia Cement Ltd.* in Kalkutta verkauft werden. Gleichfalls 1952 übernahm *Servis za Industrija,* Belgrad, die 10 139 nach Jugoslawien, wo sich aus der Feldbahnzeit bereits eine ganze Reihe von Lokomotiven dieses Typs befand. Noch im selben Jahr wurden zwei weitere Maschinen auf Holzfeuerung umgebaut und nach *Brasilien* verkauft, zwei andere Loks mit Kesseln nach Indian Boiler Regulations wiederum nach *Indien* geliefert. Die zugehörigen Kessel wurden teilweise für stationäre Zwecke verkauft, der Rest mit Teilen zur dreißigsten Lok hernach verschrottet.
Zahlreiche Maschinen dieser Halbtender-Bauart HF 110 C waren nach dem Kriege bei deutschen und österreichischen Kleinbahnen im Einsatz. Zu den Einzelheiten siehe LOK-MAGAZIN 49, S. 751, und die oben genannte Arbeit von Walter Ess »Zur Geschichte einer kleinen Dampflokomotive und ihrer Baureihe«. Zu nennen sind etwa die Kleinbahn Jüterbog-Luckenwalde, Gartetalbahn, Hümmlinger Kreisbahn, Kreisbahn Osterode-Kreiensen, Kreisbahn Cloppenburg, Salzkammergut-Lokalbahn,

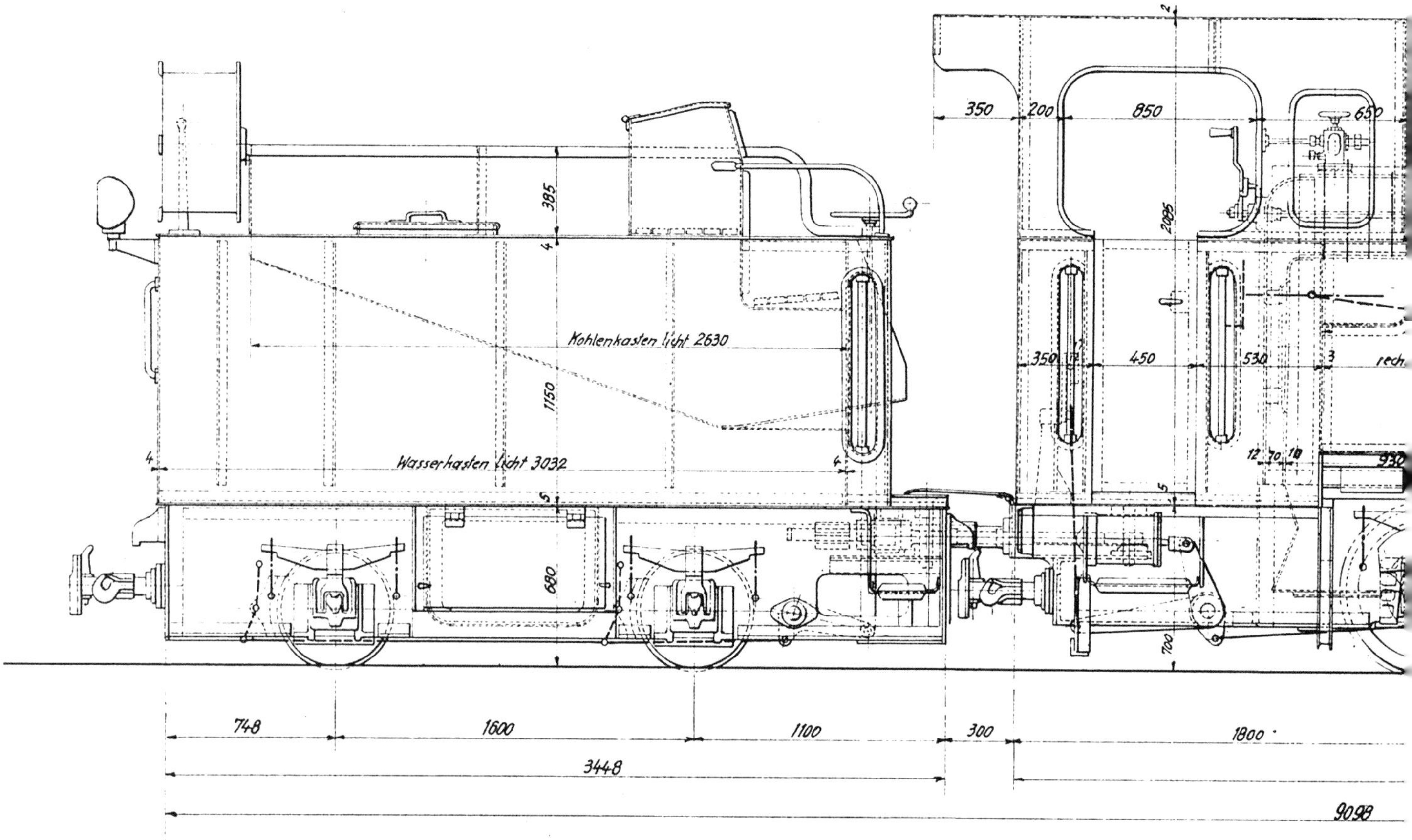

Hauptabmessungen

Tender

Raddurchmesser	500 mm
Achsstand	1600 mm
Wasservorrat	6,0 m^3
Kohlenvorrat	2,5 m^3
Leergewicht etwa	4,5 t
Dienstgewicht „	12,5 t

Lokomo

Spurweite	600 mm
Zylinderdurchmesser	300 mm
Kolbenhub	350 mm
Raddurchmesser	700 mm
Achsstand	1800 mm
Dampfüberdruck	13 kg/cm²
Rostfläche	0,725 m²

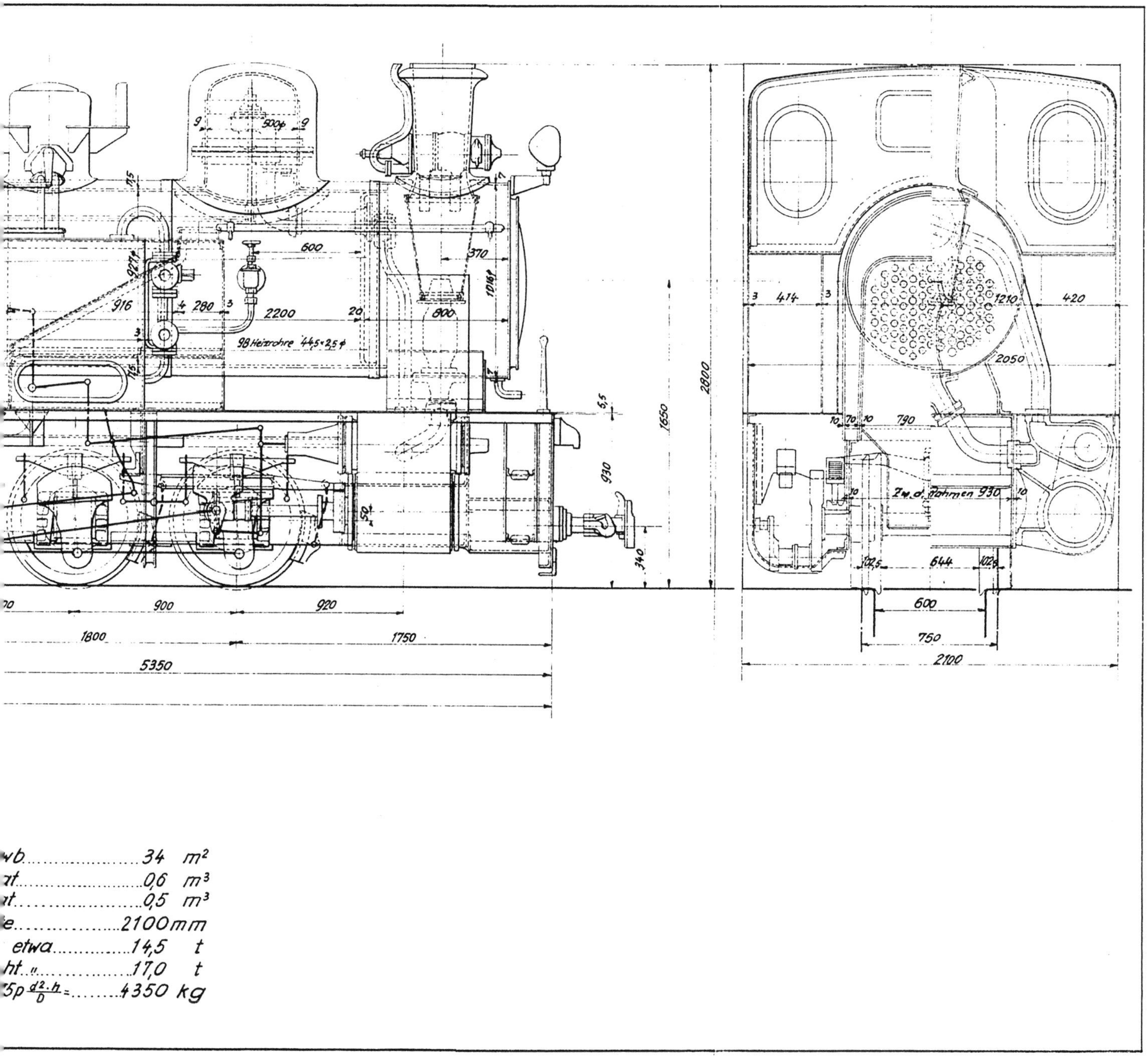

Übersicht der Cn2-Halbtenderlok mit zweiachsigem Tender für das Heereswaffenamt, entworfen von Henschel/Jung im September 1939.

Werkfoto der Heeresfeldbahnlok F.-Nr. 25 947 von Henschel, gebaut 1941, Heizerseite.

Im Führerstand der Halbtenderlok, Henschel F.-Nr. 25 948. (Werkfoto)

Führerseite der Henschel-Lok F.-Nr. 25 947. *(Werkfoto)*

Jung-Heeresfeldbahnlok F.-Nr. 10 115 von 1944. *(Werkfoto)*

Die Henschel-Bauserie 25 978 bis 983 erhielt ein geschlossenes Führerhaus, frostgeschützte Pumpen und einen Funkenfänger-Schornstein. Aufnahme in Kassel. (Werkfoto)

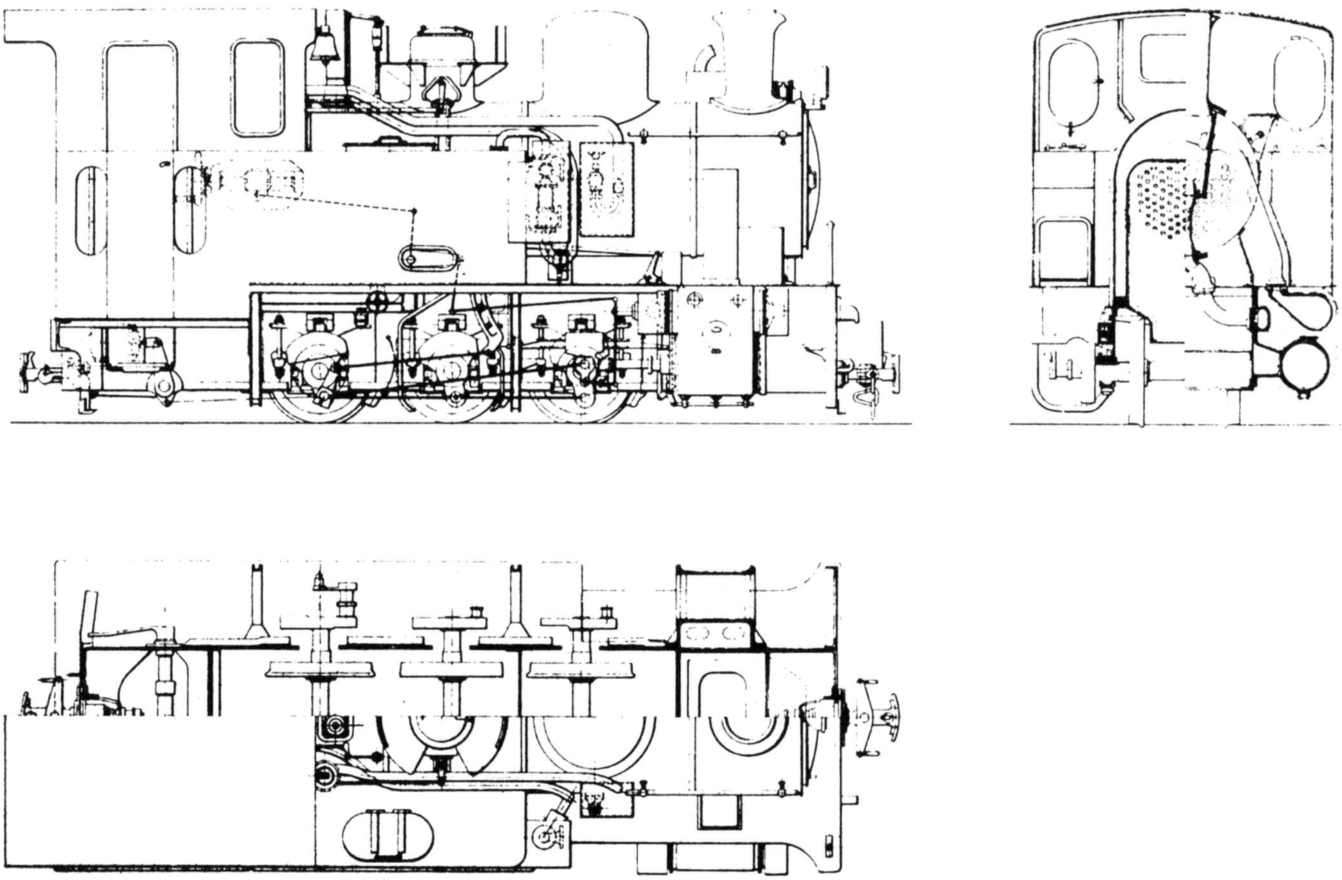

Skizze der Cn2-Halbtenderlok von Henschel in frostgeschütztem Zustand.

Werkbild der Halbtenderlok aus der Fertigung der »Böhmisch-Mährischen Maschinenfabrik«.

Vielfältige Anschriften zeigt die Henschel-Lok 25 702 von 1941: Feldbahnnummer 20 751, Gattungszeichen K 3.91, Verwaltung B. B. Österreich, Zugförderungsstelle St. Pölten Alpenbahnhof, »Heimstofflok/Metta 44«, Gewicht der Lok 27,36 t, Dampf- und Saugluftbremse. Letzte Bremsuntersuchung 29. Mai 1952. *(Foto: ETB/Jocham)*

Steiermärkische Landesbahnen, mehrere Waldbahnen in Jugoslawien (um 1950 nach dort verkauft) sowie lettische Strecken und eine Kindereisenbahn in Wolgograd in der Sowjetunion. Einige Loks laufen heute noch bei Museumsbahnen.

Tabelle 10: Cn2-Schlepptenderloks HF 110 C mit Außenrahmen; Verbleib der nach dem Krieg nachweislich verwendeten Maschinen

HF-Nr.	Hersteller	Fabrik-Nr./ Baujahr	Verbleib
	Henschel	25952/41	1948/49 Gartetalbahn, Nr. 4 II, a 1959
11753	Henschel	25953/41	1949 Österreichische Kontrollbank, Inv.-Nr. Da 6, 1956 vk als Schrott
	Henschel	25954/41	1948/49 Gartetalbahn. Nr. 5 II, a 1959
11754	Henschel	25978/41	bis 1945 Pionierschule Rehagen-Klausdorf, 1950 vk. als Schrott (Graz)
	Henschel	25979/41	bis 1945 Pionierschule Rehagen-Klausdorf, 1946 Jüterbog – Luckenwalder Kreiskleinbahn, Nr. 4 III, 1949 DR 99 4651 (Jüterbog, 1965 Rügen), 1968 Betonwerk Ueckermünde (DDR)
	Henschel	25981/41	bis 1945 Pionierschule Rehagen Klausdorf, 19.. Maximilianshütte, Sulzbach-Rosenberg
25982	Henschel	25982/41	bis 1945 Pionierschule Rehagen Klausdorf,1948 ÖBB HF 25982, 1953 798.101 (Bregenz) abg. 1952,1972 Fa. Spranger & Büll, Hamburg, als Spl.-Lok vorgesehen, 1980 Ankauf durch W. Seidensticker, abg. bei DKBM, 1984 Einsatz bei SWEG-Jagsttalbahn, Name »NICKI S«
25983	Henschel	25983/41	bis 1945 Pionierschule Rehagen Klausdorf, 1945 Jüterbog – Luckenwalder Kreiskleinbahn, Nr. 1 »DAHME«, 1949 DR 99 4652 (Jüterboog, 1965 Rügen), abg. 1968, 1974 Ankauf durch W. Seidensticker, Usp.750→600 mm, Einsatz bei DKBM, Nr. 4 »FRANK S«, 1982 Usp. 600→ 750 mm, Einsatz bei SWEG-Jagsttalbahn
25323	Henschel	25323/42	v 1953 in Zell am See
...	Henschel	25325/42	1947 Firma Kunz, München, 1952 Waldbahn Maglić, Foca (YU), Nr. 25-325, Umbau in Tenderlok, 1981 Ankauf durch W. Seidensticker, 1984/85 in Lengerich, 1985 Einsatz auf SWEG-Jagsttalbahn, Name »BIELEFELD«
11770?	Henschel	25331/42	1947 Fa. Kunz, München, 1952 Waldbahn Zavidovići (YU), a 1965
	Henschel	25332/42	1946 Hümmlinger Kreisbahn, Name »LATHEN«, v. ca. 1957
11772	Henschel	25333/42	19.. Fa. Rathje, Hamburg, Einsatz beim Flughafen Spangdahlem bei Binsfeld, v. ca. 1960
	Henschel	25335/42	Kreisbahn Osterode – Kreiensen, Nr. 7, 1955 Fa. Kunze, Hannover, 19.. Fa. Oppermann, Hann.-Münden, Lagerplatz Kassel-Waldau, ca. 1978 an unbekanntem Ort hinterstellt
11778	Henschel	25342/42	1945 Salzkammergutlokalbahn, Nr. 33, 1949 Österreichische Kontrollbank, Inv.-Nr. Da 10, 1956 vk als Schrott
11779	Henschel	25343/42	1949 Österreichische Kontrollbank, Inv.-Nr. Da 7, 1956 vk als Schrott
	Henschel	25345/42	1948 Cloppenburger Kreisbahn, Name »MÜNSTERLAND«, v 1953
11788	Henschel	25350/42	1950 vk als Schrott (Graz)
	Henschel	25351/42	19.. Fa. Oppermann, Hann.-Münden, Lagerplatz Kassel-Waldau, ca. 1978 an unbekanntem Ort hinterstellt
11802	BMMF/ČKD	2186/44	1953 vk als Schrott (Graz), v. nach 1965
2187	BMMF/ČKD	2187/44	1945 Salzkammergutlokalbahn, a 1955 Nr. 32,
11803	BMMF/ČKD	2188/44	1953 vk als Schrott (Graz), v nach 1965
11804	BMMF/ČKD	2189/44	1949 Österreichische Kontrollbahn, Inv.-Nr. Da 8, 1956 vk als Schrott, v nach 1965
11805	BMMF/ČKD	2190/44	1949 Steiermärkische Landesbahn, HF 11805 (Kapfenberg) abg. 1955, v 1966
11806	Jung	10115/44	1953 vk als Schrott (Grau)
11815	Jung	10116/44	1949 ÖBB HF 11815,1953 798.02 (Garsten), abg. 1954,1956 vk als Schrott, v nach 1965
11809	Jung	10119/44	1945 ÖBB HF 11809, abg. 1946, 1953 798.01 (Zell am See), 1956 vk als Schrott
11810	Jung	10120/44	1949 Steiermärkische Landesbahn, HF 11810 (Stainz), abge. 1967, 1970 ACFA Chemin de Fer Forestier d'Abreschviller (F), Usp. 760 → 700 mm

HF-Nr.	Hersteller	Fabrik-Nr./ Baujahr	Verbleib
11811	Jung	10121/44	1949 Steiermärkische Landesbahn, HF 11811 (Weiz), abg. 1958, v 1965
	Jung	10122/44	19.. Baufirma Wahler, München, 1952 Waldbahn PDI Sana, Sanski Most (YU), ca. 1962 Bergwerk Kamengrad (YU), Nr. 5, v 1976
	Jung	10123/44	1946 Jüterbog – Luckenwalder Kreiskleinbahn, Nr. 5‴,1949 DR 99 4653 (Jüterbog, 1965 Rügen), v nach 1968
11816	Jung	10125/44	1949 ÖBB HF 11816, 1953 798.03 (Eisenkappel), 1956 vk als Schrott, v nach 1965
	Jung	10127/44	1947 Baufirma Wahler, München, 1952 Waldbahn PDI Sanan, Sanski Most (YU), ca. 1962 Bergwerk Kamengrad (YU) Nr. 4, v 1976
	Jung	10128/44	1952 YU (näheres unbekannt)
	Jung	10129/44	1945 abg. Nürnberg, 1948 Fa. Kunz, München, 1952 Waldbahn Borja, Teslić (YU), Nr. 3, 1985 Spielplatz Samobor (YU)
	Jung	10133/44	1949 RWK Kalkwerke Dornap, Nr. 35, 1959 v
	Jung	10137/52	1952 Orissa Cement Ltd. (Indien) Nr. 2, 1978 Esp
	Jung	10139/52	1952 Servis Za Industrija (YU)
	Jung	10142/50	1952 Orissa Cement Ltd. (Indien) Nr. 1, 1978 noch aktiv

Der Tausch von Tendern wurde in dieser Aufstellung nicht berücksichtigt. Die in den Lokomotivlisten verwendeten Abkürzungen: a = ausgemustert; abg. = abgestellt; Esp. = Ersatzteilspender; Spl. = Kinderspielplatz; Usp. = Umspurung; v = verschrottet; vk = verkauft.

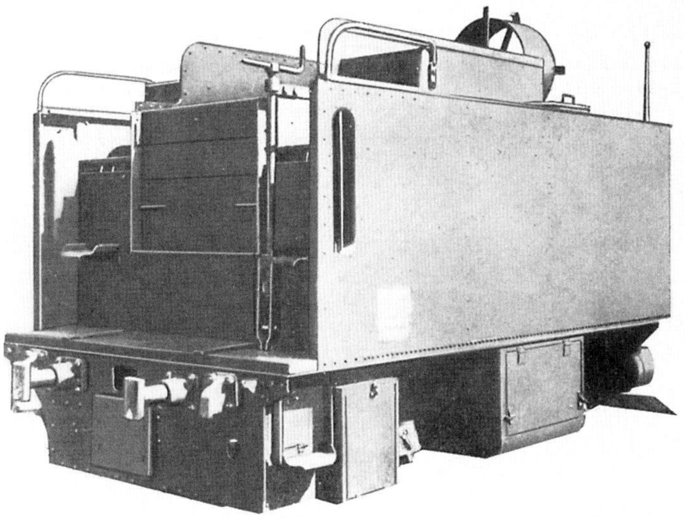

Der vereinheitlichte zweiachsige Feldbahntender mit den Sitzen für Begleitpersonal und einer weiteren Schlauchrolle für den Speisewasser-Elevator. *(Foto: Henschel)*

Die Frostschutzmaßnahmen an den Heeresfeldbahnloks umfaßten neben dem Abschluß des Führerhauses besonders dicke Isolierungen aller Leitungen, Pumpen und Ventile durch Glasgespinstmatten. Dieses Henschel-Werkbild zeigt Details der Ausführung an der Bauart HF 110 C.

Ebenfalls ein »schwerer Brocken« für Heeresfeldbahnschienen war die Henschel-Lok Nr. 25 701 aus dem Jahre 1941. Aus der 160-PS-Lok HF 16 752 (Bauart Helfmann) wurde 1953 die ÖBB-Maschine 698.01, beheimatet in St. Pölten Alpenbahnhof. Aufnahme von 1956. (Foto: Zopf)

3.3.9 Henschel-Tenderlok-Probetypen für 750-mm-Spur von 1941

Im Jahre 1940 beschäftigte sich das Waffenamt auch mit der Frage, wie die 750-mm-Spur der Feldbahn wirkungsvoll betrieben und ausgebaut werden konnte. Bis dahin war die Mehrzahl der Lokomotiven in 600 mm Spurweite beschafft worden, eine kleinere Anzahl umstellbar für beide Spuren. Neben der Cn2-Halbtenderlok HF 110 C war der große Fünfkuppler von Borsig zum Weiterbau in der Debatte, doch fehlte für 750 mm noch eine kraftvolle Tenderlok im Programm, die zwischen 150 und 200 PS leisten mußte.

Zu einer regelrechten Neuentwicklung mochte man sich nicht entschließen. Immerhin hatte man mit der Henschel-Type »Riesa« für 750-mm-Spur recht gute Erfahrungen gemacht, und so entschloß man sich zur probeweisen Bestellung von »Einheits-Baulokomotiven« in angepaßter Form. Unter der Henschel-Fabriknummer 25 701 erschien 1941, kurz vor Lieferung der 1E1-Schlepptenderlokomotiven, eine Vertreterin der 160-PS-Bauart »Helfmann« zur Abnahme in Sperenberg. Es handelte sich um eine kräftige Bn2t-Lok von 15,7 t Leergewicht und 5750 mm Länge, welche die Feldbahn-Nummer HF 16 752 erhielt. Ob und mit welchem Fahrzeug die Nummer HF 16 751 besetzt gewesen sein mag, ist nicht bekannt.

Die Lokomotive HF 16 752 blieb wohl einige Zeit in Sperenberg und wurde nach Kriegsende in Österreich wieder aufgefunden. Als sowjetische Beute wurde sie im RAW St. Pölten erfaßt und bald darauf in St. Pölten Alpenbahnhof zum Einsatz gebracht. 1953 wurde sie mit der neuen ÖBB-Nummer 698.01 bezeichnet (vgl. auch »Eisenbahn« 8/1952, S. 130), im Jahre 1962 nach Waidhofen a. d. Ybbs umstationiert und endlich am Bf. Haag als Denkmal aufgestellt.

Mit der an die Fabriknummer der vorstehend beschriebenen Lokomotive anschließenden Henschel-Nummer 25 702 kam ebenfalls 1941 eine weitere Versuchslok in 750 mm Spurweite zur Truppe. Es handelte sich um die dreiachsige, an die Einheitstype »Krutwig« angelehnte Tenderlok mit der Feldbahnbezeichnung HF 20 751. Dieses 200 PS kräftige Fahrzeug von 27,3 t Dienstgewicht, 2,8 m^3 Wasser und 1,5 t Kohle wäre auf den Gleisen des Heeres mit zwei Achsen nicht mehr tragbar gewesen. Seine Kriegsverwendung ist offen. Auch diese Maschine wurde nach 1945 in St. Pölten vorgefunden und bald dem dortigen Alpenbahnhof zum Einsatz zugewiesen. Die ÖBB gaben ihr 1953 die Nummer 898.01; diese Lok war Denkmal in Felixdorf (vgl. »Eisenbahn« 3/1973 und 4/1984).

Weitere Bestellungen dieser beiden Typen sind nicht erfolgt. Zum einen hatten die Lokfabriken bereits Kapazitätsprobleme, zum anderen waren mit dem Beginn des Rußlandfeldzuges neue Dinge in den Vordergrund getreten. 1942 schließlich wurde zwar die »Krutwig« zur KDL 10 gemacht, doch für 750 mm Spurweite des Heeres dachte man an den Vierkuppler KDL 11.

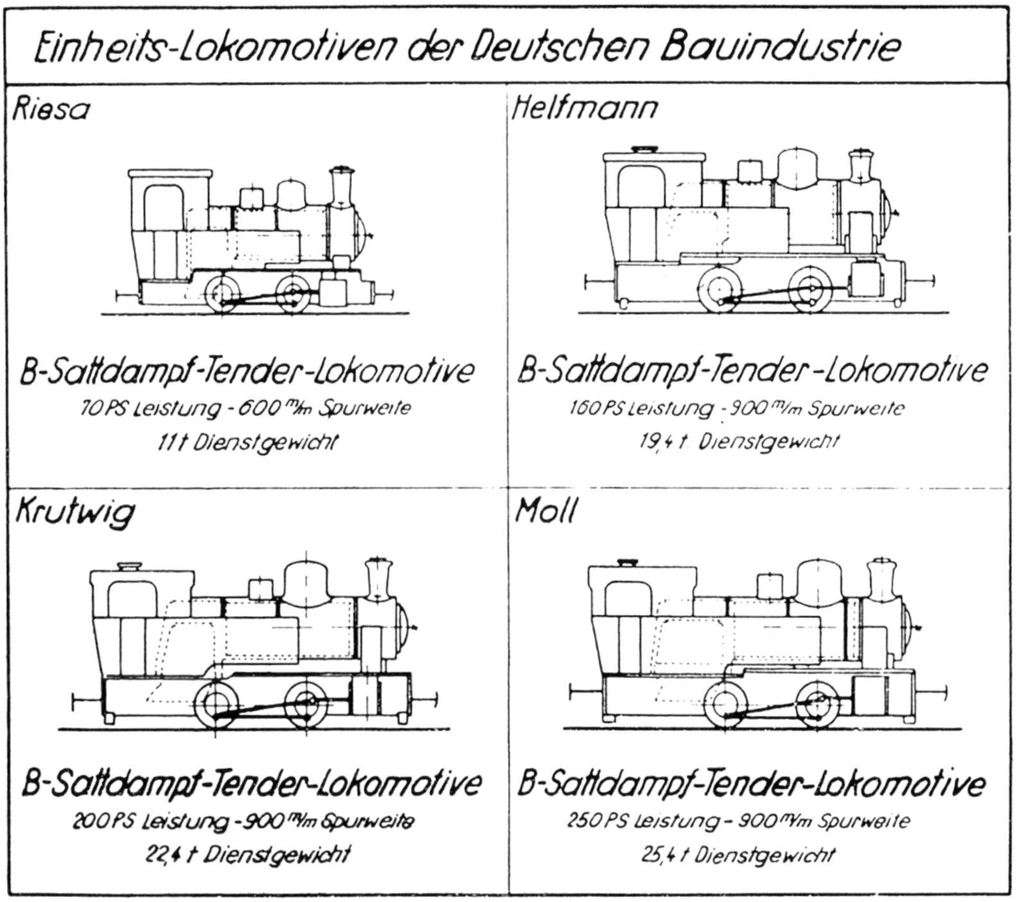

Typenübersicht der »Einheits-Lokomotiven« der deutschen Bauindustrie von 1940. Vom Typ »Riesa« beschaffte das Heer 33 Stück, ferner jeweils ein Exemplar »Helfmann« und »Krutwig« für 75 cm Spurweite. *(Skizze: Henschel)*

3.3.10 Henschel-Cn2-Rollbahnlokomotiven von 1939 und 1941

Mit dem Begriff »Rollbahn« wurde besonders im Rußlandfeldzug eine große, den Nachschub und die Truppen zur Front führende Straße für den Kraftwagenverkehr bezeichnet. Eigentlich ist die Bezeichnung im Nachschubwesen aber schon älter, und selbst für die hier in Rede stehenden kleinen Heeresfeldbahnloks wurde sie spätestens ab 1940 verwendet. Es ist daher anzunehmen, daß man damals unter »Rollbahn« eine leichte Förderbahn von 3 bis 4 t Achsdruck verstanden hat, auf der diese Maschinen verkehren sollten.

Mit diesem Typ sollte, nachdem die Henschel-Industrietypen in den Depots den Bedarf an Loks mit zwei Treibachsen weitgehend gedeckt hatten, für den Einsatz auf kürzeren Strecken die Leistungsklasse von 70 PS (Zugkraft bei 0,6 p = 1740 kg) abgedeckt werden. Wegen der schlechteren Tragfähigkeit des Gleises waren drei Kuppelachsen vorzusehen; an den Einsatz als Halbtenderlok wurde nicht gedacht. Sie sollten Innenrahmen erhalten.

Zwei Prototypen dieser Bauart mit den Henschel-Fabriknummern 24 496 und 497 wurden Ende 1939, nur für 600-mm-Spur eingerichtet, an die Truppe geliefert. Sie dürften sich nicht schlecht bewährt haben. Schon im Mai 1940 hatte Henschel eine umspurbare Version dieser »C-Rollbahn-Tender-Lokomotive« anzubieten, die daher mit Außenrahmen, Antrieb durch Hallsche Kurbeln, fast 2 t mehr an Leergewicht und 4,1 m^2 mehr Rohrheizfläche aufzuwarten hatte. Rostfläche 0,55 m^2 statt vorher 0,5 m^2.

In dieser Form ist die Maschine – möglicherweise auch aus Preisgründen – aber nicht gebaut worden. Vielmehr übernahm man die neuen Kesselabmessungen, blieb sonst aber bei der »einspurigen« Bauart für 600 mm und bestellte Ende 1940 zur Lieferung 1941 bei Henschel siebzehn weitere Rollbahn-Lokomotiven, Fabriknummern 25 961 bis 977. Andere Quellen sprechen von den Fabriknummern 25 956 bis 977, aus denen 17 Stück geliefert wurden. Die F.-Nr. 25 956 bis 960 werden auch

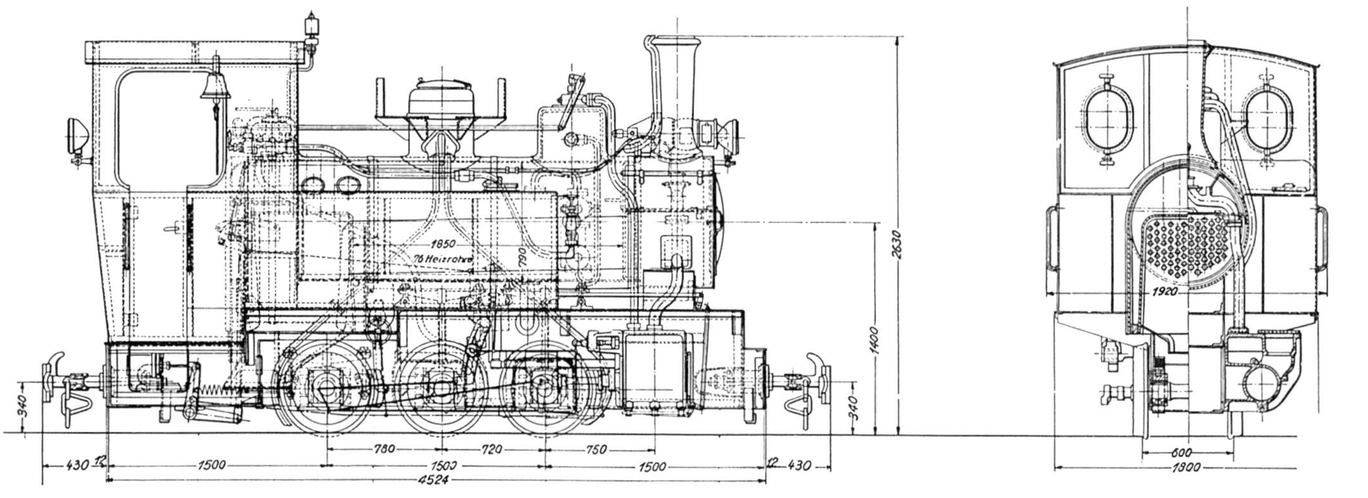

Hauptabmessungen

Spurweite	600 mm	Heizfläche wb	18,9 m^2
Zylinderdurchmesser	220 mm	Wasservorrat	1,0 m^3
Kolbenhub	300 mm	Kohlenvorrat	0,4 m^3
Raddurchmesser	600 mm	Größte Breite	1920 mm
Achsstand	1500 mm	Leergewicht etwa	9 t
Dampfüberdruck	12 kg/cm^2	Dienstgewicht etwa	10,8 t
Rostfläche	0,5 m^2	Zugkraft $0{,}6 p \frac{d^2 \cdot h}{D}$ =	1740 kg.

Typenskizze der Henschel-Rollbahnlok F.-Nr. 24 496 vom November 1939.

Frostgeschützte Ausführung der Rollbahnlok von Henschel, Fabriknummer 25 975/1941. (Werkfoto)

Rollbahnlokomotive Fabriknummer 25 963/1941 von Henschel auf dem Werksgelände in Kassel. (Werkfoto)

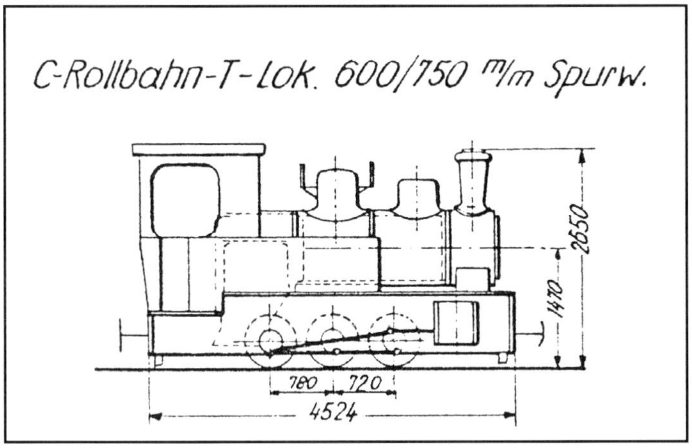

Umspurbare Rollbahnlok von Henschel mit Außenrahmen; Entwurf von 1940, nicht ausgeführt.

für fünf Loks Bauart HF 110 C genannt, doch ist ihr Bau fraglich. Die letzten Maschinen dieser Lieferung wurden bereits mit Frostschutzverkleidung von Pumpen, Ventilen, Generatoren und Leitungen sowie einem geschlossenen Führerhaus fertiggestellt. Gelegentlich liest man für diese Maschine auch die Typenbezeichnung HF 70 C.

3.3.11 Kriegs-Dampflokomotive KDL 12

Als 1942 zur Steigerung der Lokomotivproduktion an Reichsbahnlokomotiven der »Hauptausschuß Schienenfahrzeuge« beim Reichsminister für Rüstung und Kriegsproduktion eingerichtet wurde, war eine von diesen ersten Maßnahmen die Beschränkung der Typenvielfalt in den Lokfabriken. Dazu wurden auch mit den wichtigsten Lokomotiv-Abnehmern Verhandlungen geführt, um zu erreichen, daß diese ihren Bedarf mit möglichst wenig Typen decken konnten. Überdies wurde zur Entlastung der »reichsdeutschen« großen Werke versucht, die Aufträge über andere Maschinen als die Baureihe 52 an kleinere Fabriken oder an Unternehmer in den besetzten Gebieten zu »verlagern«, so an ČKD und Krenau.

Im Einvernehmen mit den zuständigen Stellen des Heeres wurde hierauf im Juli 1942 festgelegt, daß für dessen Bedarf in Zukunft an Dampflokomotiven nur noch die Typen KDL 11 (die Dh2-Lok für 750-mm-Spur von Schwartzkopff) und KDL 12 gebaut werden sollten. Auf die Type KDL 11 kommen wir noch zurück. Unter der Kennziffer KDL 12 wurde im »Kriegstypenkatalog« vom 1. Juli 1942 anfänglich eine Cn2-Halbtenderlok mit dem zweiachsigen Feldbahntender geführt, die nur für 750 mm Spurweite eingerichtet war. Auf welchen Entwurf und welche Firma diese Skizze zurückzuführen ist, war nicht mehr festzustellen, doch sprechen bestimmte Indizien für den Wunsch nach Vereinheitlichung mit der KDL 11 und damit für die Urheberfirma Schwartzkopff. Um die HF 110 C von Henschel/Jung handelte es sich nicht.

Tatsächlich ist aber diese Halbtenderlok weder bestellt noch gebaut worden, sondern bei der ersten Revision des Kriegstypenkataloges per 15. Oktober 1942 wieder aus diesem verschwunden. Stattdessen taucht als

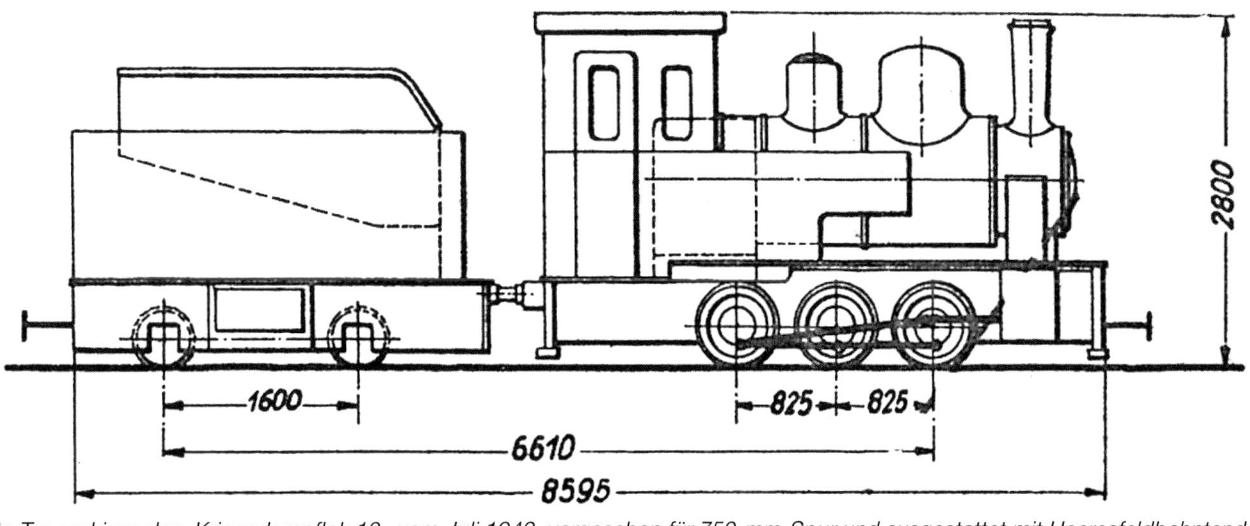

Ungeklärte Typenskizze der »Kriegsdampflok 12« vom Juli 1942, vorgesehen für 750-mm-Spur und ausgestattet mit Heeresfeldbahntender.

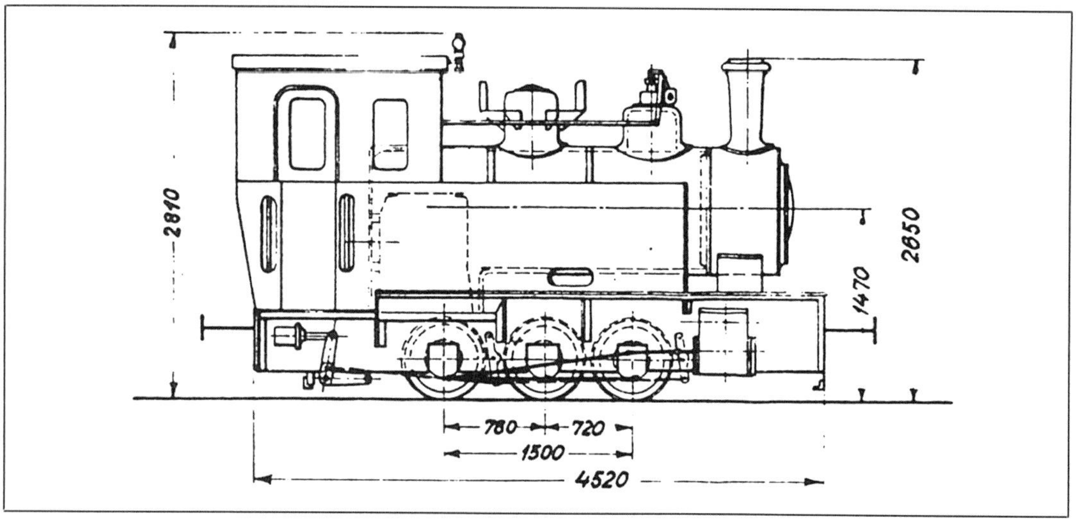

Im Oktober 1942 hatte das Typenblatt »KDL 12« die Rollbahnlokomotive für 600/700-mm-Spur zum Inhalt.

C-Naßdampf-Rollbahn-Lokomotive 600/750 mm Spur

Hauptabmessungen der Lokomotive

Spurweite	600/750 mm	Leergewicht etwa	11,1 t
Zylinder-Durchmesser	220 mm	Dienstgewicht "	12,9 t
Kolbenhub	300 mm	Reibungsgewicht "	12,9 t
Rad-Durchmesser	600 mm	Achsdruck "	4,3 t
Fester Achsstand	1500 mm	Länge ausschl. Puffer	4520 mm
Gesamt Achsstand	1500 mm	Größte Höhe	2810 mm
Dampfüberdruck (p)	12 atü	Größte Breite	2100 mm
Rostfläche	0,55 m²	Zugkraft 0,6 p	1740 kg
Heizfläche d. Kessels wbr.	23 m²	Zugkraft 0,8 p	2320 kg
Wasservorrat	1 m³	Kleinster Krümmungshalbm.	20 m
Kohlenvorrat	0,32 t	Größte Geschwindigkeit	20 km/h

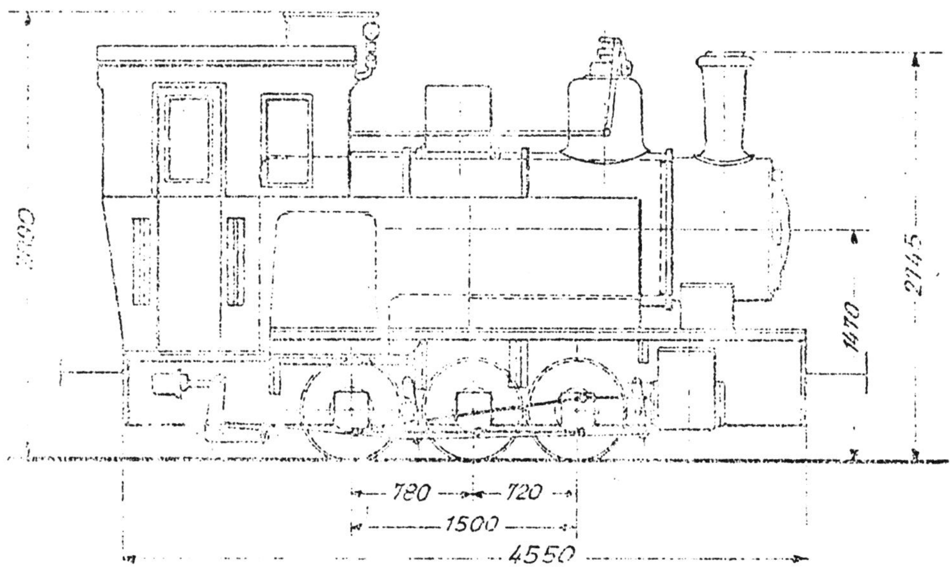

Typenblatt der KDL 12 vom Juli 1944 mit leicht veränderten Hauptabmessungen.

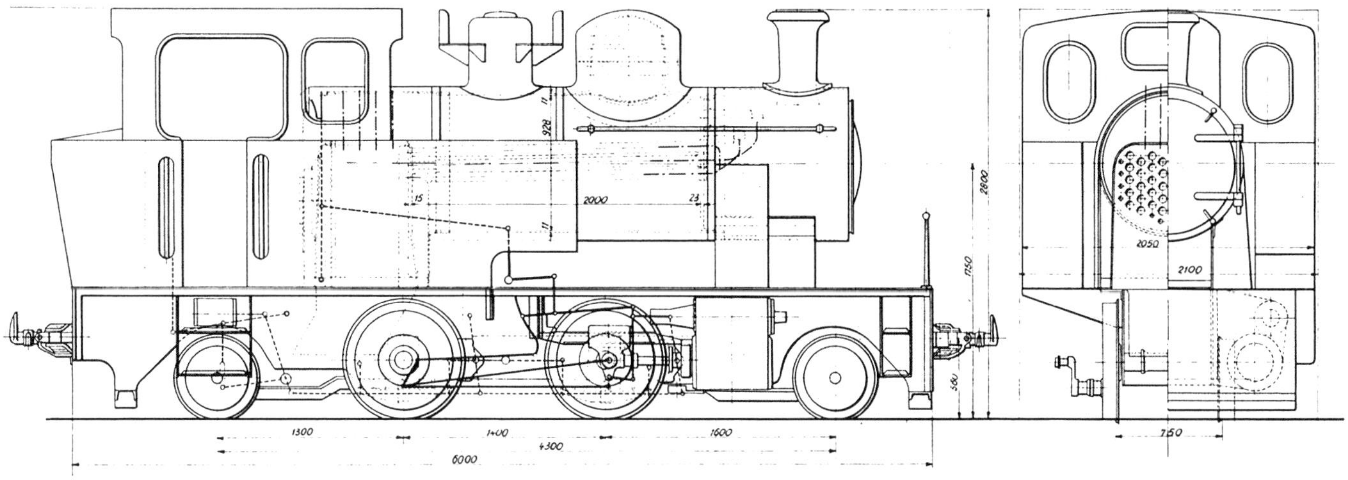

Zwischen April 1940 und Januar 1941 träumte man bei Henschel und den Beschaffungsstellen der Heeresfeldbahn sogar von dieser 1B1-Tenderlok für 750 mm Spurweite und 40 km/h Höchstgeschwindigkeit. Selbst ein Überhitzer von 8 m² war vorgesehen. (Skizze: Henschel)

(neue) KDL 12 die Henschel-Rollbahnlok wieder auf, nun für 600/750 mm Spurweite vorgesehen. Gegenüber der alten Ausführung waren nur kleinere Änderungen vorgesehen; im wesentlichen wurde das Projekt vom Mai 1940 wieder vorgeholt. Als Verlagerungsfirma war zunächst die Budich AG geplant, dann wurden die Böhmisch-Mährischen Maschinenfabriken Prag (ČKD) genannt (April 1943). Ob es zu dieser Zeit zu einer Bestellung kam, erscheint fraglich.

Erst im Juli 1944 macht die Type KDL 12 wieder von sich reden: Abermals wird das Typenblatt ausgewechselt, und zwar nur wegen einer Verkleinerung des Rostes, Vergrößerung der Heizfläche und unbedeutender Verschiebungen bei den Außenmaßen. Eine Notiz auf dem Blatt weist aber darauf hin, daß die Lok auch für die oberschlesische 785-mm-Spurweite geeignet sei. Deshalb könnte man annehmen, die Lok sei vielleicht für industrielle Abnehmer gebaut worden, doch ist Näheres nicht bekannt.

Im Jahre 1944 war ein großer Teil der geschilderten Verlagerungsaktionen durch die Abwertung des Lokomotivbaues in der Dringlichkeit wieder hinfällig geworden. Eine Protokollnotiz aus dem »Arbeitsausschuß Konstruktion« vom 20. Juli 1944 enthält die Mitteilung, daß die Firma Jung an der KDL 12 die Bremse von der Maschinenseite an die Rückwand des Führerhauses verlegt und außerdem die Zylinder und das Führerhaus geändert hat. Dieser Maßnahme hatte das OKH zugestimmt, so daß Henschel als Urheberfirma seinen anfänglichen Widerspruch gegen die Änderung zurückzog. Ob und wieviele Maschinen in dieser Ausführung gebaut wurden, ist unbekannt.

3.3.12 Henschel-Projekt einer 1B1-Heißdampf-Tenderlok von 1940

Jüngere Forschungen haben über die bekannten Heeresfeldbahn-Lokomotivtypen hinaus noch diesen Entwurf zu einer 1'B 1'-Heißdampf-Tenderlokomotive für 750 mm Spurweite, 100 PS Leistung, aufgestellt im Februar 1940 bei Henschel, zutage gefördert. Ihr Einsatz auf 600-mm-Spur war nicht vorgesehen: die Höchstgeschwindigkeit sollte 40 km/h betragen. Die Anhängelasten konnten etwas höher angenommen werden als bei der C-Rollbahnlokomotive. Anfang 1941 wurde dieses Projekt ein weiteres Mal angeboten, ein Auftrag wurde aber nicht erteilt.

3.3.13 Kriegs-Dampflokomotive KDL 11

Allem Anschein nach haben das Waffenamt und auch die Truppe der vierfach gekuppelten Feldbahnlok, wie sie Schwartzkopff als Nr. 10 829 im Jahre 1939 geliefert hatte, zunächst keine große Aufmerksamkeit geschenkt. Man beschaffte ab 1940 vor allem die Cn2-Halbtenderlok HF 110 C, bis im Frühjahr 1942 die bei Beschreibung der KDL 12 dargelegten Typenbeschränkungen ausgesprochen wurden. Zugleich wurde ein auch für die Wehrmacht fühlbares Bauverbot für Lokomotiven mit Verbrennungsmotor (vom 1. Juli 1942) verhängt, das die Lieferung der starken vierachsigen Diesellok HF 200 D unmöglich und auch den Bau der Diesellok HF 130 C schwieriger machte.

Es war daher notwendig, die Aufgaben (Leistungsklassen) unter den noch zur Lieferung zugestandenen zwei Heeresfeldbahn-Dampflokomotiven neu zu verteilen,

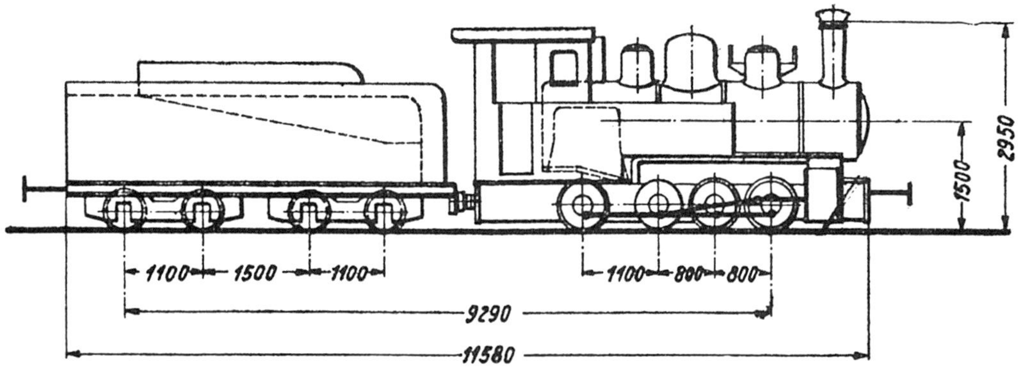

Erster Entwurf zum Typenblatt der Schmalspurlok KDL 11 vom Juli 1942.

und man entschied sich damals auf 600/750 mm für die 70-PS-Rollbahnlok (in verstärkter Ausführung) KDL 12 und als Streckenlok nur auf 750 mm für einen Vierkuppler von wenigstens 160 PS Leistung, wie er in Form der Schwartzkopff-Lok brauchbar vorlag, um jedenfalls genügend Leistungsreserve zu besitzen. Gegenüber der ursprünglichen Ausführung als wichtigste Änderung anzusehen ist hier die Umstellung der Lok auf Heißdampfbetrieb, also der Einbau eines Schmidt-Kleinrohrüberhitzers von 12,9 m² Heizfläche; eine angesichts der Ölqualität im Kriege sicher nicht unumstrittene Maßnahme.

In dieser Form – mit dem Schwenkhebel (fester Achsstand 2300 mm) zwischen den beiden führenden Achsen zur Verbesserung des Bogenlaufes – wurde die Lok als KDL 11 im Juli 1942 im Kriegstypenkatalog aufgeführt. Bemerkenswert ist weiterhin, daß der vierachsige große Feldbahntender vorgesehen war. Dieser sollte mit Wasserschläuchen so versehen werden, daß er vor oder hinter der Maschine laufen konnte. Dampfheizleitung, Wasserheber, Frostschutz und Bahnräumer mit Schneeschaufeln gehörten zur Ausrüstung.

Die Zug- und Stoßvorrichtungen sollten nach Heeresnorm in 550 mm Höhe über SO, wie bei 750 mm Spurweite nötig, ausgeführt werden, doch sollten vorn an der Lok und hinten am Tender auch Befestigungsmöglichkeiten in 340 mm – dem bei 600 mm Spurweite üblichen Maß – vorgesehen werden.

Per 15. Oktober 1942 wurde das Typenblatt ersetzt durch eine 2. Ausgabe, in welcher die Lok eine veränderte Form der Radsatzsteuerung im Bogen (Fester Achsstand = 0 mm) und einen leicht abgewandelten Tender (Drehgestelle von 800 mm statt 1100 mm Achsstand) aufwies. Damit änderten sich auch Länge ohne

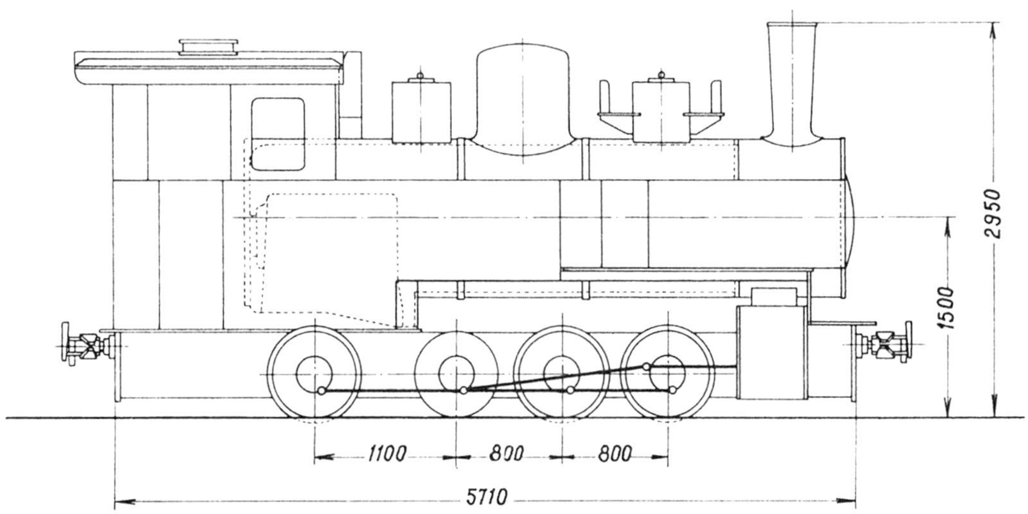

Typenskizze der KDL 11/1a »mit verlängertem Wasserkasten« vom August 1944, auch zur Lieferung mit Tender.

KDL 11 mit Fabriknummer 2818/1944 von Franco-Belge, hier als Lok 699.01 der B. B. Österreich zu Beginn der fünfziger Jahre in Bregenz. *(Foto: ETB/Jocham)*

Lok 699.01 der ÖBB wurde von »Eurovapor« übernommen und bis 1980 auf der Bregenzerwaldbahn eingesetzt; dort entstand die Aufnahme. Ab 1981 lief die Lok auf der Pinzgauerbahn Zell am See – Krimml. *(Foto: Eurovapor/Zopf)*

Puffer (von 11 580 auf 11 937 mm) und der Gesamtachsstand. Als Sammelfirma für Aufträge war erstaunlicherweise im März 1943 die Maschinenbau- und Bahnbedarfs-AG (vormals Orenstein & Koppel) bestimmt. Der Grund hierfür war, daß man von politischer Seite her mit dieser Lokomotivtype Großes vorhatte: Nicht nur die Reichsbahn sollte Kriegslokomotiven zu tausenden bauen, sondern auch das Wirtschafts- und das Ernährungsministerium planten so hoch. Im Herbst 1942 berichtete der Wirtschaftsstab Ost an den Hauptausschuß Schienenfahrzeuge, die Charkower Lokfabrik »Schapesekomintern« könnte jährlich 4000 Einheiten dieses Typs herstellen, die dort zur Abfuhr von landwirtschaftlichen Produkten aus der Ukraine dienen sollten. Die Bahnen sind im Abschnitt 11.1 genannt. Nachdem BMAG die Betreuung des sowjetischen Werkes abgelehnt hatte, ging diese Aufgabe an MBA. Aus dem Protokoll einer späteren Besprechung zwischen dem Hauptausschuß und dem Reichsernährungsministerium, wo ersterer den Bau von 2000 bis 3000 Fünfkupplern für Schmalspur in Charkow genehmigen sollte, läßt sich erkennen, daß aus dem genannten Plan nichts geworden ist.

Lieferungen der Bauart KDL 11 scheinen daher zunächst nicht vorgenommen worden zu sein. Änderungen der Typenblätter wurden erst wieder im Juli 1944 durchgeführt, nun allerdings vor dem Hintergrund einer angebahnten Beschaffung. Das OKH beabsichtigte, 55 Einheiten dieser Type in Auftrag zu geben, für deren Bau schließlich die Firma Franco-Belge im belgischen La Croyère bestimmt werden konnte. Ob dieser Auftrag vor oder nach der alliierten Invasion in Nordfrankreich vergeben wurde, steht nicht fest. Das Unternehmen lag jedenfalls noch einige Zeit im deutsch besetzten Gebiet und nahm die Maschinen unter den Fabriknummern etwa von 2814 bis 2857 in Arbeit.

Dieser Auftrag schlug sich im Kriegstypenkatalog dergestalt nieder, daß die 3. Ausgabe des Typenblattes abermals einen etwas veränderten Tender und den Vermerk aufwies, wonach die Lok auch für 600, 760, 785 und 800 mm Spurweite gebaut werden könne. Länge ohne Puffer nun 12 205 mm. Zugleich wurde eine Variante KDL 11 a als Typenblatt »mit verlängerten Wasserkästen« vorgestellt, die wahlweise mit dem vierachsigen Tender oder auch ohne Tender lieferbar sein wollte. Der Wasservorrat auf der Lok war hierzu von 0,65 m^3 auf 1,32 m^3 erhöht.

Aus dieser Serie der KDL 11 sind vor dem Ende des Krieges nur wenige Maschinen fertiggestellt worden. Ihre Lieferung Anfang 1945 erfolgte, soweit bekannt, an die vom Heereswaffenamt angegebenen Lagerstellen, also vornehmlich nach Bregenz und Mittersill: In Österreich befanden sich nach Kriegsende immerhin acht dieser Lokomotiven, ferner in der Bundesrepublik, in Polen und in Finnland jeweils ein Exemplar. Der Rest wurde erst nach Kriegsende an französische Abnehmer gegeben.

Tabelle 11: Dh2 - Schlepptenderloks KDL 11, Verbleib der nach dem Krieg nachweislich weiterverwendeten Maschinen

HF-Nr.	Hersteller	Fabrik-Nr./ Baujahr	Verbleib
2817	Franco-Belge	2817/44	1951 ÖBB 699.101 (Umbau in Tenderlok; Eisenkappel), a 1972, 1975 VKEF Kärtner Museumsbahnen (Gurktalbahn)
2818	Franco-Belge	2818/44	19.. ÖBB 699.01 (Bregenz, 1963 Eisenkappel), a 1972, 1975 Club 760, Murau, 1978 Einsatz bei EUROVAPOR (Bregenzerwaldbahn), 1981 (Pinzgauer Lokalbahn), 1983 abg. Mauterndorf (für künftige Bummelzüge Tamsweg – Mauterndorf)
2819	Franco-Belge	2819/44	1951 ÖBB 699.102 (Umbau in Tenderlok; Eisenkappel), a 1973
2821	Franco-Belge	2821/44	1951 ÖBB 699.103 (Umbau in Tenderlok; Eisenkappel, 1971 Gmünd, 1971 Garsten, abg. 1982) 1985 Steyrtal-Museumsbahn
2822	Franco-Belge	2822/44	19.. ÖBB 699.02 (Bregenz, 1960 Gmünd), a 1973, 1975 Club 760, Murau (Esp)
2843	Franco-Belge	2843/44	1946 TPF (F), 1978 Musée des Transports de Pithiviers (F)
2855	Franco-Belge	2855/44	1946 Salzkammergutlokalbahn, Nr. 19, 1955 Steiermärkische Landesbahn (Weiz), Nr. 669.01, 1957 Umbau in Tenderlok, 1965 abg., 1969 WLLR Welshpool & Llanfair Light Railway (GB), No. 10, »SIR DREFALDWYN«
2856	Franco-Belge	2856/44	19.. ÖBB 699.03 (Zell am See), abg. 1962, a 1971
2857	Franco-Belge	2857/44	1951 ÖBB 699.104 (Umbau in Tenderlok; Eisenkappel), a 1969

Die Lokomotiven waren nun einmal bestellt und mußten 1945 auch in einer Zeit abgenommen werden, als an den Bau oder den Betrieb von Heeresfeldbahnen nicht mehr zu denken war.
Von diesen Maschinen steht fest, daß sie nicht mit dem vierachsigen Tender geliefert worden sind. Alle Aufnahmen zeigen den zweiachsigen Feldbahntender, der möglicherweise aber auch erst nach Verlassen der Fabrik beigestellt worden ist. Eine umfassende Darstellung der Geschichte der KDL 11 befindet sich in Vorbereitung; sie bearbeitet Herbert Fritz.

3.3.14 Henschel-En2-Halbtenderlok von 1944

Nach den heute zugänglichen Unterlagen muß die Firma Borsig sich nach Entwurf und Bau ihrer fünfachsigen Lokomotive 14 806 aus dem Dampflokgeschäft mit dem Heereswaffenamt zurückgezogen haben, denn schon 1940 taucht die gleiche Lokomotivtype in Konstruktions- und Angebotsunterlagen der Firma Henschel wieder auf; nur wenige Hauptdaten sind geringfügig verändert.
Einerseits wurde diese Type als Tenderlok am 21. Mai 1940 von Henschel dem Heer wieder angeboten, andererseits beschäftigte man sich in der Konstruktion intensiv mit dem »Nachweis der Unstabilität der E-Tenderlok mit Klien-Lindner-Hohlachsen infolge der möglichen Schrägstellung der Achsen in den Hohlradsätzen«. Offensichtlich konnten diese Bedenken aber – vielleicht aufgrund der praktischen Erfahrungen mit der Borsiglok Nr. 14 806 – schließlich ausgeräumt werden, und das Waffenamt bestellte (zu einem unbekannten Datum, wohl aber Ende 1940) bei Henschel abermals fünf dieser Maschinen. Ihr Bau konnte allerdings, da mittlerweile die Reichsbahnlieferungen drängender wurden und Kapazitäten fehlten, erst 1944 vollendet werden. Es mag überraschen, eine Lieferung für das Militär so langsam durchgeführt zu sehen, doch waren die fünf Loks Anfang 1942, als mit dem KDL-Programm alle übrigen Typen gestrichen werden mußten, im Bau wohl noch nicht weit genug fortgeschritten.
Die fünf Lokomotiven mit den Fabriknummern 26 462 bis 466 erhielten 1944 die Heeresnummern HF 24 751 bis 755 und gelangten, soweit feststellbar, nicht mehr zum Betriebseinsatz. Bei Lieferung waren sie mit dem zweiachsigen Feldbahntender gekuppelt. Einige von ihnen erlebten das Kriegsende auf dem Märzfeld bei Nürnberg. Sie konnten in der Ebene etwa 1040 t bei 8 km/h bewältigen. Auf einer 20-Promille-Steigung zogen sie 186 t mit 8 km/h, die Bauart 1'E 1' aber 170 t mit 17 km/h.
Zwei dieser Maschinen liefen noch lange Jahre auf der Jagsttalbahn. Bei Braun/König/Körner/Uhlig, »Die Fahrzeuge der Jagsttalbahn« (1984) heißt es dazu auf S. 23 ff.: »Im August 1948 besichtigten der Leiter der

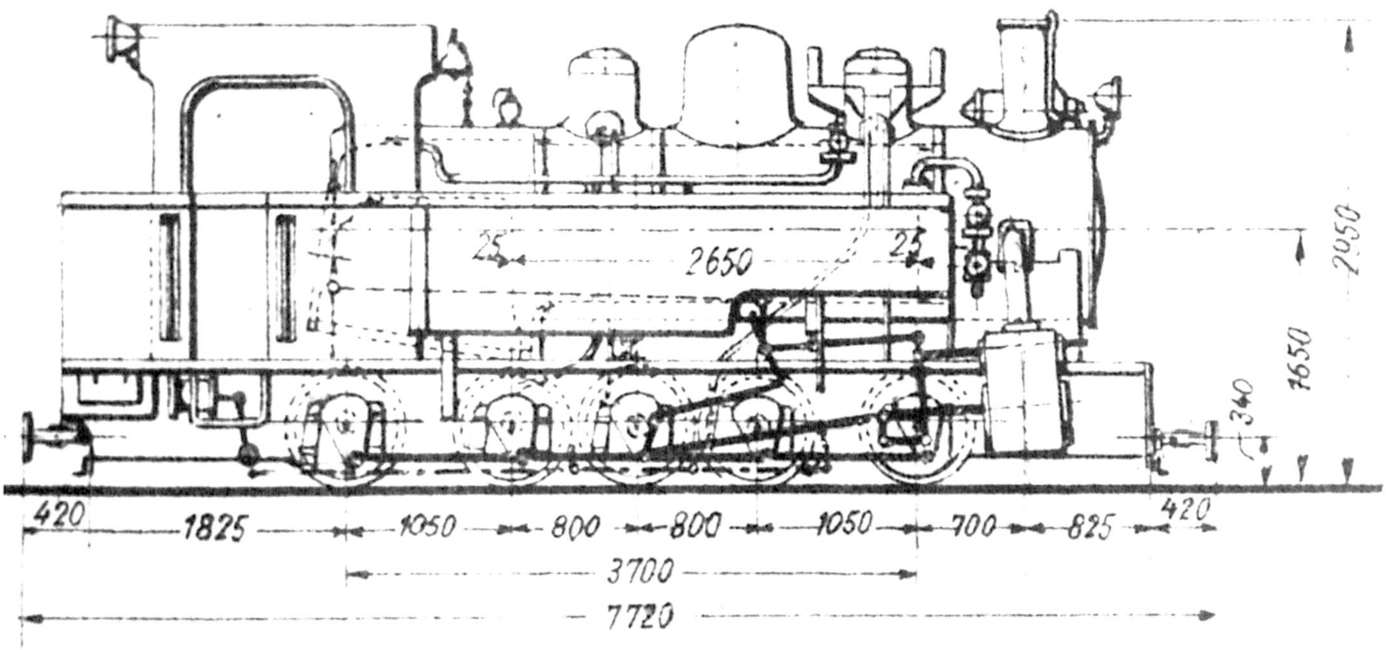

Henschel-Entwurf zur 5/5-gekuppelten Halbtenderlok mit 210 PS Leistung und Klien-Lindner-Hohlachsen beiderseits, tatsächlich geliefert mit dem »kleinen OKH-Tender«. *(Henschel-Skizze P III 2736)*

Zwei Fünfkuppler aus der Serie mit den Fabriknummern 26 462 bis 466 auf dem Henschel-Werkhof in Kassel. Die Gebäude im Hintergrund zeigen bereits Kriegsschäden. Man beachte die verkleidete Pumpe vor dem Wasserkasten. (Werkfoto)

Heizerseite des Henschel-Fünfkupplers von 1944 mit Hilfstender auf dem Fabrikgelände. (Werkfoto)

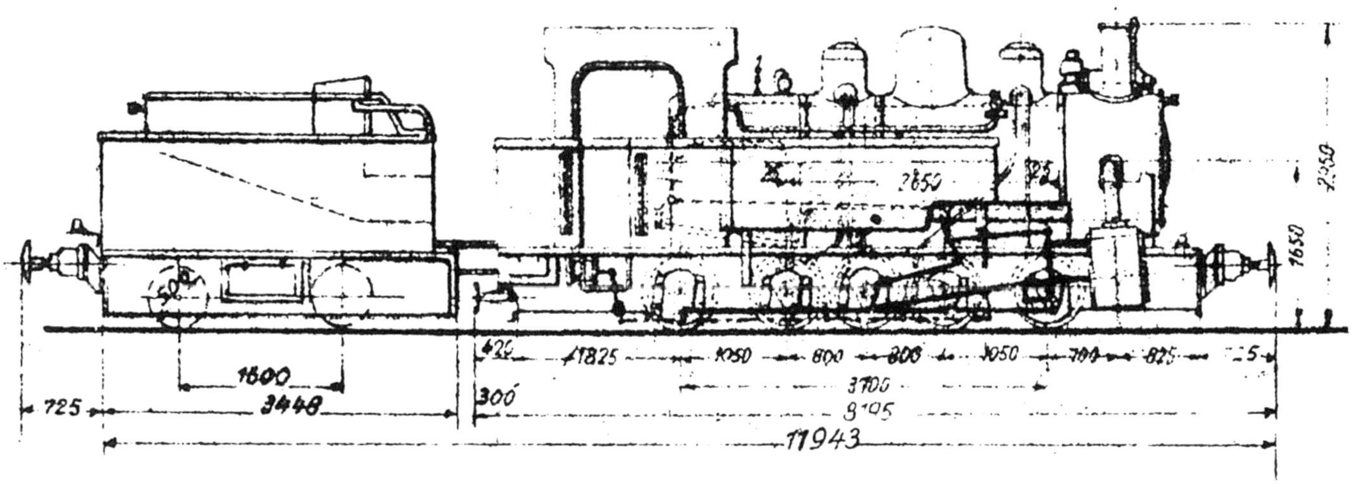

Übersicht der fünfachsigen Feldbahnlok mit 210 PS von Henschel mit dem zweiachsigen Tender. Hier fällt auf, daß der Wasserkasten verkürzt und sein Inhalt auf 2,1 m³ statt der ursprünglichen 2,5 m³ vermindert ist. Nach diesem Typenblatt wurde an die Bahn Möckmühl–Dörzbach geliefert. *(Henschel-Skizze P III 2736a)*

Außenvertretung Karlsruhe der DEBG und der Vorsteher des Aw Busenbach einige der auf dem Märzfeld in Nürnberg stehenden Heeresfeldbahn-Lokomotiven. Für einen Ankauf wurden folgende Lokomotiven in die engere Wahl gezogen:

Henschel	1944/26 462	ohne Tender	(HF 24 751) En2
Henschel	1944/26 465	mit Tender	(HF 24 754) En2 + 2T6
Henschel	1944/26 466	mit Tender	(HF 24 755) En2 + 2T6
Jung	1942/9576	mit Tender	1'E 1'h2 + 2'2'T 10

Noch 1948 erwarb die DEBG von der STEG (Staatliche Erfassungs-Gesellschaft für öffentliches Gut mbH) die HF 24 751 (Henschel 1944/26 462 mit Tender Jung 1944/10 130) und HF 24 755 (Henschel 1944/26 466 mit zugehörigem Tender) und ließ beide Lokomotiven im Herstellerwerk aufarbeiten. Zwar wurden die beiden Maschinen ‚aus zweiter Hand' erworben, es ist jedoch unwahrscheinlich, daß sie bei der Heeresfeldbahn im Einsatz gewesen waren. So konnte die Jagsttalbahn am 7. Juni 1949 zwei nahezu fabrikneue Lokomotiven als Nr. 151 und 152 in Betrieb nehmen [...] Am 25. Januar 1954 endete der Einsatz der Lok Nr. 151 vorzeitig wegen Bruchs der rechten Kurbel an der Treibachse. Die nur 10 Jahre alte Lokomotive wurde abgestellt, obwohl der Schaden hätte behoben werden können. So diente Lok Nr. 151 der Schwesterlok Nr. 152 als Ersatzteilspender bis über die Verschrottung (30. 1. 1960) hinaus. Am 24. Oktober 1965 zog Lok Nr. 152 einen Abschieds-Dampfzug durch das Jagsttal. Am 6. November wurde sie ausgemustert und in Dörzbach abgestellt. Am 7. Mai 1974 wurde die Lok von DGEG gekauft und am 1. Juli 1976 in das Rhein-Neckar-Eisenbahnmuseum der DGEG in Viernheim überführt.«

Eine weitere Lok dieses Typs, Henschel 26 465/1944, kam 1949 (über das Märzfeld und die STEG) zur Gartetalbahn, war dort aber für den verbrauchten Oberbau eigentlich zu schwer. Diese Lok Nr. 12 (II) wurde 1955 abgestellt und 1959 verschrottet.

3.3.15 Schwere 1E1-Heißdampf-Schlepptenderlok von Henschel und Jung für 750 mm Spurbreite

375 bis 400 PS Leistung besaßen diese schweren Feldbahnlokomotiven, von deren Gründen zur Beschaffung wir nichts wissen. Züge von 1000 t Last hätten sie in der Ebene noch mit 17 km/h befördern können, und selbst auf Steigung 1:100 waren es bei diesem Tempo noch dauernd 324 t Anhängelast. Der Entwurf geht wenigstens auf die Zeit um den Jahreswechsel 1938/39 zurück, und die Frage beschäftigt uns, an welche Einsatzstrecken ihre Auftraggeber damals wohl gedacht haben mögen. Entferntere Ähnlichkeiten mit 1D1-Lokomotiven der Otavi-Bahn müssen nicht unbedingt auf geplante Einsätze in Afrika schließen lassen; vielmehr war es in der Konstruktion üblich, bewährte Baugruppen und Dimensionen, falls verwendbar, für neue Projekte zu übernehmen.

Führerseite der 1E1-Lok, F.-Nr. 26 169, von Henschel. *(Werkfoto)*

Schwere 1E1-Schlepptenderlok für die Heeresfeldbahn, vermutlich Fabriknummer 26 167, auf dem Fabrikgelände in Kassel. *(Werkfoto)*

Blick in den Führerstand der 1E1-Maschine (F.-Nr. 26 169) von Henschel. *(Werkfoto)*

Der erste bekannte Entwurf stammt von Henschel und wurde dem Heereswaffenamt am 10. Mai 1939 angeboten. Im Vergleich zur späteren Ausführung hat dieser Entwurf noch Treibräder von 750 mm und Zylinder von 385 mm Durchmesser, Kolbenhub 320 mm. Im Laufe des Monats bis zum 16. Juni 1939 wurde nach Rücksprache mit dem Besteller vom 15. Mai 1939 die Konstruktion gemeinsam mit der Firma Jung überarbeitet. Der Rohrspiegel wurde zugunsten von mehr Heizrohren (Verdampfungsheizfläche) geändert, um die Leistung zu steigern, und das Triebwerk wurde größer dimensioniert. Äußerlich fiel vor allem auf, daß nun die Seitenwände des Führerhauses stark geneigt ausgeführt wurden, um die Lok im Ladeprofil I mit Plattformwagen von 1325 mm Bodenhöhe über SO auf der Reichsbahn befördern zu können.
Doch auch mit diesen Änderungen war es noch nicht getan. Im Gefolge der nächsten Konstruktionsbesprechung erhielt die Lokomotive statt der geplanten kupfernen Feuerbüchse eine solche aus Stahl, eine von 3800 auf 3900 mm vermehrte Rohrlänge und vor allem eine Druckluftbremsausrüstung. Dagegen beschränkten sich die Änderungen am vierachsigen Feldbahntender auf den Wegfall einer Rolle für den Pulsometerschlauch. Als Güterzuglok mit Bisselachsen vorn und hinten, Kolbenschiebern, Druckluftbremse, Dampfstrahlpumpe, Abdampfinjektor, Läutewerk und Sandstreuer mit Druckluftbetrieb war sie nun eher eine Lok für regulären Kleinbahnbetrieb. Die Ausführung der beiden Modelle HF 110 C und 1E1 von Henschel schien übrigens auch zu Beginn der fünfziger Jahre nicht überholt, denn sie wurden noch in das Henschel-Lokomotiv-Taschenbuch 1952, S. 356, mit Abbildungen und Hauptabmessungen aufgenommen.
In dieser Form wurden also 1939/40 der Firma Henschel drei dieser großen Heißdampflokomotiven in Auftrag ge-

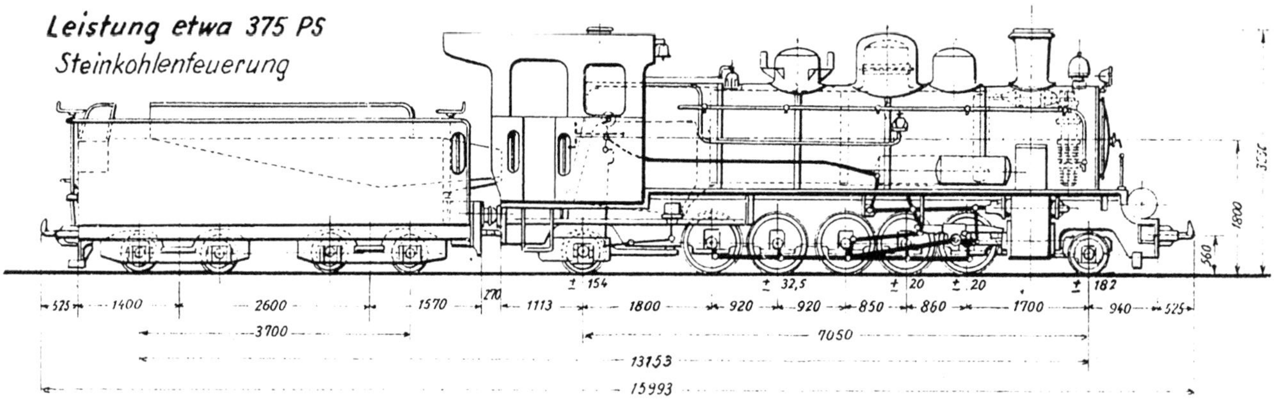

1-E-1 (5/7 gek.) Heißdampf-Lokomotive mit 4 achs. Tender für Kohlenfeuerung - 750 mm Spurweite.

Hauptabmessungen:

Lokomotive:

Zylinderdurchmesser	400 mm
Kolbenhub	370 mm
Treibraddurchmesser	800 mm
Laufraddurchmesser	550 mm
Achsstand geführt	3120 mm
Achsstand gekuppelt	3550 mm
Achsstand gesamt	7050 mm
Dampfüberdruck	13 kg/cm²
Rostfläche	1,6 m²
Heizfläche des Kessels wasserber.	76,5 m²
Heizfläche des Überhitzers	24,5 m²
Größte Breite der Lokomotive	2300 mm
Leergewicht etwa	33,5 t
Dienstgewicht "	38,0 t
Reibungsgewicht "	28,5 t
Achsdruck	5700 kg
Zugkraft 0,6	5770 kg
Größte Geschwindigkeit	30 km/h
Kleinster Krümmungshalbmesser	30 m

Tender:

Raddurchmesser	500 mm
Drehgestellachsstand	1100 mm
Gesamt-Achsstand	3700 mm
Wasservorrat etwa	10 m³
Kohlenvorrat "	4 m³
Leergewicht "	8,0 t
Dienstgewicht "	21,5 t
Gesamt-Achsstand von Lok. u. Tender	13153 mm
Spurweite	750 mm

Skizze der 5/7-gekuppelten schweren Heißdampflok von Henschel für das OKH.

geben. Sie erhielten die Fabriknummern 26 167 bis 169 und trugen später die Feldbahn-Nummern HF 40 751 bis 753, Lieferung 1941. Ein gleicher Auftrag ging bald darauf an Jung, deren drei Loks die Fabriknummern 9575 bis 9577 bekamen und 1942 zur Truppe gelangten. Von vier Maschinen ist der Verbleib bekanntgeworden.

Henschel 26 167 war zusammen mit 26 168 während des Krieges in Jugoslawien auf bosnischen Strecken eingesetzt. 26 167 lief unter ihrer ehemaligen HF-Nr. 40 751 bei den Jugoslawischen Staatsbahnen auf den bosnischen 760-mm Schmalspurbahnen. Nach Ende des Zweiten Weltkrieges tauchte sie zunächst in Bosanski Brod auf und wurde später nach Drvar versetzt. Wegen ihrer großen Länge konnte sie die scharfen Bogen der bosnischen Bahnen kaum befahren. Sie soll vor allem als Schiebelok auf der Steige nach Ostrika bis zur Spitzkehre eingesetzt gewesen sein. Bei Einstellung der Strecke Sarajevo – Ploće wurde sie überflüssig und 1966 verschrottet.

Henschel 26 168 ex HF 40 752 war während des Krieges bei einem Bombenangriff in Bosanski Brod schwer beschädigt worden und wurde gleich nach dem Krieg verschrottet. Henschel 26 169 ex HF 40 753 kam als Steg-Ware 1949 mit ihrem Schlepptender zur Kerkerbachbahn und erhielt die Betriebsnummer 15. Sie wurde in eigener Werkstatt zur Tenderlok auf Meterspur umgebaut und bis zu ihrer Verschrottung 1962 eingesetzt. Gleiches gilt für die Jung 9577/42, die als Nr. 16 bis zu ihrer Verschrottung 1960 in Betrieb war. Auf dem Märzfeld in Nürnberg war auch die Jung-Lok 9576 abgestellt, doch ist ihr Verbleib nicht bekannt.

3.4 DIESELLOKOMOTIVEN

Im Vergleich zur Entwicklungsgeschichte der Dampflokomotiven für die Feldbahn sind Entstehung und Typenprogramm der Motorlokomotiven für den Schmalspur-Einsatz der Wehrmacht relativ geradlinig und überschaubar. Ein wesentlicher Grund dafür dürfte gewesen sein, daß man sich wegen der Abhängigkeit vom Angebot der Motoren- und Getriebehersteller von vornherein eine gewisse Typenbeschränkung auferlegen mußte.

Die Planungen ab 1937 sahen zunächst vor, für den Betrieb »in Stellungen« eine zweifach gekuppelte Lok mit mechanischer Kraftübertragung von rund 50 PS Leistung vorzulegen, bei der man sich – wegen der gedrängten Platzverhältnisse – an vorhandene Grubenlokomotiven konstruktiv anlehnen wollte. Für den Betrieb auf Nachschubstrecken wurden, wie bei den ersten Dampfloks für die Heeresfeldbahn verlangt, Typen im Leistungsbereich von etwa 120 PS und von etwa 200 PS mit hydrodynamischer Kraftübertragung in Aussicht genommen. Zur gleichen Zeit wurden ja von der »Arbeitsgemeinschaft Motorlokomotiven« auch die regelspurigen Motorloks der Wehrmacht (mit 160, 200, 220 und 360 PS Leistung, die späteren Reihen V 20 und V 36 der DB) mit Turbogetriebe geplant und erprobt. Diese Arbeitsgemeinschaft nahm sich auch der kleinen Motorlokomotiven an und erreichte damit, daß in einen gemeinschaftlichen Entwurf, wie früher schon bei den Reichsbahn-Kleinloks ermöglicht, die Motoren und Getriebe verschiedener Hersteller eingebaut werden konnten. Damit mochte zwar die Ersatzteilversorgung erschwert sein, doch kam es damals darauf an, nicht auf einen Hersteller allein angewiesen zu sein und alle Werke zudem an den Wehrmachtsaufträgen zu beteiligen.

Außer diesen Serientypen, die bald in Varianten für unterschiedliche Spurweiten und spezielle Aufgaben gebaut wurden, kamen nur wenige weitere Prototypen und Einzelentwürfe der Firmen zur Beschaffung.

Recht einheitlich war auch das Bezeichnungssystem der Motorloktypen gehalten. Es bestand aus den Kennbuchstaben »HF« für Heeresfeldbahn, einer Zifferngruppe mit der Motorenleistung, einem Buchstaben für die Zahl der Kuppelachsen und schließlich wieder Zahlen für den durchschnittlichen Achsdruck in Tonnen. Die kleine Lok für den Betrieb in Stellungen mit 50 PS und zwei Treibachsen hieß demnach HF 50 B 4. Gelegentlich wurde den nur auf 750-mm-Spur einsetzbaren Typen noch eine hochgestellte 1 beigelegt, zum Beispiel HF^1 200 D 5,9 für den schweren Vierkuppler mit 200 PS. War die Buchstabengruppe »HF« durch die Gruppe »HK« ersetzt, handelte es sich um eine Variante für Kolonial- oder Kleinbahnbetrieb des Heeres mit Spurweite zwischen 900 und 1067 mm, die nur recht selten gebaut worden ist. Über die Numerierung der einzelnen Loks gilt das zu Beginn des Kapitels Gesagte.

Um einen anfänglichen Überblick der einzelnen Lieferer und Bauarten zu geben, folgt hier eine Tabelle der wichtigsten Typen an Heeresfeldbahn-Motorloks. Dazu kommen wenigstens 65 Beuteloks aus Frankreich.

Tabelle 12: Übersicht der Feldbahn-Motorloks

Typ:	OMZ 122 F	50B	130 C	200 D	Ges.
Fabrikat					
Deutz	62	20	28 (33?)	10	120
Diema	–	37	–	–	37
Gmeinder	–	97	190-200	10	~ 297
Jung	–	–	15	–	15
O & K	–	6	36	10	52
Schöma	–	20	–	–	20
Windhoff	–	21	33	4	58
Insgesamt	62	201	~ 302	34	~ 599

3.4.1 Deutz-Hohlgang-Lokomotive OMZ 122 F (1940)

Als erste kleine Diesellokomotive der Heeresfeldbahn wurde die Deutz-Industrietype OMZ 122 F, so benannt nach dem zweizylindrigen Deutz-Motor OMZ 122, erprobt und im Jahre 1940 beschafft, da diese Konstruktion bereits fertig vorlag und man mit der Hohlgang-Lok

Federzeichnung der Deutz-Dieselloktype OMZ 122 für Feldbahnen und Rangieraufgaben, Leistung 40 PS, zum Teil mit geänderter Haube geliefert. *(Werkbild/Sammlung Lawrenz)*

HF 50 B zu dieser Zeit noch nicht so weit war. Der Motor leistete 40 PS bei 600 U/min; die Lok wog dienstfähig 7,0 Tonnen. Zwei Loks wurden mit 8,5 Tonnen Gewicht geliefert, eine mit 9 Tonnen. Die Gründe für dieses Mehrgewicht sind nicht bekannt. Ein mechanisches Vierganggetriebe ermöglichte Geschwindigkeiten von 3,3/6,0/10,4/17,5 km/h.
Von der Bauart OMZ 122 lieferte Deutz nach den beiden Prototypen vom 28. Mai 1938 ferner nach Rehagen-Klausdorf: 29 Stück im Januar und Februar 1940, sodann 10 Stück im März 1940, abermals 10 Stück im Mai, zwei im Oktober 1940 und die letzten neun im Januar 1941, insgesamt also 62 Stück.

3.4.2 Windhoff-Feldbahnlokomotive HF 150 B + B (1939)

Einen bemerkenswerten Versuch, die Aufgaben der Hohlgang-, Vorbau- und Nachschublokomotiven der Feldbahn mit nur einer Bauart zu bewältigen, präsentierte die Rheiner Maschinenfabrik Windhoff mit einem Entwurf vom Dezember 1938: Sie regte an, ähnlich den »Zwillingen« des Ersten Weltkriegs wieder Doppellokomotiven von 2 x 75 PS zu verwenden, wie sie die Zeichnung zeigt.
Tatsächlich wurden 1939 insgesamt 8 Heeresloks mit einer Einzelleistung von 75 PS bei 1350 U/min (Motor Kämper 4 d 12 ER) geliefert und zu vier Doppelloks Windhoff 150 B + B führerhausseitig zusammengekuppelt. Jede Hälfte wog 9 Tonnen. Als Getriebebauart ist das Modell L 22 V von Voith genannt, andere Quellen vermerken KSB Frankenthal. Antrieb auf die Räder mit Ketten; Gesamtachsstand 5,0 m. Als Höchstgeschwindigkeit wurden 25 km/h erreicht. Die Zeichnungen der Lok lassen ihre Einrichtung auf 600 und 750 mm Spurweite erkennen, die Breite war 1580 mm. In welcher Spur die Maschinen geliefert wurden und wo sie verblieben sind, ist nicht bekannt. Ihr Nachbau im Kriege unterblieb, weil sich inzwischen die Bauart HF 130 C bestens eingeführt hatte und man eine Bauart mit zwei Maschinenanlagen als zu aufwendig ansah.

3.4.3 Feldbahn-Motorlokmotive HF 50 B 4 (Hohlganglok)

Diese einfache, nur 1700 mm hohe und 1200 mm breite Lokomotive von 8 Tonnen Gewicht wurde besonders für den Wagenzug in Stellungen (»Hohlgängen«) entwickelt. Die Entwürfe datieren vom Herbst 1938, die Type wurde im Januar 1939 vom Heereswaffenamt genehmigt.
Alle Rahmenverbindungen der Maschine waren vollständig geschweißt. Sie besaß ein 3-Gang-Lamellen-Kupplungsgetriebe, mit dem die Fahrstufen 5/12/20 km/h zu erreichen waren. Als Motoren waren die fünf Vierzylinder-Typen Deutz F 4 M 317, Jung KD 130, Kämper 4 D 12, Kaelble F 125 d und O & K 3 D 14 vorgesehen, sämtlich kompressorlose robuste Lokomotiv-Motoren bewährter Bauart von 50 bis 55 PS Leistung bei 1000 U/ min. Später wurde auch ein MWM-Diesel benutzt. Der Antrieb vom Getriebe auf die Räder erfolgte über Rollenketten. Bemerkenswert ist noch, daß in Ermangelung einer Druckluftanlage die Pfeife mit Abgas betrieben

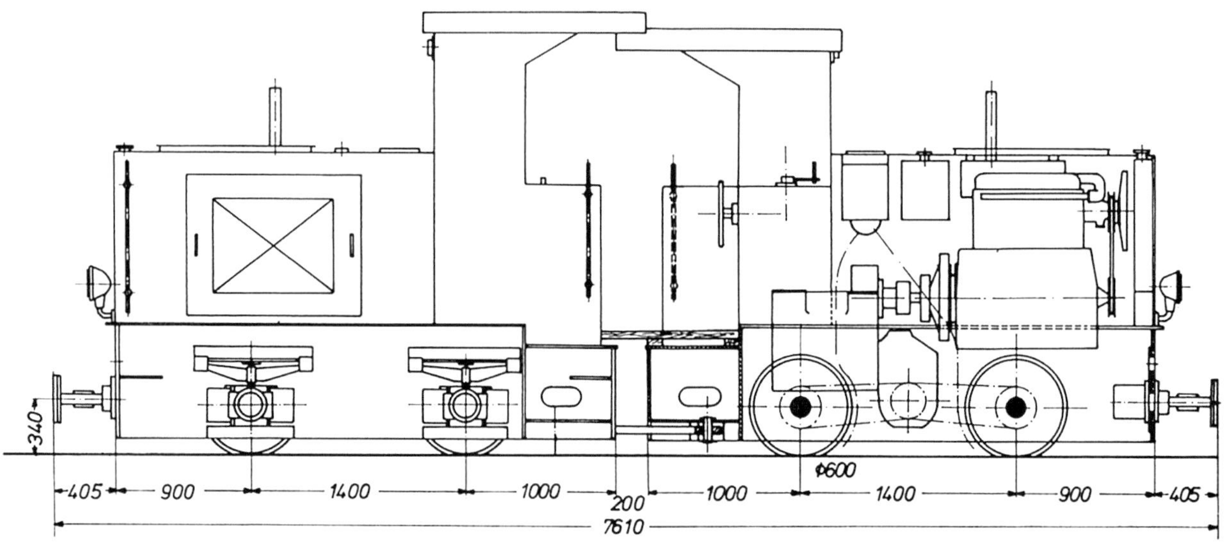

Übersicht der Windhoff-Doppellok von 1939, jeweils mit 50 PS. *(Skizze: Windhoff/Buchholz)*

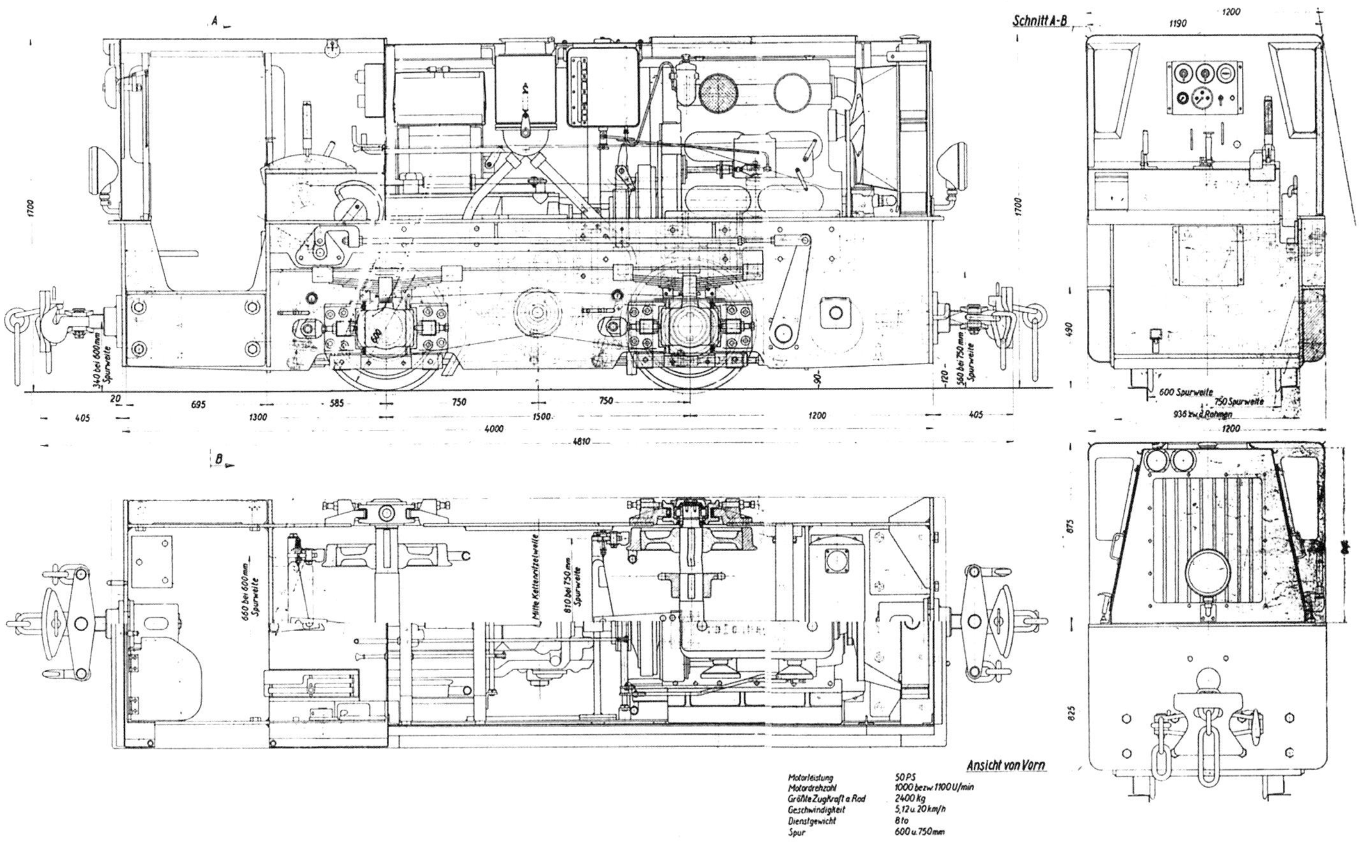

»Hohlganglok« Typ HF 50 B der Heeresfeldbahn im Zustand von 1940, eingerichtet für 600/750 mm Spurweite. *(Skizze: Windhoff)*

werden mußte. Die Maschine wies eine größte Zugkraft von 2300 kg auf und konnte auf Steigung 1:100 noch 107 Tonnen mit 5 km/h befördern.

Von dieser Bauart wurden, vermutlich erst ab Mitte 1941, rund zweihundert Stück bei Deutz, Diema, Gmeinder, Orenstein & Koppel, Schöma und Windhoff für das Heer gebaut. Die Spurweite war bei Ablieferung der einzelnen Serien unterschiedlich, konnte aber auf den jeweils anderen Wert umgepreßt werden. Viele von ihnen dürften in Bunkeranlagen des »Atlantikwalls« auf 60-cm-Spur eingesetzt worden sein.

Die Type wurde wegen dringenden Bedarfs des Heeres auch nach dem Baustopp für Motorlokomotiven vom 1. Juli 1942 noch zur Fertigung zugelassen. In den Kriegstypenkatalog wurde sie als »KML 4« mit 60 PS, Herstellerfirma Gmeinder, aufgenommen, doch bauten auch nach diesem Termin andere Werke die HF 50 B 4. Aufschlußreiche Angaben zum Bauzeitraum und der Einrichtung der Spurweiten lassen sich der Übersicht der Diepholzer Maschinenfabrik (Diema) entnehmen, die 40 Loks der Type HF 50 B 4 gebaut hat.

Die Lieferumfänge der anderen Werke: Schöma baute 651–659/1942. Nach dem Kriege wurden die noch vorhandenen Maschinen als sehr brauchbar in Waldbahnen, Ziegeleien, Steinbrüchen und Bauunternehmen selbst bis zum heutigen Tage verwendet.

Tabelle 13: Diema-Lieferungen Typ HF 50 B

Maschinen-Nr.	Lieferdatum	Dieselmotor	Spur
1107–1109	... 1941	...	600 mm
1118–1120	Dez. 1941	KÄMPER	600 mm
1135 1137	Juni 1942	dto.	600 mm
1147–1149	Aug.1942	dto.	750 mm *
1153–1155	Dez. 1942	dto.	600 mm
1156–1160	Dez. 1942	dto.	750 mm
1171–1176	Aug. 1943	dto.	600 mm
1177–1191	Feb.–Dez. ´44	MWM	750 mm

*umgespurt

Eine Lok von Gmeinder (Fabriknummer 4269/1944) befindet sich seit 1981 bei dem Feldbahnmuseum in Deinste, eine von Windhoff (763/1943) in Mühlenstroth. Weitere Maschinen aus angearbeiteten Teilen wurden noch bis 1949/50 von den Fabriken an andere Besteller abgegeben. Folgende Diema-Loks laufen noch:
1179: Baufirma Ast & Co., Graz-Puntigam;
1190, 1191: Baufirma Gustav Burmeister, Hamburg.

Bemerkenswert ist übrigens, daß die Bauzeichnung dieser Lokbauart nicht nur durch Oberst Mennicke vom Heereswaffenamt genehmigt wurde, sondern auch beim Reichsbahn-Zentralamt Berlin (Dezernat 21, Abteilungspräsident Wagner) geprüft wurde; das galt auch für die regelspurigen Dieselloks der Wehrmacht.

Tabelle 14: Motorlokomotive HF 50 B (KML4), Lieferliste Gmeinder

Fabrik-Nr.	Spurweite mm	Motortyp	Lieferjahr	Besonderheiten
2583–2584	600	Kaelble F 125 d	1939	gel. an OKH
3934–3948	750	Kämper 120/176	1942	gel. an OKH, Vergasermotor
4089–4094	690	Deutz A4 M 517	1943	
4095–4103	600	Deutz A4 M 517	1944	4096 Lj. 1943, 4102 Spw. 750 mm, 4103 Spw. 760 mm
3951–3960	750	MWM GS 117V	1944	aus Verlagerung Fritz Schöttler, gel. an Eisenbahnpionierpark Hanau
4128–4147	750	MWM GS 117V	1944	aus Verlagerung Christoph Schöttler, gel. an Eisenbahnpionierpark-Hanau, ab 4133 Rehagen-Klausdorf
4148–4162	600	Deutz A4 M 517	1944	4150, 4157, 4161, 4162, Spw. 760 mm
4251–4270	750	Deutz A4 M 517	1945	aus Verlagerung Windhoff, bis 4267 gel. an Eisenbahnpionierpark Rehagen-Klausdorf, 4268–4270 Spw. 600 mm, 4268 und 4269 Lj. unbekannt, 4270 Lj. 1950
4430–4441	600	?W4V 12/18	1948–1951	4436 Spw. 500 mm, 4437 Motor Kaelble F 125 d, 4438, 4440 und 4441 Spw. 730 mm
4702–4703	750	Kaelble GN 130d	1951	
4704–4709	800	?W 4 V 12/ 18	1952–53	4705 und 4707 Spw. 750 mm und Motor Kaelble GN 130 d
4710	730	?W 4 V 12/18	1954	
4711	?	?	1956	
5068–5070	730	MAN D 1246 M	1958	
5071–5076	750	Kaelble GN130 d	1958	
5077–5078	730	MAN D 1246 M	1958	
5079	900	Kaelble GN 130 d	1958	
5228	600	Kaelble GN 130 d	1959	
5359	1000	MAN D 1246 M	?	
5360	760	MAN D 1246 M	1964	

Tabelle 15: Motorlokomotive HF 50 B (KML 4) von Gmeinder. Empfänger der an nichtmilitärische Abnehmer gelieferten MaschinenundVerbleib von Lokomotiven nachdem Krieg

Lok-Nr.	Verbleib
3946–3947/42	→ Westdeutsche Quarzwerke Dr. Müller GmbH, Werk I, Dorsten
4089–4094/43	gel. über Demagan R. Kom. Halle/S.
4095/44	gel. über Sped. D. Karacevic an Somestunta (?)
4096/43	gel. an Marineartillerie
4097–4101/44	gel. über Sped. D. Karacevic an Somestunta (?)
4102/44	gel. über Deutz an Deutsche Handels- und Kreditbank
4103/44	gel. über Henschel an Donautaler Tonerde
3955/44	→ Westdeutsche Quarzwerke Dr. Müller GmbH, Werk I, Dorsten

3959/44	→ Casseler Basalt-Industrie, Werk Helsa
4148/44	gel. an Deutsche Handels- und Kreditbank (Fabrikschild Deutz 55014)
4149/44	gel. an Slowakei (Fabrikschild Deutz 55015)
4150/44	gel. an Deutsche Erdölwerke (Fabrikschild Deutz 55010)
4151–4152/44	gel. an Baltisch. Ö. GmbH (Fabrikschild Deutz 55058, 55059)
4153–4157/44	gel. an Sped. D. Karacevic
4158–4160/44	gel. an Sloven. Wirtschaftsministerium (Demag-Fabrikschilder)
4161–4162/44	gel. an Fa. Hansa, Romana
4252/45	→ Basaltwerk Steinmühle (bei Waldsassen)
4254/45	→ Fa. Epple. Forchheim
4264/45	→ Baufirma Ast & Co., Graz-Puntigam
4265/45	→ Waldbahn Reichraming, Lok 2, 1972 VKEF Gurktalbahn, Nr. 206
4267/45	1946 Waldbahn Reichraming, Lok 3, ca. 1983, Denkmal Forstverwaltung Reichraming
4268	gel. an Ziegelei Bott KG, Rauenberg
4269	gel. 1963 an Baufirma Siemer & Müller, Bremen, DL 24, 1981 DFKM Deinste, Nr. 24
4270/50	gel. an Otto Hupfer & Söhne, Weil/Rhein
4430/48	gel. an Säng. u. Lan., Tiengen
4431/48	gel. an Fa. Glaser & Pflaum, München, ca. 1948/49, Westfälische Speditions-Gesellschaft, Dortmund-Hafen, → Baufirma Rudolf Herdejürgen, Bremen, Nr. 203, a vor 1981
4432/49	gel. an Fa. Glaser & Pflaum, München, ca. 1949, Ziegelei und Kiesbaggerei Baumann, Altrip/Rhein
4433/49	gel. an Fa. Friedrichs, München, → Buchtal AG, Schwarzenfeld/Oberpfalz
4434/50	gel. an Hüttenwerke SCASA, Aviles (Spanien)
4435/50	gel. an Fa. Glaser & Pflaum, München, ca. 1950, Ludwigshafener Ziegelwerke, um 1980 B. van Engelen, Hainstadt
4436/49	gel. an Fa. Glaser & Pflaum, München, ca. 1949, Ziegelei C. Ludowici. Jockgrim/Pfalz, Nr. 108 »FRANZ«
4437/50	gel. an Metallurgica d. S. Martin S. A., Barcelona, Selva de Mar
4438/49	gel. an Fa. Glaser & Pflaum, München, ca. 1949, Hüttenwerke Oberhausen AG
4439/51	gel. an Otto Hupfer & Söhne, Weil/Rhein, → A. Reiners, Bremen
4440/50, 4441/51	gel. an Hüttenwerke Oberhausen AG
4702–4703/51	gel. an Metallurgica Portales y. Compana, Madrid
4704/52	gel. an Fa. Glaser & Pflaum, München, → Luxembourg
4705/52	gel. an Metallurgica d. S. Martin S. A., Barcelona, Selvade Mar
4706/52	gel. an Fa. Glaser & Pflaum, München, → Luxembourg
4707/53	gel. an Fa. Glaser & Pflaum, München (?), → Spanien
4708–4709/53	gel. an Fa. Glaser & Pflaum, München, → Schweden
4710/54	gel. an Hüttenwerke Oberhausen AG
4711/56	gel. an Dolberg, Glaser & Pflaum, → Ziegelei und Kiesbaggerei Baumann, Altrip/Rhein
5068–5070/58	gel. an Dolberg, Glaser & Pflaum, → Hüttenwerke Oberhausen AG
5071–5072/58	gel. an Dolberg, Glaser & Pflaum, → Beton- und Monierbau, Düsseldorf
5073–5076/58	gel. an Dolberg, Glaser & Pflaum, → Spanien
5077–5078/58	gel. an Dolberg, Glaser & Pflaum, → Hüttenwerke Oberhausen AG
5079/58	gel. an Heinrich Merkel, Dampfziegelei, Brühl/Schwetzingen
5228/59	gel. an Hoch-Tief, Geräteabteilung Essen-Bergeborbeck
5359	gel. an Louis Patry, Mat. Industriel, Paris
5360/64	gel. an Forstverwaltung Reichraming, Lok 1"

3.4.5 Feldbahn-Motorlok HF 130 C 5,5

Die bekannteste und mit rund dreihundertfünfzig gefertigten Exemplaren auch zahlreichste (Motor-) Lokomotive der ehemaligen Deutschen Wehrmacht ist diese dreiachsige dieselhydraulische Schmalspurlok. Varianten wurden für breitere Spurweiten und für niedrigere Achsdrücke ausgeführt, einzelne für höhere Geschwindigkeiten. Mit Ballast am Rahmen konnte die Achslast auch erhöht werden.

Die Entwicklung der Lokomotive wurde, soweit bekannt, bereits ab 1937 von der Firma Schwartzkopff vorgenommen, die bald – wie auch Orenstein & Koppel – einige Prototypen lieferte. Schwartzkopff-Oberingenieur Neumann war außerdem an der Planung der regelspurigen Wehrmachtsloks beteiligt. Vielfach wurde die Feldbahnlok als »Baulokomotive« deklariert; ihre Skizze wurde schon 1940 in »Glasers Annalen« (Band 64, S. 95) veröffentlicht. Erste Serien hatten zwei seitliche Fenster und abgerundete »Bullaugen« vorn und hinten.

Der robuste Außenrahmen war wieder vollständig geschweißt; er war grundsätzlich für 600 und 750 mm Spurweite eingerichtet. An Motoren standen die Sechszylinder-Typen Deutz A 6 M 517, MWM SS 117 S, Jung KS 130, Kämper 6 D 12, Kaelble G 125 S und Orenstein 6 D 14 zur Wahl, die je nach Typ 120 bis 130 PS bei 1000 bis 1500 U/min leisteten. Die Nennleistung der Lok wurde jedenfalls auf 130 PS bei 1500 U/min festgelegt. Die Kraftübertragung erfolgte sodann über ein hydrodynamisches Voith-Getriebe der Bauart L 22k (Wandler-Kupplung) zu einer unter dem Führerstand eingebauten Blindwelle und über Stangen und Kurbeln zu den Rädern. Es wird auch die Verwendung von Getrieben der Firmen Krupp und KSB Frankenthal erwähnt. Die Lok wog dienstfähig 16,5 t, hatte also 5,5 t Achsdruck, und erreichte 20 km/h Geschwindigkeit. Auf der Steigung 1:100 konnte sie bei 8 km/h noch 140 t, bei 4 km/h immerhin 228 t Anhängelast übernehmen. Größte Zugkraft 5000 kg. 1938 baute Windhoff Lokomotiven dieses Typs mit Übersetzung für 25 km/h, im Jahre 1939 auch für 30 km/h Höchstgeschwindigkeit, die sonst der Regelbauart entsprachen.

Im Jahre 1939 wurde die Konstruktion stark überarbeitet. Eine Lieferübersicht der Firma Voith enthält die einzelnen Firmen und Baujahre, zu denen das Getriebe L 22 geliefert worden ist, wie es in der Type HF 130 C eingebaut war. Man kann von diesen Zahlen insgesamt etwa 10 Prozent für sonstige Abnehmer (mit Bezugsschein) und für Varianten dieser Type absetzen und kommt dann zu einem Anhalt über die an die Wehrmacht gelieferten Loks. Eine Lieferübersicht aus dem Blickwinkel der Lokfabriken gibt die Tabelle. Abweichungen sind – ab 1941 – auch durch Verlagerungen begründet.

Im Jahre 1942 wurde diese Wehrmachtstype als KML 3 in den »Kriegstypenkatalog« aufgenommen, als Hersteller waren Gmeinder und Windhoff bestimmt worden. In einer am 29. August 1944 vom OKH herausgegebenen Ersatzteilliste für das Gerät HF 130 C werden als Ersatzteillieferanten die Firmen Gmeinder und Windhoff für den Fahrzeugteil und Voith für das Getriebe genannt. Für neue Lieferungen als KML 3 war im Typenkatalog nur noch der Deutz-Motor vorgesehen.

Es ist im Vorstehenden mehrfach über die Varianten der Bauart HF 130 gesprochen worden. Dabei handelte es sich zum einen um die Version HF[1] 130 D 4,25, also eine eng verwandte Maschine mit vier Kuppelachsen und 17 t Gewicht, die wohl zunächst nur für 750-mm-Spur geplant war. In amtlichen Unterlagen von 1940 wird sie als »Vorbaulokomotive« bezeichnet, das heißt, daß sie mit dem niedrigeren Achsdruck eher auf den wenig tragfähigen, kaum unterstopften Gleisen beim Vorbau der Feldbahnen operieren sollte. Wie weit man diese Eingrenzung der Verwendung durchhalten konnte, muß offen bleiben. Es ist jedoch denkbar, daß jeweils eine solche Lokomotive den einzelnen Kompanien vornehmlich für Vorbaufahrten zugeteilt werden sollte.

Tabelle 16: Übersicht der Lieferungen Typ HF 130 C

Lieferer	1937	1938	1939	1940	1941	1942	1943	Summe
1. BMAG	4	58						62
2. Deutz		23		10				33
3. Gmeinder		25			70	58	44	197
4. Jung		25						25
5. O & K	5	4						9
6. Windhoff		10			5			15
Summe	9	145	0	10	75	58	44	341

Im Jahre 1942 nennt eine andere amtliche Schrift die Grundversion HF 130 C 5,5 dann »Vorbaulok«, weil man als Standardlok die 200-PS-Maschine HF[1] 200 D 5,9 vorgesehen hatte, doch wurden diese Pläne nicht verwirklicht: Vieles sah schon damals bei der Truppe anders aus, als es sich die Verfasser der Dienstvorschriften vorgestellt hatten. Lieferungen der Bauart HF 130 D 4,25 mit vier Achsen sind nur noch bekannt von Jung (Fabriknummern 8888 bis 8897, März bis Mai 1941, Spurweite 600/750 mm), doch kann nicht ausgeschlossen werden, daß auch andere Werke diesen Typ gebaut und ihn später bei der Type HF 130 C mitgezählt haben.

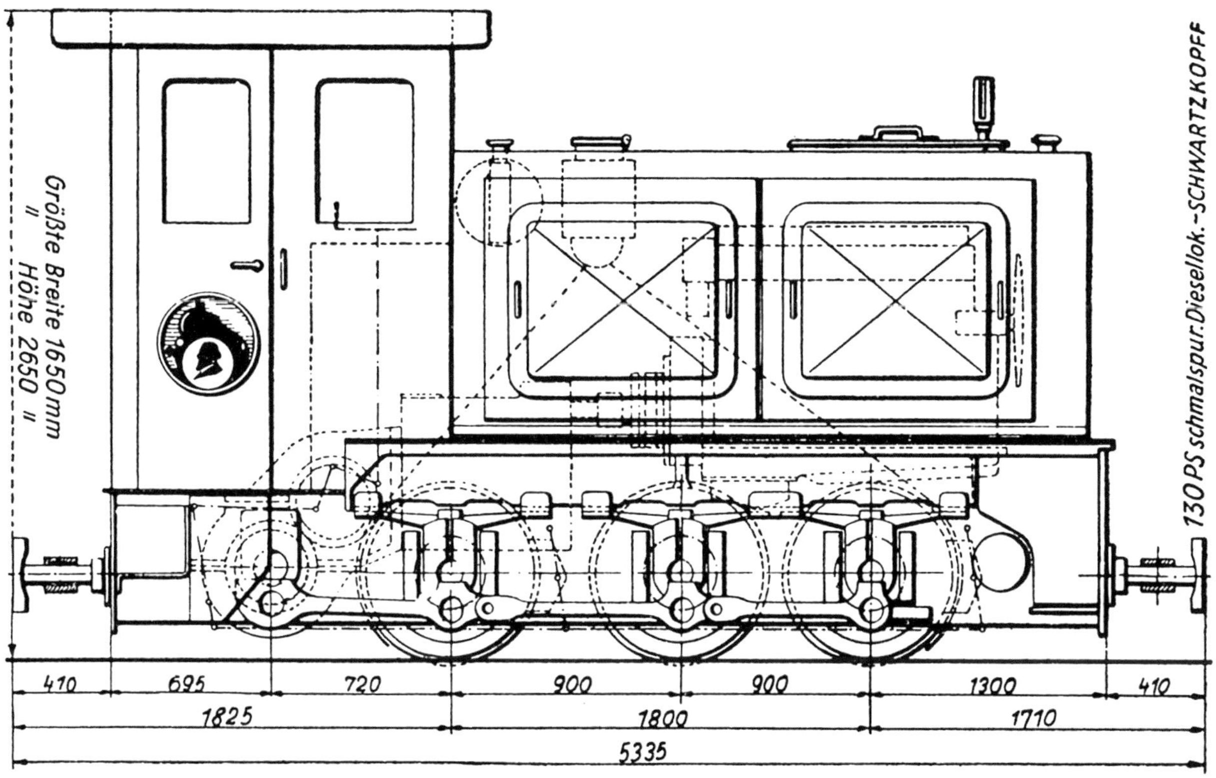

Erste Ausführung der Diesellok HF 130 C von Schwartzkopff nach »Glasers Annalen« von 1940, Aufsatz Riedig.

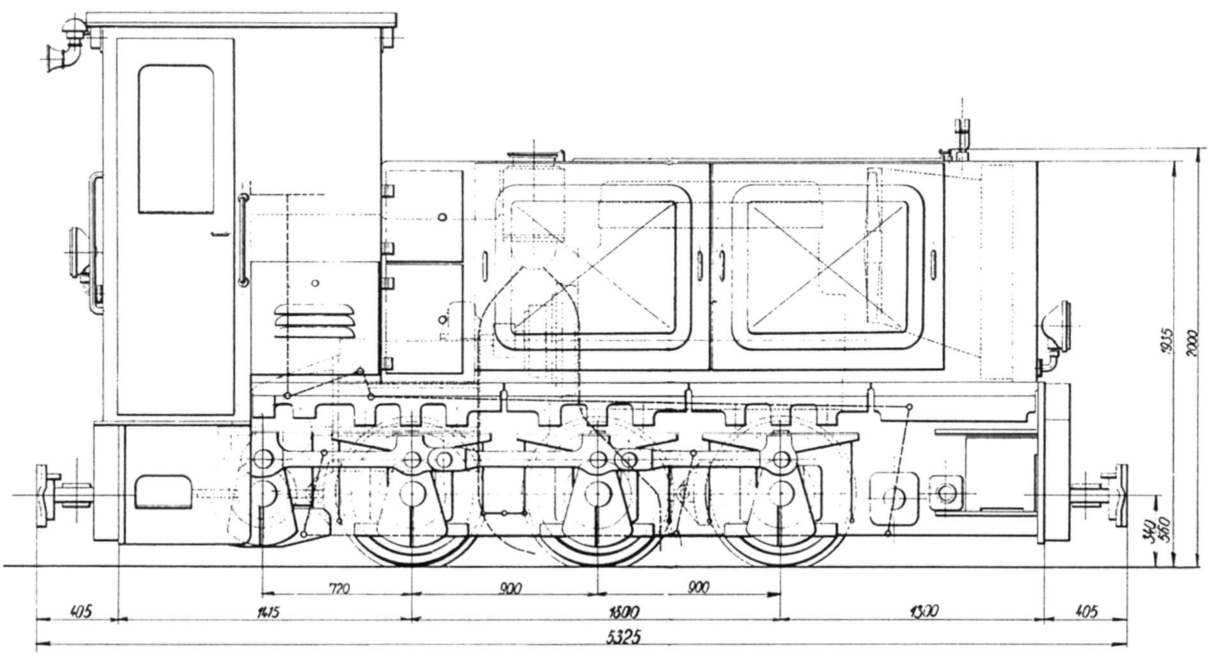

Serienausführung der Diesellok HF 130 C mit niedrigerem Vorbau in der Bauart von Windhoff, gezeichnet Oktober 1939.

(Werkbild)

Heeresfeldbahn-Motorlok der Type HF 130 C im Lieferzustand. *(Foto: Sammlung Lawrenz)*

Ferner war im Programm der »Schmalspurigen Motorlokomotiven« der Wehrmacht von 1940 eine Variante HK 130 C 5,5 vorgesehen, mit der Spurweiten von 900 bis 1067 mm befahren werden sollten. Skizzen der Maschine lassen ein Doppeldach für den Einsatz in tropischen Gebieten erkennen, so daß Vermutungen dahin gehen, sie sei für eine Verwendung beim Afrika-Korps gedacht gewesen. Auch von Norwegen wird gesprochen. Ob diese Variante tatsächlich gebaut wurde, wissen wir nicht. Andeutungen finden sich in einer Lieferliste von Deutz, wo ohne genaue Angaben für 1941/42 der Bau von 5 Loks HF 130 C mit 1000/1067 mm Spurweite eingetragen ist (Empfänger unbekannt). Auch Windhoff war als Lieferer im Gespräch. Für die Version HK 130 war ein 142-PS-Motor vorgesehen.

Zu den einzelnen Lieferungen sind noch die folgenden Daten bekannt: Von Deutz kamen 3 Vorserienmaschinen im Oktober 1939 (600 mm) nach Rehagen-Klausdorf, Mitte 1940 weitere 10 Stück für 750 mm. Abermals 10 Stück für 600 mm folgten von November 1940 bis Januar 1941 nach. Der nächste Auftrag über 10 Loks (je 5 für 600/750 mm) wurde 1942 zu Windhoff verlagert. Endlich baute Deutz im September 1942 noch 5 Stück HF 130 C für 750 mm, insgesamt also 28 Stück. Weitere 5 Loks kamen mit der Spurweite 1000–1067 mm heraus. Gmeinder baute bis 1944 allein 190 Stück HF 130 C; bis Kriegsende dürften es rund zweihundert Stück gewesen sein; siehe dazu die Tabelle. Bei Jung sind von den fünf zwischen Mai und Juli 1939 gelieferten Maschinen die Fabriknummern 8371 bis 8375 bekannt. Sie hatten 600 mm Spurweite; zwei bekamen Kämper-Motoren, drei Jung-Motoren. Weitere 10 Loks erhielten vier Achsen als »Vorbauloks«, über weitere 10 Getriebe ist die Verwendung unklar.

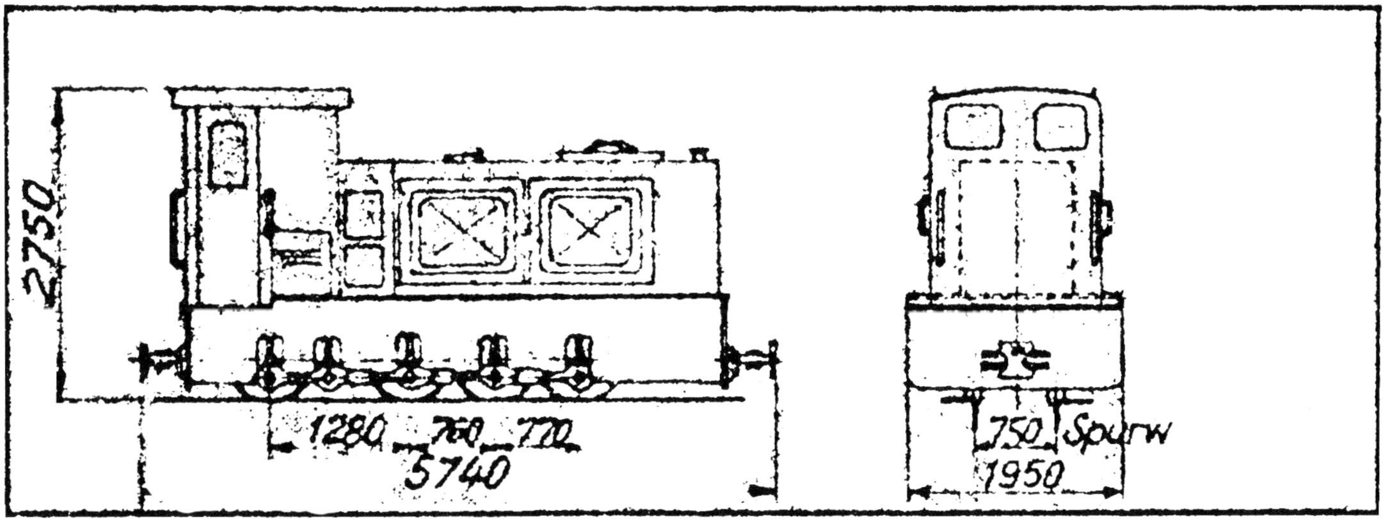

Typenskizze der vierachsigen »Vorbaulok« mit 130 PS Motorleistung, die nur in wenigen Exemplaren gebaut wurde.

Die Firma Windhoff hatte bis Ende 1942 an das OKH zur Auslieferung gebracht: 21 Stück HF 50 B, 33 Stück HF 130 C und 4 Stück HF 200 D. In der Type HF 130 C waren 10 Stück von Deutz zu Windhoff verlagert. Nach 1942 hat Windhoff noch 102 Maschinen für die Wehrmacht aufgelegt, deren Aufteilung in die einzelnen Typen nicht geklärt ist. Diese Lokomotiven sollen aber nicht mehr fertiggestellt worden, sondern zu anderen Werken verlagert worden sein, zum Teil zu Gmeinder.

Eine vierachsige Windhoff-Lok (F.-Nr. 661) tauchte nach 1945 in Österreich auf.

Die Heeresfeldbahn-Motorloks der Bauart HF 130 C erhielten zumeist nach dem üblichen Schema die Nummern der Reihe »HF M 13 751« und folgende; die Serie reichte bis HF M 13 993 und weiter.

Erste Lieferungen von Gmeinder gingen 1939 noch an WaPrüf 5 mit den Nummern 45, 87 und 91.

Tabelle 17: Motorlokomotive HF 130 C (KML 3), Lieferliste Gmeinder

Fabrik-Nr.	Spurweite mm	Motortyp	Lieferjahr	Besonderheiten
2575–2579	600	Kaelble GN125S	1939–40	2575, 2576 Motor Kämper 6D12E, gel. an OKH (2575 WaPrüf 5/45, 2579 WaPrüf 5/91)
2821	600	Kämper 6D12E	1939	gel. an OKH, WaPrüf 5/87
2822–2830	750	Kaelble GN125S	1940	gel. an OKH
3137–3146	750	Kaelble GN125S	1940–41	gel. an OKH, 3137, 3144 und 3146 Motor Kämper 6D12E, 3140 Motor Kämper S 145
3330–3331	750	Kämper 6D12E	1941	gel. an OKH
3987–3991	750	Kämper 6D12ER	1942	gel. an OKH
3999–4008	750	Kaelble GN125S	1943	gel. an OKH
4009–4018	750	Kaelble GN125S	1943	gel. an OKH
4030–4039	750	Kaelble GN125S	1943	gel. an OKH
4040–4049	750	Kaelble GN125S	1943	gel. an OKH
4050–4064	750	Deutz A6M517	1943	gel. an OKH
4065–4088	750	Kaelble GN125S	1943	gel. an OKH
4104–4127	750	Deutz A6M517	1944	gel. an OKH, bis 4109 Motor Kaelble GN125S
4170–4184	750	Kaelble GS117S	1944	aus Verlagerung BMAG, gel. an OKH
4185–4200	750	Deutz A6M517	1944	aus Verlagerung MBA, gel. an OKH
4201–4224	750	Kaelble GN125S	1944	aus Verlagerung MBA, gel. an OKH

Fabrik-Nr.	Spurweite mm	Motortyp	Lieferjahr	Besonderheiten
4225–4230	600	Kaelble GN125S	1946	4226, Spw. 750 mm
4231–4236	600	Deutz A6M517	1946	4233, 4234 Spw. 750 mm
4239–4242	750	Deutz A6M517	1946	
4243–4250	600	Deutz A6M517	1947	
4308–4316	600	Kaelble GN125S	1947	4308 und 4316 Spw. 750 mm
4317–4319	600	Kaelble GN125S	1948	
4338–4345	600	Deutz A6M517	1948	4341 Spw. 750 mm, 4343 und 4345 Motor Kaelble GN125S
4370–4372	600	Kaelble GN125S	1948	4372 Lj. unbekannt
4373, 4375	750	Kaelble GN125S	1948	
4374	750	Deutz A6M517	1950	
4376	600	Kaelble GN125S	1950	
4377	740	Kaelble GN125S	1949	
4378	1000	Deutz A6M517	1952	
4379–4381	762	Kaelble GN125S	1952	
4823	785	Kaelble GN125S	1954	
4824–4825	1000	Kaelble GN130S	1954	
5037	730	Deutz A6M517	1957	
5038–5039	1000	Deutz A6M517	1957	Typ HK 130 C
5081	750	? D459	1958	
5114	1000	Kaelble GN130S	1959	Typ HK 130 C
5126	730	Deutz A6M517	1960	
5268–5270	730	Deutz A6M517	1962	
5284, 5285	600	? D1548M	1963	

Tabelle 18: Motorlokomotive HF 130 C (KML 3) von Gmeinder, Empfänger der an nichtmilitärische Abnehmer gelieferten Maschinen und Verbleib von Lokomotiven nach dem Krieg

Lok-Nr.	Verbleib
2578/39	→ Firma Patabel, München, 1952 Umbau in HK 130 C, Usp. 600 mm → 1000 mm, Dyckerhoff Zementwerke AG, Wiesbaden, v 1982
2579/40	1957 Baufirma Ast & Co., Graz-Puntigam, 1964 Usp. 600 → 1435 mm
2822/40	→ Fa. Eikens, Bremen; 1957 Nassauische Kleinbahn, V 17; 1978 Lokalbahn Payerbach–Hirschwang (A), V 2; 1982 Österreichische Gesellschaft für Eisenbahngeschichte (ÖGEG, Payerbach–Hirschwang), D 2
2827/40	→ Österreichische Kontrollbank, Nr. HF 33993
3137/40	1945 Heeresversuchsstelle Mittersill; 1956 Eisenwerk Pengg, Thörl (Steiermark), Lok 1
3143/41	→ Nassauische Kleinbahn, V 18; 1978 über Fa. Eikens, Bremen, an Steiermärkische Landesbahn (Stainz, ab 1980 Murau), VL 7
3990/42	→ Papierfabrik Rechberg; 1971 Steiermärkische Landesbahn (Weiz), VL 4
4005/43	→ Dyckerhoff Zementwerke AG, Wiesbaden, 1966 vk
4030/30	→ Dyckerhoff Zementwerke AG, Wiesbaden, 1966 vk
4041/43	→ Quarzgrube Marienburg GmbH, Benzelrath bei Köln, D 5
4043/43	→ Bonner Zementwerk AG, Budenheim, Lok 3
4045-4046/43	→ Bonner Zementwerk AG, Budenheim, Loks 19 (?), 4
4055/43	→ Österreichische Kontrollbank, Nr. HF M 13845,→ Wehrmacht, Zell am See, D 4
4115/44	→ Usp. 750 → 1435 mm, Zementwerk Anneliese, Werk Geseke I, a nach 1980

4177/44	HF M 13915, 1946 Langmoor Military Railway (GB)
4196/44	→ Usp. 750 → 1435 mm, DEA, Wietze; 1963 Osthannoversche Eisenbahnen, Köf 0607
4197/44	HF M 13954; 1950 ÖBB 2092.01
4199/44	HF M 13955; 1950 ÖBB 2092.02
4205/44	→ DR Köf 6001, 1970 100 901 (Jüterbog, 1965 Rügen)
4223/44	→ H. Gobing, Carriers de Villeneuve des Verberies, → Musée des Transports de Pithiviers (Loiret), T 11 »Roberval«
4225/46	gel. an Baufirma J. H. Burmeister, Hamburg-Lokstedt
4226/46	gel. an Georg Hasse, Hamburg; → August Aldag, Hamburg-Altona ; → Quarzgrube Marienburg GmbH, Benzelrath bei Köln, D 1
4227/46	gel. an Baufirma J. H. Burmeister, Hamburg-Lokstedt; 1954 Umbau in Lok 4823 (?)
4228/46	gel. an Baufirma J. H. Burmeister, Hamburg-Lokstedt ; → Dyckerhoff Zementwerke AG, Werk Lengerich; 1966 Klasmann Werke, Groß Hesepe (bei Meppen), Lok 28', v 1980
4229/46	gel. an Karl Schmidt, Holzwickede, für Baufirma Fr. Wassermann, Köln-Braunsfeld; → Klasmann Werke, Groß Hesepe (bei Meppen), Lok 29; 1981 DFKM Deinste, Lok 29, 1982 Usp. 900 → 600 mm
4230/46	gel. an Karl Schmidt, Holzwickede, für Baufirma Fr. Wassermann, Köln-Braunsfeld; → Klasmann Werke, Groß Hesepe (bei Meppen) , Lok 30, v 1981
4231/46	gel. an Baufirma W. Wahmann, Bochum; → Willy Adamy, Duisburg; → Zeche Walsum, Nr. 3
4232/46	gel. an Baufirma W. Wahmann, Bochum; → Gerlachwerke, Homburg/Saar
4233–4234/46	gel. an Firma Glaser & Pflaum, Mannheim
4235/46	gel. an Baufirma W. Wahmann, Bochum; → Stolberger Zink; → Usp. 600 → 1435 mm, Dyckerhoff Zementwerke AG, Werk Neuwied
4236/46	gel. an Baufirma W. Wahmann, Bochum; → Zementwerk Anneliese; → Bonner Zementwerk AG, Budenheim
4239-4242/46	gel. an Rathjens, Harnburg; → Karl Schmidt, Holzwickede
4243-4244/47	gel. an Atlanta-Handelsgesellschaft Lang, Hofheim/Ufr.
4245/47	gel. an Industrie- und Baubedarf, Friedrichshafen
4246/47	gel. an Firma Glaser & Pflaum, München; → Portlandzement- und Kalkwerke Elsa, Ennigerloh; → Dyckerhoff Zementwerke AG, Nr. 224/15; 1963 Usp. → 1435 mm, Werk Mark II Beckum-Roland ; 1984 Nr. 909
4247/47	gel. an Firma Harms & Marcus, Hamburg; 1963 Usp. 600 → 820 mm; → G. Hasse, Harnburg ; → Heidelberger Zement AG, Werk Kiefersfelden, Nr. 1; 1970 Usp. 820 → 900 mm
4248/47	gel. an Mieschke, Lüneburg
4249/47	gel. an Fa. Dolberg, Dortmund; → Karl Schmidt, Holzwickede
4250/47	gel. an Petersen, Frankfurt a. M.; → Usp. 600→ 750 mm, Quarzsandgrube Marienburg GmbH, Benzelrath bei Köln, D 4
4308/47	gel. an Fa. Georg v. Opel, Frankfurt a. M.; 1949 Usp. 750 → 600 mm, Dyckerhoff Zementwerke AG, Wiesbaden; 1966 vk
4309/47	gel. an Firma Dolberg, Dortmund
4310/47	gel. an Petersen, Frankfurt a. M.; → Dyckerhoff Zementwerke AG, Wiesbaden, 1966 vk
4311/47	gel. an Firma Harms & Marcus, Hamburg
4312/47	gel. an Mieschke, Lüneburg ; → Usp. 600 → 750 mm, Quarzsandgrube Marienburg GmbH, Benzelrath bei Köln, D 2
4313/47	gel. an Firma Breidenbach, Mannheim; 1949 Usp. 600 → 820 mm, Heidelberger Zement AG, Werk Kiefersfelden, Nr. 2; 1970 Usp. 820 → 900 mm; 1984 Dampfbahn Rhein-Main, Frankfurt a. M., Lok 19
4314–4315/47	gel. an Firma Koch, Wadgassen/Saar
4316/47	gel. an Firma Friedrichs, München
4317/48	gel. an Fa. Georg v. Opel, Frankfurt a. M.; 1952 Dyckerhoff Zementwerke AG, Wiesbaden ; 1966 vk
4318/48	gel. an Firma Koch, Wadgassen/Saar
4319/48	gel. an Fa. Georg v. Opel, Frankfurt a. M.
4338/48	gel. an Firma Dolberg, Dortmund
4339/48	gel. an Firma Harms, Hamburg; → Portlandzement- und Kalkwerke Elsa, Neubeckum; 1960 Usp. 785/800 → 1435 mm, Dyckerhoff Zementwerke AG, Beckum, Nr. 1/41 ; 1984 Nr. 912
4340/48	gel. an Firma Friedrichs, München; 1949 Usp. 600 → 700 mm

4341/48	gel. an Restitution (Tschechoslowakei)
4342/48	gel. an Firma Friedrichs, München
4343/48	gel. an Heinemann ; → Dyckerhoff Zementwerke AG, Wiesbaden; 1966 vk
4344/48	gel. an Firma Friedrichs, München; → Munksjoe AB, Aspabruk/Schweden; 1972 Risten Lakviks Järnväg, Nr. RLJ6 »Aspabruk«
4345/48	gel. an Gebr. Igel, Walsum
4370/48	gel. an Stöhr; 1953 Usp. 600 → 762 mm, Firma Eikens, Bremen; → Südafrika
4371/48	gel. an Heeres-Ministerium, Wadgassen/Saar
4372	1953 Usp. 600 → 762 mm; → Südafrika (?)
4373/48	gel. an Willy Adamy, Duisburg; → Zeche Walsum, Lok 1
4374/50	gel. an Willy Adamy, Duisburg; → Zeche Walsum, Lok 2
4375/48	gel. an Allgeier, Uhingen
4376/50	gel. an Dyckerhoff Zementwerke AG, Wiesbaden; 1966 vk
4377/49	gel. nach Luxembourg
4378/52	gel. an DB (Inselbahn Wangerooge) V 11 901; 1968 32 9501
4379–4381/52	gel. über Firma Glaser & Pflaum, Essen, nach Jugoslawien
4823/54	gel. an Dyckerhoff Zementwerke AG, Werk Lengerich, Lok I (Umbau aus F.-Nr. 4227?); → Bonner Zementwerk AG, Budenheim
4824–4825/54	gel. über Dolberg, Glaser & Pflaum an August-Thyssen-Hütte, Duisburg; 1970 Umbau in B-Kuppler; Typ HK 130 C
5037/57	gel. über Dolberg, Glaser & Pflaum an Hüttenwerke Oberhausen AG
5038–5039/57	gel. an DB (Inselbahn Wangerooge) V 11 902–903; 1968 329 502–503
5081/58	gel. über Dolberg, Glaser & Pflaum nach Griechenland
5114/59	gel. über Dolberg, Glaser & Pflaum an August-Thyssen-Hütte, Duisburg; 1970 Umbau in B-Kuppler
5126/60	gel. über Krupp-Dolberg an Hüttenwerke Oberhausen AG, Lager 1
5268–5270/62	gel. über Krupp-Dolberg an Hüttenwerke Oberhausen AG, Lager 1
5284–5285/63	gel. an Companhia Intraductora de Buenos Aires S.A., Argentinien

Tabelle 19: Motorlokomotive HF 130 C (KML 3) von Windhoff, Deutz und O & K; Verbleib von nach dem Krieg nachweislich weiterverwendeten Maschinen

HF-Nr.	Fabrik-Nr./Baujahr	Verbleib
M 13979	750/1943	1958 Steiermärkische Landesbahn (Stainz), 1984 Öchsle-Schmalspurbahn (Warthausen–Ochsenhausen)
M 13982	753/1943	1946 abg. Garsten, 1960 Steiermärkische Landesbahn (Stainz) VL 3
M 13984	755/1943	1953 Waldbahn Reichraming, o. Nr., 1956 Zillertalbahn D 6, 1971 Steiermärkische Landesbahn (Stainz) VL 2", 1984 Öchsle-Schmalspurbahn (Warthausen–Ochsenhausen)
M 13985	756/1943	1950 ÖBB 2092 101, 1962 Umbau in 2092 03
M 13988	759/1943	1950 ÖBB 2092 102, 1960 Umbau in 2092 04
	763/1943	1945 Heeresversuchsstelle Mittersill, 1952 Eisenwerke Pengg, Thörl (Steiermark), Lok 2
	765/1943	Bayerische Braunkohlen-Industrie AG (BBI), Schwandorf, M 106, 1981 DKBM Mühlenstroth, V 17, Usp. 900 → 600mm
	767/1943	Deutsche Baryt-Industrie, Bad Lauterberg, 1972 Lokalbahn Payerbach–Hirschwang, D 1, 1983 Steiermärkische Landesbahn (Weiz), Esp.
Deutz	/1944	DR Köf 6003 (Jüterbog, 1965 Rügen), 1970 neue Nr. 100 902
O & K	21084/1939	1949 an Firma in Graz, Zuckerfabrik Leupoldsdorf, Usp. → 1435 mm, vor 1984 an Waldbahnclub Gänserndorf, Nr. 7

3.4.6 Feldbahn-Motorlok HF[1] 200 D 5,9

Als größte und schwerste Heeresfeldbahn-Motorlok wurde diese Type in den Jahren 1939/40 entwickelt. Sie erhielt u. a. den Deutz-Motor A 6 M 324, der 200 PS bei 800 U/min abgab, und ein Strömungsgetriebe mit Antrieb über Blindwelle und Stangen. Das Dienstgewicht belief sich auf 23,5 t, die größte Zugkraft auf 7500 kg. Damit konnte die Lok auf Steigung 1:100 noch 388 t mit 4 km/h oder 128 t mit 14 km/h befördern; die Höchstgeschwindigkeit war 25 km/h. Die Lok war von vornherein für 750-mm-Spur eingerichtet und besaß auch eine Druckluft-Bremsanlage für den Wagenzug. Eine Variante mit der Bezeichnung HK 200 D 6,25 für Klein- und Kolonialbahnen in Wehrmachtsbetrieb (Norwegen, Nordafrika) war ebenfalls vorgesehen; sie wog 25 t und war 35 km/h schnell.

Von der Bauart HF 200 D wurde im Jahre 1941 den Lokfabriken Deutz, Gmeinder, Orenstein & Koppel und Windhoff (möglicherweise auch Schwartzkopff) jeweils 10 Einheiten in Auftrag gegeben. Eine Feldbahnvorschrift von 1942 nennt diese Type als künftige Regelausrüstung der mit Motorloks versehenen Feldbahnkompanien, doch blieben diese Pläne auf dem Papier. Deutz lieferte seine 10 Stück HF 200 D im Jahre 1942;

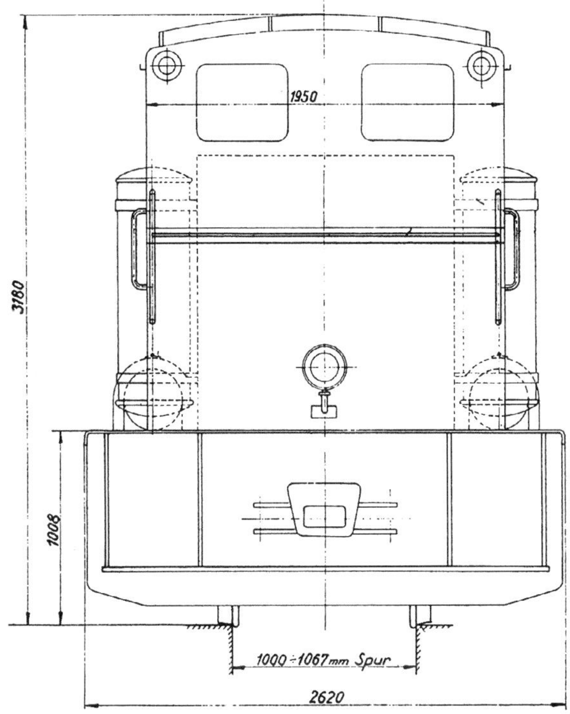

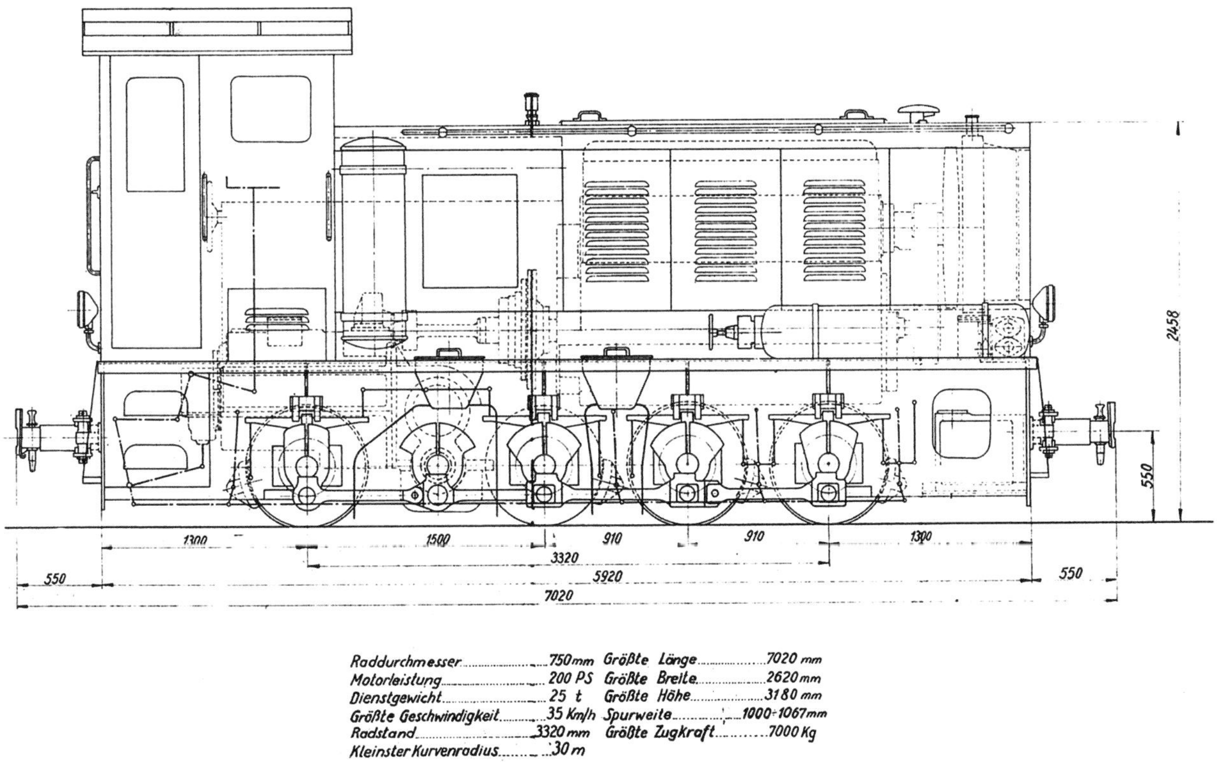

Oben und oben rechts : Schwere vierachsige Heereslok für Kleinbahnen (Typ HK 200 D) von Windhoff, zugleich Übersicht der Bauart HF 200 D.

(Werkbild)

ebenso Gmeinder (F. Nr. 4020–4029) und O & K. Die Firma Windhoff lieferte bis Ende 1942 nur 4 Stück und gab die Fertigstellung weiterer Loks, wie bei Beschreibung der HF 130 C dargelegt, an andere Hersteller ab. Von Gmeinder ist bekannt, daß dieses Unternehmen Teile für die Type HF 200 D an andere Werke ausgeliefert hat. Über die Type HK 200 D 6,25 besteht in Deutz-Listen eine Notiz, wonach 1942 an einen unbekannten Empfänger fünf Stück geliefert worden sein sollen, und zwar mit einer schnellaufenden Maschine von 1250 U/min. Es war auch geplant, sie bei Windhoff bauen zu lassen.
In den Typenkatalog der »Kriegs-Motorlokomotiven« vom Juli 1942 ist die Type mit 200 PS nicht aufgenommen worden, weil man im Interesse der Typenbeschränkung nur zwei Modelle für den Spurweitenbereich von 600 bis 750 mm aufnehmen wollte. Übrigens ist eine Lok dieses Typs, die Deutz-Maschine 36 643/1942 (ab 1945 Salzkammergutlokalbahn, Nr. D 40, ab 1957 Steiermärkische Landesbahn/Kapfenberg, VL 01) heute noch vorhanden.

3.4.7 Sonstige Schmalspur-Motorlokomotiven für die Wehrmacht

Für Aufgaben in Depots, Munitionsfabriken und Werften haben verschiedene Stellen der Wehrmacht bei der Industrie auch Motorlokomotiven gängiger Typen in schmaler Spur bestellt, die nicht als Heeresfeldbahnlokomotiven gedacht und geeignet waren. Von einigen wenigen dieser Lokomotiven sind noch die Daten bekannt; wir teilen sie interessehalber hiermit.
Deutz-Type MLH 914 (9 PS, 2,8 t, 7 km/h, Grubenlok):
2 Stück F. Nr. 503 099/100 (560 mm) und
2 Stück F. Nr. 503 098/101 (570 mm) geliefert 15. 6. 1938 nach Ahrbergen bei Sarstedt.
1 Stück F. Nr. 509 546 (575 mm) geliefert 15. 6. 1938 an Munitionsanstalt Lehrte.
2 Stück F. Nr. 503 102/103 (600 mm) geliefert 15. 6. 1938 nach Valpriehausen (Bez. Kassel).
Deutz-Type A 6 M 420 F (150 PS bei 1000 U/min, 19 t, 16 km/h, mech. 4-Gang-Getriebe):
1 Stück F. Nr. 665 168, 1000-mm-Spur, geliefert 10. 9. 1940 nach Rehagen-Klausdorf.
Henschel-Type B DG 39:
4 Stück F. Nr. 26 177–180, 600-mm-Spur, geliefert 1941 an Kriegsmarine-Werft Kiel.
Übrigens lieferte auch Jung eine Serie seiner Standardtype SL 134 (F.-Nr. 8833 bis 8844) zwischen März und September 1940 in Sonderausführung an das OKH. Die Maschine F.-Nr. 8834 tauchte nach dem Kriege als »HF M 8 760« in Mittersill wieder auf; dreiachsige Bauart mit mechanischer Kraftübertragung und 80 PS Leistung.

Beispiel für die Lieferungen an Waffendepots und dergleichen: Jung-Diesellok vor einer Rakete V 2 im getarnten Schießstand, etwa 1944. *(Foto: Sammlung Lawrenz)*

3.5 WAGEN DER HEERESFELDBAHN

Auch bei den Wagen der neuen Heeresfeldbahn kam der Übergang zu schwereren Gleisen und zu den zwei Spurweiten sehr deutlich zum Ausdruck. Paul Dost schreibt dazu:
»Auch hier sehen wir eine Vielzahl von Bauformen anstelle eines einzigen Güterwagens bei der Brigadefeldbahn. Man nahm dabei zwei Vorbilder der alten Zeit wieder auf: den zweiachsigen Förderbahnwagen (der Pioniere und der Fußartillerie) und den vierachsigen Brigadewagen mit seinen Unterwagen anstelle von Drehgestellen; freilich besser ausgebildet insofern, als diese Unterwagen auch innen vollwertige Zug- und Stoßvorrichtungen (alte Form) besaßen, damit sie auch einzeln als Wagen verwendet werden konnten. Später gab man diesen Grundsatz auf und ging zum Drehgestell mit Blechrahmen (neue Form) über. Die Zweiachser wurden auch mit losen Rädern geliefert, um in engsten Kurven möglichst geringen Reibungswiderstand hervorzurufen. So entstanden die neuen Begriffe ‚Festräder' und ‚Losräder'. Ein solcher Wagen hat nicht mehr zwei Achsen, sondern vier Räder.
Die Brigadefeldbahn hatte für Kriegsverwendung keine Personenwagen geführt, die ersten – gebaut von Busch in Bautzen – traten erst 1917 in Erscheinung. Ebensowenig hatte sie damals geschlossene Güterwagen besessen; wo sie notwendig wurden, hat man sie behelfsmäßig durch Planen dazu umgeformt.
In erster Linie geschah dieses zum Krankentransport. Die Heeresfeldbahn hingegen schuf sogleich G-Wagen (Gerätewagen genannt) und Hilfspersonenwagen für Truppen- und Krankentransport. Vereinzelt konnte man auch Personenwagen beobachten.
Serienmäßig einzuführende Personenwagen waren vorgesehen, wurden aber bis zum Ausbruch des Krieges nur in geringer Stückzahl gebaut. Auch hier konnte man an Erfahrungen des Ersten Weltkrieges anschließen, denn schon 1917 hatten deutsche Fabriken sehr gute Wagen für bulgarische Feldbahnen in beiden Spurweiten gebaut, unter ihnen einen Salonwagen. Auf der ab Mai 1942 gebauten 750-mmFeldbahn von Hyrynsalmi nach Tairalkoski liefen regelrechte Feldbahnwagen, von denen Bilder erhalten geblieben sind. Es waren vierachsige Durchgangswagen 3. Klasse mit offenen Plattformen, 7 Abteilen und Abort (!) für 42 Fahrgäste. Wie ein Schalthebel erkennen läßt, waren sie mit Dampfheizung versehen.
Die Zug- und Stoßvorrichtung, 325 mm über S. O., war erheblich stärker als die alte. Der viereckige Pufferteller wurde nicht in seiner Mitte mit der Pufferstange verschweißt, sondern etwas höher; seine Unterkante lag also tiefer, als man es gewohnt war.
Besonders bemerkenswert ist die Ersatzteil-Beschaffung gewesen: Jedes einzelne Bauteil jeder Wagenart führte eine der Art nach einheitliche Bezeichnung, unter der er ohne jedes Mißverständnis von einer Beschaffungsstelle in der Heimat angefordert werden konnte.«
Bemerkenswert im Zusammenhang mit der Qualität der Feldbahnwagen ist übrigens, daß Lieferungen des Jahres 1944 mit Rollenlagern an den Achsen ausgerüstet worden sind, die aber den schlechten Oberbauverhältnissen etwa auf der Feldbahn »Venus« nicht gewachsen waren und häufig entgleisten. Noch im Juni 1944 wurden hier Versuche und eine Studie zur Umrüstung von 266 schweren Vierachsern angestellt, worauf man binnen eines Monats alle Rollenlagerdrehgestelle der Feldbahnwagen in Parafjanow umschmiedete, um sie betriebstauglich zu machen (vgl. Abschnitt 12.1).

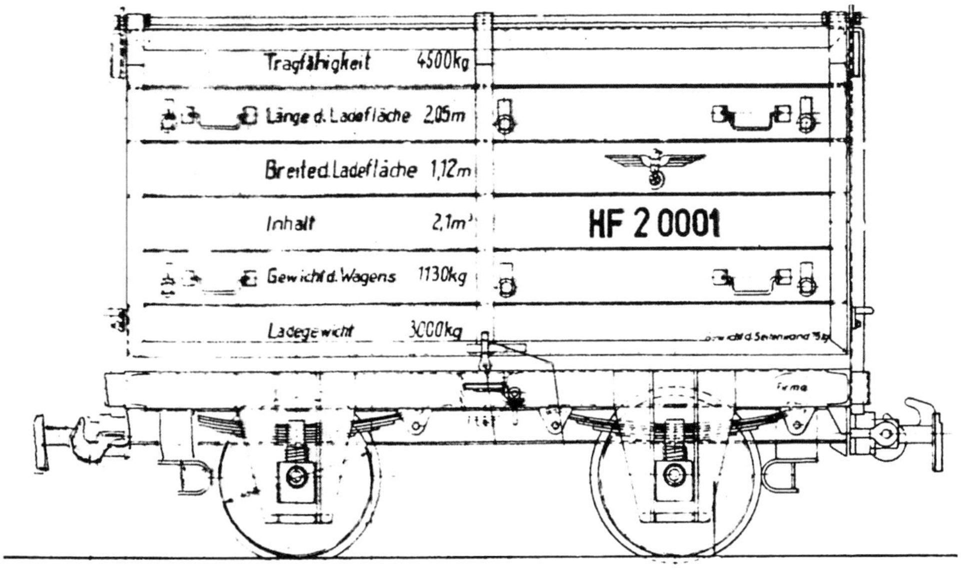

Der »leichte Feldbahnwagen Bauart 2 ohne Bremse« mit einem Ladegewicht von 3 000 kg, die sich oft in dem knappen Laderaum von 2,1m³ nicht unterbringen ließen.

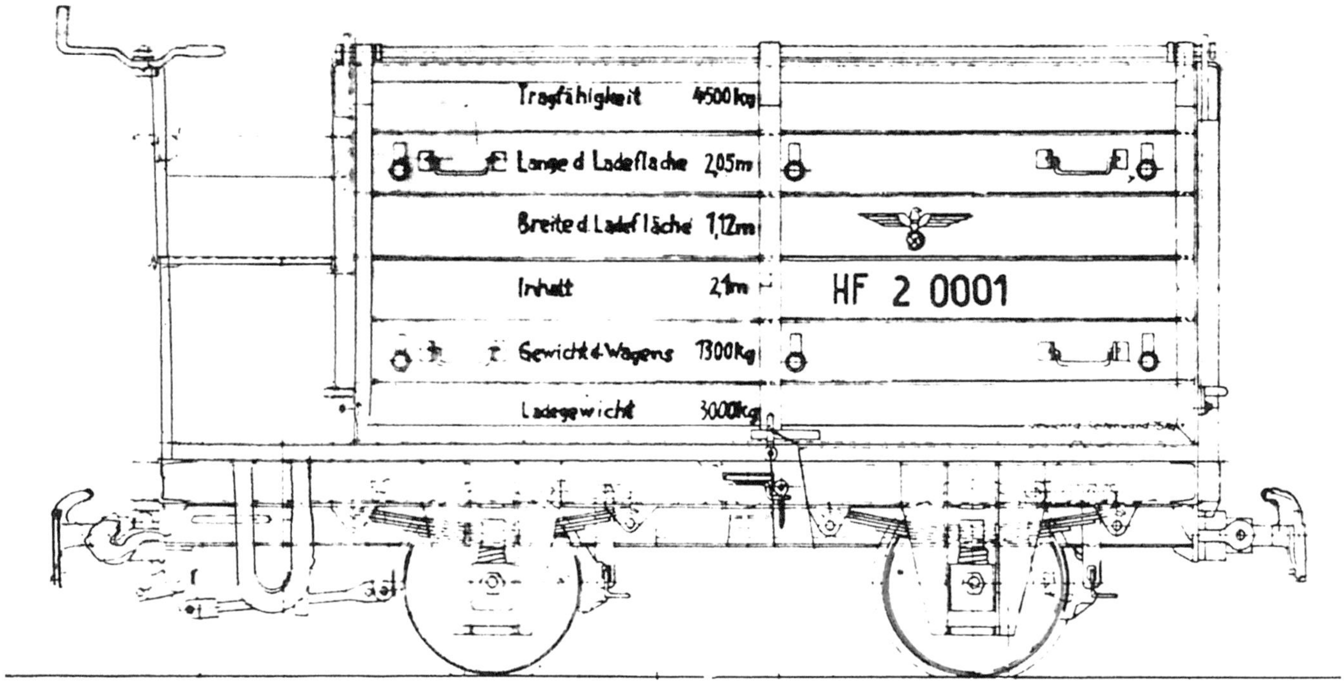

Leichter Feldbahnwagen mit Bremserstand. Einzelmaße beider Spurweiten enthält die weiter unten abgedruckte Übersichtstafel.

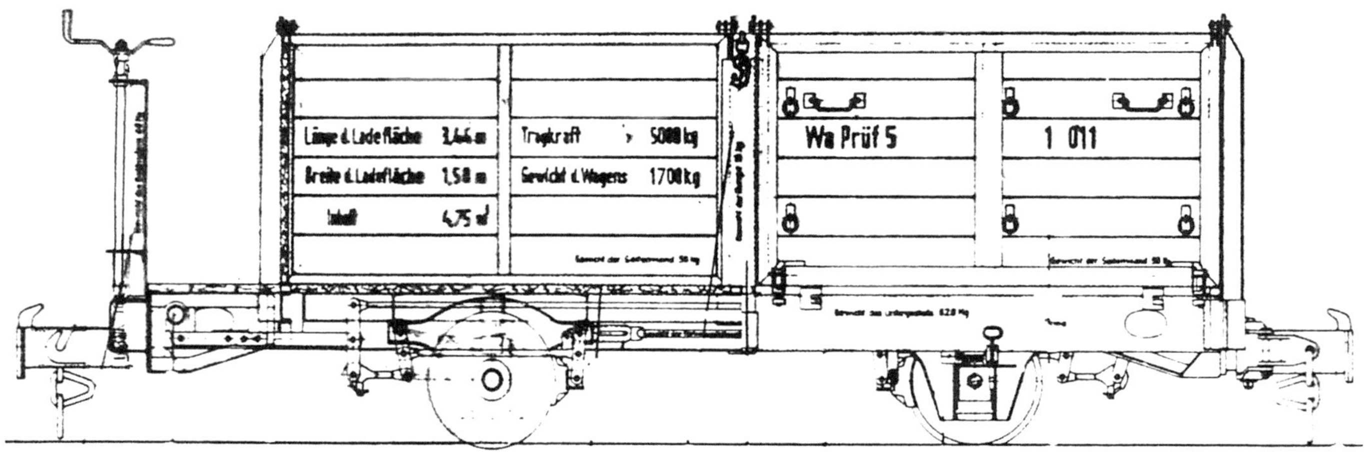

Zweiachsiger Feldbahnwagen »neuer Bauart« mit 3,44 m Ladelänge und 4,75 m^3 Inhalt.

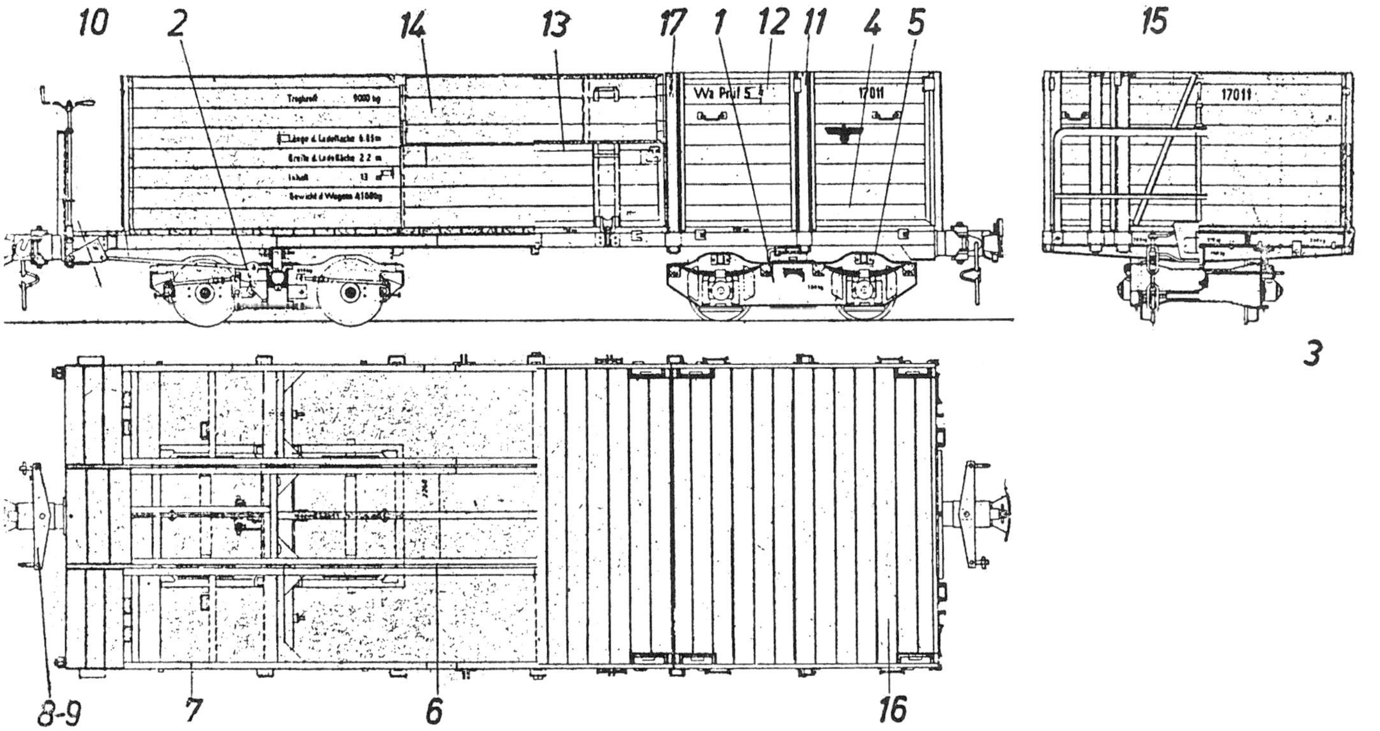

Vierachsiger schwerer Feldbahnwagen für 75-cm-Spur, Ladelänge 6,85 m.

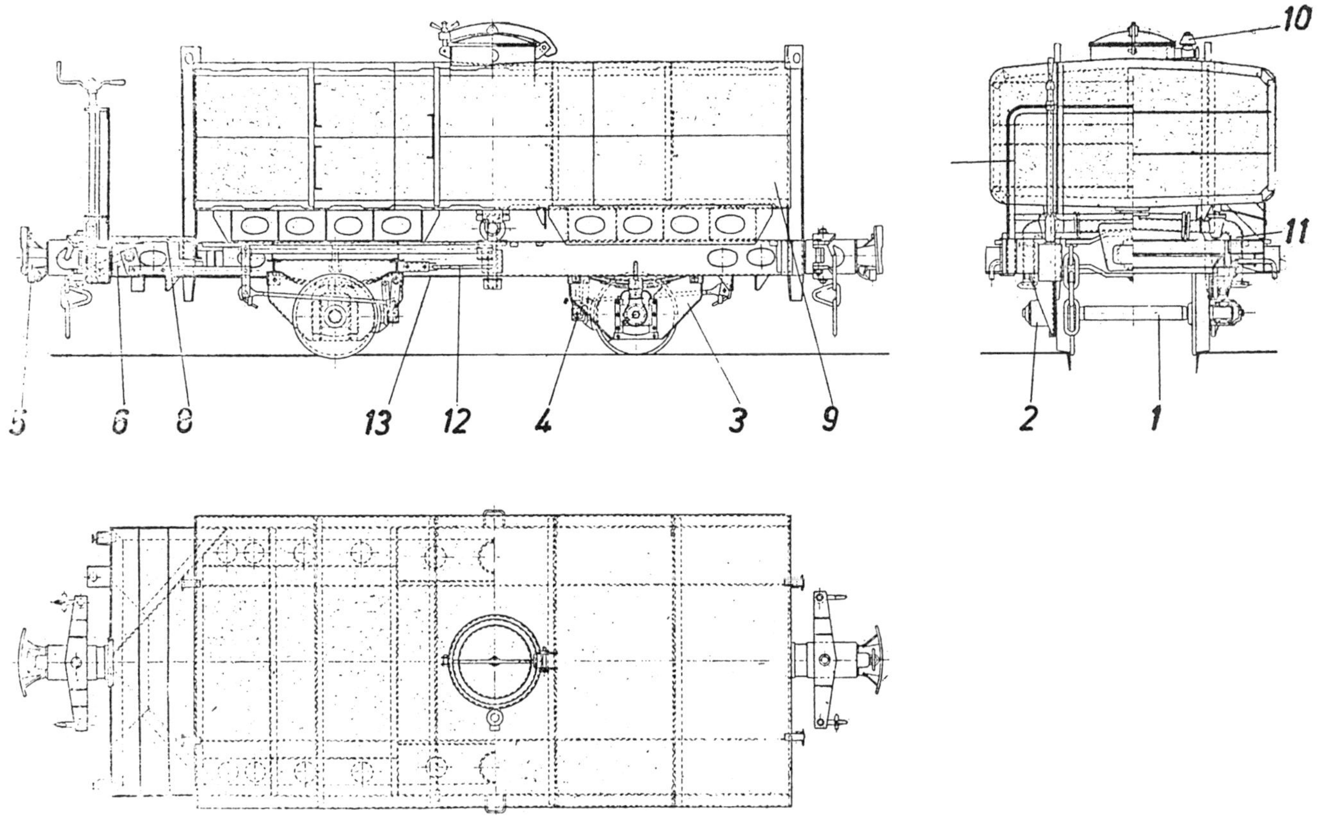

Unverzichtbarer Bestandteil aller Feldbahnen mit Dieselloks war dieser Tankwagen für Kraftstoff.

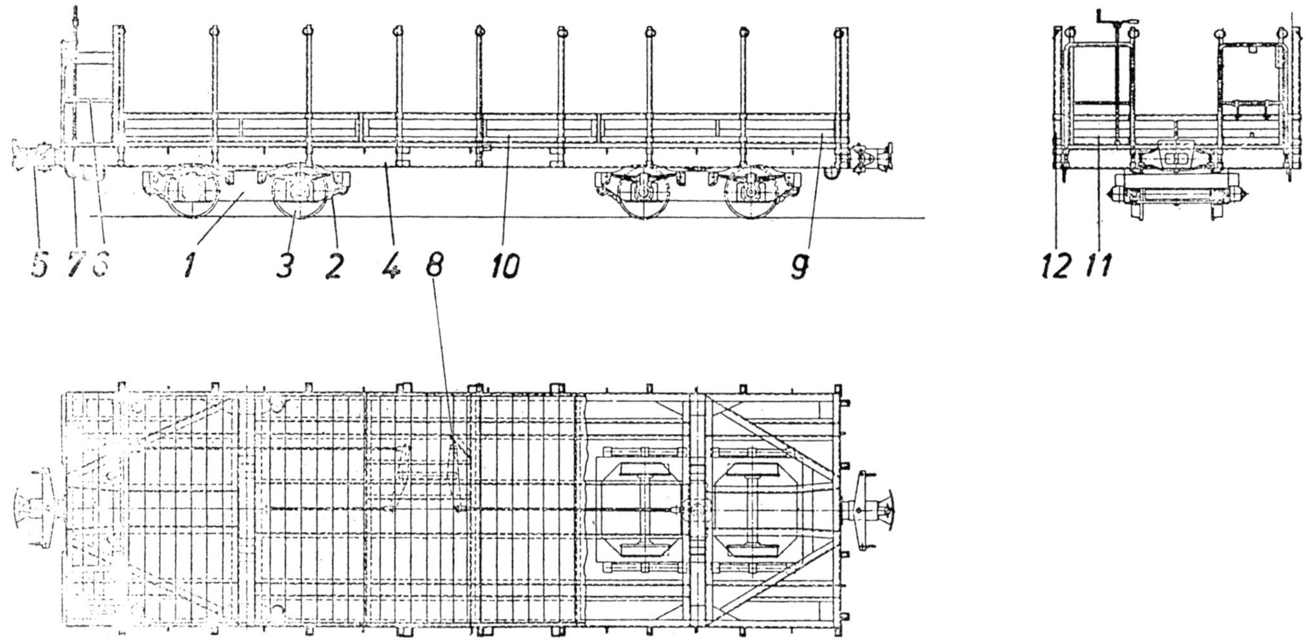

Vierachsiger Schienen- und Langholztransportwagen der Heeresfeldbahn.

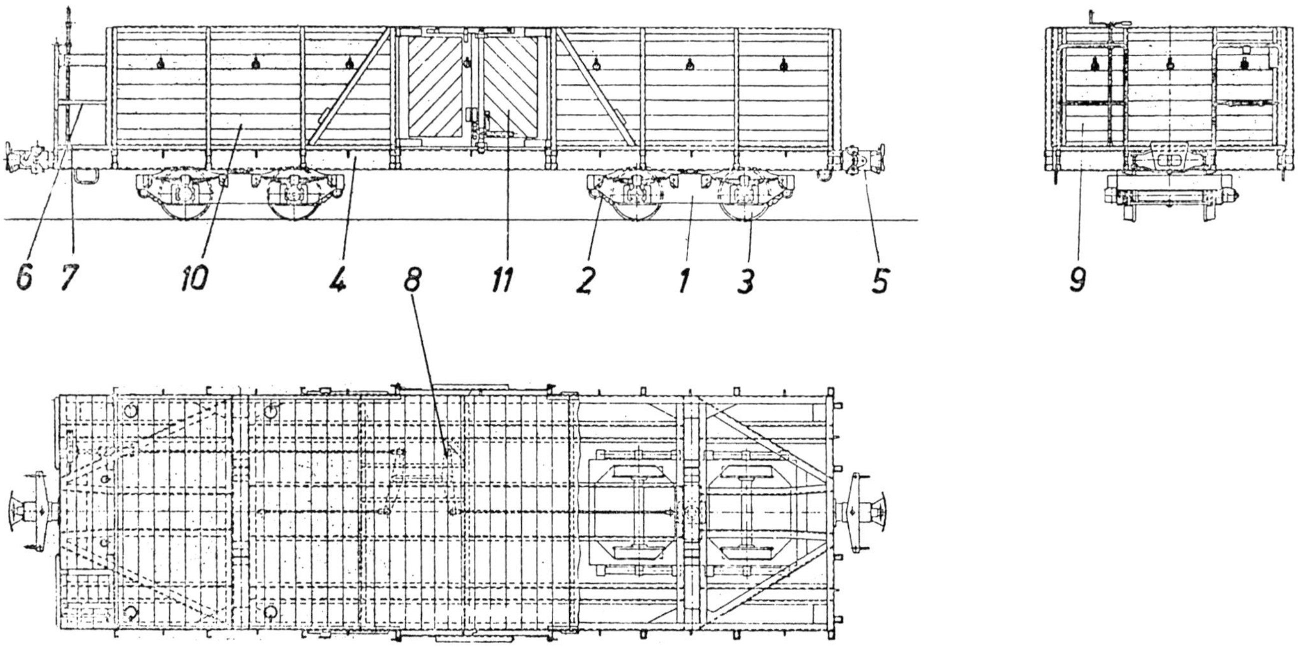

Hochbordwagen der Heeresfeldbahn mit Bremserstand, nicht selten auch zum Personentransport eingesetzt.

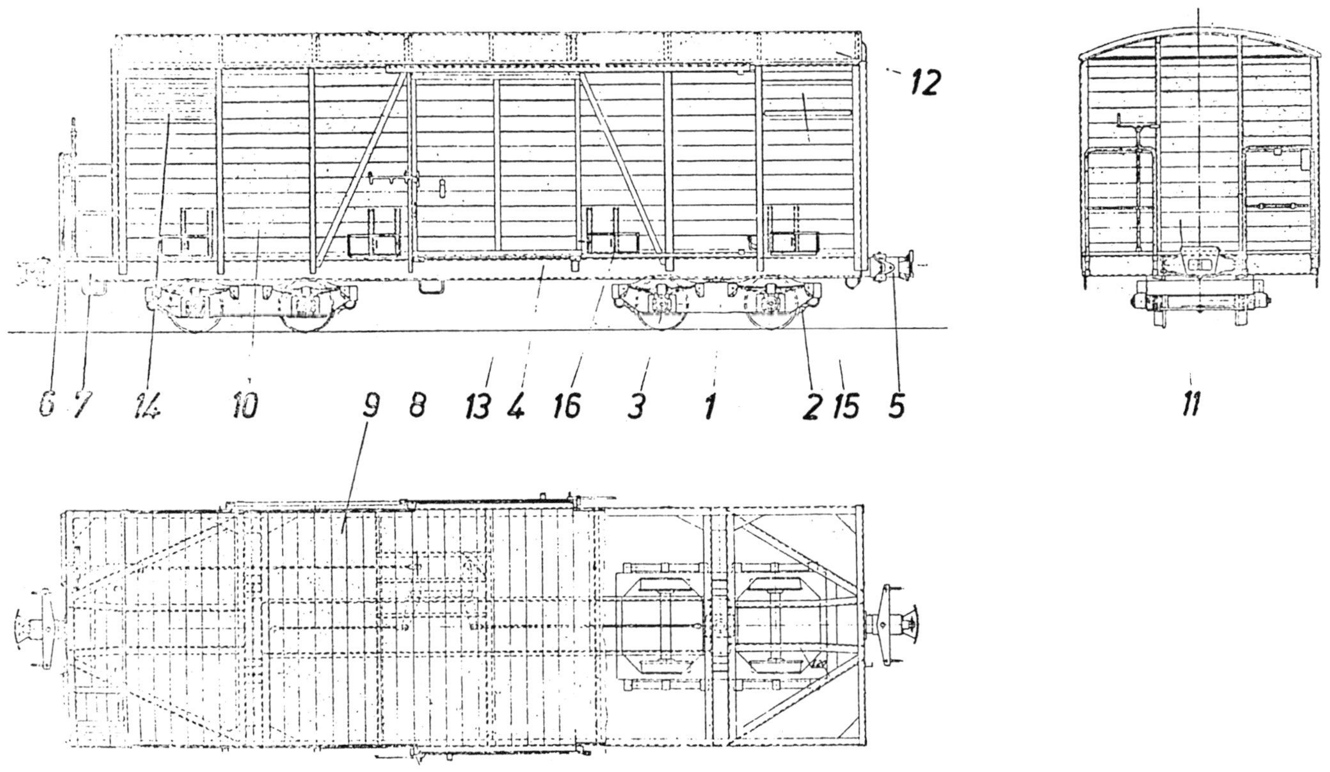

Der gedeckte Güterwagen der Heeresfeldbahn lehnte sich konstruktiv eng an Vollbahntypen an.

Personenwagen 3. Kl. C4 703 Baujahr 1940 (ex deutsche Heeresfeldbahn)

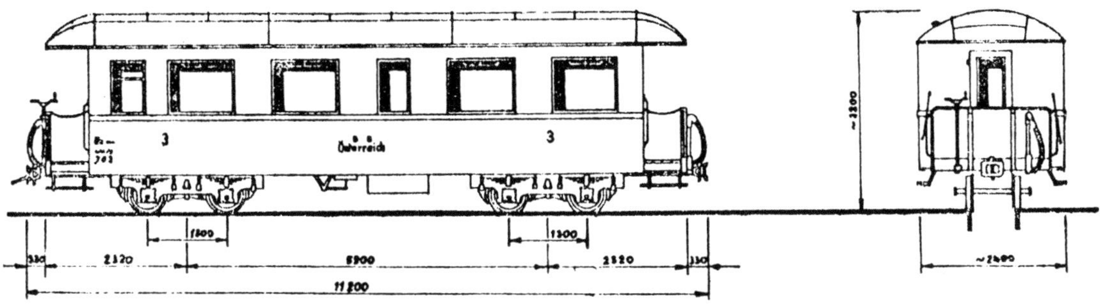

Personenwagen 3. Kl. C4 717 Baujahr 1943 (ex deutsche Heeresfeldbahn)

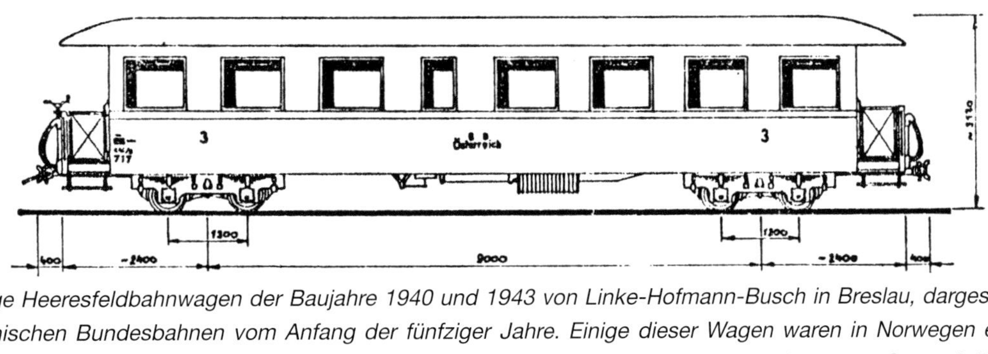

Vierachsige Heeresfeldbahnwagen der Baujahre 1940 und 1943 von Linke-Hofmann-Busch in Breslau, dargestellt nach einem Typenblatt der Österreichischen Bundesbahnen vom Anfang der fünfziger Jahre. Einige dieser Wagen waren in Norwegen eingesetzt, andere kamen über Rehagen-Klausdorf 1945 in die Alpen. Es handelte sich um regelrechte Kleinbahnwagen für 75-cm-Spur mit Dampfheizung und Abort, die im »Urlauberverkehr« fuhren.

4. Regeln für den Bau und Betrieb von Heeresfeldbahnen

4.1 ALLGEMEINES

Nachdem in den Jahren bis 1940 alle wichtigen Entscheidungen über die Ausrüstung der Heeresfeldbahnen getroffen und in der Pionierschule von Rehagen-Klausdorf erste Erfahrungen mit dem Gerät gesammelt worden waren, gab das Oberkommando des Heeres (Allgemeines Heeresamt, Inspektion 10) das »Merkblatt für den Bau und Betrieb von Heeresfeldbahnen« 1941 heraus. In dieser nach Art einer Vorschrift aufgebauten Zusammenstellung waren alle Regeln zusammengefaßt, mit denen die Feldbahner dann in den Krieg gegen die Sowjetunion zogen. Aus den Erfahrungsberichten der Frontsoldaten wissen wir freilich, daß schon bald und häufig von den im Merkblatt enthaltenen Normen abgewichen werden mußte, wenn die taktischen Gegebenheiten und besonders der Materialmangel es erforderten. Gleichwohl gibt das »Merkblatt« (Nr. 9168) einen guten Einblick in die mit der Aufstellung der Heeresfeldbahnen verfolgten Ziele, so daß hier einige Auszüge wiedergegeben sind.

»A1. Zweck der Heeresfeldbahnen

Heeresfeldbahnen sind schmalspurige Eisenbahnen, die sich dem Gelände eng anschmiegen können. Ihre Spurweite beträgt 60 oder 75 cm. Sie können im allgemeinen mit Lokomotiven im regelmäßigen Fahrplan befahren werden.

Beim Kampf in Stellungen entlasten sie den Kraftwagenverkehr zwischen den Ausladebahnhöfen der Vollbahnen und den hinter der HKL [Hauptkampflinie] liegenden Versorgungsstellen der Truppe.

Ein Feldbahnnetz läßt sich rascher anlegen und einfacher unterhalten als Straßen und Wege im Bereich des wirksamen Feindfeuers. Feldbahnzüge sind niedrig, fallen im Gelände wenig auf und können mit Motorlokomotiven bis in die HKL gefahren werden.

Wenn die Feindnähe, namentlich beim Kampf in Stellungen, den Verkehr ganzer Feldbahnzüge mit schweren Lokomotiven verbietet, so können auf Förderbahnen – das sind Bahnen von 60 oder 75 cm Spurweite auf schwachem Gleis – Teile eines Feldbahnzuges durch leichte Motorlokomotiven zu den vorgeschobenen Ausladestellen befördert und einzelne Wagen durch Pferde, Mannschaft oder Seilzug zu den Kampfanlagen selbst vorgebracht werden.

Feldbahnen sind gegen Zerstörungsversuche durch feindliches Feuer nicht sehr empfindlich, da die geringe Breite der Bahnanlage (Planum 3 m) nur ein kleines Ziel bietet. Sie sind besonders in Waldungen leichter zu tarnen als Straßen.

2. Voraussetzungen für die Anlage von Feldbahnen

Feldbahnen können im Flachlande und Mittelgebirge fast überall, im Hochgebirge dagegen nur in nicht zu engen und steilen Tälern (durchschnittliches Talgefälle höchstens 1:40) angelegt werden.

Große Waldgebiete bilden kein Hindernis, sondern sind wegen der günstigen Tarnungsmöglichkeit aufzusuchen.

3. Befehlsverhältnisse im Kriege

Bau und Betrieb von Feldbahnen im Kriege erfolgen nur auf Weisung des Chefs des Transportwesens, der mit der Durchführung den Befehlshaber der Eisenbahntruppen beauftragt. Die örtliche Durchführung erfolgt durch die Kommandeure der Eisenbahnpioniere im Bereich der Heeresgruppe bzw. bei den Armee-Oberkommandos nach Befehlen des Befehlshabers der Eisenbahntruppen.

Die AOKs stellen ihre Forderungen auf den Bau von Feldbahnen an den zuständigen Kommandeur der Eisenbahnpioniere, der die technische Durchführbarkeit prüft, den Antrag mit einem Erläuterungsbericht und gegebenenfalls mit allen eisenbahntechnischen Unterlagen über Bau, Betrieb und Leistung der Feldbahn dem Befehlshaber der Eisenbahntruppen auf dem Dienstwege zuleitet. Der Transportchef befiehlt nach Vortrag des Befehlshabers der Eisenbahntruppen die Herstellung der Feldbahn oder holt die Entscheidung des Generalquartiermeisters ein, wenn sich aus irgendwelchen Gründen die Forderungen der Armeen nicht oder nicht voll erfüllen lassen.

Für die Ausführung des Feldbahnbaues werden dem Kommandeur der Eisenbahnpioniere als Kommandeur der Feldbahn durch den Befehlshaber Eisenbahntruppen als Baukräfte besonders für Erkunden, Abstecken, Vermessen, zur Anleitung beim Herstellen von Unterbau, für Oberbau und Kunstbauten in entsprechendem Umfange zur Verfügung gestellt.

Außerdem sind von den Armeen Baubataillone oder andere geeignete Truppen oder sonstige Hilfskräfte zu bestimmen und für die Dauer ihres Einsatzes den Kommandeuren der Eisenbahnpioniere zu unterstellen. Durch den Befehlshaber der Eisenbahntruppen können in besonderen Fällen Unternehmer herangezogen werden, die für die Dauer ihres Auftrages dem betreffenden Kommandeur der Eisenbahnpioniere unterstellt werden. Für den Betrieb der Heeresfeldbahnen wird ein Stamm von Eisenbahntruppen eingesetzt, soweit sie verfügbar sind. Außerdem sind aus den Armeen Betriebseinheiten zusammenzustellen, die unter den Befehl der Kommandeure der Eisenbahnpioniere treten. Die Kommandeure sind für den Heeresfeldbahnbetrieb voll verantwortlich.

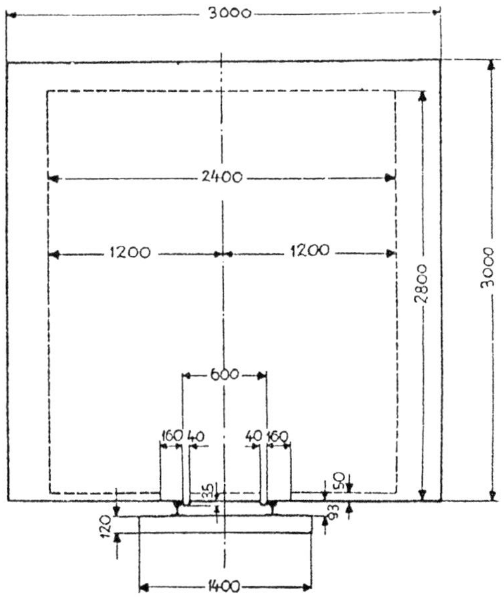

——Umgrenzung des lichten Raumes im geraden Gleis
------Umgrenzungslinie für Fahrzeuge bei Mittelstellung im geraden Gleis.

Regellichtraummaß für 600 mm Spurweite bei Verwendung schwerer Feldbahnwagen.

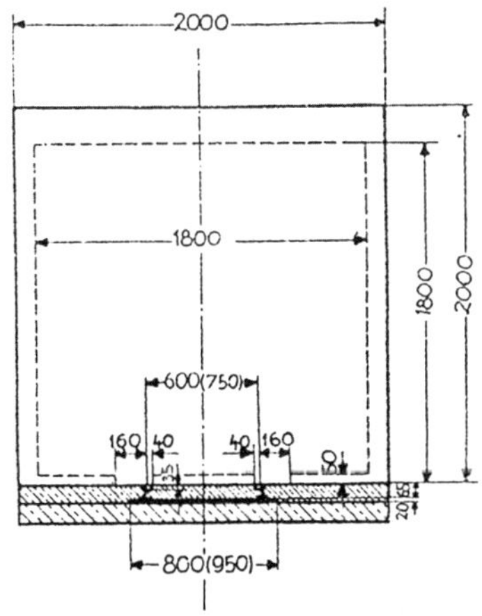

——Umgrenzung des lichten Raumes im geraden Gleis
----Umgrenzungslinie für Fahrzeuge bei Mittelstellung im geraden Gleis

Regellichtraummaß für 600(750)mm Spurweite bei Verwendung leichter Feldbahnwagen auf Spitzenstrecken und auf Hohlgangstrecken in Festungsanlagen.

Das Profil der Heeresfeldbahn für Spitzenstrecken und in Festungsanlagen.

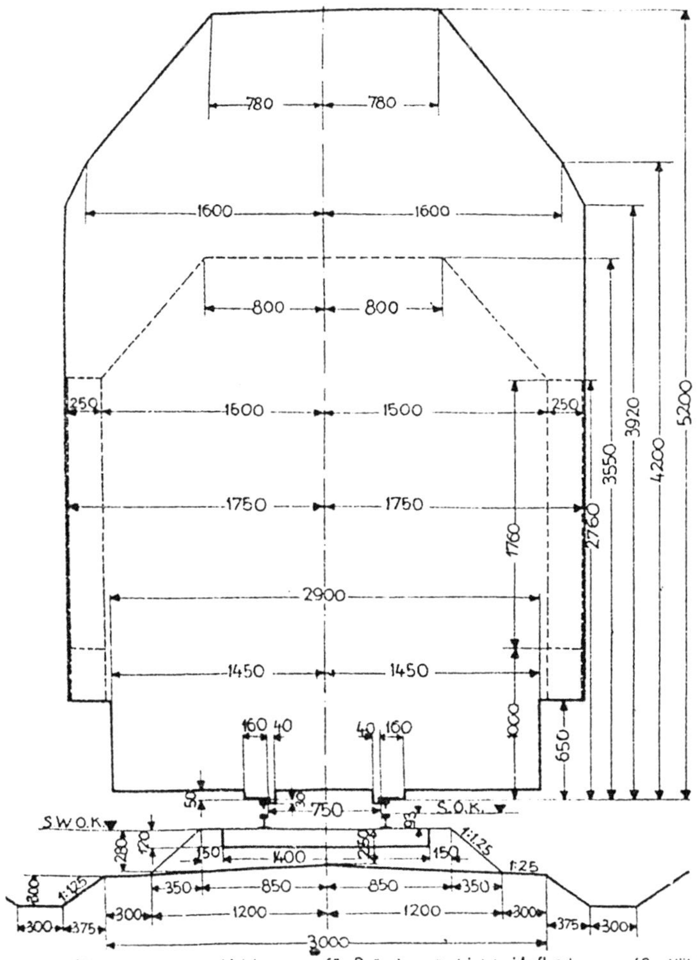

——Umgrenzung des Lichtraumes für Rollschemelbetrieb bei Aufbockung von 40 cm Höhe
------Umgrenzung des Lichtraumes ohne Rollschemelbetrieb.
Mindestgleisabstand in Bahnhöfen 4,00 m

Regellichtraummaß für 750(760) mm Spurweite

Das Regellichtraummaß der Heeresfeldbahn für 750/760 mm Spurweite gestattete den Bau wesentlich größerer Fahrzeuge und mitunter auch Rollschemelbetrieb.

Die Zeichnungen auf dieser Seite sind dem »Merkblatt für Bau und Betrieb von Heeresfeldbahnen« aus dem Jahre 1941 entnommen (Bundesarchiv RHD 6/52,5).

4. Übersicht des Feldbahnbetriebes

Für lange Feldbahnstrecken wird ein »Betriebskommando der Feldbahn« gebildet, dem zwei bis drei Betriebsabteilungen unterstellt werden. Jede Abteilung besteht aus zwei bis drei Betriebsämtern, die je Strecken von 20 bis 25 km Länge umfassen.

Die Teilung der Strecken durch Bahnhöfe oder Ausweichen sowie die Abstände der Bahnhöfe untereinander hängen von den geforderten Nutzleistungen der Feldbahn und den örtlichen Verhältnissen ab. Die Bahnhofsabstände sollen nicht kleiner als 2,5 km sein und als Höchstmaß Streckenlängen von 5 km im allgemeinen nicht überschreiten.

Für den Übergang des Nachschubes von der Vollbahn oder der Wasserstraße auf die Feldbahn ist ein Übergangsbahnhof mit einem davon getrennten Anfangsbahnhof und einem Lokomotivbahnhof auszubauen.

Der Übergangsbahnhof oder Umladebahnhof ist in der Regel abseits der Vollbahnstrecke anzuordnen und durch günstigen Gleisanschluß mit der Vollbahn zu verbinden. Dadurch wird erreicht, daß bei Beschuß des Übergangsbahnhofes die Vollbahnstrecke nicht gleichzeitig in Mitleidenschaft gezogen wird. Rasches Ent- und Umladen der auf der Vollbahn ankommenden Verpflegungs- und Munitionszüge muß durch geschickte Anlage des Übergangsbahnhofes gesichert sein. In seiner Nähe sollen daher geeignete Räume zur vorläufigen Unterbringung solcher Nachschubgüter vorhanden sein, die nicht sogleich mit der Feldbahn weiterbefördert werden können. Die Umladegleise für Munition sind gegebenenfalls von den übrigen Umladegleisen getrennt zu halten.

Ist der Übergangsbahnhof so eingerichtet, daß beiderseits eines Vollbahngleises die Umladegleise der Feldbahn liegen, so können von 1 m Vollbahngleis in 24 Stunden 3 bis 5 t Heeresgut auf die Feldbahn umgeladen werden.

Die im Umladebahnhof beladenen Feldbahnwagen werden auf dem Anfangsbahnhof der Feldbahn zu Zügen zusammengestellt. Vom Anfangsbahnhof aus beginnt der fahrplanmäßige Betrieb der Feldbahn.

Zwischen zwei Betriebsabteilungen muß für Mannschafts- und Lokomotivwechsel ein

Bezeichnung der Lokomotiven	Spur	Leistung	Dienstgewicht	Geschwindigkeitsbereich	Größte Zugkraft	Zugk… bei V
Diesellok. HF50B4 (mechan.) Hohlganglok.	600 bzw. 750 mm	50 PS	8 t	0-20 km/h	2300 kg	57 K…

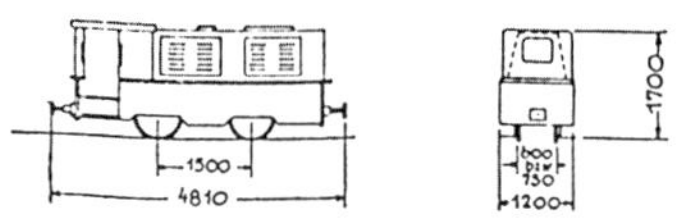

Schlepplasten in verschiedenen Steigungen:	Geschwindigkeit km/h	I. Gang - 5	II. Gang - 12	III. Gang - 20
Steigung	1 : ∞ - 0‰	250 t	110 t	61 t
	1 : 200 - 5‰	151 t	64 t	34 t
	1 : 100 - 10‰	107 t	44 t	22 t
	1 : 67 - 15‰	82 t	33 t	16 t
	1 : 50 - 20‰	66 t	26 t	12 t

Bezeichnung der Lokomotiven	Spur	Leistung	Dienstgewicht	Geschwindigkeitsbereich	Größte Zugkraft	Zugk… bei V
Diesellok. HF130C5,5 (hydraul.) Vorbaulok.	600 bzw. 750 mm	130 PS	16,5 t	0-20 km/h	5000 kg	13… K…

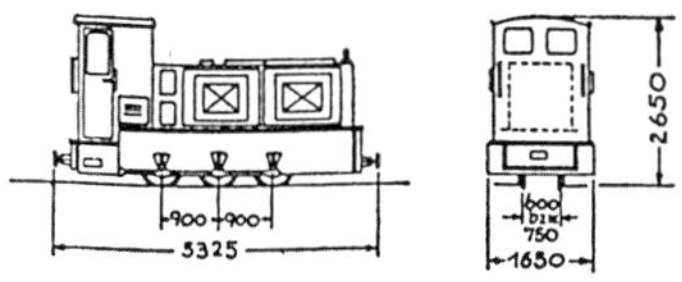

Schlepplasten in verschiedenen Steigungen:	Geschwindigkeit km/h	4	8	14	20
Steigung	1 : ∞ - 0‰	495 t	294 t	165 t	15…
	1 : 200 - 5‰	300 t	175 t	94 t	8…
	1 : 100 - 10‰	210 t	123 t	63 t	5…
	1 : 67 - 15‰	160 t	91 t	46 t	4…
	1 : 50 - 20‰	130 t	72 t	35 t	3…

Bezeichnung der Lokomotiven	Spur	Leistung	Dienstgewicht	Geschwindigkeitsbereich	Größte Zugkraft	Zugk… bei V
Diesellok. HF¹200D5,9 (hydraul.).	750 mm	200 PS	23,5 t	0-25 km/h	7500 kg	13… K…

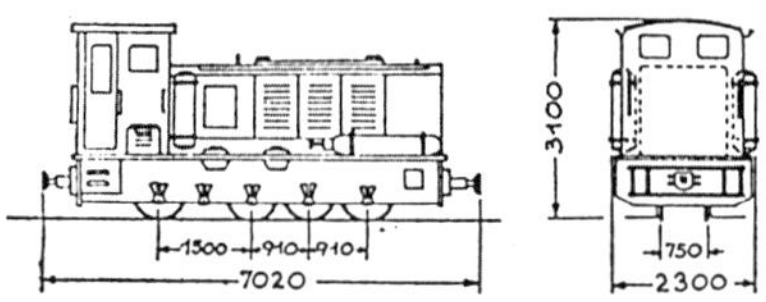

Schlepplasten in verschiedenen Steigungen:	Geschwindigkeit km/h	4	8	14	20	2…
Steigung	1 : ∞ - 0‰	900 t	410 t	320 t	180 t	1…
	1 : 200 - 5‰	545 t	245 t	164 t	103 t	…
	1 : 100 - 10‰	388 t	170 t	128 t	68 t	…
	1 : 67 - 15‰	298 t	128 t	96 t	48 t	…
	1 : 50 - 20‰	240 t	100 t	75 t	35 t	

Bezeichnung der Lokomotiven	Spur	Leistung	Zylinderdurchm.	Kolbenhub	Raddurchm.	Achsstand	Dampfüberdruck	Rostfläche	Heizfläche wasserberührt	Wasservorrat	Kohlenvorrat	Leergewicht	Dienstgewicht	Zugkraft 0,6p
Tenderlok. 2/2 gek. Einheitsbaulok.	600 mm	70 PS	250 mm	300 mm	650 mm	1400 mm	12 kg/cm²	0,5 m²	w.br. 25 m²	0,8 m³	0,6 m³	rd. 8,6 t	11,3 t	2075 kg
Tenderlok. 3/3 gek. verstärkte Rollbahnlok.	600 bzw. 750 mm	60 PS	220 mm	300 mm	600 mm	1500 mm	12 kg/cm²	0,55 m²	w.br. 23 m²	1,0 m³	0,4 m³	rd. 9,8 t	11,6 t	174… kg
Halbtenderlok. 3/3 gek. mit Schlepptender.	600 bzw. 750 mm	110 PS	300 mm	350 mm	700 mm	1800 mm	13 kg/cm²	0,725 m²	w.br. 34 m²	0,6 m³	0,5 m³	rd. 14,5 t	17,0 t	---
Tender					500 mm	1600 mm	—	—	—	6,0 m³	2,5 m³	rd. 4,5 t	17,5 t	--

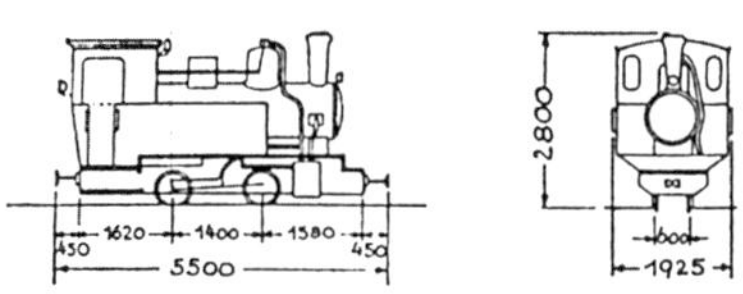

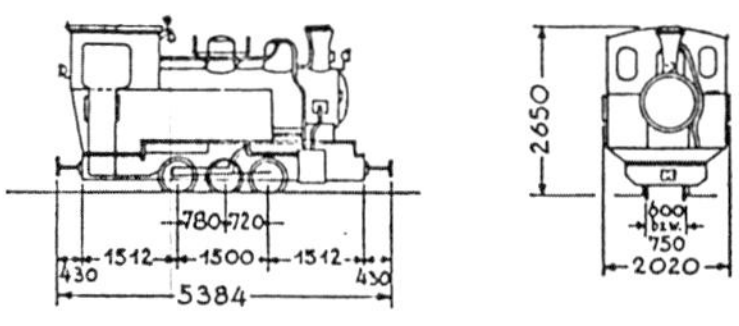

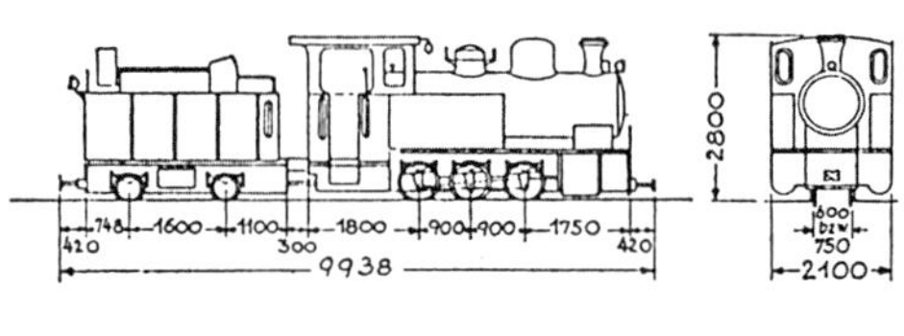

Übersicht der planmäßig vorgesehenen Feldbahnlokomotiven aus dem »Merkblatt« von 1… mit den wichtigsten Daten und Leistungen. Nähere Angaben über die einzelnen Modelle… Abschnitt über Lokomotivkonstruktionen.

Bezeichnung der Feldbahnwagen	Spur mm Achszahl	Eigengewicht t	Tragkraft t	Eigengew in kg/t Tragkraft	Lade-Länge m	Ladebreite m	Ladefläche m²	Rauminhalt m³
ıchter Feldbahnwagen (alte Form). 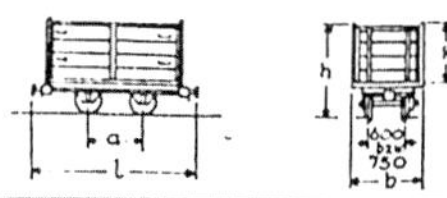	600 2	1,15	4,5	256	2,05	1,12	2,30	2,11
	750 2	1,4	4,5	311	2,05	1,12	2,30	2,11
.eichter Feldbahnwagen mit Bremse. 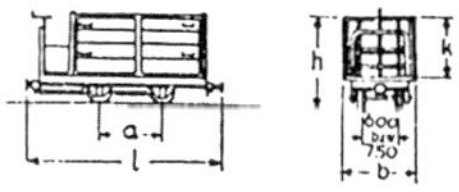	600 2	1,3	4,5	290	2,05	1,12	2,30	2,11
	750 2	1,5	4,5	333	2,05	1,12	2,30	2,11
eichter Feldbahnwagen (neue Form). 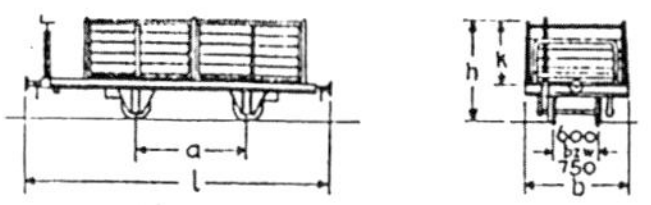	600 2	1,7	5,0	340	3,44	1,50	5,16	4,75
	750 2	1,8	5,0	360	3,44	1,50	5,16	4,75
ankwagen. 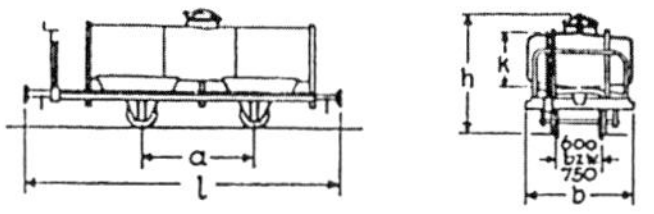	600 2	2,205	4,5	490	—	—	—	4,50
	750 2	2,305	4,5	512	—	—	—	4,50
chwerer Feldbahnwagen (Vorbauwagen). 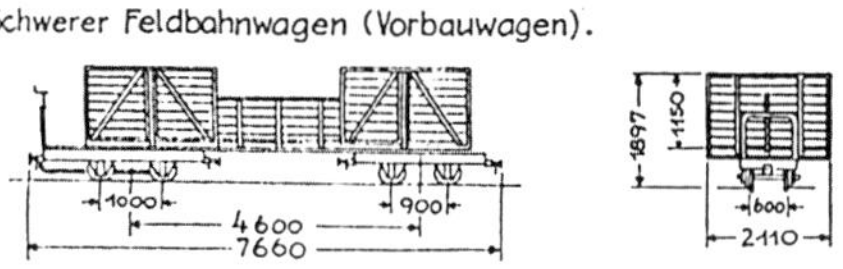	600 4	4,0	7,5	533	6,05	1,90	11,50	11,25
chwerer Feldbahnwagen (Vorbauwagen). 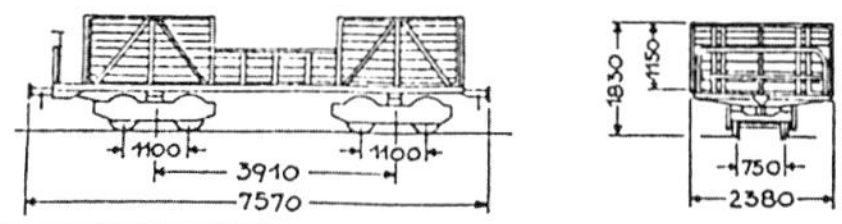	750 4	4,0	9,0	444	6,05	2,20	13,30	13,00
Langholzwagen (Schienentransportwagen). 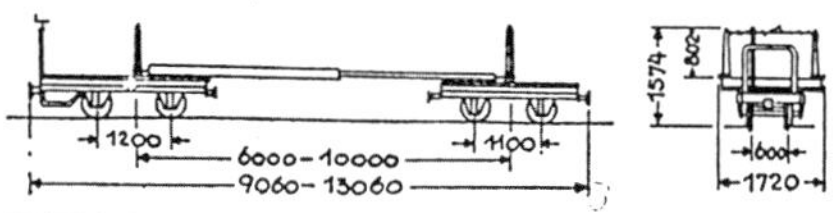	600 4	2,55	7,5	340	12,00	1,23	—	—
.angholzwagen (Schienentransportwagen). 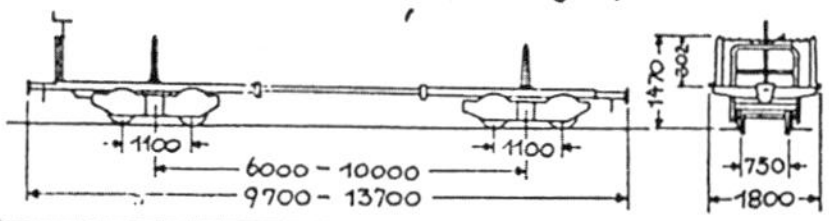	750 4	2,23	9,0	248	12,00	1,27	—	—
edeckter Gerätewagen (alte Form). 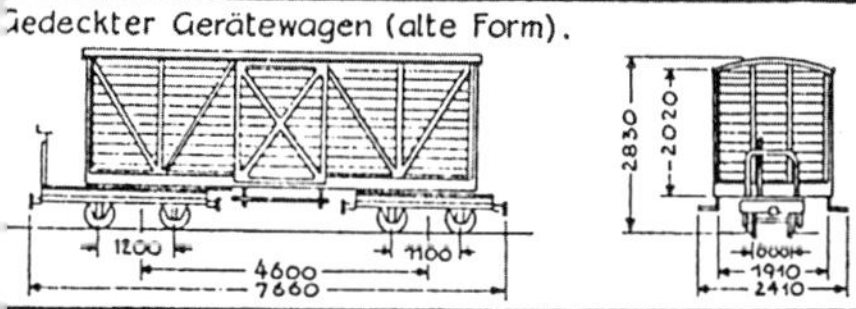	600 4	4,65	7,5	620	6,06	1,91	11,50	23,30
edeckter Gerätewagen (neue Form). 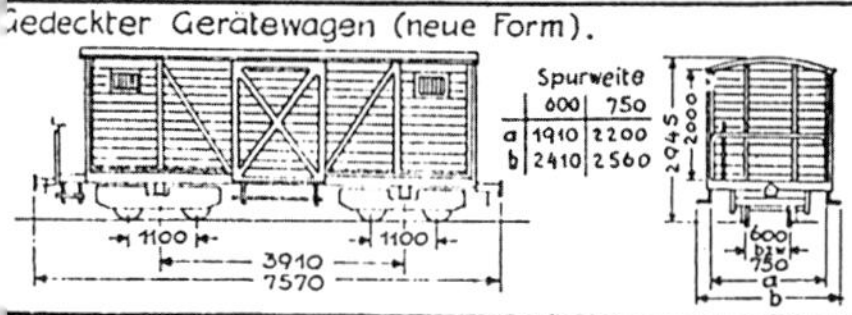	600 4	4,75	9,0	528	6,05	1,90	11,50	23,30
	750 4	4,95	9,0	550	6,05	2,20	13,30	26,60

wesentlichsten Wagen der Heeresfeldbahn nach dem »Merkblatt« von 1941 mit ihren ıptabmessungen. Der Tankwagen ist für Lokomotivkraftstoff gedacht. Bei den vierachsi- Wagen ist der Übergang von einzelnen Unterwagen (alte Form) zu Drehgestellen (neue m) erkennbar, beim Zweiachser fällt die Vergrößerung des Laderaums besonders auf.

größerer Zwischenbahnhof angelegt werden, der mit Werkstätten, Unterkunftsräumen und Lagerplätzen für Feldbahngerät versehen sein muß.

Die Ausgestaltung des Endbahnhofes, von dem die Förderbahnen der Spitzenstrecken abzweigen, richtet sich nach den örtlichen und betrieblichen Erfordernissen. Die Entladestellen des Endbahnhofes sind aus Sicherheitsgründen und nach den verschiedenen Nachschubgütern getrennt möglichst weit auseinanderzuziehen, auch wenn dadurch längere Stichgleise notwendig werden.

5. Gerät

Für je 10 km Betriebslänge ist eine Feldbahnstrecke (Transportgewicht 1200 t) zuzuweisen. Die Feldbahnstrecke enthält Gleise und Fahrzeuge, sowie Werkzeuge für Bau und Betrieb für eine Betriebslänge von 10 km. Für Strecken bis zu je 50 km Betriebslänge (Abschnitt einer Betriebsabteilung) ist zusätzlich ein Betriebspark (Transportgewicht 1500 t), falls die geforderte Leistung der Feldbahn über 1000 t im Tag liegt, einzusetzen.

Über die Anforderung von Bauparks (Transportgewicht 1000 t) entscheidet der Kommandeur der Feldbahn [...]

6. Leistung der Feldbahnen

Die Feldbahnen leisten nach Vollausbau und Schotterung bei Vollbetrieb (Tag und Nacht) und Einzelzugbetrieb:

a) im Flachland: mit Steigungen bis 1:65 und Krümmungshalbmessern nicht unter 100 m: höchstens 1400 t.
b) im Hügelland: bei Steigungen bis 1:50 und Halbmessern nicht unter 60 m: höchstens 1000 t,
c) im Gebirge: bei Steigungen bis 1:25 und Halbmessern nicht unter 40 m: höchstens 500 t.

Solange die Strecke noch nicht durchgeschottert ist, kann höchstens mit einem Drittel der angegebenen Leistungen gerechnet werden.

Für Feldbahnen mit 75 cm Spur erhöhen sich die Leistungen um 15%.

Als größte Zuggeschwindigkeiten werden festgesetzt:

im ebenen Gelände	15 km/st,
im Hügelland	10 km/st,
im Gebirge	8 km/st,
im Nachtbetrieb	6 km/st.

Diese Leistungen sind jedoch nur zu erzielen mit neuzeitlichem Heeresgerät (Rahmengleis mit 15 kg Schienen und Lokomotiven von mindestens 60 PS). Sie sinken selbstverständlich bei Feindeinwirkung ganz beträchtlich, besonders wenn nur nachts gefahren werden kann.

7. Bauzeiten und Mannschaftsbedarf

Der Bau jeder Feldbahn erfordert eine Anlaufzeit von mindestens zehn Tagen, beginnend mit dem Eintreffen der ersten Baukräfte am beabsichtigten Übergangsbahnhof der Feldbahn.

Frühestens vom elften Tag an können, nachdem die Absteckarbeiten sofort, die Unterbauarbeiten spätestens am dritten Tag begonnen haben, im Tag mit Heeresgerät bis zu 7,5 km Feldbahnoberbau verlegt werden, sofern nicht größere Hindernisse (breitere Flüsse, tiefe Einschnitte, hohe Dämme) das Vorstrecken des Gleises verzögern. Es kann damit mit einem Gesamtbaufortschritt (Unterbau und Oberbau) von 4 bis 5 km im Tag gerechnet werden.

Für diese Leistung sind erforderlich:
Für Unterbauarbeiten :

im Flachland	500 Mann.
im Hügelland	800 – 1000 Mann.
im Hochgebirge	1500 – 2000 Mann.

Diese Kräfte können Baubataillonen oder sonstigen Hilfstruppen entnommen werden.
Für Oberbauarbeiten bei Strecken:

bis zu 20 km:	2 Feldbahnkompanien,
bis zu 30 km:	3 Feldbahnkompanien,
über 30 km:	1 Feldbahnbataillon mit 4 Feldbahnkompanien.

Für die Arbeiten am Übergangsbahnhof bei Strecken mit über 10 km Länge eine Feldbahnparkkompanie.

Auf dem frisch verlegten Gleis ist nur ein beschränkter Betrieb möglich, beginnend am Tage nach dem Vorstrecken, erst lohnend nach Vorbau von etwa 30 km.

Die angegebenen Leistungen können nur erreicht werden, wenn die gesamte Strecke gut entwässert und durchweg geschottert und gestopft ist; hierzu sind erforderlich: für je 40 km 1 Feldbahnkompanie mit 200 zusätzlichen Hilfskräften. Dauer der Arbeit: 1 Tag für 4 km Schotterung.

Für diese Tagesleistung ist ein Nachschub von 1200 bis 1500 t Steinschlag, Schotter, Kies oder Sand erforderlich. Vor Beginn des Baues ist ein Arbeitsplan aufzustellen.«

4.2 AUFBAU EINER HEERESFELDBAHN

Der zweite Teil des »Merkblatts« von 1941 widmete sich konkret dem Aufbau einer Heeresfeldbahn hinter der Hauptkampflinie. Auch hier konnte es nur um Theorie gehen, die an der Front häufig abzuwandeln war, doch geben die nachfolgenden Auszüge einen guten Einblick in die Grundsätze des Feldbahnbaus.

»B1. Gesamtanlage

Der Kommandeur der Feldbahn prüft die Zuweisung an Mannschaften und Material und fordert gegebenenfalls Verstärkung und Vermehrung an. Bei Bedarf fordert er einen Baupark an.

Er bestimmt im Einvernehmen mit der zuständigen Transportkommandantur die Lage des Übergangsbahnhofes auf dem befohlenen Vollbahnhof. Der Übergangsbahnhof ist aus Sicherheitsgründen vom Vollbahnhof möglichst abzusetzen. Er hat einen Raumbedarf von ungefähr 800 x 150 m.

Der Anfangsbahnhof liegt getrennt vom Übergangsbahnhof und ist mit diesem zweigleisig verbunden.

Der Lokomotivbahnhof liegt getrennt vom Übergangs- und Anfangsbahnhof. Mit seinem Ausbau und der Aufstellung von Lokomotivschuppen und Reparaturwerkstätten ist frühzeitig zu beginnen.

Im feindlichen Schußbereich sind die Lokomotivschuppen splittersicher auszubauen. Das wird am raschesten erreicht durch Eingraben der Lokomotivstände in die Erde. Der Grundwasserstand entscheidet im allgemeinen über die Möglichkeit dieser Ausführung; für Ableitung des Tagwassers ist zu sorgen [...].

9. Herstellung des Oberbaues

[...] Größte Sorgfalt ist auf richtiges Zusammenstellen der Bauzüge und auf ihr rechtzeitiges Eintreffen an der Bauspitze zu verwenden, um jeden Materialmangel beim Vorbau auszuschließen. Mit Beginn der Tagesarbeit müssen, außer den Wagen mit Kurvenrahmen, wenigstens zwei Züge mit geraden Rahmen auf der vordersten Ausweiche bereitstehen: zur Bauspitze abrollende Bauzüge müssen sofort von rückwärts ergänzt werden.

Durch Entgleisungen, Schwierigkeiten bei der Überwindung von Steigungen und sonstige Störungen wer-

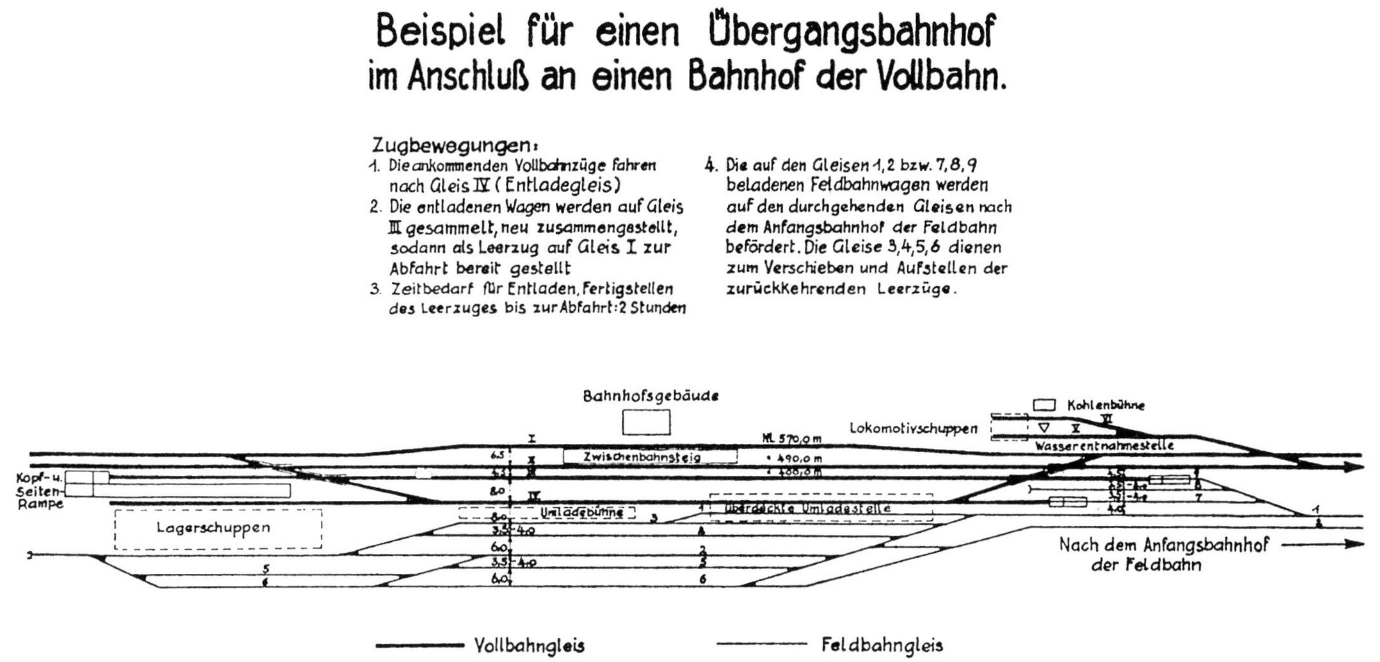

Die Heeresfeldbahnen wurden mit der Vollbahn angeliefert und sollten auch Material in die Hauptkampflinie bringen, das mit der Vollbahn herangeführt wurde. Hier ein Musterentwurf für einen Übergangsbahnhof zwischen Vollbahn und Feldbahn für kleinere und mittlere Leistungen; daneben bestand ein Muster für größere Übergangsbahnhöfe.

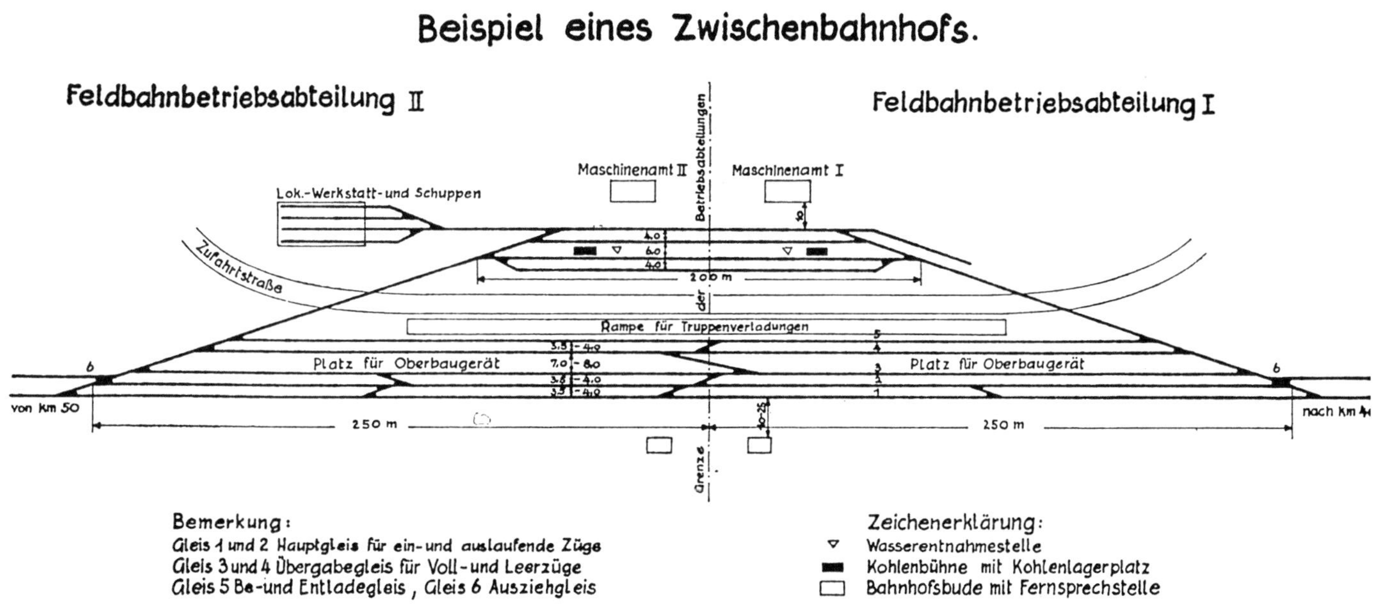

Muster für einen Zwischenbahnhof bei größeren Feldbahnen, wenn mehrere Betriebsabteilungen eingerichtet werden sollten, also bei Streckenlänge über etwa 60 km.

Muster für einen Zwischenbahnhof bei größeren Feldbahnen, wenn mehrere Betriebsabteilungen eingerichtet werden sollten, also bei Streckenlänge über etwa 60 km.

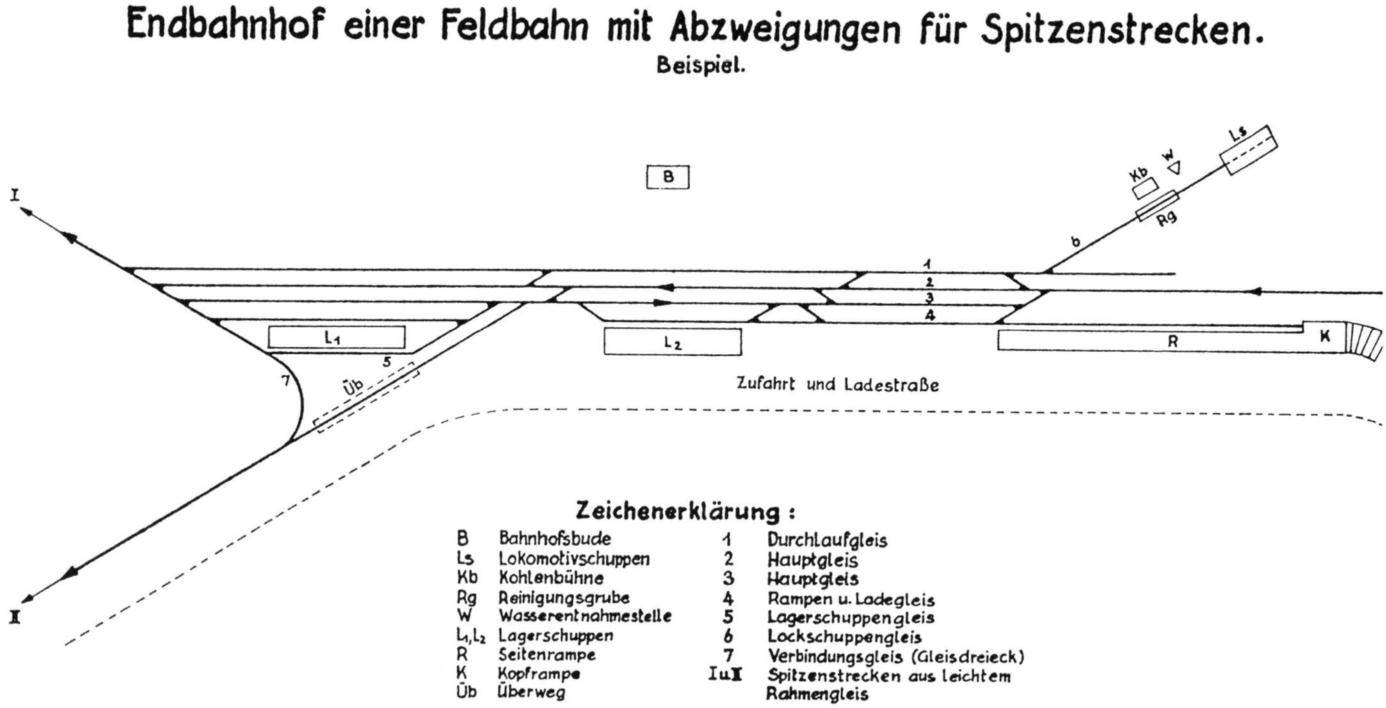

Beispiel für einen Endbahnhof der Heeresfeldbahn mit zwei abzweigenden Spitzenstrecken aus leichtem Rahmengleis (links) zu den Stellungen.

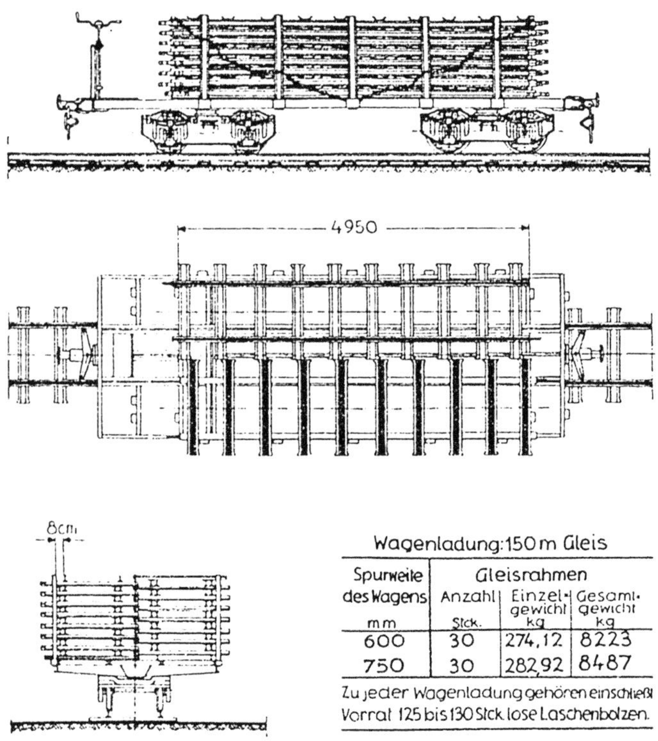

Wagenladung: 150 m Gleis

Spurweite des Wagens mm	Gleisrahmen Anzahl Stck.	Einzelgewicht kg	Gesamtgewicht kg
600	30	274,12	8223
750	30	282,92	8487

Zu jeder Wagenladung gehören einschließl. Vorrat 125 bis 130 Stck. lose Laschenbolzen.

Gleiswagen mit geraden Gleisrahmen
(abgebordeter schwerer Feldbahnwagen).

den auf den frisch verlegten Gleisen Verzögerungen im Nachschub nicht zu vermeiden sein.
Für möglichst rasches Überwinden von Hindernissen muß auf der ganzen Strecke mit allen Mitteln gesorgt werden. Bei Entgleisungen muß schnellste Wiederaufnahme des Verkehrs erreicht werden. Vor Entladen und Aussetzen entgleister Wagen oder dem Bau von Umgehungsgleisen darf nicht zurückgeschreckt werden. An der letzten Ausweiche ist ein Hilfszug zur Behebung von Entgleisungen und Eisenbahnunfällen bereit zu halten. Liegengebliebene Bauzüge sind beschleunigt nachzuziehen, größere Verzögerungen durch Einschalten von Doppelzügen auszugleichen.
Bei Verzögerungen an der Bauspitze muß der Überfüllung der vordersten Ausweiche mit Bauzügen durch rechtzeitiges Festhalten der fahrplanmäßig vorrückenden Züge auf den rückwärtigen Stationen vorgebeugt werden.
Für das rechtzeitige Zurücksenden der Leerzüge ist der Offizier des Baubetriebes verantwortlich.
Für den Spitzenbetrieb sind eingeteilt:

Insgesamt dreißig Gleisrahmen für 150 m Strecke konnten auf einen abgebordeten schweren Feldbahnwagen geladen werden, um zum Vorbau an die Spitze zu gelangen. Ein solches Gleisjoch sollte von acht Mann getragen werden.

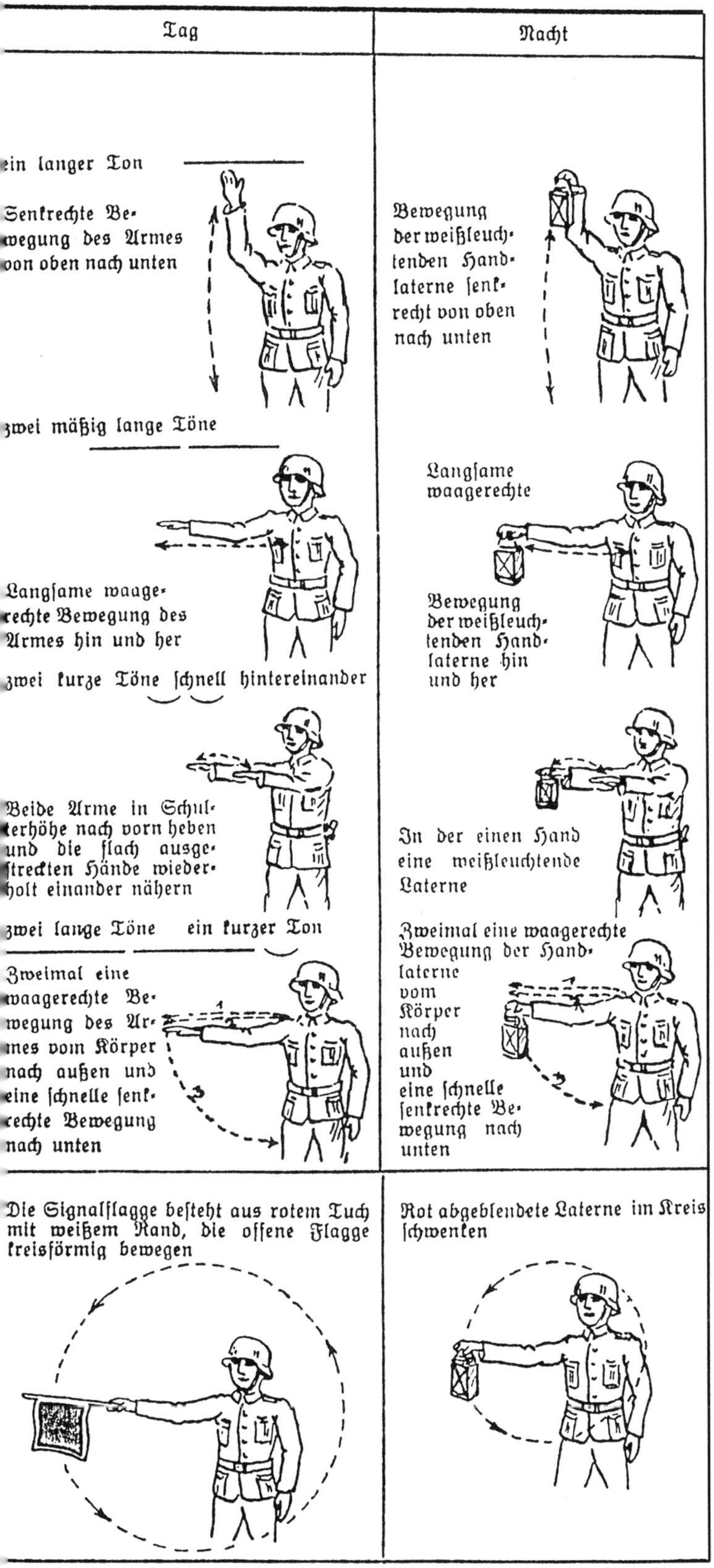

Tag	Nacht
ein langer Ton Senkrechte Bewegung des Armes von oben nach unten	Bewegung der weißleuchtenden Handlaterne senkrecht von oben nach unten
zwei mäßig lange Töne Langsame waagerechte Bewegung des Armes hin und her	Langsame waagerechte Bewegung der weißleuchtenden Handlaterne hin und her
zwei kurze Töne schnell hintereinander Beide Arme in Schulterhöhe nach vorn heben und die flach ausgestreckten Hände wiederholt einander nähern	In der einen Hand eine weißleuchtende Laterne
zwei lange Töne ein kurzer Ton Zweimal eine waagerechte Bewegung des Armes vom Körper nach außen und eine schnelle senkrechte Bewegung nach unten	Zweimal eine waagerechte Bewegung der Handlaterne vom Körper nach außen und eine schnelle senkrechte Bewegung nach unten
Die Signalflagge besteht aus rotem Tuch mit weißem Rand, die offene Flagge kreisförmig bewegen	Rot abgeblendete Laterne im Kreis schwenken

etrieb und Zugsicherung wurde in gewisser Anlehnung an die Regeln bei er Reichsbahn abgewickelt. Hier ein Auszug aus den Signalvorschriften der eeresfeldbahn mit den Kommandos: Ziehen, Schieben, Aufdrucken, Ab-oßen und Anhalten (von oben nach unten).

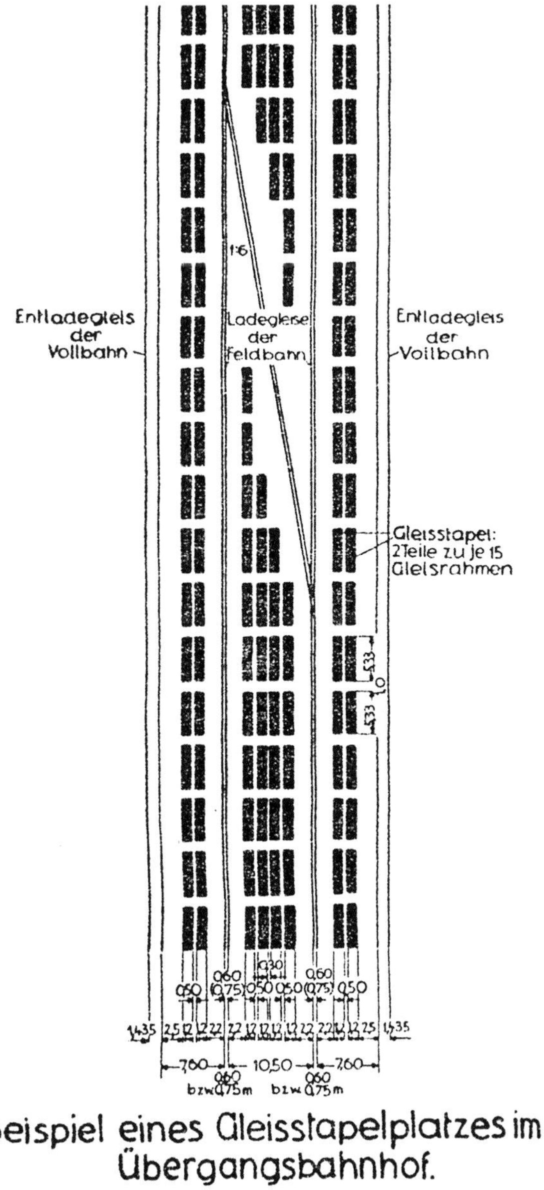

Stapelschema für Gleisjoche der Heeresfeldbahn in einem Übergangsbahnhof.

Stapelschema für Gleisjoche der Heeresfeldbahn in einem Übergangsbahnhof.

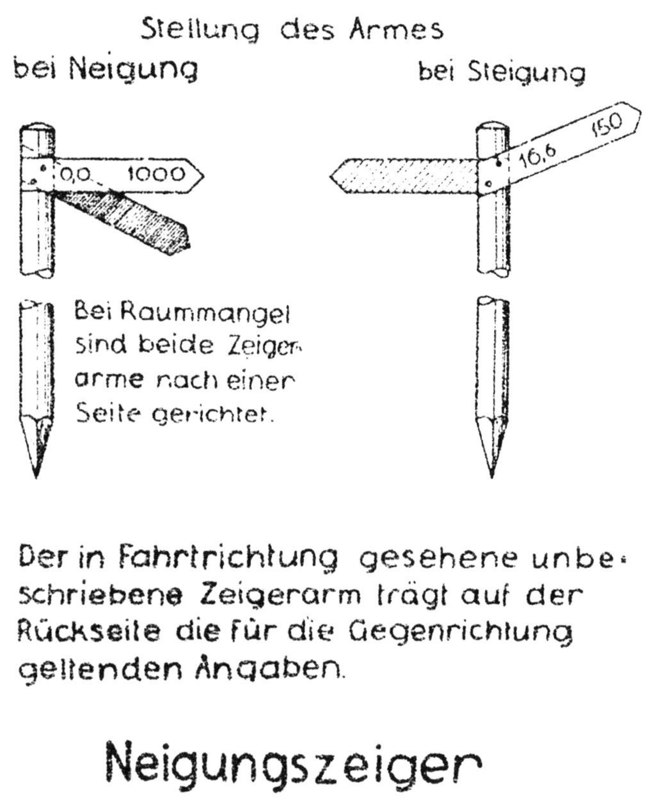

Selbst Neigungsanzeiger kannte das Merkblatt für den Feldbahnbau von 1941.

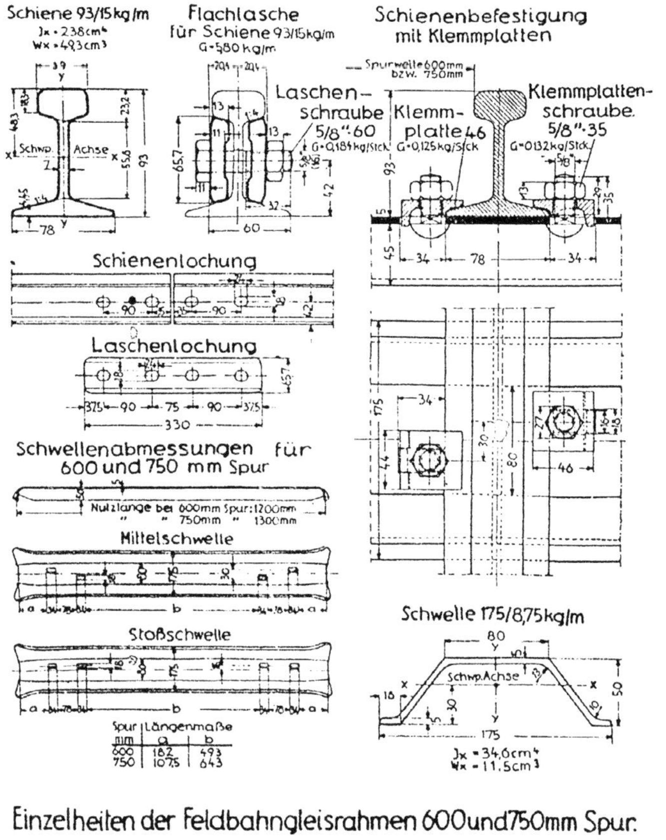

Einzelheiten der Feldbahngleisrahmen.

1 Offizier,
1 Unteroffizier,
3 Lokomotivführer,
9 Mann (3 Trupps zu je 1 Zugführer und 2 Bremser).

Die Zugführer übernehmen bei der letzten Ausweiche den Bauzug und lassen ihn nach Abruf mit einer Geschwindigkeit von etwa 6 km/st zur Bauspitze drücken. Die entleerten Wagen werden von den Trägertrupps ausgesetzt; vor den letzten 16 Rahmen des letzten Wagens jedes Bauzuges wird die von dem nachfolgenden Bauzug übernommene Behelfsweiche eingebaut. Die Baulokomotive fährt mit dem letzten Wagen nach dessen Entleerung in das Ausweichstichgleis und läßt den nachfolgenden Bauzug passieren. Dann fährt die Lokomotive zur letzten Ausweiche zurück und nimmt von der Strecke die inzwischen von den freien Ablösungsträgertrupps eingesetzten Leerwagen mit zurück.

10. Besondere Feldbahnanlagen und Ausführungsarten

Die Feldbahn kann verbunden werden mit den Förderbahnen der Feldstellungen. In diese Strecken können jedoch die schweren Feldbahnwagen nicht übergehen; es dürfen dort nur die leichten Feldbahnwagen oder Förderbahnwagen verwendet werden. Das Lichtraumprofil für diese Strecken kann bei den zugelassenen Wagen und den leichten Motorlokomotiven eingeschränkt werden auf 2 m lichte Höhe und 2 m lichte Weite. Bei diesem Lichtraumprofil läßt sich eine restlose Tarnung in Wald- und Buschgelände erzielen. Für Förderbahn geeignet ist das leichte Rahmengleis mit 65 mm Schienenhöhe und 6,75 kg Gewicht von 1 m Schiene, das in 3 ½ m langen Rahmen montiert ist.

Wenn die Überwindung längerer starker Steigungen durch Längenentwicklung nicht möglich ist, kann bei Steigungen bis 1:5 in die Feldbahn eine Bremsberganlage eingebaut werden. Nachteilig bei einem Bremsberg sind die geringe Leistungsfähigkeit (höchstens 25 bis 30 t/st), seine Empfindlichkeit gegen Beschuß und sons-

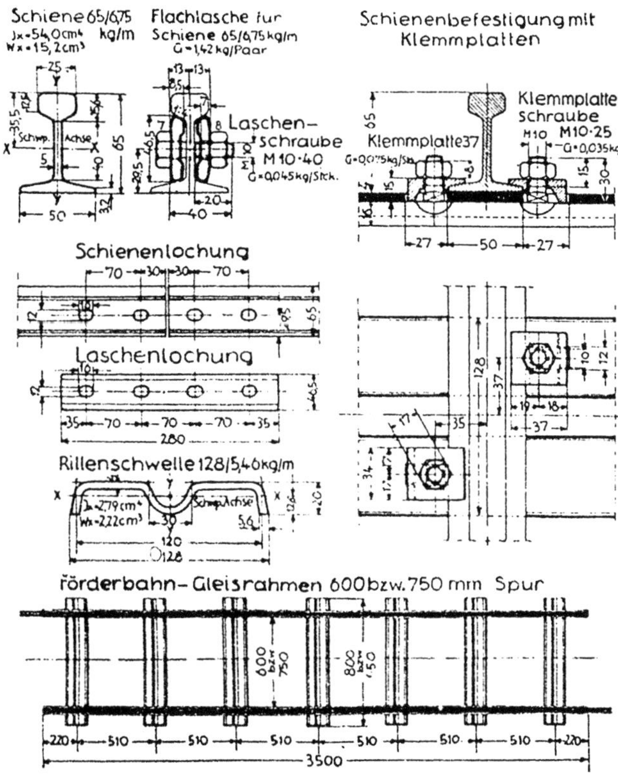

Leichtes Rahmengleis 600 und 750 mm Spur

Das »leichte Rahmengleis« für Spitzenstrecken in Stellungen und Bunkern war mit Schienen von 6,75 kg/m bestückt und nur 3,5 m lang.

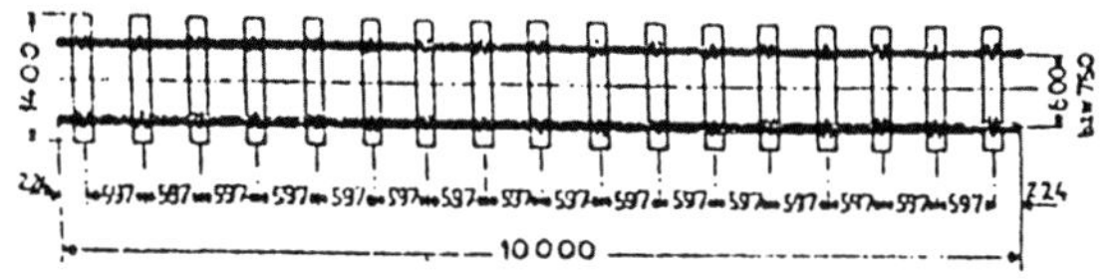

Gewichte des Feldbahngleises aus Schienen auf Holzschwellen für 600 und 750 mm Spur.

Lfd Nr.	Einzelteilen des Gleises	Stückgewicht kg	Bei 10 m Gleis Stückzahl	Bei 10 m Gleis Gewicht kg
1	Schienen 93/15; 10 m lg.	150,000	2	300,000
2	Winkellaschen WL 93/15; Paar	5,420	2	10,840
3	Laschenschrauben Ls 16·60	0,184	8	1,472
4	Holzschwellen Φ 17/12 cm, 1,40 m lg.	22 bis 25	17	374 bis 425
5	Schienennägel 6 Stck/Weichholzschwelle	0,07	102	7,14
	" 4 Stck/Hartholzschwelle		68	4,76
	oder Schwellenschrauben Ssh 20·120	0,273	102	27,846
	Unterlagsplatten Uph 15	1,577	34	53,618
	Klemmplatten Kph 15	0,221	102	22,542

Gewicht des genagelten Gleises von 10 m Länge ohne Holzschwellen bei 6 Nägeln/Schwelle = 319,452 kg
" " bei 4 Nägeln/Schwelle = 317,072 kg

Gewicht des geschraubten Gleises von 10 m Länge ohne Holzschwellen und ohne Unterlagsplatten = 340,158 kg

Feldbahngleis aus 10 m langen Schienen auf Holzschwellen

Eine andere Form des Feldbahngleises war die Ausführung aus 10 m langen Schienen auf Holzschwellen.

tige Störungen in der Kraftstation und der große Zeit- und Personalbedarf zum Umstellen der Züge. Dagegen bietet er gegenüber Seilbahnen den Vorteil, daß Umladung nicht erforderlich ist.
Bei Zuführung anderen Gleismaterials (leichteres Rahmengleis oder Einzelschienen auf Holzschwellen) muß über die Stärke und Ausrüstung der Trupps, den Arbeitsvorgang und den Nachschub jeweils besonders entschieden werden. Auch Förderbahngleis kann bei einer Schienenhöhe von 65 mm und mehr für den Betrieb mit leichteren Maschinen geeignet gemacht werden. Es ist dazu notwendig, daß der bei Förderbahngleisen größere Schwellenabstand durch Einziehen von Holzschwellen verringert wird. Diese Holzschwellen müssen genagelt oder geschraubt werden. Die untergezogenen Schwellen müssen so stark sein, daß die Schienennägel oder Schwellenschrauben genügend fest sitzen und das Holz nicht zersplittern kann. Es ist zu beachten, daß die Schwellenabstände nicht so gering werden, daß ein Stopfen nicht mehr möglich ist.«

4.3 BETRIEB DER FELDBAHNSTRECKE

Entsprechend ausführlich waren auch die Regeln für den Betrieb der Heeresfeldbahnstrecke in dem Merkblatt von 1941 gehalten. Es folgen einige Auszüge.

»2. Kommando der Feldbahn
Dem Kommando der Feldbahn fällt die oberste Leitung des gesamten Betriebes der Feldbahn zu. Es hat die Leistungsfähigkeit der Feldbahn dauernd zu steigern, die Zuglasten zu bestimmen und die Fahrpläne aufzustellen. Ihm obliegt die Fertigung der Pläne für den weiteren Ausbau der Bahnhöfe, insbesondere des Übergangsbahnhofes, und die Anforderung des dazu erforderlichen Materials. Das Kommando der Feldbahn beaufsichtigt die Behandlung des rollenden Materials und führt die Oberaufsicht über den technischen Betrieb der Maschinenämter; außerdem überwacht es den gesamten Fernsprechbetrieb der Feldbahn.
Mit dem Kommando der Feldbahn wird in der Regel der Kommandeur eines Feldbahnbataillons betraut. Wenn

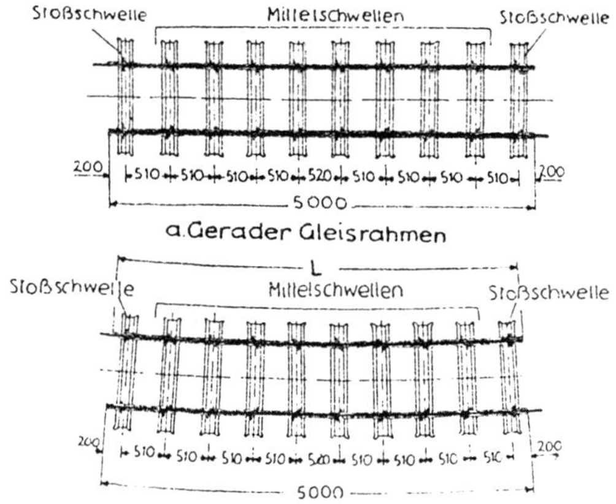

Spurweite mm	L in mm bei Halbmesser von 40m	60m	80m	120m
600	4920	4945	4960	4975
750	4900	4930	4950	4970

b. Krümmungsrahmen

Gewichte der Feldbahngleisrahmen 600 und 750 mm Spur

Lfd. Nr.	Einzelheiten der Gleisrahmen	Gewicht kg/m	Gewicht kg/Stück	Stückzahl	Gesamtgewicht kg
1	Schiene 93/15 (DIN 5901) 5 m lg.	15,00	75,000	2	150,000
2	Flachlasche (DIN 5901) 330 mm lg.	5,40	1,782	4	7,128
3	Laschenschraube (DIN 418) 5/8"·60 mm	—	0,184	8	1,472
4	Schwelle (DIN 5904) 175/8,75				
	Spur 600 mm: 1,20 m lg.	8,75	10,500	10	105,000
	Spur 750 mm: 1,30 m lg.	8,75	11,380	10	113,800
5	Klemmplatte (DIN 5906) 46 mm	—	0,125	40	5,000
6	Klemmplattenschraube (DIN 5906) 5/8"·35 mm	—	0,138	40	5,520

Gewicht des 5 m langen geraden Gleisrahmens 600 mm Spur: 274,12 kg
750 mm Spur: 282,92 kg

Gleisrahmen des Heeresfeldbahngeräts 600 u. 750 mm Spur (schweres Feldbahngleis).

Musterzeichnung des 5 m langen Gleisrahmens der Heeresfeldbahn aus dem Merkblatt von 1941 für beide Spuren.

der Stab eines Feldbahnbataillons nicht zur Verfügung steht, bildet sich der Kommandeur der Feldbahn zur Durchführung dieser Arbeiten einen Stab aus den ihm unterstellten Feldbahnkompanien, dem neben anderen ein erfahrener Maschinenoffizier und ein Fernsprechoffizier angehören sollen.

3. Betriebsabteilung

Der Kommandeur der Betriebsabteilung leitet die planmäßige und geordnete Durchführung des Betriebes innerhalb seiner Betriebsabteilung und erläßt die nötigen allgemeinen Betriebsanordnungen für seinen Bereich; er ordnet die im Laufe des Betriebes erforderlich werden den Maßnahmen an (Beseitigung von Betriebsstörungen, vorübergehend notwendige Änderungen des Fahrplanes), er überprüft die durch die Betriebsämter eingereichten Fahrberichte und läßt eine Übersicht über die Güterbewegung und Leistungen der Feldbahn führen. Als Richtlinie für den Betrieb gilt, daß die Maschinen und das Zugbegleitpersonal nicht an den Grenzen der Betriebsämter gewechselt werden, sondern durch das ganze Gebiet der Betriebsabteilung durchfahren [...]

4. Betriebsamt

Der Vorstand des Betriebsamtes trägt für seinen Abschnitt die volle Verantwortung für die Betriebssicherheit der Gleis- und Fernsprechanlagen. Er hat alle notwendigen Arbeiten durch sein Streckenpersonal verrichten zu lassen; erforderlichenfalls ist Ausgleich bei der Betriebsabteilung zu beantragen. Er regelt den gesamten Dienst innerhalb seines Betriebsamtes und sorgt für Unterkunft und regelmäßige und rechtzeitige Verpflegung seines Personals auf der ganzen Betriebsstrecke.

Betriebsstörungen sind möglichst rasch zu beseitigen; soweit sie von Einfluß auf die benachbarten Betriebsämter sind, ist unverzüglich Meldung an die Betriebsabteilung zu erstatten. Für rasche Hilfeleistung bei Entgleisungen und Unglücksfällen sind alle Vorbereitungen zu treffen; hierzu gehört auch die Bereitstellung eines Hilfszuges.

Für die glatte und pünktliche Abwicklung des Betriebes auf Grund der Fahrpläne und Betriebsanordnungen ist der Vorstand des Betriebsamtes voll verantwortlich.

Das Betriebspersonal setzt sich zusammen aus:
dem Stationspersonal (Bahnhofsvorsteher, Assistent, Weichensteller, Fernsprechpersonal, Verschiebepersonal),
dem Streckenpersonal
(Bahnmeister und Streckentrupps),
dem Zugpersonal
(Zugführer und Bremser, Lokführer und Heizer).

Mit den Ablösungsmannschaften sind für einen größeren Bahnhof in der Regel erforderlich ein bis zwei Offiziere, vier Unteroffiziere, 24 Mann, für einfache Stationen zwei Unteroffiziere, acht Mann. Als Zugbegleitpersonal werden je Zug eingeteilt ein Gefreiter und drei Mann.

Die Länge der Züge richtet sich nach den Steigungs- und Krümmungsverhältnissen der Bahn. Bei günstiger Linienführung sind die Feldbahnlokomotiven imstande, dauernd einen Zug mit zehn beladenen schweren oder 24 beladenen leichten Feldbahnwagen zu befördern. Die Nutzlast eines solchen Zuges ist größer als die einer großen Lastkraftwagenkolonne. Bei Sperrgütern kann die Anzahl der Wagen erhöht werden, darf jedoch 15 große oder 30 kleine nicht übersteigen. Bei Verwendung von Geräten aus der Industrie richtet sich die Anzahl der Wagen nach der Leistung der verfügbaren Lokomotiven, soll

aber mit 10 vierachsigen oder 20 zweiachsigen Wagen begrenzt sein.
Sind die Steigungsverhältnisse der Bahn ungünstig, so muß entweder die Zuglast für die ganze Strecke herabgesetzt, oder Zugteilung, Vorspann oder Nachschieben an den schwierigen Stellen angeordnet werden. Vorspann oder Nachschieben sind im Interesse der Gesamtleistung vorzuziehen. Sie sind von der Betriebsabteilung anzuordnen und müssen im Fahrplan Ausdruck finden. Das Herabsetzen der Zuglast und die Zugteilung müssen vom Kommando der Feldbahn befohlen werden.
Zur Erhöhung der Betriebsleistung werden Doppelzüge gefahren, die in einem Abstand von 400 bis 500 m fahren. Der zweite Zug darf in einen Bahnhof erst einfahren, wenn der erste Zug zum Halten gekommen ist.

5. Maschinenamt

Der Vorstand des Maschinenamtes sorgt für Verpflegung und Unterbringung des ihm unterstellten Personals. Er regelt auf Grund der Fahrpläne und ausgegebenen Betriebsbefehle den Dienst der Lokomotiven und des Personals. Er überwacht die sachgemäße Behandlung und Wartung der Lokomotiven. Er hat sein besonderes Augenmerk auf die Versorgung mit Betriebsstoffen (Benzin, Dieselöl, Kohle, Wasser, Öle) zu richten und Ergänzungen rechtzeitig beim Kommando der Feldbahn zu beantragen. Die auf der Strecke eingerichteten Wasserstationen unterstehen seiner Aufsicht. Die zentralen Beleuchtungsanlagen sind unter seiner Leitung durch besonders dazu aufgestelltes Personal zu überwachen und instand zu halten.

6. Feldbahnparkkompanie

Die Feldbahnparkkompanie wird eingesetzt am Übergangsbahnhof und wird verwendet für alle mit dem Betrieb am Umladebahnhof in Zusammenhang stehenden Arbeiten; dazu gehören:

a) Ausbau und Instandhaltung des Übergangsbahnhofs und seiner Ladegleise,
b) Anlage von Rampen und sonstigen Betriebseinrichtungen,
c) Ausladen der für die Feldbahnen ankommenden Materialzüge,
d) Bau von Schuppen und Unterkunftsräumen,
e) Mitwirkung und Hilfeleistung bei der Überladung ankommender Güter,
f) Instandhaltung und Ergänzung der Werkzeuge, der Bau und Betriebsmaterialien,
g) Verwaltung der Bau- und Betriebsmaterialien und Werkzeuge,
h) Ausrüstung der Feldbahnwagen für die verschiedenen Transportanforderungen,
i) Versorgung und Ergänzung der Depots auf den einzelnen Bahnhöfen.

Die Parkkompanie wird der Betriebsabteilung I unterstellt.«

Der dritte Teil des Merkblatts galt dem Heeresfeldbahnbetrieb. Einige betriebstechnische Grundlagen der Heeresfeldbahn lauteten: größte Zuglänge 40 Achsen, größtes Zuggewicht 80 bis 90 t, durchschnittliche Fahrtleistung pro Lok und Tag 80 bis 100 km, Zuglänge 100 bis 120 m.

»C 1. Organisation

An der Spitze des gesamten Feldbahnbetriebs steht bei Feldbahnen mit mehreren Betriebsabteilungen das Kommando der Feldbahn. Der Kommandeur der Feldbahn hat die Befugnisse des Kommandeurs eines selbständigen Bataillons.
Die Betriebsabteilungen haben im allgemeinen eine Betriebslänge von 45 bis 50 km. Die Leitung der Betriebsabteilung übernimmt, wenn nicht ein besonderer Offizier befohlen wird, der älteste in der Betriebsabteilung eingesetzte Kompaniechef als Kommandeur der Betriebsabteilung mit den Befugnissen des Kommandeurs eines nicht selbständigen Bataillons. Hat die Feldbahn nur eine Betriebsabteilung, dann hat der Kommandeur der Betriebsabteilung gleichzeitig die Geschäfte des Kommandeurs der Feldbahn zu bearbeiten.
Unter einer Betriebsabteilung stehen in der Regel zwei Betriebsämter mit je 20 bis 25 km Betriebslänge und ein Maschinenamt.
Die Betriebsämter unterstehen den Chefs der betriebführenden Kompanien als Vorstand des Betriebsamtes.
Die Maschinenämter werden aus dem Lokomotivpersonal und einer Anzahl Reparaturschlosser der betriebführenden Kompanien gebildet; sie unterstehen einem im Maschinenwesen erfahrenen Offizier mit den Befugnissen eines Kompaniechefs als Vorstand des Maschinenamtes.
Die am Übergangsbahnhof eingesetzte Parkkompanie untersteht der Betriebsabteilung.
Bei mehreren kurzen Feldbahnstrecken bleibt die Organisation die gleiche. Die Betriebsämter haben je nach Länge mehrere benachbarte oder sonst in Zusammenhang stehende Feldbahnstrecken zu betreiben; zwei bis drei Betriebsämter werden zu Betriebsabteilungen zusammengezogen, wobei die Grenzen der Kampftruppen (Armeen, Armeekorps, Divisionen) möglichst zu berücksichtigen sind.«

4.4 WINTERSICHERUNG DER HEERESFELDBAHNEN

Nach den eindringlichen Erfahrungen des Winters 1941/42 befaßte man sich beim Oberkommando des Heeres auch mit Maßnahmen zur Wintersicherung von Heeresfeldbahnen und gab am 1. Oktober 1942 ein entsprechendes Merkblatt heraus. Einleitend heißt es darin: »Der Kommandeur der Feldbahn und die Führer der Feldbahnbetriebsabteilungen und -ämter müssen in der Lage sein, die Wintereinflüsse auf den Feldbahnbetrieb durch Sicherungsmaßnahmen derart auszuschalten, daß die Beeinträchtigung des Feldbahnbetriebes durch Frost-, Schnee- und Rauhreifeinwirkung keine langwierigen Verkehrsstörungen, insbesondere keine Verluste an Lokomotiven nach sich zieht. [...] Der störungsfreie Betrieb von Heeresfeldbahnen im Winter ist mit allen zu Gebote stehenden Mitteln aufrechtzuerhalten, falls keine andere Anordnung von der Betriebsleitung der Feldbahn (Kommandeur der Feldbahn) befohlen ist.
Die vorbereitenden Maßnahmen und die Maßnahmen bei Eintritt von Frost, Schnee und Rauhreif umfassen nachfolgende Sicherungsarbeiten:

a) Sicherung der freien Feldbahnstrecke gegen Betriebsstörungen.
b) Sicherung der Feldbahnbrücken gegen Eisgang.
c) Sicherung des Feldbahnoberbaues (einschl. Weichen) gegen Frost- und Schnee-Einwirkung.
d) Sicherung und Schutz des rollenden Gerätes gegen Wintereinflüsse.«

Sodann enthält das Merkblatt eine Fülle von Anleitungen zum Bau von Schneezäunen (aus Brettern, Zweigen, Schneewürfeln) und von Schneepflügen, zur Isolierung der Triebfahrzeuge, zur Abdichtung der Lokschuppen und Auftaustände, zur Ausrüstung der Schneeschaufelmannschaften, zur Reparatur von Schienenbrüchen, zum Schutz von Feldbahnbrücken vor Eisgang und dergleichen. Auch dieses Druckwerk, mit einer Karte der Schneeverwehungsverhältnisse bis Wladiwostok versehen, wurde von den Fronteisenbahnern als praxisfern belächelt. Dazu ein weiteres Textbeispiel: »Schneepflüge sind möglichst bei Beginn des Schneefalles einzusetzen. Das Pflügen muß so lange fortgesetzt werden, als der Schneefall andauert. Räumarbeit mit Schneepflügen kann mit gutem Erfolg nur unter Mithilfe von Schneeschauflern bewältigt werden. Die Schneeschaufelmannschaft ist zeitgerecht zusammenzustellen.
Bei schwerer Arbeit ist für Wechsel der Mannschaften zu sorgen. Wenn zulässig, sind die Arbeitsstellen in der Nacht zu beleuchten.

Abb. 18

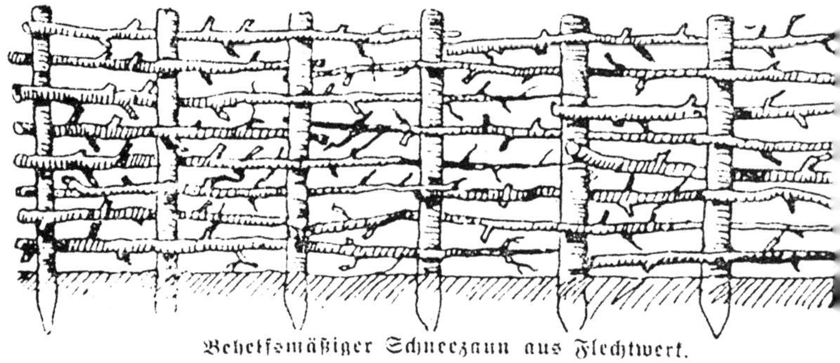

Behelfsmäßiger Schneezaun aus Flechtwerk.

Abb. 19

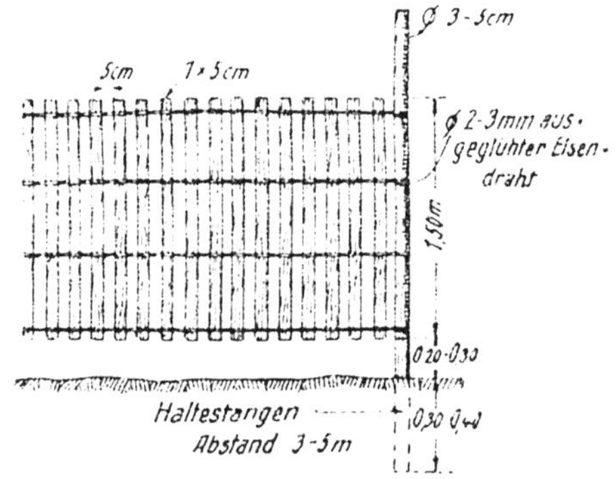

Beweglicher zusammenrollbarer Lattenzaun mit quergespannten Drähten in 15–20 m langen Zaunstücken herzuste[llen]. Gewicht pro Stück 50–60 kg.

Abb. 20a

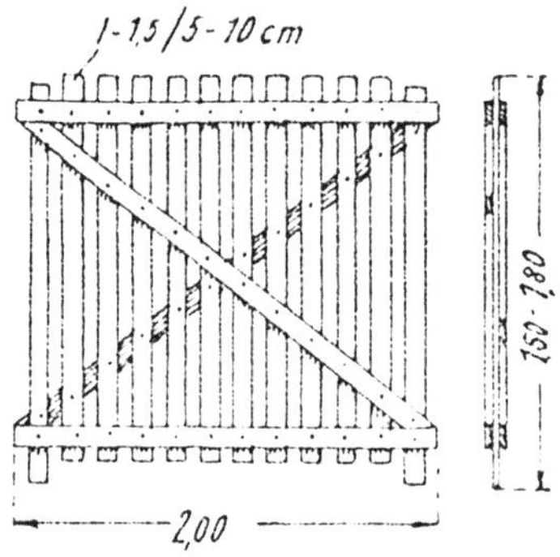

Bewegliches Schneeschutz-Lattenschild zum Einhängen auf der Luvseite Haltestangen mittels Winkelhaken.

Ein Schneezaun aus dem »Merkblatt für die Wintersicherung von Heeresfeldbahnen« vom 1. Oktober 1942.

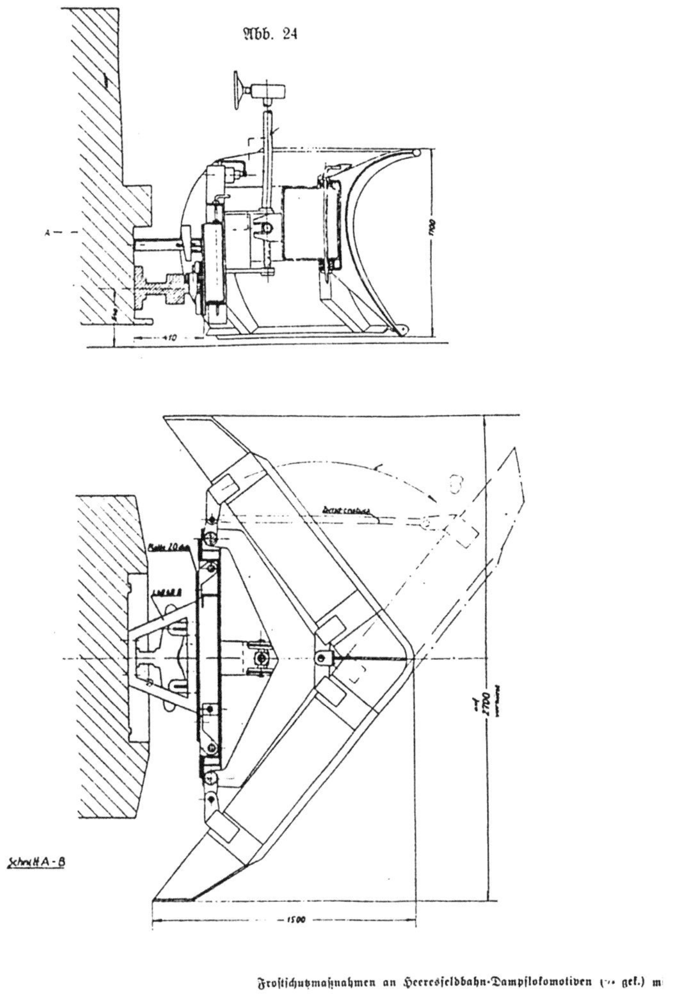

Bei schwerer Räumarbeit und hohen Schneelagen müssen in die Schneemassen Längs- und Querschlitze vorgetrieben werden, um das Räumen mit Pflügen zu erleichtern.
Bei Pappschnee ist darauf zu achten, daß am Pflugblech kein Schnee klebenbleibt. Wenn Schneeklumpen am Pflug kleben, ist keine Schleuderwirkung zu erreichen. Es ist dann beim Räumen öfter anzuhalten, das Pflugblech sorgfältig zu reinigen und einzuölen, sodann 20 m zurückzufahren und mit Schwung in die Schneemassen hineinzustoßen.
Wenn ein Feldbahnzug im Schnee steckengeblieben ist und sich nicht durch sofortiges Zurückdrücken oder durch Einsatz einer zweiten Lokomotive selbst befreien kann, wirkt er wie ein Schneezaun und wird schon nach einigen Minuten derartig fest mit Treibschnee zugeweht, daß eine Weiterfahrt auch mit einzelnen Zugteilen und mit mehrfacher Maschinenkraft meistens nicht mehr möglich ist.
Die Bergungsarbeiten sind so schnell wie möglich einzuleiten. Jede Verzögerung vervielfältigt die Schwierigkeiten beim Ausschaufeln und Auftauen der festliegenden Fahrzeuge.
Jeder Feldbahnzug ist auf schneegefährdeten Strecken mit einem Feldfernsprecher auszurüsten, damit mit der zuständigen Betriebsstelle (Betriebsamt) sofortige Nachrichtenübermittlung einsetzen kann. Anforderungen an Mannschaften und Geräte zum Ausschaufeln können durch die zuständige Betriebsstelle dann schnellstens erfüllt werden.

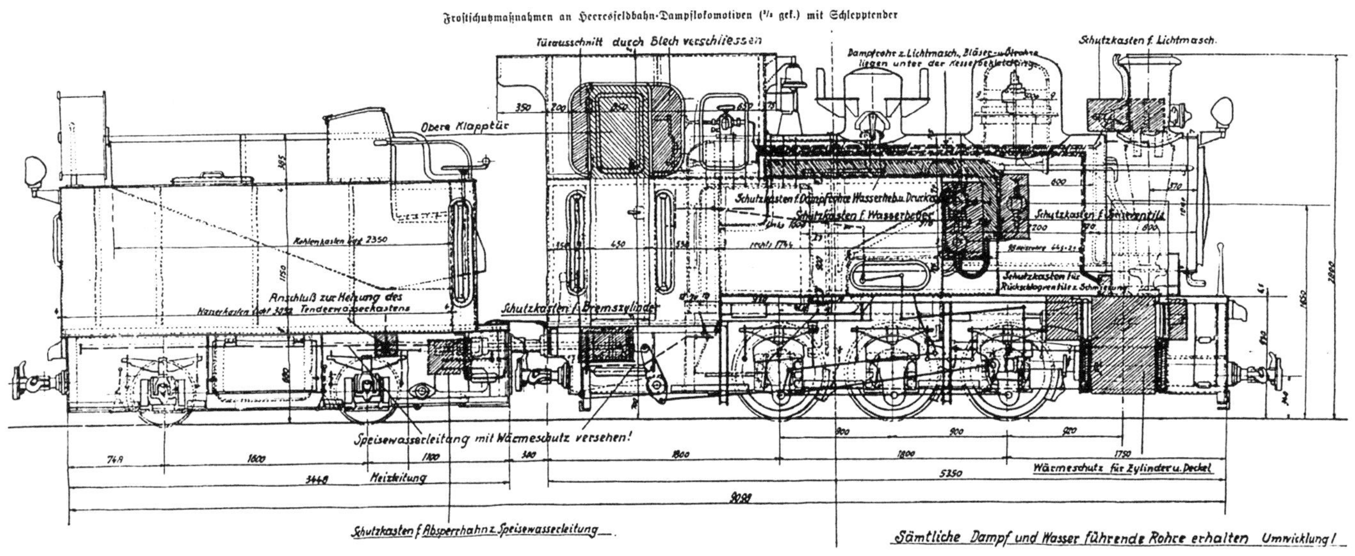

Diese Frostschutzmaßnahmen wurden im »Merkblatt« für die typische Heeresfeldbahnlok vorgesehen, dazu kamen vielfältige Vorschriften zum Schließen des Aschkastens, zum Abdecken des Schornsteins und dergleichen. Betriebsfähige Loks sollten im Freien möglichst nicht abgestellt werden.

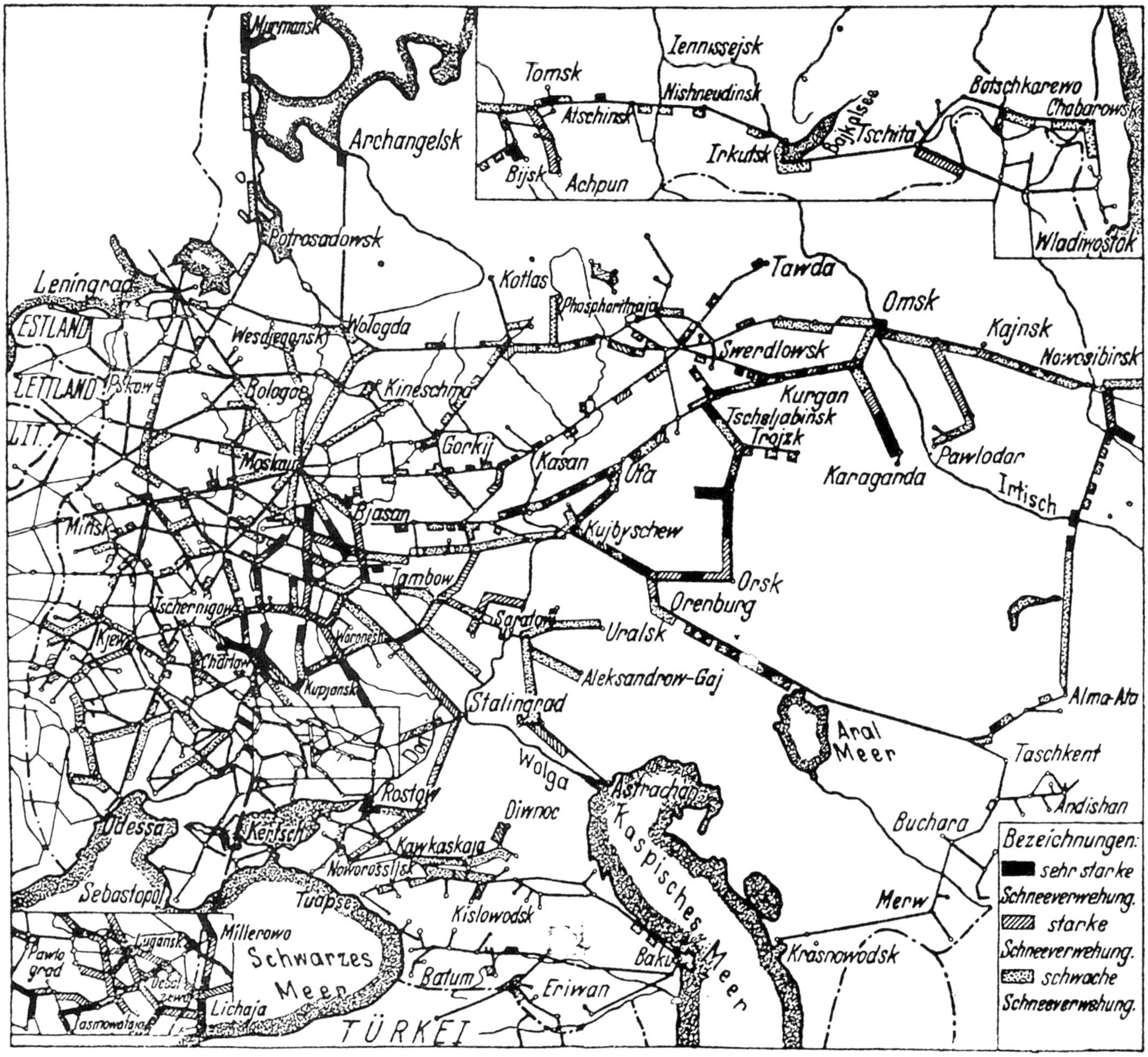

Erschreckender Ausdruck deutschen Eroberungswahns war diese Karte im »Merkblatt für die Wintersicherung«, in welche die Schneeverhältnisse selbst der Transsibirischen Eisenbahn bis nach Wladiwostok eingetragen sind. Alle Abbildungen aus dem Bundesarchiv (RHO 6/52 a/23).

Ist ein Feldbahnzug eingeschneit, so ist der sofortige Einsatz einer größeren Schaufelkolonne unvermeidlich. Die Kolonne arbeitet ununterbrochen in mehreren Schichten mit Ablösungen, weil sonst der ausgeschaufelte Raum sofort wieder zuweht. In starken Steigungen ist das Ausschaufeln des Zuges von der Talseite her in Angriff zu nehmen.

Nach dem Freischaufeln müssen die Wagen sofort durch vorsichtiges Hin- und Herbewegen zunächst wieder fahrbar gemacht werden. Besondere Schwierigkeiten bereitet das Freischaufeln einer eingefrorenen Lokomotive. Da die Maschine noch warm ist, wird der an sie herangetriebene Schnee feucht und erstarrt beim allmählichen Abkühlen der Lokomotive zu Eis. Er bildet dann mit den Stahlteilen des Triebwerkes einen zusammenhängenden Klumpen aus Eis und Stahl, der durch zeitraubende, mühevolle Arbeiten an Ort und Stelle aufgetaut werden muß. Vor Abtransport einer derart eingefrorenen Maschine müssen, um Beschädigungen an den Kolben und Zylindern zu vermeiden, die Treibstangen abgenommen werden.«

4.5 AUFBAU UND STÄRKE EINER HEERESFELDBAHN-EINHEIT

Das Merkblatt über Bau und Betrieb der Heeresfeldbahnen von 1941, das oben in Auszügen wiedergegeben wurde, nennt als kleinste Einheit die »Heeresfeldbahnstrecke von 10 km Betriebslänge«, die zusammen mit einem Baupark und einem Betriebspark (für den Übergangsbahnhof und die Werkstätten) zweckmäßig mehrfach zu kombinieren waren. Mit welchen Fahrzeugen und Materialien diese Einheiten bestückt sein sollten, ergibt sich aus dem »Merkblatt über die Ausrüstung und Verladung eines Heeresfeldbahngerätes mit 750 mm Spurweite« vom 1. Dezember 1942, wieder zusammengestellt von der Inspektion 10 (Oberst Strobl) beim OKH. Die Ausrüstung der Einheiten für 600-mm-Spur dürfte ähnlich gewesen sein; bezeichnend ist der Satz in der Vorbemerkung: »Zuteilung der Geräte ist abhängig von der Fertigungsanlage«. Im Merkblatt wurde unterschieden nach »Rollendem Gerät mit Dampflokomotiven« und »Rollendem Gerät mit Motorlokomotiven«, die je nach militärischem Aufgabenbereich zugeteilt wurden. Bei Ausrüstung mit Motorlokomotiven änderten sich die Ersatzteile entsprechend, außerdem gehörten Kesselwagen für Kraftstoff zur Ausstattung, gelegentlich auch Motordraisinen.

In den hier abgedruckten Tabellen sind viele Angaben austauschbar angegeben, um sie dem tatsächlich vorhandenen Material anpassen zu können. Für den Bahntransport einer rund 335 t schweren Einheit mit Dampfloks, mit 10 km Oberbau (708 t) und zugehörigem

A. 1. Satz Rollendes Gerät mit Dampflokomotiven

Gegenstand	Anzahl	Einzelgewicht kg	Gesamtgewicht kg
Dampflokomotiven, je mit 1 Satz Zubehör*), HF 160 D	4[1]	22 000[2]	88 000
Feldbahntender[3])	4	4 500	18 000
Feldbahnwagen, vierachsig, 9 t Tragfähigkeit, für schwere Lasten	4	6 700	26 800
Feldbahnwagen, vierachsig, 9 t Tragkraft, mit je 1 Ölkanne und 1 Schraubenschlüssel, davon 10 Feldbahnwagen mit wasserdichter Wagendecke	40[4])	4 000	160 000
Langholztransporteinrichtungen	6	940	5 640
Einrichtung für gedeckte Güterwagen	8	800	6 400
Muldenkipper[5]) (2 m³ Inhalt)	10	2 300	23 000
Motordraisine, 4sitzig	1	1 800	1 800
Ersatzteile für Dampflokomotiven[6]):			
Reservesaugschläuche	2	34,0	68,0
2 Satz Bremsklötze für Dampflok. 80 PS und mehr	36	8,3	298,0
1 Satz Roststäbe für Dampflok.	6	180,0	1080,0
1 Satz kompl. Achslagerschalen für Feldbahn-Dampflok.	6	5,0	30,0
1 Satz kompl. Zug- und Stoßvorrichtungen f. Lok.	2	120,0	240,0
1 Satz Treib- und Kuppelstangenlager	1	18,0	18,0
1 Satz Kolbenringe	1	0,7	0,7
1 Satz Federn für die Zug- und Stoßvorrichtungen	1	17,0	17,0
1 Satz Sicherheitsventilfedern	1	0,59	0,59
2-Zylinder-Ablaßhahn	2	0,6	1,2
10 Wasserstandsgläser mit Gummidichtungsringen	10	13,0	13,0
1 Druckmesser für den Kessel	1	2,0	2,0
10 Schaugläser für den Ölapparat	10	0,1	1,0
1 Kesselspeiseventil	1	9,0	9,0
1 Auswaschschlauch, 4 cm ⌀, 12 m lang	1	10,0	10,0
Ersatzteile für Feldbahnwagen:[6])			
Kompl. Lager für Feldbahnwagen	24	17,00	408,00
Ketten für Zug- und Stoßvorrichtungen	12	5,60	68,00
Bremsspindeln	2	5,00	10,00
Bremsklötze für Feldbahnwagen	30	4,10	123,00
Zug- und Stoßvorrichtungen	20	58,00	1 160,00
Rungen für Feldbahnwagen	60	15,5	930,00
Ersatzteile für Muldenkipper:[6])			
Radsatz	1	209,00	209,00
Räder	2	74,00	148,00
Achse	1	61,00	61,00
Kegelrollenlager	2	20,00	40,00
Schäkel mit Kette	2	5,00	10,00
Kipphebel	2	6,00	12,00
Bremsklötze	4	6,60	26,40
Bremskurbel	1	1,80	1,80
Bremsspindel	1	4,60	4,60
Bremsspindelmuttern	2	1,00	2,00
Stellmuttern	2	0,60	1,20
Pufferstößel	2	33,00	66,00

Gewicht des Satzes: rd. 334 708 kg

*) Satz Zubehör für Dampflokomotiven siehe Seite 10.
[1]) Statt 4 Loks mit 160 PS, vorerst 4 Loks mit 110 PS Nutzleistung od. 6 Loks mit 70 PS.
[2]) Leergewicht HF 110 C = 14 500 kg,
" HF 160 D = 22 000 kg,
" HF 70 C = 10 900 kg.
[3]) Falls nicht vorhanden, dafür 4achsige Wagen für behelfsmäßige Einrichtung mit 4,5 m³ Wasservorrat und 2,5 t Kohlenvorrat.
[4]) Bis zu 30 vierachsige Wagen können anteilmäßig ersetzt werden durch bis zu 55 zweiachsige Feldbahnwagen, 5 t Tragkraft von je 1800 kg Einzelgewicht (50% davon mit Bremse). Es muß auch bei Zuteilung von Vierachswagen abweichender Tragfähigkeit (5 t, 8 t) eine Mindesttragkraft von 320 t erreicht werden.
[5]) 30% mit Bremse.
[6]) Zu den zugeteilten Typen passend, soweit vorhanden.

Zusammenfassende Tabellen aus dem »Merkblatt über die Ausrüstung und Verladung eines Heeresfeldbahngerätes mit 750 mm Spurweite« vom 1. Dezember 1942. Hier die Ausstattung für eine Strecke von 10 km Länge mit Dampfloks, gedruckt in zwei Teilen.

A. 2. Satz Rollendes Gerät mit Motorlokomotiven

Gegenstand	Anzahl	Einzelgewicht kg	Gesamtgewicht kg
Motorlokomotiven, je mit 1 Satz Zubehör*), Motorlok HF130C oder HF 200 D	4	23 500[1])	94 000
Feldbahnwagen, vierachsig, 9 t Tragfähigkeit, mit je 1 Ölkanne und 1 Schraubenschlüssel, davon 10 Feldbahnwagen mit wasserdichter Wagendecke	40[2])	4 000	160 000
Feldbahnwagen, vierachsig, 9 t Tragfähigkeit, für schwere Lasten	4	6 700	26 800
Langholztransporteinrichtungen	6	940	5 640
Einrichtungen für gedeckte Güterwagen	8	800	6 400
Tankwagen, 4,5 t Tragfähigkeit[3])	6	2 305	13 830
Motordraisine, 4sitzig	1	1 800	1 800
Muldenkipper[5]), 2 m³ Inhalt	10	2 300	23 000

Ausrüstung eines »Feldbahngeräts« für 10 km Strecke mit Dieselloks. Die Fußnote 1) weist darauf hin, daß eine Lok des Typs HF130 C nur 16 500 kg wiegt. Gesamtgewicht des Satzes war 335 t.

2. Zusammenstellung des Gesamtbedarfs an Vollbahnwagen für die Verladung einer Feldbahnstrecke mit Motorlokomotiven

Verladegut	Wagengattung					
Gegenstand	R	S	O	G	H	C
I. Rollendes Gerät						
4 Motorlokomotiven[1])	4					
4 Tankwagen	2					
40 Feldbahnwagen mit 9 t Tragkraft[2])		10				
6 Langholztransporteinrichtungen						
1 Motordraisine						
10 Muldenkipper	2					
4 Feldbahnwagen, 9 t Tragkraft[3]), für schwere Lasten		2				
II. Feldbahnoberbau						
2000 St. Gleisrahmen[4])	40		(40)			
1000 m Gleis auf Holzschwellen	2		4			
500 m gekrümmte Gleisrahmen[4])	2		(2)			
6 Rechtsweichen, 6 Linksweichen, ggf. 2 Vorbauweichen		2				
III. Bau- und Betriebsgerät						
4 Satz kl. Fernsprechgerät (N 7951)						
1 Satz Fernsprechgerät und Baumaterial Satz Nr. 2 (N 7966)						
2 Satz Feldbahnhofgerät						
1 Satz Feldbahnoberbauwerkzeug				1		
6 Satz Ausrüstung und Werkzeug für Feldbahnzugbegleitung						
1 Satz Feldbahninstandhaltungs- u. Hilfsgerät						
Stangen für Fernsprechgerät zu Satz Nr. 2 (N 7966)		2				
IV. Begleitmannschaft						1
	52	16	4	1		1
			(42)			

[1]) An Stelle von 4 R-Wagen ggf. 2 SS-Wagen bei Motorlokomotiven über 70 PS.
[2]) An Stelle von 10 S-Wagen ggf. 6 R-Wagen bei zweiachsigen Feldbahnwagen.
[3]) An Stelle von 2 S-Wagen ggf. 1 SS-Wagen.
[4]) O-Wagen für Feldbahnoberbau nur dann, wenn R-Wagen nicht zugestellt werden können.

Neben größeren Draisinen mit mehreren Sitzbänken besaßen die Heeresfeldbahnen auch eine Art von motorisierten Loren, wie sie dieses Bild aus den Jahren 1943/44 zeigt. Dazu wurden wohl Motorradteile verwendet. Mit Kreuz markiert ist Generalfeldmarschall Ernst Busch (1885–1945), bis Oktober 1943 Oberbefehlshaber der 16. Armee und sodann Oberbefehlshaber der Heeresgruppe Mitte an der Ostfront. (Foto: MVT Berlin)

Bau- und Betriebsgerät wurden rund 75 Vollbahn-Waggons (überwiegend Gattungen R,S oder O) benötigt. Wenn Heeresfeldbahnstrecken über mehr als 50 km länge gebaut werden sollten, konnte laut Vorschrift ein besonderer »Baupark für den Vorbau« angefordert werden, der in erster Linie den Bettungsbau zu besorgen hatte. Ein solcher Baupark umfaßte 45 Muldenkipper mit Bremse und 65 Kipper ohne Bremse von jeweils 2 m³ Inhalt, dazu 1000 m eigenes Feldbahngleis mit vier Weichen und viele Werkzeuge. Auf der Vollbahn war ein solcher Baupark mit 25 Regelspurwagen heranzuführen; nach Beendigung des Baues sollte das Gerät an andere Baustellen weitergegeben werden. Tatsächlich wurden solche Bau- und Betriebsparks nicht mehr aufgestellt: Schließlich ist als wichtiger Bestandteil der Feldbahnen nämlich noch der »Betriebspark« zu nennen, dessen Einrichtung für jeweils fünf Feldbahnstrecken mit je 10 km Länge bemessen war. Dieser Betriebspark besaß kein eigenes rollendes Gerät, aber Oberbau (2500 m Länge, 20 Weichen) für den Übergangsbahnhof mit Werkzeugen und Stationsausrüstung sowie eine komplette Reparaturwerkstätte mit Ersatzteillagern für Fahrzeuge und Oberbau. Beim Vollbahntransport des Betriebsparks wurden theoretisch

Links: Auf 76 Vollspurwaggons war ein Oberbausatz der Heeresfeldbahn für 10 km Betriebslänge (in 75 cm Spurweite) hinter die Front zu befördern. Die Tabelle aus dem »Merkblatt« zeigt, wie eine solche Einheit planmäßig auszustatten war. Alle Abbildungen aus dem Bundesarchiv (RHD 6/52/21).

rund 50 Waggons, darunter 7 gedeckte Güterwagen wegen der empfindlichen Ersatzteile und Werkzeugmaschinen, benötigt. Auch hier klaffte zwischen den reichhaltigen Ersatzteillisten im Merkblatt und den tatsächlichen Beständen der Werkstätten an der Front oft ein erheblicher Unterschied.

Das Feldbahngleis selbst war in Anlehnung an die alte Brigadebahn als fertiges Rahmengleis von 5,0 m Länge vorgesehen. Mit zehn Stahlschwellen wog das Joch 274 kg (bei 600 mm Spurweite) bis 282 kg (750 mm). Kurven wurden durch Krümmungsrahmen mit 40, 60, 80 und 120 m Radius, ebenfalls 5,0 m lang, hergestellt. Zum Abladen und Tragen eines solchen Gleisrahmens waren zehn Mann vorgesehen.

Die Feldbahnweiche 1:6 wog rund 1,7 t und war zum Transport auf Vollbahn und Lkw in drei Teile zerlegbar. Zum Bau von Feldbahngleis auf örtlich angefertigten Holzschwellen waren auch Schienenstücke von 10 m Länge mit passendem Kleineisen (Nägel oder Schrauben) vorgesehen. In Stellungen sollte ein »leichtes Rahmengleis« für Förderbahnen von 3,5 m Länge mit sieben Stahlschwellen verwendet werden, das nur mit zusätzlich eingezogenen Schwellen für Lokomotivbetrieb geeignet war; dazu gab es passende Weichen. Neben all dieser Vielfalt von Ausrüstungen muß noch erwähnt werden, daß die bei der Bauindustrie im Reich oder bei sonstigen Bahnen beschlagnahmten Gleise in anderen Formen ausgeführt waren und verwendet wurden.

4.6 MUSTER FÜR BAUTEN UND ANLAGEN

Obgleich es zum Wesen der Feldbahn gehört, daß sie rasch und mit Improvisationsvermögen unter Verwendung örtlich vorgefundener Materialien baulich ausgestattet werden sollte, empfahl sich bald nach Beginn des Rußlandfeldzuges die Aufstellung von Musterentwürfen für Lokschuppen, Feldbahnhöfe, Brücken, Durchlässe und dergleichen. Einige Zeichnungen wurden beim Stab der Eisenbahn-Pionier-Schule 1942 aufgestellt, andere 1943 beim Befehlshaber der Eisenbahntruppen.

Weiteren Einblick in den Betrieb der Heeresfeldbahnen gibt ein im Juli 1943 vom Befehlshaber der Eisenbahntruppen aufgestellter Entwurf zu »Grundlagen für die Bemessung des Abstandes der Betriebsanlagen der Feldbahn sowie Ausbildung von Bahnhöfen«, aus welchem die nachfolgenden Textstellen entnommen sind. Aus diesen »Grundlagen« ergibt sich, daß bisher die vorgesehenen Transportleistungen mitunter nicht erreicht worden waren, weil zu wenige Bahnhöfe und Ausweichen gebaut worden waren. Dort heißt es: »Der Fahrplan ist für 24 Stunden des Tages aufzustellen. Als Betriebszeit gelten jedoch im allgemeinen nicht mehr als 16 Stunden. Der Fahrplan umfaßt die Pläne, die sich für 24 Stunden ergeben. Die geforderte Tagesleistung muß bei normalem Betrieb in der Betriebszeit gefahren werden [...] Um auf einer Strecke eine geforderte Regelleistung dauernd einhalten zu können, müssen aus betrieblichen Gründen immer mehrere Fahrpläne vorhanden sein. Die Regelleistung muß auch bei Unregelmäßigkeiten in der Betriebsabwicklung erfüllt werden können. Es muß von vornherein darauf Rücksicht genommen werden, daß im Betrieb Störungen auftreten können, wie Entgleisungen, Lokschäden u. a., die sich stets in einer Überschreitung der Fahrzeit oder in Aufenthalte auswirken.

Innerhalb eines Streckenabschnittes fahren alle Züge grundsätzlich mit derselben Geschwindigkeit. Die Zugfolgezeit kann daher immer dieselbe bleiben. Um den Fahrplan übersichtlich zu machen, ist anzustreben, daß die Abfahrzeiten der Züge nach einem Zeitraum von 4 Stunden sich wiederholen. Es ist also als Zeit der Zugfolge eine in 240 teilbare Minutenzahl zu bilden.

Die kleinste Zugfolgezeit auf einer eingleisigen Strecke beträgt eine halbe Stunde. Der Abstand der Bahnhöfe wird aber hierbei so klein, daß die mittlere Geschwindigkeit der Züge über die ganze Strecke gerechnet (Grundgeschwindigkeit) außerordentlich gering wird. Ein Wassernehmen der Dampflokomotiven auf freier Strecke kann nicht mehr vorgesehen werden. Die Wasserentnahme muß auf einem Bahnhof erfolgen.

Die Lage der Bahnhöfe ist abhängig von der Zahl der zu befördernden Züge und hiermit der Zeit für die Zugfolge von der gefahrenen Durchschnittsgeschwindigkeit [...] Die Zahl der Züge im Einzelzugbetrieb kann daher 32 nicht überschreiten. Bei größeren Zugzahlen muß zum Doppelzugbetrieb übergangen werden. Es ist anzustreben, eine Zugfolgezeit kleiner als 1 Stunde zu vermeiden und, falls erforderlich, den Doppelzugbetrieb einzurichten.

Die nachstehenden Ausführungen sind die Grundlagen für die Berechnung der Abstände der Bahnhöfe, die erforderlich sind, um einen reibungslosen, flüssigen und schnellen Betrieb sicherzustellen. Die so berechneten Bahnhöfe werden jedoch vielfach nicht an den Stellen liegen, die dem erforderlichen Bedürfnis entsprechen. Ein flüssiger Betrieb läßt sich jedoch nur erreichen, wenn die Bahnhöfe, auf denen die Kreuzung der Züge erfolgt, an den Stellen errichtet werden, die für die Betriebsführung erforderlich sind. Es besteht aber die Möglichkeit, an jeder anderen Stelle Zwischenbahnhöfe anzulegen.

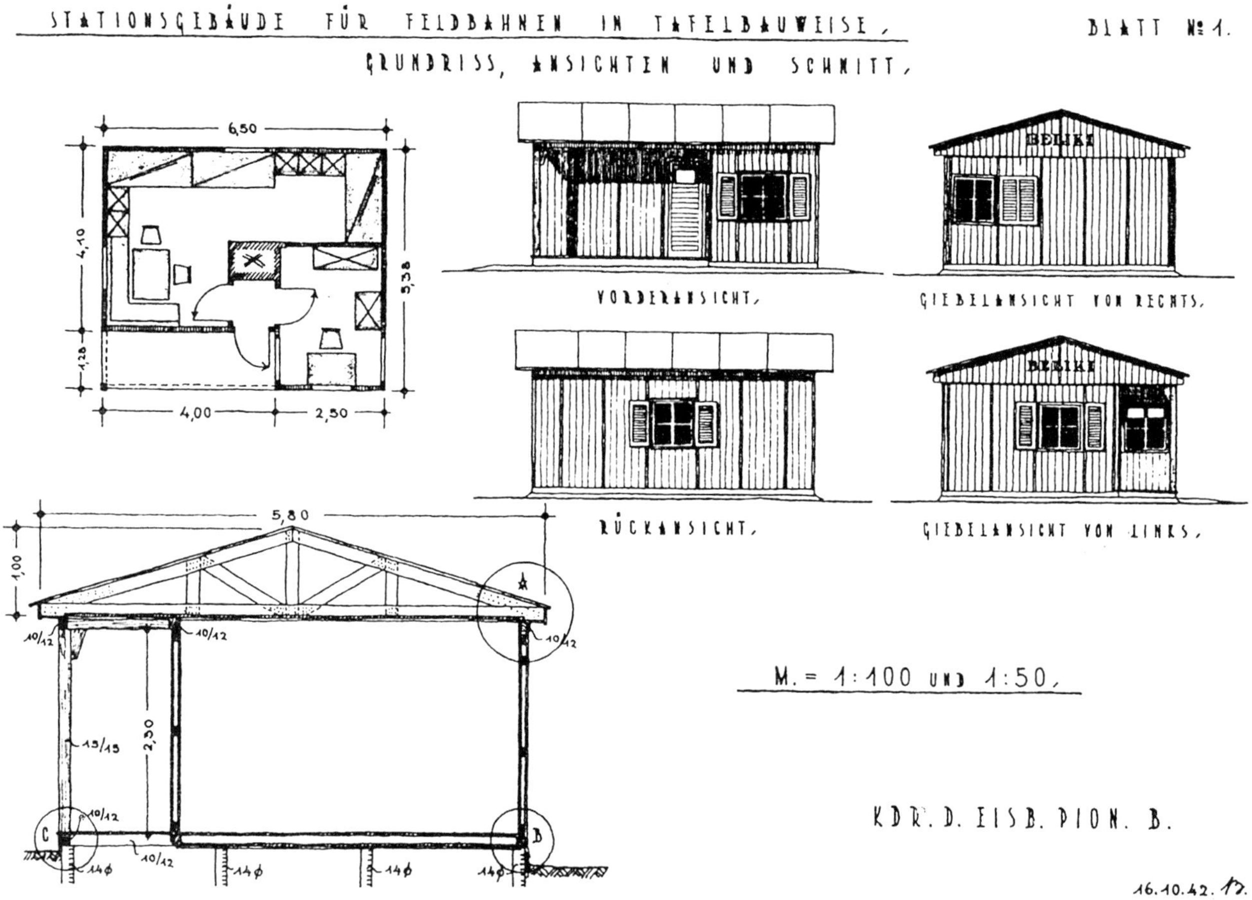

Musterentwurf des »Stationsgebäudes für Feldbahnen in Tafelbauweise«, aufgestellt im Oktober 1943. Das Bauwerk gruppiert sich um einen gemauerten Ofen. Abbildungen aus dem Bundesarchiv (H 14/69).

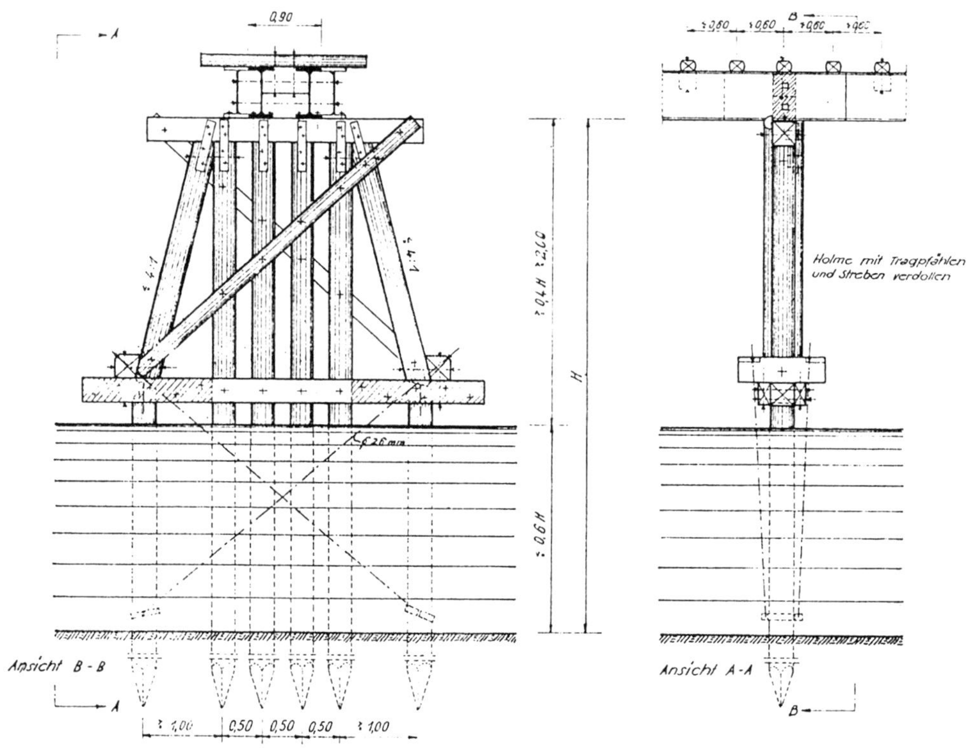

Vielfältig waren auch die Musterskizzen für Feldbahnbrücken zur Überquerung von Flüssen und Sümpfen. Hier ein Beispiel aus den »Vorläufigen Anweisungen und Richtlinien zum Bau von Feldbahnbrücken, 750 mm Spurweite, Bildheft« vom Sommer 1943. Es zeigt ein einfaches Pfahljoch mit vier Tragpfählen, wie es häufig angewandt worden ist. Abbildung aus dem Bundesarchiv (H 14/1143,1).

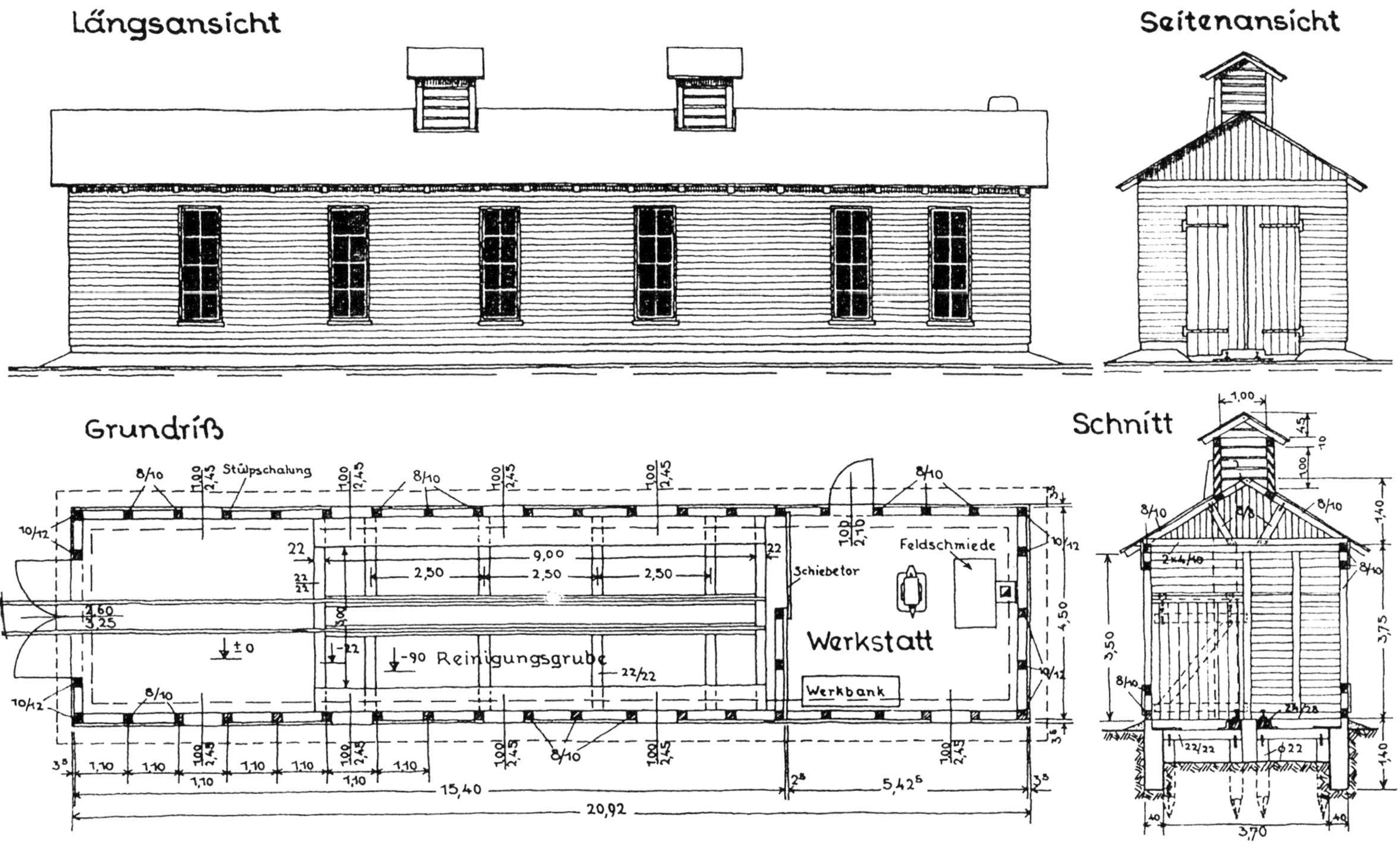

Musterzeichnungen für Bahnbetriebsgebäude der Feldbahn wurden im September 1942 beim Stab des Eisenbahn-Pionier-Regiments (mot) 6 und der Eisenbahn-Pionier-Schule entworfen. Hier der eingleisige Lokschuppen mit Werkstatt. Ein weiterer Musterentwurf zeigte die zweigleisigen Schuppen.

Eine Kreuzung von Zügen auf den Zwischenbahnhöfen findet bei normalem Betrieb nicht statt. Bei Betriebsstörungen können diese Bahnhöfe jedoch wertvoll sein [...] Ob die Zwischenbahnhöfe mit Bahnhofspersonal dauernd zu besetzen sind, hängt von den örtlichen Verhältnissen ab.

Die Zwischenbahnhöfe haben bei Betrieb mit Zugbündeln besondere Bedeutung. Der Betrieb mit Zugbündeln kann ausnahmsweise eingerichtet werden. Er kann notwendig werden, um schnell einen Bahnhof zu räumen oder um schnell eine Reihe von Zügen an das Endziel zu bringen. Er kann aber auch von Vorteil sein, wenn die schnelle Umladung eines Versorgungszuges auf Feldbahn gefordert wird. Hierbei wird u. U. der Anfangsbahnhof bei normalem Betrieb sehr schnell vollgestellt sein, so daß es notwendig wird, die beladenen Züge in Zugbündeln abzufahren. Der Betrieb in Zugbündeln wird sich im Winter bei starken Schneewehen nicht vermeiden lassen, da es vielfach gar nicht möglich ist, Tag und Nacht die Strecke vollkommen schneefrei zu halten. Man wird gezwungen sein, die Züge in Zugbündeln über eine Strecke hinwegzubringen, wenn die Strecke gerade freigeschaufelt wurde.

Der Betrieb mit Zugbündeln setzt jedoch voraus, daß auch der Endbahnhof dem starken Betrieb gewachsen ist. Die Betriebseinrichtungen, insbesondere die Wasserstationen, müssen so leistungsfähig sein, daß die Lokomotiven sämtlich in kürzester Zeit behandelt werden können. Es wird notwendig sein, daß ein Teil der Züge mit Diesel-Lokomotiven bespannt wird, da die Wasserstationen für einen derart gesteigerten Betrieb im allgemeinen nicht bemessen sind. Die Regel für den Feldbahnbetrieb bleibt jedoch der normale Betrieb nach einem gegebenen festen Fahrplan.«

4.7 ERSTE ERFAHRUNGSBERICHTE

Trotz ihrer Einbindung in die mitunter raschen militärischen Bewegungen war Voraussetzung für den Bau einer Feldbahn, daß die Stellungen eine Weile gehalten wurden, um überhaupt den großen Aufwand für Trassierung und Bau zu rechtfertigen. Um Aufschluß über Zeitdauer und Kosten beim Bau einer Feldbahn zu gewinnen, wurden im Sommer 1943 von allen Eisenbahnpioniereinheiten, die eine Feldbahn gebaut hatten, ihre Erfahrungsberichte angefordert und beim General der Eisenbahntruppen ausgewertet. Die Daten sollten, wie bei Vollbahnen schon geschehen, 1944 in »Führungstechnische Grundlagen« eingearbeitet werden, doch dürfte es dazu nicht mehr gekommen sein. Ein typisches Beispiel für diese Erfahrungsberichte liefert ein Schreiben des Eisenbahn-Pionier-Regiments 4 (Heeresgruppe Nord) vom 27. Juli 1943 über die 20 km lange Bahn von Fekino zur »Sumpfbrücke« dort, die im Frühjahr 1943 gebaut wurde. Diese Zusammenstellung ist bei den Einsatzberichten unten im Abschnitt 6.5 deshalb vollständig abgedruckt.

Aus vielen Erfahrungsberichten aus dem Osten geht hervor, daß die Heeresfeldbahnen vielfach während der Schlamm- und Winterperioden den Kraftfahrzeugverkehr nicht nur ergänzen, sondern beinahe ablösen mußten; immerhin in den Zeiträumen zwischen Oktober und März. Nach den Einbrüchen des ersten Rußland-Winters 1941/42 machte sich unter den deutschen Militärs ein Wandel in der Betrachtung der Feldeisenbahnen bemerkbar. Die Feldbahnplanungsabteilung beim Chef des Transportwesens schrieb am 8. Juli 1942 über die Wintersicherung der eingesetzten Einheiten: »Die im Bau befindlichen und noch geplanten Feldbahnen im Osten bekommen ihre höchste Bedeutung in Zeiten der Schlammperiode und im Winter, bei denen die Einsatzfähigkeit von sonstigen Nachschubmitteln begrenzt ist. Für den Bau der Feldbahnen gelten daher dieselben Grundsätze wie für den Bau der Vollbahnen.«

Nach diesem Bericht sollten künftig sämtliche Loks winterfest untergestellt werden, mehr Wasserstationen winterfest ausgerüstet werden, bessere Vorkehrungen gegen Schneewehen getroffen und mehr Brücken gegen Eisgang und Hochwasser gesichert werden. Wegen »der Vielzahl der eingesetzten Loktypen« war es nicht möglich, allgemeine Regeln für die Wintersicherung der Maschinen auszustellen; ferner sollten neue Schneepflüge beschafft werden – all dies Hinweise darauf, wo es im Winter Schwierigkeiten gegeben hatte.

Auch organisatorische Änderungen wurden verfügt: Entscheidungen über den Bau von Feldbahnen wollte künftig der (für den Nachschub zuständige) Generalquartiermeister mit seinen Befehlsstellen treffen, wogegen sich der Befehlshaber der Eisenbahntruppen, General Will, energisch wandte. Er trug vor, daß nur bei den Eisenbahnpionieren ausreichend qualifiziertes Personal für Planung, Bau und Betrieb der Feldbahnstrecken vorhanden sei, das durch Baupioniere der Armeen zu unterstützen wäre. Obwohl Will vortrug, daß sich dieser bisherige Aufbau bewährt habe, mußte er für seine Offiziere Trassierungskurse einlegen und ihnen am 4. September 1942 unter Erklärung von als schlecht bezeichneten Beispielen mitteilen: »Die Aufgabe der Trassierung der Feldbahnen scheint, wie aus vorgelegten Trassierungsunterlagen hervorgeht, vielfach noch nicht richtig erkannt zu sein. Die im Unterbau erforderlichen Arbeiten werden hierdurch und damit der Baufortschritt weitgehend beeinflußt. Die vielen Möglichkeiten der Trassenführung und die Anpassung an das Gelände werden vielfach nicht richtig beurteilt.

Von der Feldbahn wird gefordert, daß sie in tragbarer Zeit fertiggestellt ist und betrieben werden kann. *Die idealste, technisch erstklassige Feldbahn ist wertlos, wenn sie zu spät fertig wird.* Es ist daher notwendig, Trassen zugrunde zu legen, die die geringsten Erdarbeiten erfordern, aber doch die zulässigen Steigungen zur Durchführung eines leistungsfähigen Betriebes nicht übersteigen [...]

Der Bau von Feldbahnen wurde bisher im Kriege wenig durchgeführt. Die Kräfte, die im Westen Feldbahnen gebaut haben, sind zum Teil nicht mehr bei der Eisb.Pi.Kpn. (bisher Feldbahnkompanien). Auf Grund der obigen Ausführungen scheint es dringend erforderlich, daß vor dem Bau von Feldbahnen die bei der Trassierung und dem Bau eingesetzten Offiziere eingehend über die Besonderheiten der Trassierung und des Baues der Feldbahn unterrichtet werden, damit in Zukunft Fehler in der vorliegenden Art vermieden werden.«

Kritisch zu den Erfahrungen des vergangenen Winters und zu den Vorgaben der verschiedenen Merkblätter äußerte sich im Juni 1943 der Kommandeur der Eisenbahnpioniere Mitte: Er bezeichnete die geplante Vorbauleistung von 7,5 km am Tag als »einmalige Rekordleistung unter allergünstigsten Umständen« und sah auch die verlangten Förderleistungen als überhöht an. Praktisch wurden dort nur 1 km Vorbau am Tag erreicht, weil Erdbau und Kiesbettung rascher nicht durchgeführt werden konnten. Er hatte ferner die Erfahrung gemacht, daß mit einer Kompanie bis zu 40 km Strecke (statt der 25 km aus dem Merkblatt) betrieben werden konnten.

Andererseits fehlten der Grundausrüstung einer »Feldbahnstrecke« immer wieder loses Gleis auf Holzschwellen, Weichen, vierachsige Wagen sowie gedeckte Wagen

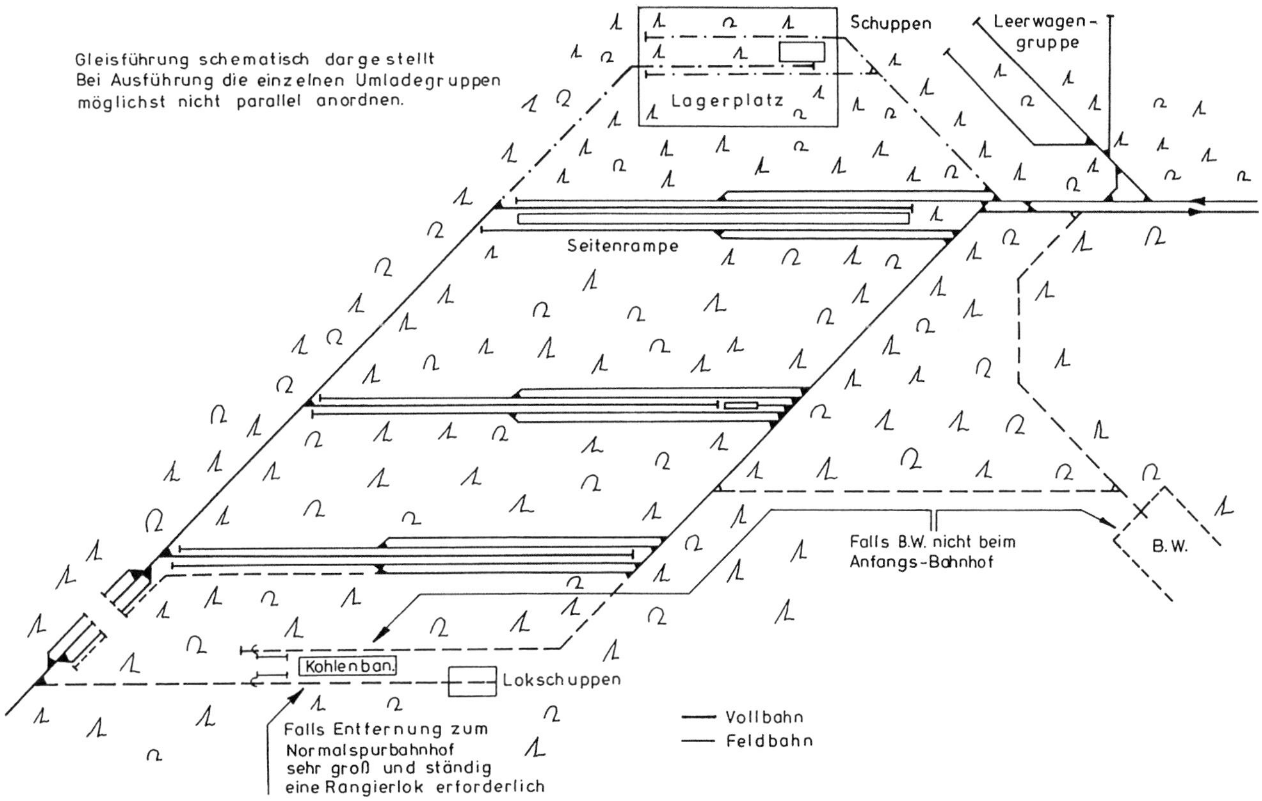

Musterbahnhof nach den Erfahrungen der ersten Kriegsjahre mit Ladegleisen nach Divisionen getrennt, vorgeschlagen vom Eisenbahnpionier-Regiment 1 im Mai 1943; hier der Übergangsbahnhof von der Vollbahn, Leistung bis 1500 t am Tag, neu gezeichnet.

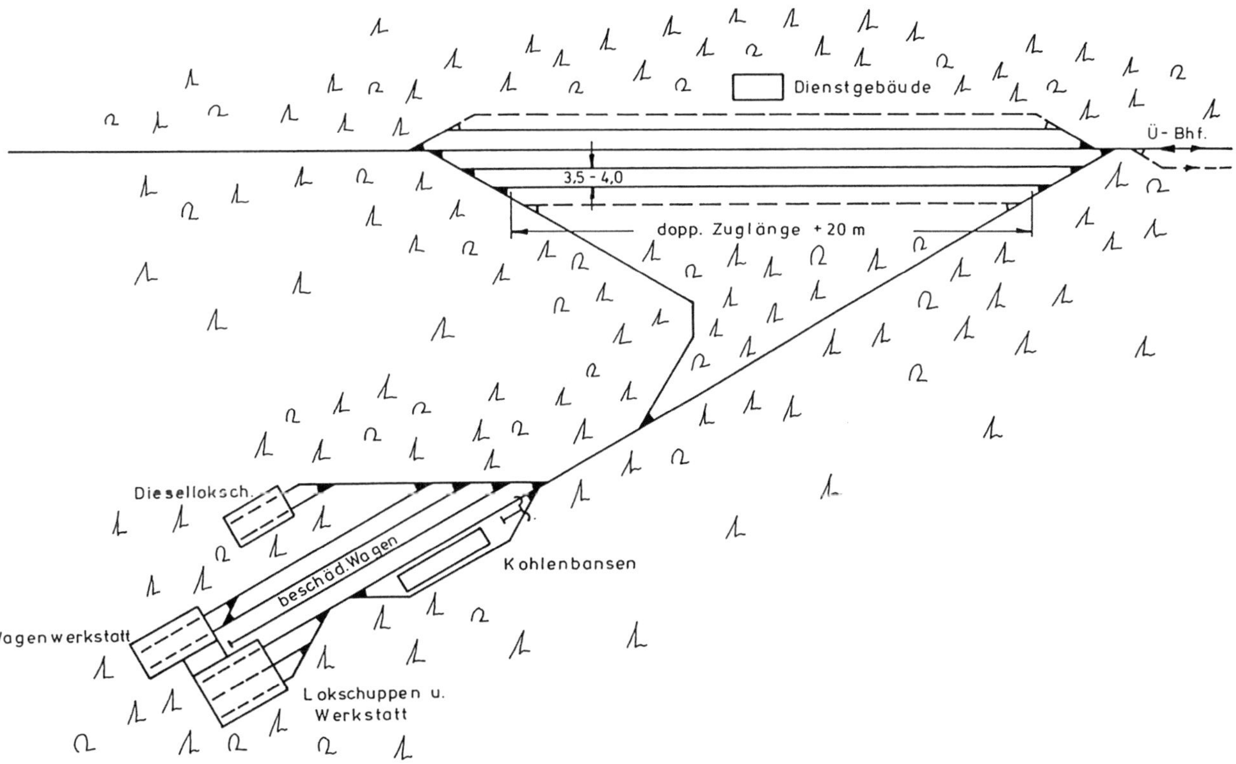

Muster für einen Anfangsbahnhof nach Entwurf 1943 (Neuzeichnung).

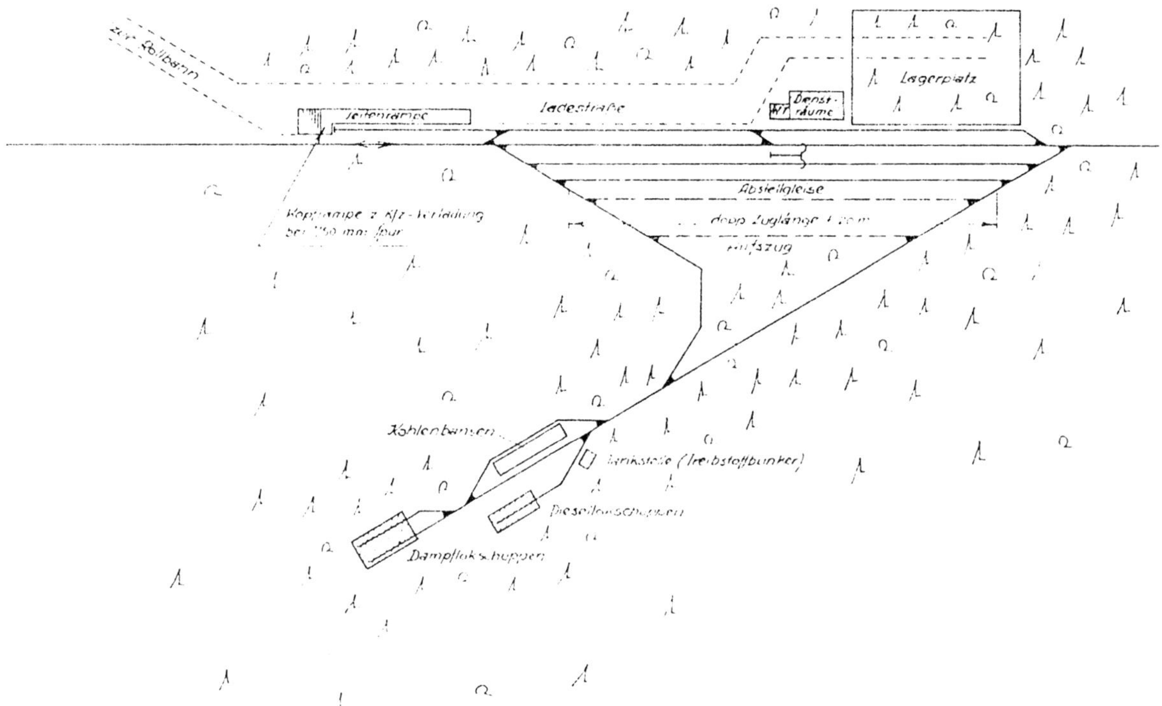

Muster für einen Zwischenbahnhof nach den Erfahrungen bis 1943; Originalskizze aus dem Bundesarchiv.

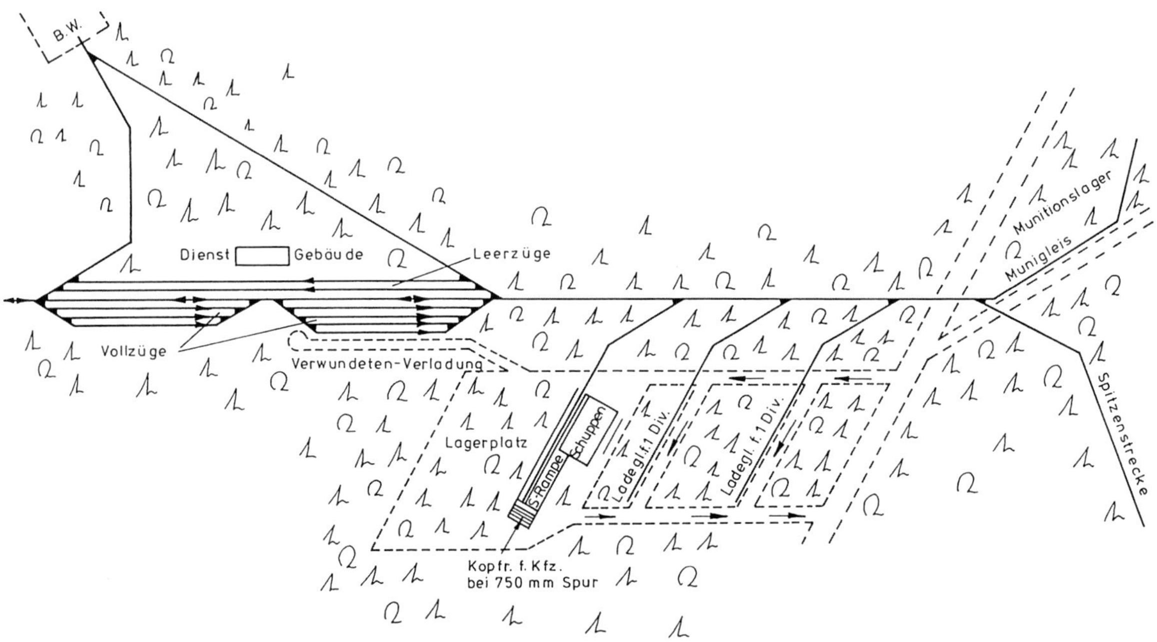

Gleisführung schematisch dargestellt
Bei Ausführung die einzelnen Ausladegleise
möglichst nicht parallel anordnen.

Spitzenbahnhof mit Ausladegleisen nachdem Stand von 1943; neugezeichnet.

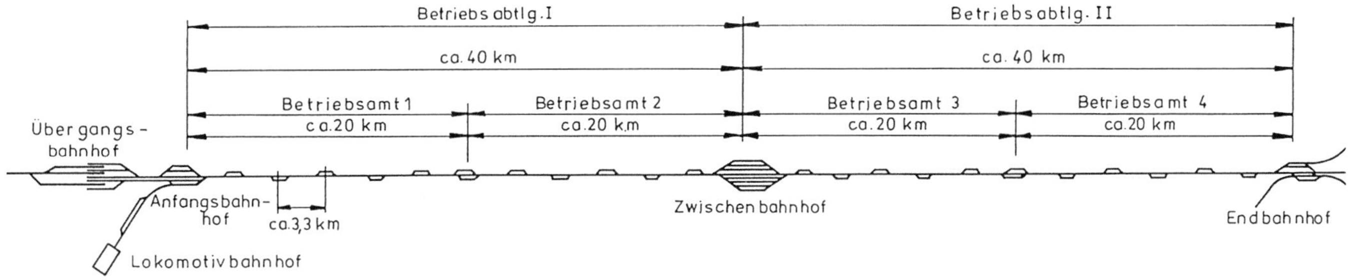

Schema einer Feldbahn nach dem Stand von 1943. Alle Skizzen nach der Handakte General Will neu gezeichnet.

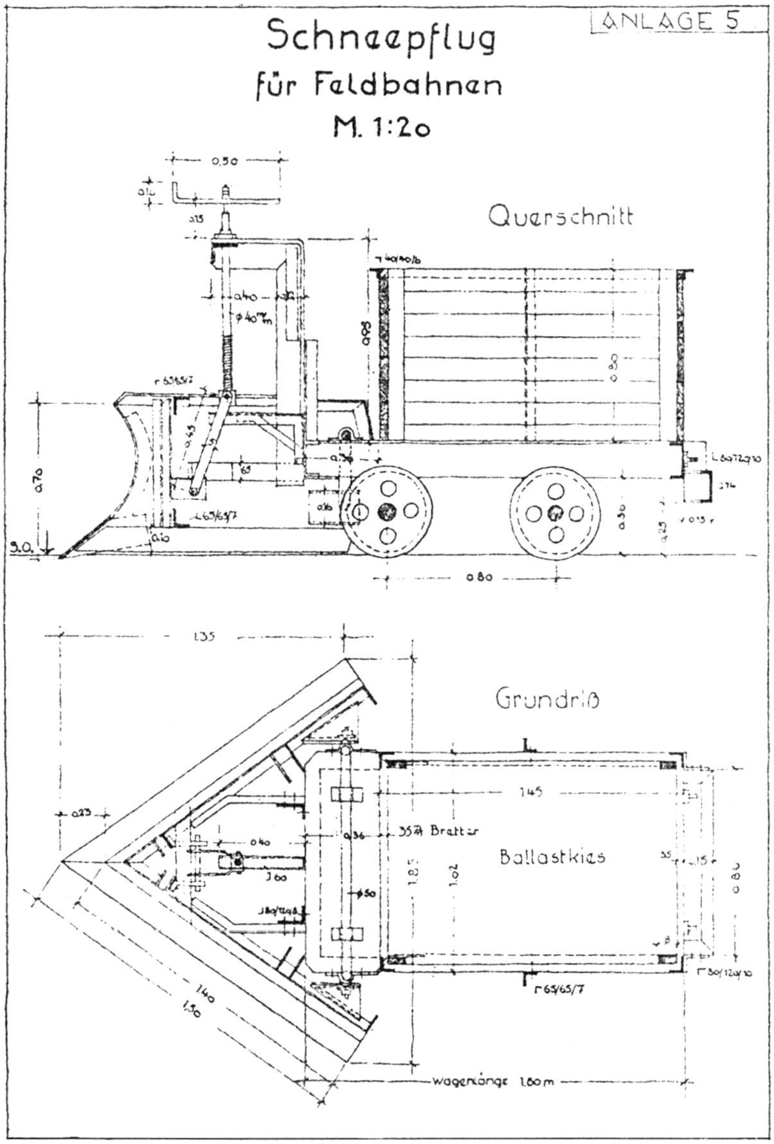

Schneepflug für Feldbahnen, 1943 gezeichnet. (Bundesarchiv H 14/65)

zum Verwundeten- und Mannschaftstransport. Behelfsweise hatte man sich aus zweiachsigen Feldbahnwagen alter Form schon Vierachser gebaut, weil die Ladefläche im Verhältnis zur Tragkraft zu knapp war. Der Zweiachser neuer Form galt wegen des großen Radstandes als schlecht kurvenläufig und neigte, wenn geschoben, zum Entgleisen. Vierachser hatten wegen Überlastung oft Heißläuter. Die Motorloks mit 20 bis 40 PS, meist aus Beute, waren zu schwach und wegen ihres Preßluft-Anlassers nach häufigen Undichtigkeiten der Flaschen nur noch durch Anschleppen zu starten, während die hydraulischen Getriebe der 750-mm-Dieselloks als nicht winterfest galten.

Aus einem weiteren Bericht des Kommandeurs des Eisenbahnpionier-Regiments 1 (Heeresgruppe Mitte) vom 18. Oktober 1943 geht hervor, daß nach damaligen Vorstellungen das Gerät für 600-mm-Spur nicht mehr hergestellt und »aufgebraucht« werden sollte, so daß es in einer Neuauflage des Merkblatts nicht mehr erwähnt werden mußte. Im übrigen läßt der Bericht an dem alten Merkblatt kaum ein gutes Haar, weil die Praxis hinter der Front immer wieder andere Notwendigkeiten und Werte erbrachte. Als Anlage enthält der Bericht die folgende vorgeschlagene Zusammenstellung des wesentlichen Geräts einer Feldbahneinheit für 750 mm Spurweite.

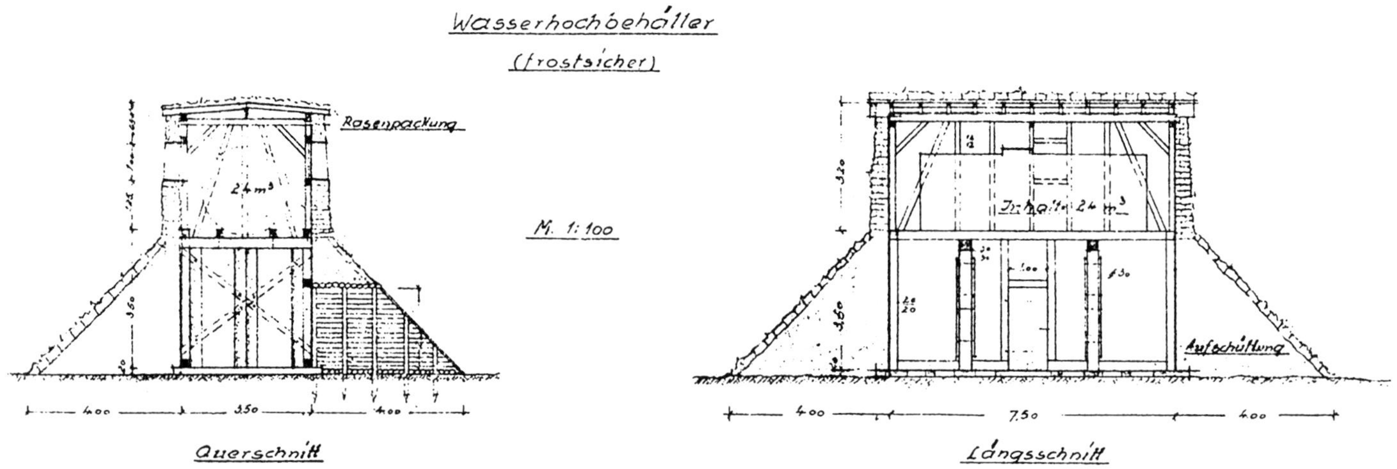

Frostsicherer Wasserhochbehälter für Feldbahnen, entworfen im Herbst 1943. (Bundesarchiv H 14/65)

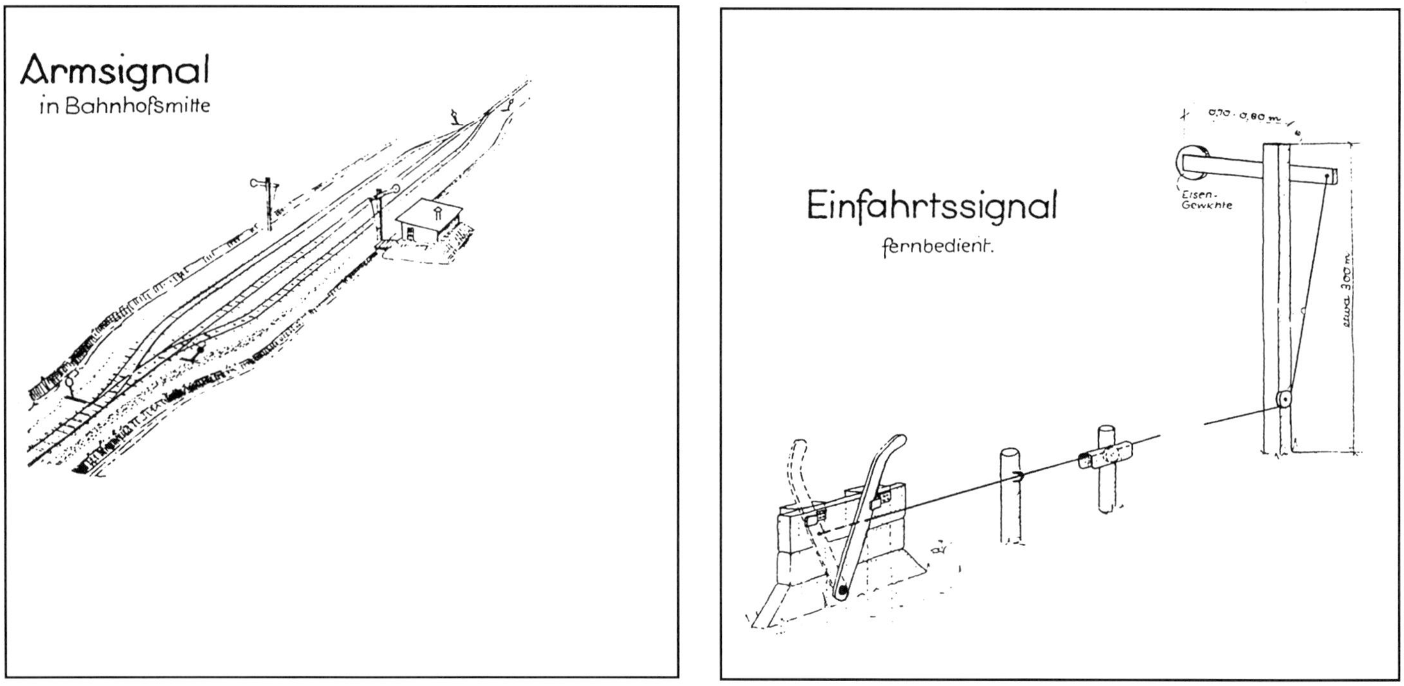

Beispiele für Signalanordnungen an Feldbahnhöfen. (Bundesarchiv H 14/65)

Tabelle 20: Vorschlag für Feldbahneinheit vom 18. 10. 1943

1. Feldbahnoberbau:	
2000	Gleisrahmen
1500	lfdm Gleis auf Holzschwellen
20	Gleisrahmen gekrümmt für 120 m Halbmesser
30	Gleisrahmen gekrümmt für 80 m Halbmesser
40	Gleisrahmen gekrümmt für 60 m Halbmesser
30	Gleisrahmen gekrümmt für 40 m Halbmesser
16	Weichen (8 L- und 8 R-Weichen)
2	Vorbauweichen
2. Rollendes Gerät:	
6	Dampfloks mit 50 – 70 PS oder
(4)	Dampfloks mit 80 PS und mehr
6	Feldbahnten der
50	Feldbahnwagen, 4-achsig mit 7,5 – 8 t Tragkraft, oder
(90)	Feldbahnwagen, 2-achsig mit 4,5 t Tragkraft
4	Gerätewagen, gedeckt, 4-achsig mit 7,5 – 8 t Tragkraft
2	Feldbahnwagen, gedeckt, 4-achsig für Personen- und Verwundetentransport
6	Langholztransporteinrichtungen
1	Motordraisine
10	Muldenkipper
3. Bau- und Betriebsgeräte:	
	Fernsprechgerät und Baumaterial, Feldbahnhofgerät
	Feldbahnoberbauwerkzeug
	Ausrüstung und Werkzeug für Feldbahn-Zugbegleitung
	Feldbahn-Instandsetzungs- und Hilfsgerät
	Stangen und Fernsprechgerät

Die angeführten Einzelteile der Feldbahneinheit wurden gegenüber der Zahl der im ‚Merkblatt über die Ausrüstung und Verladung eines Heeresfeldbahngerätes mit 750 mm Spurweite' höher eingesetzt, da beim raschen und reibungslosen Vorbau sich diese Vermehrung an Oberbaustoffen und rollendem Material als sehr notwendig erwiesen hatte.«

4.8 WERKSTÄTTENWESEN

Ebenfalls im Sommer 1942 machte General Will sich Gedanken um den Aufbau von Instandsetzungswerkstätten für Feldbahnloks und -wagen hinter der Front: »Der Einsatz der Feldbahneinheiten wird einen ziemlich großen Anfall von Lok- und Wageninstandsetzungen erfordern, der um so größer ist, da z. T. die Einheiten mit älteren Loks aus Industrie und Beute ausgerüstet sind.
Ersatz für ausgefallene Loks aus der Heimat ist nicht zu erwarten. Auch kommt eine Instandsetzung der Loks in der Heimat nicht in Frage, da alle Lok-Fabriken und -Werkstätten mit dem Reichsbahnbauprogramm voll ausgelastet sind und Instandsetzungen von Loks nicht annehmen können. Es ist daher erforderlich, daß bei jeder Heeresgruppe mindestens eine Instandsetzungswerkstatt für Feldbahn-Loks und Wagen errichtet wird. Die Einrichtung erfolgt zweckmäßig im Anschluß an bestehende Werkstätten. Ein Anhalt für die notwendigen Werkzeuge und Werkzeugmaschinen einer Instandsetzungswerkstatt bis zu 30 Loks und einer entsprechenden Anzahl von Wagen ist aus der Anlage zu ersehen. Die Werkzeuge und Werkzeugmaschinen sind jedoch aus der Heimat nicht zu beschaffen [...]
Das Personal für diese Instandsetzungswerkstätten muß unter weitgehendster Heranziehung von Kriegsgefangenen bzw. Zivilbevölkerung entsprechender Fachbildung aus unterstellten Einheiten und aus Kräften der Armee gestellt werden. Eine Zuweisung von Fachpersonal aus der Heimat ist nicht möglich.«
Bei der Planung der Instandsetzungswerkstätten wurde abermals deutlich, unter welchen Schwierigkeiten die Feldeisenbahner arbeiteten. Bei der Heeresgruppe Nord meldete der Kommandeur der Eisenbahnpioniere am 13. September 1942: »Für die Feldbahnen im Bereich von Kodeis 18 ist in Pomeranje eine Werkstatt im Bau, die in begrenztem Umfang bereits jetzt Diesellok-Instandsetzungen dient. Diese Werkstatt ist infolge ihrer zentralen Lage und Erreichbarkeit durch Rollbahnanschluß für größere Instandsetzungen des Feldbahn-Lok- und Wagenmaterials an allen Feldbahnstrecken im Bereich Kodeis 18 vorgesehen.
Nach Durchführung der bereits eingeleiteten Umspurung von der Feldbahnstrecke Kretschno – Finew Lug wird in nächster Zukunft auf allen Feldbahnstrecken im Bereich Kodeis 18 mit Dieselbetrieb gefahren. Der anfälligste Teil der Diesellok ist der Motor. Er kann verhältnismäßig leicht ausgebaut und transportiert werden.
Außer der Werkstatt in Pomeranje werden bereits jetzt in den an allen Strecken vorhandenen Lok-Schuppen klei-

nere Instandsetzungen, die der laufenden Unterhaltung dienen, ausgeführt.
Mit F.B.A. 7 ist durch Kodeis 18 vereinbart, daß bis zur vollen Inbetriebnahme der Kodeis-eigenen Instandsetzungswerkstätten für besondere Fälle das Vollbahn-Bw in Ljuban in Anspruch genommen werden kann [...]
Werkzeug und Maschinen für Einrichtung der Werkstätten sind seit Wochen über Gen. Qu. angefordert. Lieferungen sind noch nicht eingetroffen.
Für die Feldbahnen im Bereich von Kodeis 16 werden die Werkstattgebäude z. Zt. im Bw in Dno abgebunden. Mit der Aufstellung der Gebäude wird in den nächsten Tagen begonnen.
Auf der Feldbahn III (Loknja – Cholm) ist Dieselbetrieb vorgesehen. Die Werkstatt wird in Loknja eingerichtet. Mit dem dortigen H.K.P. ist vereinbart, daß die Motoren der Loks fürs erste dort instandgesetzt werden können. Außerdem ist bis zur Einrichtung eigener Instandsetzungsmöglichkeiten Lokbehandlung in den Bw Suschtschewo und Nowosokolniki mit F.E.Kdo 4 vereinbart.
Auf der Feldbahn 11 (Tuleblja – Demjansk) ist Dampfbetrieb vorgesehen. Nur auf der Spitzenstrecke, die zeitweise unter Beschuß liegt, müssen Dieselloks eingesetzt werden.
Werkstätten für größere Dampflok-Instandsetzungen und für Instandsetzung der Feldbahnwagen werden in einem Feldbahn-Maschinenamt in Tuleblja und später in km 36 eingerichtet. Außerdem werden kleinere Werkstätten in allen Bahnhöfen mit Lokschuppen (an diese angebaut) etwa alle 15 km eingerichtet [...]
Im Bw Dno und Pleskau sind z. Zt. je 2 Dampfloks in Arbeit zur wintersicheren Herrichtung. Diese Wintersicherung wird laufend fortgeführt [...]
Für alle Werkstätten fehlt es an Lok-Ersatzteilen, Werkstoffen wie Lagerschalen, Dichtungsmasse, Rohrwalzen und an Kesselwerkzeug. Lieferung konnte bisher von keiner Stelle zugesagt werden.«
Am 23. September 1942 schrieb der Befehlshaber der Eisenbahntruppen wegen der Werkstätten an den Chef des Transportwesens: »Bei den Feldbahnen im Bereich der Heeresgruppen B und Nord werden an Anfangsbahnhöfen oder in Nähe der Feldbahn Instandsetzungswerkstätten eingerichtet, die die laufenden Instandsetzungsarbeiten an Lokomotiven und Wagen durchführen. Im Bereich der Heeresgruppe Mitte ist beabsichtigt, diese Werkstatt mit dem Eisb.Pi.Park Orscha, in dem bereits die erforderlichen Werkzeugmaschinen und Werkzeuge vorhanden sind, zu verbinden. Kleinere Instandsetzungswerkstätten werden jedoch auch an den Feldbahnstrecken errichtet.
Diese Werkstätten sind jedoch nicht ausreichend, insbesondere für größere Instandsetzungen an Lokomotiven. Es ist daher notwendig, für Durchführung großer Instandsetzungen im rückwärtigen Gebiet Instandsetzungswerkstätten einzurichten. Für den Südabschnitt ist die in Einrichtung begriffene Feldbahnwerkstatt in der Waggonfabrik Kamenskoje besonders geeignet. Die Waggonfabrik Kamenskoje beschäftigt z. Zt. 750 Arbeiter und soll in Kürze auf 1500 Arbeiter erweitert werden. Es werden täglich 50 Eisenbahnwagen umgespurt. Die Herstellung neuer Güterwagen ist eingeleitet. Von OKH WuG 5 wurde dem kommissarischen Betriebsführer, K.V.R. Bethge, der Auftrag erteilt, eine größere Instandsetzungswerkstatt für Feldbahngerät einzurichten. Die erforderlichen Werkzeugmaschinen sind in Auftrag gegeben und zum Teil bereits im Anrollen. Die Einrichtung gestattet, 20 Feldbahnlokomotiven gleichzeitig in Arbeit zu nehmen. Es wird gebeten, die Genehmigung zur Instandsetzung der Feldbahnwagen und -Lokomotiven bei OKH WuG 5 herbeizuführen.
Soweit z. Z. beurteilt werden kann, wird die Werkstatt in Kamenskoje für die gesamten größeren Instandsetzungen an Lokomotiven und Wagen nicht ausreichen. Es wird für erforderlich gehalten, eine weitere Instandsetzungswerkstatt, vor allem für die Betriebsmittel aus den Bereichen Mitte und Nord, einzurichten.
Hierfür kommt in erster Linie ein Werk im General-Gouvernement in Frage. Da das General-Gouvernement ab 1. 10. 42 in den Bereich des Ersatzheeres fällt, wären die erforderlichen Vorarbeiten und die Einrichtung des Werkes durch In 10 vorzunehmen. Es wäre hierbei zu prüfen, ob die Instandsetzungen bei einem Werk in Auftrag gegeben werden oder ob eine eigene Heereswerk statt eingerichtet wird.«

5. Militärische Feldbahnen in den ersten beiden Kriegsjahren

Während der »Blitzkrieg-Phase« des Zweiten Weltkriegs mit den Überfällen auf Polen, Belgien, Frankreich, die Niederlande, Dänemark und Norwegen spielten die schmalspurigen Heeresfeldbahnen keine große Rolle. Allerdings wurde Beutematerial erfaßt und erprobt. Die Eisenbahnpioniertruppe war zumeist mit der Wiederherstellung beschädigter Vollbahnstrecken beschäftigt (insgesamt rund 3500 km) und richtete, einer Statistik ohne nähere Angaben zufolge, an Feldbahnen 120 km Strecke wieder her. Haupteinsatzgebiet der Heeresfeldbahn ist daher, abhängig auch von der Anlieferung des Materials, erst der im Juni 1941 begonnene Krieg gegen die Sowjetunion geworden.

Diese Feststellung schließt nicht aus, daß in Polen und an der Westfront gelegentlich vorhandene Schmalspurbahnen von der Wehrmacht benutzt worden sind. Im Bundesarchiv findet sich eine umfangreiche Studie »Leistungen der Kleinbahnen im Bereich der Heeresgruppe Mitte« von 1941, in welcher dreißig zivile Kleinbahnen, Rübenbahnen, Ziegeleibahnen und sonstige Wirtschaftsbahnen hinsichtlich ihrer Eignung zur Unterstützung eines deutschen Vormarsches nach Osten betrachtet werden. Sie umfaßt den Raum von Thorn und Warschau, West- und Ostpreußen sowie die baltischen Staaten Lettland und Litauen bis hinauf nach Libau; zum Teil sind hier auch die Überreste von Bahnen aus dem Ersten Weltkrieg erfaßt. Für den Vormarsch nach Osten 1941 sind diese Bahnen wohl benutzt und möglicherweise auch mit neuem Heeresfeldbahn-Material befahren worden, doch ließ sie der zunächst sehr rasche Vormarsch bald hinter sich. Die nebenstehende Übersicht aus der Akte nennt einen Teil der untersuchten Bahnen, zu denen auch die Kreisbahnen um Insterburg und Königsberg gehörten. Bemerkenswert an den in Polen benutzten Wirtschaftsbahnen war übrigens die wiederholte Begegnung der Wehrmachtssoldaten mit den alten »Brigadeloks« aus dem Ersten Weltkrieg.

Während des Balkanfeldzuges vom April/Mai 1941 hat die deutsche Wehrmacht auch Schmalspurbahnen in Jugoslawien (760 mm Spurweite), in Bulgarien und Griechenland benutzt. Eine Karte bei Eugen Kreidler (Eisenbahnen im Machtbereich der Achsenmächte, S. 395) vermittelt einen ersten Überblick. Nur in Rumänien 1944 ist aber der Bau einer neuen Heeresfeldbahn nachgewiesen, sonst handelte es sich wieder um die Verwendung vorgefundener Anlagen. Die nach dem Krieg vor allem bei Waldbahnen in Jugoslawien aufgetauchten ehemaligen Heeresfeldbahnloks wurden erst nach Kriegsende aus der Bundesrepublik nach Jugoslawien verkauft. Es steht lediglich fest, daß die schweren HF-Loks der 1 E 1-Type in Jugoslawien eingesetzt waren, zumindest zwei davon.

Feldbahnen im Bereich von

THORN-WARSCHAU

№	Strecke	L in km	Spur cm	Lok Anzahl	Lok PS.	Wagen Anzahl	Wagen Tragfhkt.	Tagesleistung t	Bemerkungen
16.	Warschau-Süd-Piaseczno	82,9							
	+Grojec-Nowe-Miasto								
	Piaseczno-Gora-Kalwaria	16,2	100	14	–	313	–	–	gut
	Gorjec - Jasienie	6,0							
	Warschau-Konstancin-Piaseczno	23,3							
17. + 17b	Kl.u. Rübenbahnnetz. westl. Leslau	170,-	75	13	–	360 40	5 7,5	1100	stark verbraucht.
17a.	Wirtschafts - - - südl. Krosniewiec	119,7	60+75	14	–	239	–	1100	gut
18.	Kreisbahn - Sochaczew - Piaski	26	75	3	–	47	–	240	gut
19.	Rübenbahn - Lesmeriz	84	60	7	–	190	–	180	Strecke Lesmeritz Lenka - schlecht
20.	- - - d. Zuckerfbr. Dobrzelin	90	60	7	–	350	5	1100	gut
21.	- - - - - - „Irena" i Lyszkowice	52	60	5	–	92 4	5 7,5	300	– " –
22.	- - - - - - Guzow	14,2	2 60	3 1	60 24	60	5	100	mittelmäßig
23.	- - - - - - Michalow i. Lesno	15,5	75	2	–	85	7	200	stark abgenützt
24.	- - - - - - Jozefow	22,2	60	3	–	50	3	50	– " –
25.	Holzabf. d.O. Försterei-Kampinos	30,-	60	2	–	20	2,5	–	schlecht
26.	v. Bf. Garbatka - nordwestl.	21,8	60	1 1	40 60	24	–	200	gut
27.	v. Bf. Pionki n. nordwesten	15,-	60	Pferdegesp.		16	–	50	schlecht
28.	Ziegeleibahn - Kaszewy	2,5	60	- - -	- - -	21	3,5	80	stk. verbraucht
	Warschau-Weichselbf-Jablonna	17,0							
	- " - - " - - " - Wawer	9,4	80	6	80	88	5,5-7,5	600	schlecht.
	- " - - " - - " - Warschau Stalowa	4,1							

Leistungen nach Auskunft der örtlichen Betriebsstellen.

Kriegsvorbereitung gegen die Sowjetunion: Übersicht der Feldbahnen im Bereich von Thorn und Warschau mit Rücksicht auf ihre Transportleistung in östlicher Richtung. (Foto: Bundesarchiv H 14/56)

Von zivilem polnischen Personal bedient wurde diese Brigadelok mit Güterwagen zum Transport von Wehrmachtsausrüstung, 1939 aufgenommen.
(Foto: Bundesarchiv PK 318/98/ 1Sa)

Ein großer Truppenübungsplatz der Wehrmacht lag bei Mlawa (Mielau) an der Südgrenze Ostpreußens, Strecke von Deutsch Eylau nach Warschau. Der Text zur Propaganda-Aufnahme vom 28. Mai 1941 lautete damals: »Dieses originelle alte Bähnle verbindet das riesige Lager mit der 12 km entfernten nächsten Stadt«. Die Brigadelok aus dem Ersten Weltkrieg hat abgeblendete Petroleumlampen. Vier Wochen später begann der Rußlandfeldzug.
(Foto: Bundesarchiv 78/2/35)

Förderbahn auf dem Feldflugplatz Epinoy bei Cambray in Nordfrankreich im Frühjahr 1941, hier eine Dampfspeicherlok am Munitionsdepot.
(Foto: Bundesarchiv 75/114/ 87)

Ein anderes Beispiel für den Einsatz von Schmalspurbahnen im Rahmen der Kriegsführung: Bunkerbau am »Atlantikwall« in Frankreich durch die Organisation Todt 1942. *(Foto: Wenig)*

In Westeuropa wurden während des Krieges keine neuen Heeresfeldbahnen gebaut, wohl aber ungezählte Förderbahnen, zunächst zum Bau des »Westwalls« auf deutschem Boden und später auch für den »Atlantikwall« an der französisch-belgischen Küste. Betreiber war hier die »Organisation Todt«, die kriegswichtige Bauvorhaben durchführte. Auf die übrigen schmalspurigen Förderbahnen in Häfen, Flughäfen und in den Stellungen der Küstenartillerie kann an dieser Stelle nicht näher eingegangen werden.

6. Heeresfeldbahnen im Norden der Sowjetunion

Nachdem der im Juni 1941 angelaufene deutsche Angriff gegen die Sowjetunion mit dem Einbruch des ersten russischen Winters zunächst zum Stillstand gekommen war, begann hinter der Ostfront die Zeit der Heeresfeldbahnen: der Nachschub mit Lastwagen wurde schwieriger und die Stellungen wurden beständiger, so daß man an den Bau schmalspuriger Eisenbahnen herangehen konnte, als der Frostwinter 1941/42 vorüber war. Im folgenden Abschnitt sollen diese Strecken – teilweise mit den Worten damals beteiligter Soldaten selbst – näher beschrieben werden. Die Einteilung der Kapitel erfolgt von Nord nach Süd und nach dem zeitlichen Ablauf.

Ein Symbol für die deutschen Heeresfeldbahnen im Angriffskrieg nach Osten: Pionier an der Strecke Tuleblja – Demjansk im Februar 1943, als der Kessel wieder geräumt wurde.

(Foto: Bundesarchiv 79/14/62)

6.1 DIE FELDBAHNEN 1942/43 BEI DER 16. ARMEE

Vorab eine grobe Übersicht: Bei der Heeresgruppe Nord (16. und 18. Armee) wurden 1942/43 insgesamt 395 km Heeresfeldbahn in 60-cm-Spur gebaut. Davon entfielen auf den Bereich der 18. Armee im Wolchow-Gebiet rund 115 km und auf die 16. Armee etwa bei Dno 280 km. Durch die Räumung des Halbkessels von Demjansk gingen fast 30 km Feldbahn verloren. Es ergab sich bei der 16. Armee Anfang 1943 eine Streckenlänge von 135 km; neu gebaut wurden bis Herbst 1943 weitere 115 km. Im einzelnen verfügte die 16. Armee im Herbst 1943 noch über folgende Heeresfeldbahnstrecken:

a.) Tuleblja – Birkhahnweg	41,4 km
b.) Loknja – Cholm mit Abzweigungen	107,7 km
c.) Petrowo – Utoschkino mit Abzweigungen	97,8 km
Summe	246,9 km

Die genannten Feldbahnstrecken hatten Anschluß an die Vollbahnen von Staraja Russa nach Dno und von Dno nach Newel im Westen des Flusses Lowat; siehe auch die Karte im Abschnitt 2.

6.2 DIE FELDBAHN IM KESSEL VON DEMJANSK (SOMMER 1942 BIS FRÜHJAHR 1943)

An erster Stelle unter den Bahnen der 16. Armee ist hier die Feldbahn im Kessel von Demjansk zu nennen. An diesem Ort, rund 250 km südlich von Leningrad zwischen Ilmen-See und Seliger-See gelegen, war im Februar 1942 das 2. Armeekorps mit etwa 95 000 Mann eingeschlossen worden, nachdem es sich beim Angriff vom Herbst 1941 auf die Bahnstrecke Moskau – Leningrad zu weit auf die Waldai-Höhen hinausgewagt hatte. Nach anfänglicher Versorgung durch die Luft stellten die deutschen Truppen im Kessel und an der Hauptfront am Lowat-Fluß gegen Ende April 1942 wieder eine Verbindung zwischen den vorgeschobenen Einheiten und dem Rest der Heeresgruppe Nord her; der Nachschub konnte nun per Lastwagen durch einen »Schlauch« genannten Verbindungsweg nach Demjansk gebracht werden, denn aufgeben wollte man diesen wichtigen Vorposten auf dem deutschen Weg nach Moskau nicht.

Im Sommer 1942 wurde hier zur Verbesserung des Nachschubweges eine 60-cm-Heeresfeldbahn in den Kessel gebaut, der dann im Winter 1942/43 beinahe das gleiche Schicksal erlitten hätte wie Stalingrad. Allerdings gelang es bis Ende Februar 1943, die deutschen Truppen mit Waffen und Gerät rechtzeitig wieder zurückzuziehen, und zwar unter weitgehender Nutzung der Feldbahn. Die zwölf Divisionen aus dem Kessel von Demjansk verstärkten sodann die Heeresgruppe Nord am Lowat und bei Staraja Russa. Über den Bau und den Betrieb dieser Feldbahn besitzen wir den Bericht eines damals dort tätigen Offiziers.

Der Verfasser der nachfolgenden Schilderung, Karl Sander (†), Hauptmann d. R. im Eisenbahn-Pionierregiment 1, gehörte vom Mai bis Ende September 1942 als Oberleutnant der Eisenbahn-Pionier-Kompanie 64 an, deren Chef Hauptmann d. R. Ott war. Wegen einer Erkrankung Otts wurde Karl Sander mit der Führung dieser Kompanie beauftragt, die beim Bau der Feldbahn Tuleblja – Demjansk im Raum Nowo-Sswinuchowo eingesetzt war. Zum Aufgabengebiet der Kompanie, die der Einsatzgruppe Bender beim Kommandeur der Eisenbahnpioniere der 16. Armee unterstand, gehörten Trassieren und Vorbau der Strecken, Bau der Brücken über Redja und Robja, Bau der Sumpfbrücken und die militärische Sicherung der Baustellen.

Im September 1942 wurde Sander zum Eisenbahn-Bataillon 502 nach Oblinskaja versetzt, das zur 6. Armee in der Heeresgruppe Süd gehörte. Die Eisenbahn-Pionier-Kompanie 64 übernahm Leutnant d. R. Dipl.-Ing. Lachner, der bei der Räumung des Kessels von Demjansk mit der Kompanie in Kriegsgefangenschaft geriet; sein Schicksal und das seiner Soldaten ist unbekannt geblieben.

Karl Sander berichtet: »Im Bereich der zur Heeresgruppe Nord gehörenden 16. Armee (Generaloberst Busch) befand sich der Kessel von Demjansk, in dem sich unter dem Oberbefehl des Generals der Infanterie Graf Brockdorff-Ahlefeldt, Kommandierender General des 2. Armeekorps, im Jahre 1942 etwa zwölf deutsche Divisionen gegen drei russische Armeen behaupteten. Zu den deut schen Kräften gehörten auch Verbände der Waffen-SS. Einschließlich des 30 km langen und etwa 8 bis 10 km breiten ‚Schlauches' hatte der Kessel in West-Ost-Richtung eine Gesamtlänge von rund 80 km, während seine größte Breite 30 bis 35 km betrug. Das Gelände im und um den Kessel war ein ausgesprochenes Sumpfgebiet, das zeitweise – besonders aber während der Schneeschmelze – durch Überschwemmungen der Flüsse Redja, Robja und Lowat kaum zu befahren war, so daß die Versorgung der ‚Grafschaft' (so benannt nach dem Kommandierenden General) den Nachschubeinheiten erhebliche Schwierigkeiten bereitete. Zwar wurden beträchtliche, aber nicht ausreichende Mengen von Versorgungsgütern durch die vom Feldflugplatz des Versorgungsstützpunktes Tuleblja aus startenden Ju 52-Maschinen (14 500 Flüge) in den Kessel eingeflogen, doch hatten die Luftwaffen-Transporteinheiten bei diesen Einsätzen erhebliche Verluste durch die sowjetische Luftabwehr. Unter geschickter Ausnutzung des Geländes versuchten sie, ihren Zielen im Niedrigflug zuzustreben. Pioniere und Bautruppen mußten in unermüdlichen Einsätzen innerhalb des ‚Schlauches' Knüppeldämme errichten, die aber vom Gegner ständig unter Artilleriebeschuß gehalten und dabei erheblich zerstört wurden, zugleich aber immer wieder ausgebessert oder neu gebaut wurden. Bespannte und motorisierte Transportkolonnen standen auch nicht in ausreichendem Maße zur Verfügung.

Die Knüppeldämme konnten von Lastkraftwagen nur mit Schrittgeschwindigkeit befahren werden, was die Leistungsfähigkeit stark herabsetzte. Außerdem wurden die Fahrzeuge übermäßig stark beansprucht und fielen nach kurzer Zeit aus. Für diejenigen Verwundeten, die wegen Platzmangels nicht ausgeflogen werden konnten, bedeutete die Rückführung über die Knüppeldämme eine starke zusätzliche Belastung.

Nach den Berechnungen des 2. Armeekorps stellte sich bald heraus, daß die Versorgung der im Kessel kämpfenden Soldaten über einen längeren Zeitraum weder auf dem Luft noch auf dem Landweg sicherzustellen war. Die Heeresgruppe entschloß sich deshalb zum Bau einer leis-

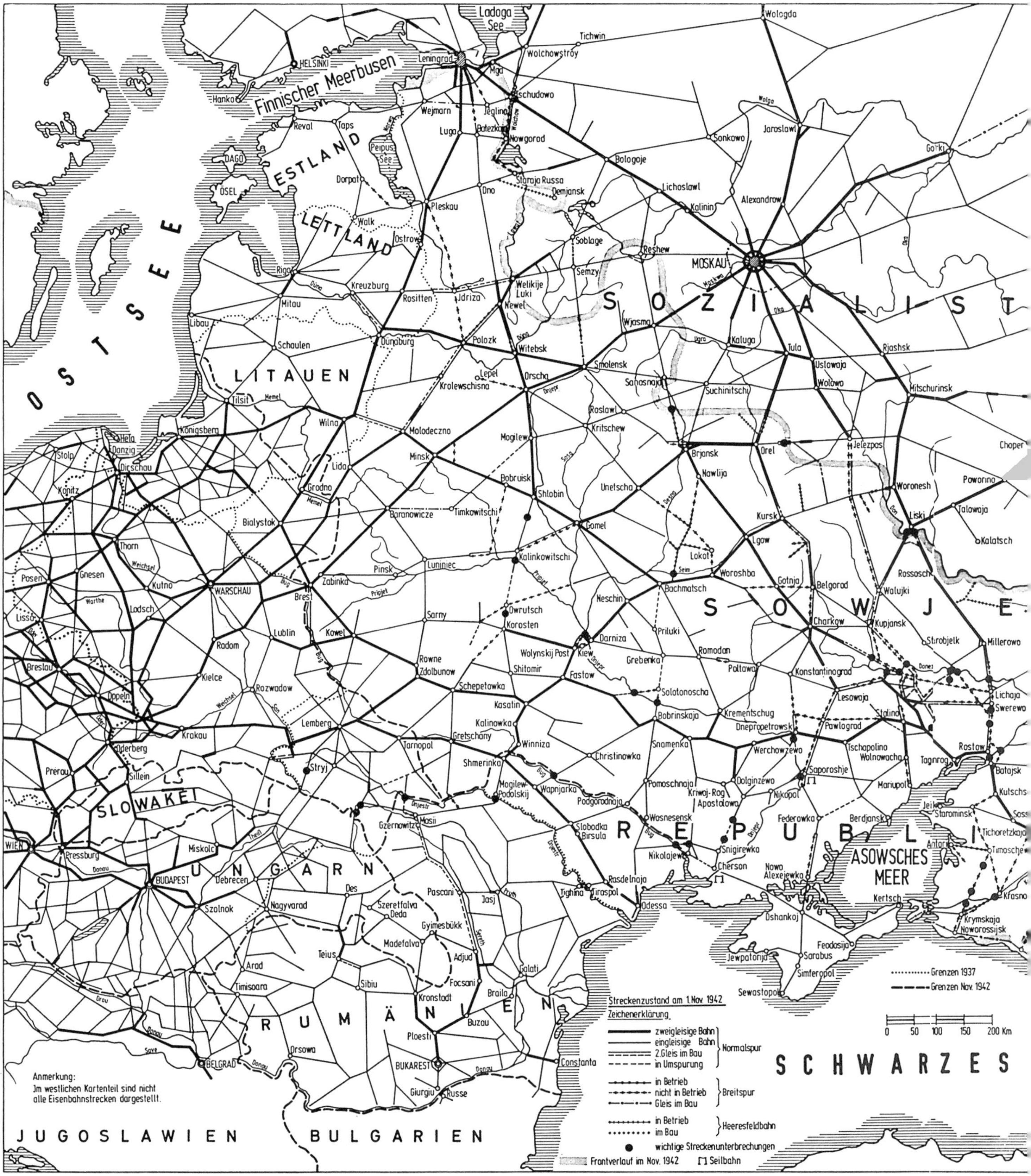

Streckenzustand am 1. Nov. 1942
Zeichenerklärung
zweigleisige Bahn
eingleisige Bahn
2. Gleis im Bau
in Umspurung
Normalspur
in Betrieb
nicht in Betrieb
Gleis im Bau
Breitspur
in Betrieb
im Bau
Heeresfeldbahn
wichtige Streckenunterbrechungen
Frontverlauf im Nov. 1942
Seilbahn
Grenzen 1937
Grenzen Nov. 1942
0 50 100 150 200 Km
Anmerkung:
Jm westlichen Kartenteil sind nicht alle Eisenbahnstrecken dargestellt.
OSTSEE
Finnischer Meerbusen
ESTLAND
LETTLAND
LITAUEN
SOZIALIST
SOWJE
REPUBLI
SLOWAKEI
UNGARN
RUMÄNIEN
JUGOSLAWIEN
BULGARIEN
SCHWARZES
ASOWSCHES MEER
Ladoga See
Peipus See
DAGÖ
ÖSEL
HELSINKI
Hanko
Leningrad
Tichwin
Wologda
Wolchowstroy
Mga
Tschudowo
Wejmarn
Jeglino
Luga
Batezkaja
Nowgorod
Reval
Taps
Dorpat
Walk
Pleskau
Dno
Staraja Russa
Demjansk
Bologoje
Sonkowo
Jaroslawl
Gorkij
Lichoslawl
Kalinin
Alexandrow
Ostrow
Riga
Mitau
Kreuzburg
Rositten
Idriza
Welikije Luki
Newel
Soblago
Reshew
Semzy
MOSKAU
Libau
Schaulen
Dünaburg
Polozk
Witebsk
Wjasma
Kaluga
Tula
Rjashsk
Lepel
Orscha
Smolensk
Suchinitschi
Uslowaja
Wolowo
Mitschurinsk
Tilsit
Krolewschisna
Roslawl
Kritschew
Königsberg
Wilna
Molodeczno
Mogilew
Hela
Danzig
Stolp
Dirschau
Konitz
Lida
Minsk
Bobruisk
Brjansk
Nawlija
Orel
Jelezpas
Choper
Grodno
Shlobin
Unetscha
Woronesh
Poworino
Bialystok
Baranowicze
Timkowitschi
Gomel
Kursk
Liski
Talowaja
Kalatsch
Thorn
Kalinkowitschi
Lokot
Lgow
Posen
Gnesen
Kutno
WARSCHAU
Pinsk
Luniniec
Zabinka
Brest
Woroshba
Rossosch
Walujki
Gotnja
Belgorod
Bachmatsch
Neschin
Lissa
Lodsch
Sarny
Owrutsch
Korosten
Charkow
Kupjansk
Lublin
Kowel
Radom
Darniza
Priluki
Wolynskij Post
Kiew
Grebenka
Romodan
Poltawa
Strobjelk
Millerowo
Breslau
Kielce
Rowne
Zdolbunow
Shitomir
Fastow
Konstantinograd
Oppeln
Rozwadow
Schepetowka
Kasatin
Solotonoscha
Lesowaja
Lichaja
Swerewo
Lemberg
Kalinowka
Bobrinskaja
Krementschug
Dnepropetrowsk
Stalino
Krakau
Gretschany
Tarnopol
Winniza
Snamenka
Pawlograd
Oderberg
Stryj
Shmerinka
Christinowka
Werchowzewo
Tschaplino
Wolnowacha
Taganrog
Rostow
Prerau
Sillein
Pomoschnaja
Krivoj-Rog
Apostolowo
Dolginzewo
Saporoshje
Nikopol
Mariupol
Bataisk
Kutschs
Mogilew-Podolskij
Wapnjarka
Podgorodnaja
Wosnesensk
Federowka
Berdjansk
Jeisk
Starominsk
Czernowitz
Mosi
Slobodka
Birsula
Snigirewka
Nikolajew
Cherson
Nowo Alexejewka
Tichoretzkaja
Timosche
WIEN
Pressburg
Miskolc
BUDAPEST
Debrecen
Des
Pascani
Jasj
Tighina
Tiraspol
Rasdelnaja
Odessa
Dshankoj
Kertsch
Krasno
Krymskaja
Noworossijsk
Szolnok
Nagyvarad
Szeretfalva
Deda
Gyimesbükk
Madefalva
Adjud
Feodosija
Sarabus
Jewpatorija
Simferopol
Sewastopol
Teius
Arad
Timisoara
Sibiu
Kronstadt
Focsani
Braila
Galati
Buzau
Ploesti
Orsowa
BELGRAD
BUKAREST
Constanta
Giurgiu
Russe
Donau
Save
Drau
Theiß
Weichsel
Warthe
Oder
Bug
Pripjet
Dnjestr
Dnjepr
Desna
Seim
Donez
Don
Oka
Wolga
Düna
Memel
Sereth
Pruth
San
Moskwa

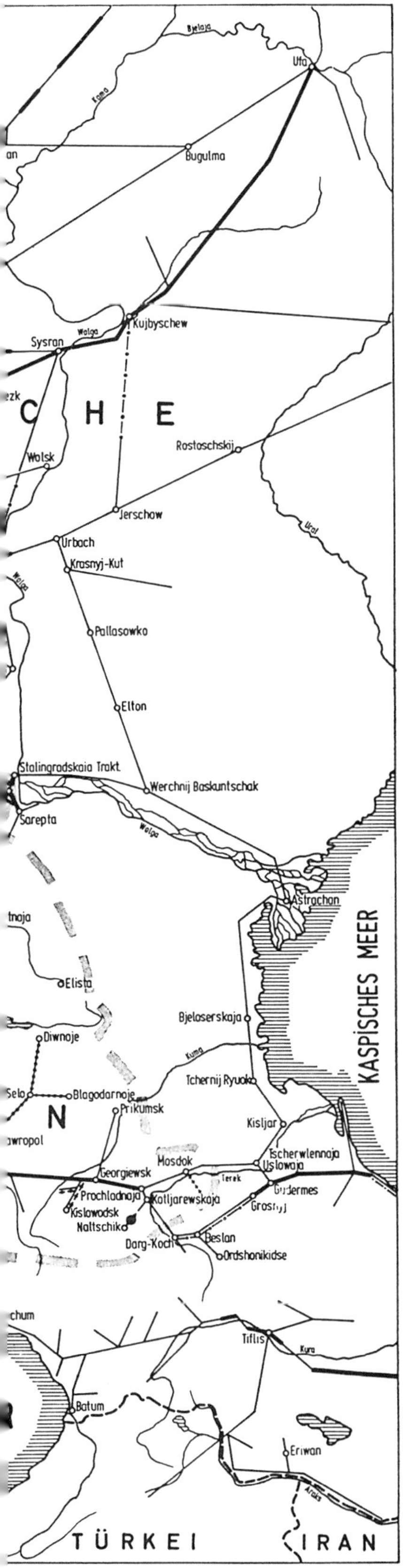

Die Eisenbahnstrecken in der westlichen Sowjetunion nach dem Stand vom November 1942. Mit dieser Karte soll eine erste Übersicht auch über die bis dahin in Bau genommenen Heeresfeldbahnstrecken gegeben werden. Wiedergabe dieser Karte mit freundlicher Genehmigung des Muster-Schmidt-Verlags aus Kreidler, »Die Eisenbahnen im Machtbereich der Achsenmächte während des Zweiten Weltkrieges«.

tungsfähigen Feldbahn von Tuleblja durch den ‚Schlauch' bis in den Kessel. Durch Fernspruch des Kommandeurs der Eisenbahnpioniere bei der 16. Armee (Kodeis 16) Nr. 246/42 vom 7. Juni 1942 an die Eisenbahn-Pionier-Kompanie 71, Hauptmann Bender, wurde letzterer mit der Bauleitung der ‚Feldbahn Tulebfja – Demjansk' und Führung der ‚Einsatzgruppe Bender' beauftragt. Dieser Einsatzgruppe unterstanden befehlsgemäß anfangs folgende Einheiten:

1. Eisb.-Pi.Kp. 71 (Hptm. Bender)
2. Eisb.-Pi.Kp. 64 (Hptm. Ott, ab Juni Obltn. Sander)
3. Eisb.-Bau-Kp. 108
4. 1./Eisb.-Bau-Btl. 15
5. 4./Eisb.-Bau-Btl. 15
6. Tiefbauzug Hammers
7. Stahlbauzug Gollnow

Der Einsatz dieser Einheiten erstreckte sich bis Ende Juni 1942 auf die Trassierungs- und Vermessungsarbeiten von Tuleblja (km 0,0) bis km 10,0, die Herstellung aller Pläne für die Erweiterung des Bahnhofes Tuleblja, für den Neubau des Umlade- und Übergangsbahnhofes und den Bau der Strecke bis km 10,0 sowie die Herstellung der Brückenzeichnungen für diesen Abschnitt.

Die Feldbahntrassen lagen beim Beginn der Arbeiten in großen Zügen auf dem Papier bereits fest. Erkundungseinsätze der Eisenbahnpioniertruppe, Kartenstudien und die Auswertung von Luftaufnahmen hatten als erste Grundlagen gedient. Es stellte sich jedoch bald heraus, daß die anfänglich vorgesehenen Trassen nicht in allen Abschnitten beizubehalten waren, weil auf die äußerst ungünstigen Boden- und Geländeverhältnisse nicht genügend Rücksicht genommen worden war. Bei den zahlreichen Sumpfstellen mußte praktisch neu trassiert werden. Außerdem erforderte die Linienführung durch den recht engen ‚Schlauch' besondere Maßnahmen gegen Feindeinsicht und Feindeinwirkung. Mit den an einigen Stellen errichteten Kulissen gegen Feindeinsicht konnten jedoch während des Baues und während des späteren Betriebes nur geringe Erfolge erzielt werden.

Auch die von den Eisenbahnpionieren zu bauende Brücke über die Redja mußte aus taktischen und technischen Gründen von ihrem ursprünglich geplanten Ort verlegt werden. Bei Festlegung der neuen Trasse wurde nicht nur der Feindlage beiderseits des ‚Schlauches' erhöhte Beachtung geschenkt, sondern vor allem der dringenden Forderung nach kürzester Bauzeit der Bahn.

Mit den Trassierungsarbeiten wurde auf Befehl von Kodeis 16 die an der Bauspitze eingesetzte Eisenbahn-Pio-

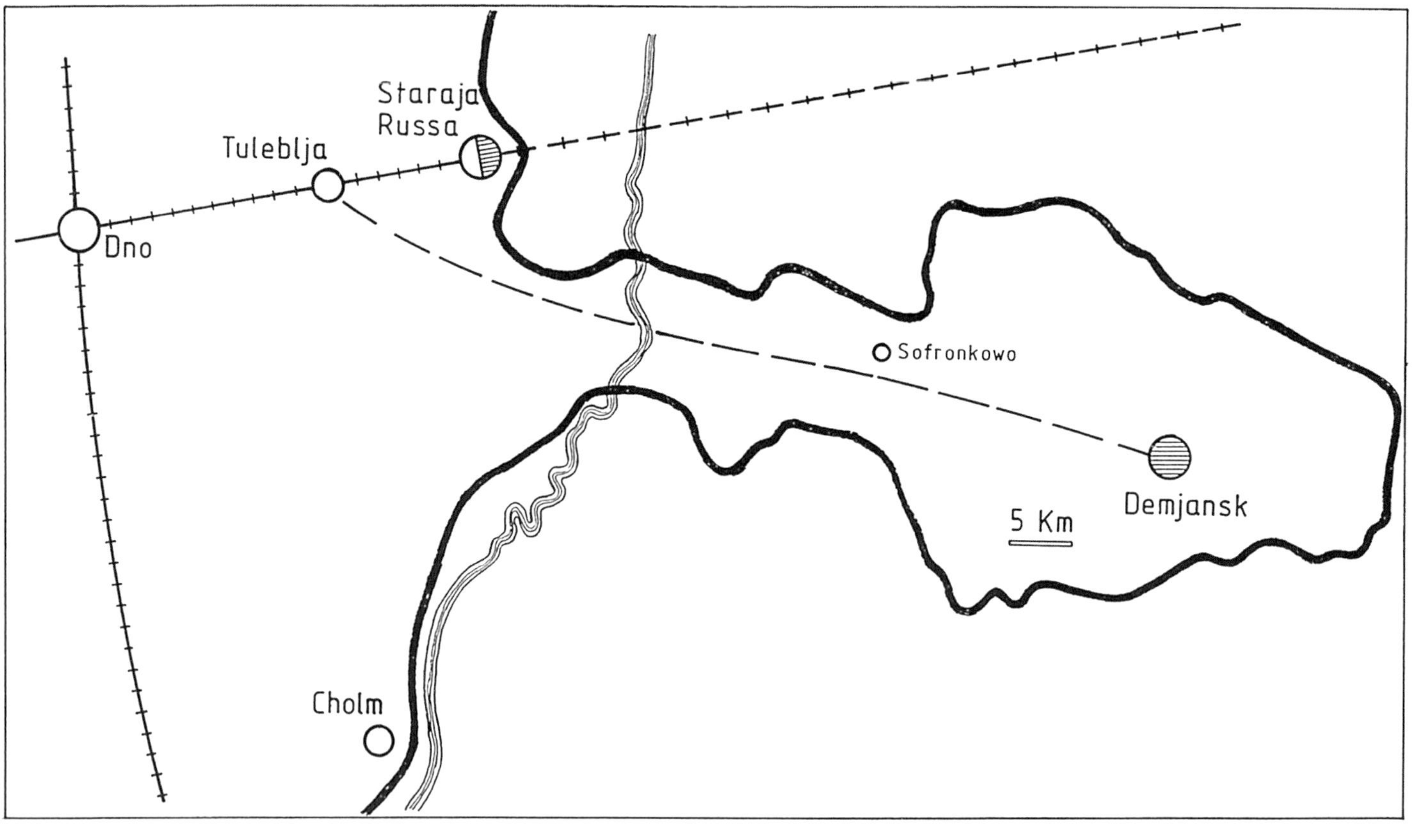

Die Lage der Feldbahn Tuleblja – Demjansk im Bereich der Heeresgruppe Nord am Lowat-Fluß, stark ausgezogen die Front im Winter 1942/43.

nier-Kompanie 64 beauftragt. Ein bespannter Trassierungstrupp unter der Leitung von Leutnant Meurin wurde, ausgerüstet mit Waffen, Meßgeräten, Verpflegung usw., auf den Weg geschickt. Nach den von diesem Trupp eingehenden Meldungen, Geländeskizzen und Beschreibungen zeichneten die Techniker des Kompanietrupps die endgültigen Pläne.

Mit Baubeginn mußten täglich bis zu 60 Waggons Kies und Feldbahngleis entladen werden. Insgesamt wurden während der ersten Baustufe Schienen für 700 m Vollbahngleis mit 2 Weichen, für 7000 m Feldbahngleis als Verbindung auf den Anfangs- und Übergangsbahnhöfen, 6500 m Streckengleis und 4 Brücken betriebsfähig hergestellt. Anfang Juli 1942 stellte Kodeis 16, Oberstleutnant Bark, zur Unterstützung der Einsatzgruppe Bender noch den Gleisbauzug 1204 a und den Weichenbauzug 1206 w zur Verfügung. Im gleichen Monat standen für den Bau der Strecke und für die Inbetriebnahme des Lok- und Wagenparks 11 Offiziere, 44 Unteroffiziere, 384 Mannschaften und 360 Hilfskräfte bereit.

Am 15. Juli 1942 war das Feldbahn-Rahmengleis (60 cm Spurweite) bis km 14,0 verlegt, das Planum bis km 14,5 fertiggestellt; bis km 18,9 befand es sich in Arbeit. Zum Transport von Baustoffen, Brückenträgern und Pioniergerät mußten gleichzeitig Knüppeldämme etwa parallel zur Feldbahntrasse angelegt werden.

An der Bauspitze der Feldbahn war die Eisenbahn-Pionier-Kompanie 64 unter Hauptmann Ott, später unter Oberleutnant Sander, eingesetzt. Die Einheit baute auch die Brücken über Redja und Robja sowie die Sumpfbrücken. Die der Kompanie ab 24. Juli 1942 unterstellten lettischen und estnischen Pioniereinheiten trugen wesentlich zur termingerechten Fertigstellung der recht schwierigen und aufwendigen Arbeiten bei. So waren an den Brückenrampen Bodenbewegungen von insgesamt 11 000 m³ notwendig. Der harte Lehm- und Tonboden war nur durch Sprengungen zu lösen. Um die von der im Kessel kämpfenden Truppe geforderten Fertigstellungstermine nach Möglichkeit einzuhalten, arbeiteten die Pioniere und ihre Hilfskräfte in zwei Schichten von jeweils 12 Stunden und mehr.

Der Bahnbau bei den an der Trasse gelegenen Sumpfstellen erforderte besondere Maßnahmen. Sofern es der stark versumpfte Untergrund eben noch zuließ, schufen die Pioniere tragfähige Dämme durch eine Sprengtechnik, die nach Kenntnis des Verfassers im militärischen Feldbahnbau bis dahin noch nicht angewendet worden war: So wurden beiderseits der abgesteckten Trasse

Bau einer Sumpfbrücke der Demjansker Feldbahn, hier das Abbinden der gerammten Joche am 5. August 1942.

Einheiten auch um den Ersatz der Bekleidung immer wieder bemühten.
Auf dem bereits fertiggestellten Streckenabschnitt standen der Einsatzgruppe anfangs für den Materialtransport 8 Dampflokomotiven und 2 Diesellokomotiven zur Verfügung, später wurden hierfür 12 Dampf- und 4 Dieselloks eingesetzt, so daß für die Armee bereits bis Juli 1942 mehr als 1100 t Munition mit der Feldbahn befördert werden konnten. Die Leistungen der beim Bau und dem Anfangsbetrieb eingesetzten Kräfte wurden von allen militärischen Stellen anerkannt.
Neben den Bauarbeiten an der Strecke bereitete Kodeis 16 vorsorglich die Ausbildung von Lokomotivführern und Werkstattpersonal für die Unterhaltung des rollenden Materials vor. Geeignete Pioniere, möglichst mit einschlägiger handwerklicher Erfahrung, stellten die Einheiten an den künftigen Betriebsmaschinendienst der Eisenbahn-Pionier-Kompanie 71 zur Ausbildung ab, so daß schon bei Aufstellung des Maschinenamtes im Oktober 1942 etwa fünfzig ausgebildete Lokführer und Unterhaltungspersonale vorhanden waren, die ihren anerkanntermaßen extrem schweren Dienst bei jeder Feind- und Wetterlage mit großer Einsatzfreude ausübten. Hierbei sei besonders an den Dienst dieser Männer in den Wintermonaten 1942/43 und bei den Räumungsbewegungen erinnert.
Bis Ende August 1942 war auch der Streckenabschnitt bis zur Straße Staraja Russa – Ramuschewo bei km 31 (etwa 1 km südlich Jaswy) fertiggestellt. Auf dieser Strecke beförderte die Feldbahn bereits täglich 1000 t Nutzlast, was aus den bereits geschilderten Gründen weder mit Flugzeugen noch mit Lkw-Kolonnen jemals möglich gewesen wäre. Zur weiteren Beschleunigung der Arbeiten stellte das AOK 16 der Einsatzgruppe noch folgende Einheiten zur Verfügung:

1. Gleisbauzug 1810
2. Bauzug Deutsche Bau A.G.
3. Bauzug Quade
4. Bauzug Krause.

Als Hilfskräfte wurden weitere Kriegsgefangene bei der Feldbahn eingesetzt. Anfang August 1942 war die Ausrückstärke von 20 Offizieren, 2 Ärzten, 65 Unteroffizieren, 661 Mannschaften und etwa 700 Hilfskräften erreicht. Mit

Sprengladungen eingebracht und gezündet; das hochgeschleuderte Erdreich bildete nun die Grundlage für den Bahndamm. Durch Verbindung der seitlichen Sprenglöcher entstanden die notwendigen Gräben, in denen sich das Wasser sammeln konnte. Auf dem Planum der so geschaffenen Dämme konnte nun die Kiesbettung aufgebracht werden, auf der schließlich die vorgefertigten Gleisrahmen ausgelegt und unterstopft wurden. Den Transport von Kies- und Gleisrahmen unternahmen bereits die bis zur Bauspitze mit mäßiger Geschwindigkeit verkehrenden Bauzüge der Feldbahn.
Regelrechte Sumpfbrücken waren an den Stellen zu bauen, die sich für das beschriebene Verfahren mit Sprengungen nicht eigneten. Etwa Ende Juli 1942 war trotz Artilleriebeschusses, widriger Bodenverhältnisse und fast unerträglicher Mückenplage die Strecke bis zum Bahnhof Nowo-Sswinuchowo befahrbar, der Ausgangsbahnhof Tuleblja war weiter ausgebaut. Aus den Abbildungen sind die Schwierigkeiten auch für den Laien leicht zu ersehen.
Auf Veranlassung von Oberstleutnant Bork wurden der Einsatzgruppe Sender ab Ende Juli 1942 noch 770 Kriegsgefangene zugewiesen, deren Leistungen jedoch wegen der schlechten Witterung und unzureichenden Bekleidung sehr gering waren, obwohl sich die deutschen

Brücke über die Redja bei der Feldbahn Tuleblja – Demjansk im September 1942. Deutlich sichtbar ein provisorischer Steg am Wasser sowie die drei Austritte für die Brückenwache.

Die Hauptleute Ott (links) und Bender (rechts) inspizieren eine Brückenrampe der Feldbahn Tuleblja – Demjansk. Die Schwellen sind bereits ausgelegt, die Vignolschienen seitlich gelagert. Im Hintergrund der Oberbau-Vorbautrupp. Die Erdmassen für die Dämme wurden möglichst durch Seitenentnahme gewonnen.

(Fotos: Eisb.-Pi.-Kp. 64/Sammlung Sander)

Typisierter Lokschuppen der Feldbahn Demjansk im Winter 1942/43. Seine Bauteile wurden vorgefertigt angeliefert. Rechts im Bild ein kriegsgefangener Helfer. *(Foto: Bundesarchiv 78/96/52)*

Eine typisierte Wasserstation der Feldbahn Demjansk, links davon eine behelfsmäßige Bekohlungsanlage. *(Foto: Bundesarchiv 78/96/54)*

Sonderzug des Befehlshabers der Eisenbahntruppen, Generalleutnant Will, am 26. Dezember 1942 auf der Feldbahn von Demjansk. Zwei Waggons werden mit zwei Motorloks befördert. *(Foto: Bundesarchiv 78/96/64)*

Nachschubtransport auf der Feldbahn Tuleblja – Demjansk im Winter 1942/43, hier Strohballen auf französischen Beutewagen. *(Foto: Bundesarchiv 79/14/ 18)*

Verwehte Feldbahnstrecke im Kessel von Demjansk Anfang 1943. *(Foto: Bundesarchiv 79/14/52)*

Ein Räumungszug verläßt einen Kreuzungsbahnhof der Feldbahn in Richtung Tuljeblja, beladen mit Pferden und Fuhrwerken.
(Foto: Bundesarchiv 79/14/22)

Mittlere Feldbahnlok HF 110 C mit Schneepflug beim Räumdienst auf dem Kreuzungsbahnhof Gatschki im Raum Demjansk.
(Foto: Bundesarchiv 79/15/76)

Schneeverwehungen auf der Demjansker Feldbahn, im Hintergrund Schneezäune. *(Foto: Bundesarchiv 79/14/82)*

Begegnung zweier Versorgungszüge auf einem Kreuzungsbahnhof der Feldbahn Demjansk – Tuleblja. Links ist die frostgeschützte Borsig-Lok F.-Nr. 14 806 zu erkennen, die heute als Museumslok noch existiert. *(Foto: Bundesarchiv 79/14/16)*

Beginn der Schlechtwetterperiode im September 1942 waren weitere Schwierigkeiten zu überwinden: Allein zur Unterhaltung der Strecke mußten nun zwei Drittel der vorhandenen Kräfte abgestellt werden, so daß sich der weitere Vorbau deutlich verzögerte. Zusätzlichen Arbeitsaufwand forderten die Wintersicherung der Strecken und der Bau von winterfesten Lokbehandlungsanlagen, Werkstattschuppen, Wasserstationen und Bekohlungsstellen. Für diese Dinge stellte auch die Organisation Todt 50 Mann ab, die einem bauleitenden Offizier der Einsatzgruppe unterstellt wurden.

Nun erkannte die 16. Armee die Absicht ihres Gegners, durch massierten Einsatz der 11. und 27. russischen Armeen unter Marschall Timoschenko den ‚Schlauch' im Raum von Ramuschewo aus nördlicher Richtung zu durchstoßen und ihn abermals vom Kessel zu trennen, wobei die 1. russische Stoßarmee von Süden her angreifen sollte. Hierauf entschloß sich Kodeis 16, die Feldbahn nach Ramuschewo weiter auszubauen und im Hinblick auf die zu erwartenden Leistungen auch der ordnungsgemäßen Unterhaltung der Bahnanlagen in diesem Abschnitt besondere Aufmerksamkeit zu widmen.

Außerdem erging am 30. September 1942 ein Befehl des Kodeis 16 an alle hier tätigen Einheiten, die Feldbahn noch vor Winterbeginn über Onufrigewo und Nowa Gorki bis Demjansk zu verlängern. So wurden bereits rechtzeitig alle Maßnahmen eingeleitet, um den Bahnbetrieb entsprechend der Feindlage auch unter ungünstigen Witterungsbedingungen mit Erfolg führen zu können. Angesichts der immer schwieriger werdenden Umstände konnten beim Vorbau aber nur noch durchschnittliche Tagesleistungen von 1,5 km erreicht werden.

Ab 10. Oktober 1942 übernahm Oberstleutnant Bork selbst den neu aufgestellten Feldbahnstab Tuleblja, während der Einsatzgruppe Hauptmann Bender der gesamte Betriebsdienst einschließlich des Betriebsmaschinendienstes übertragen wurde. Zehn Tage später wurde die Gruppe aufgelöst, und die Kompanie Sender übernahm das Betriebsamt 2 von km 27,5 bis km 58,4. Die Kompanie Bender blieb Oberstleutnant Bork, Kodeis 16, auch weiterhin unterstellt.

Einsichtige und verantwortungsbewußte Truppenführer der 16. Armee hatten längst erkannt, daß die ‚Grafschaft Demjansk' baldigst geräumt werden mußte, um ein zweites Stalingrad zu vermeiden. Entgegen dem ausdrücklichen Befehl des OKW wurden bereits ab Ende Januar 1943 gut getarnte Vorbereitungen für die Räumung des Kessels getroffen, was wegen der harten Wintertage auch an die Soldaten der Feldbahneinheiten besonders hohe Anforderungen stellte. Beim Einsetzen des Räumungsbefehls am 1. Februar 1943 waren von den Truppen im Kessel bereits wertvolle Ausrüstungen, Waffen und Versorgungsgüter zu den Sammelstellen der Feldbahn gebracht und nach Tuleblja abgefahren worden. Allein durch den Einsatz der Feldbahn konnten die deutschen Verluste an Menschen und Material auf ein Minimum beschränkt werden. Was die Eisenbahnpioniere bei diesen Einsätzen unter härtesten Winterbedingungen leisteten, wurde von allen sich aus dem Kessel absetzenden Truppen anerkannt. Ein Beispiel dafür bildet das folgende Schreiben der 126. Infanterie-Division an die Eisenbahn-Pionier-Kompanie 71 vom 20. März 1943:

‚Die Eisenbahnpionierkompanie 71 hat die Division in der Munitionierung bei den Abwehrkämpfen im Raume Bol. Sassowo – Kuckuj wie bei der Rückführung der Versorgungsgüter aus dem Raum ostwärts des Lowats und der Redja vortrefflich unterstützt. In unermüdlicher Arbeit von Offizieren und Mannschaften der Kompanie sowie des Lokpersonals wurde durch die Feldeisenbahn bei der Räumung für die Division befördert:

a) aus Mun.-Lager Bol. Sassowo:
85 Gewichtstonnen Munition
160 Ladetonnen Leergut

b) aus dem Raum Steinstraße:
850 Gewichtstonnen Munition
320 Ladetonnen Leergut
90 Ladetonnen Gerät
370 to Verpflegung und Unterkunftsgerät
450 Betriebsstoffässer

c) aus dem Raum zwischen Lowat und Redja:
980 Gewichtstonnen Munition
350 Ladetonnen Leergut
405 Ladetonnen Gerät
740 to Verpflegung, Bekleidung und Unterkunftsgerät

Gesamtgewicht: 4350 to
450 Betriebsstoffässer

Hierdurch wurden nicht nur wertvollste Versorgungsgüter erhalten, sondern auch die Durchführung der Kampfaufgaben der Division wesentlich erleichtert. Ich spreche der Kompanie für ihre Leistungen und Einsatzfreudigkeit meinen Dank und meine besondere Anerkennung aus. [gez.] Hoppe, Generalmajor und Div. Kdr.'

Zum rollenden Material der Feldbahn Tuleblja – Demjansk gehörten Dampf- und Diesellokomotiven, gedeckte und offene Feldbahnwagen, Loren, Draisinen und Spezial-

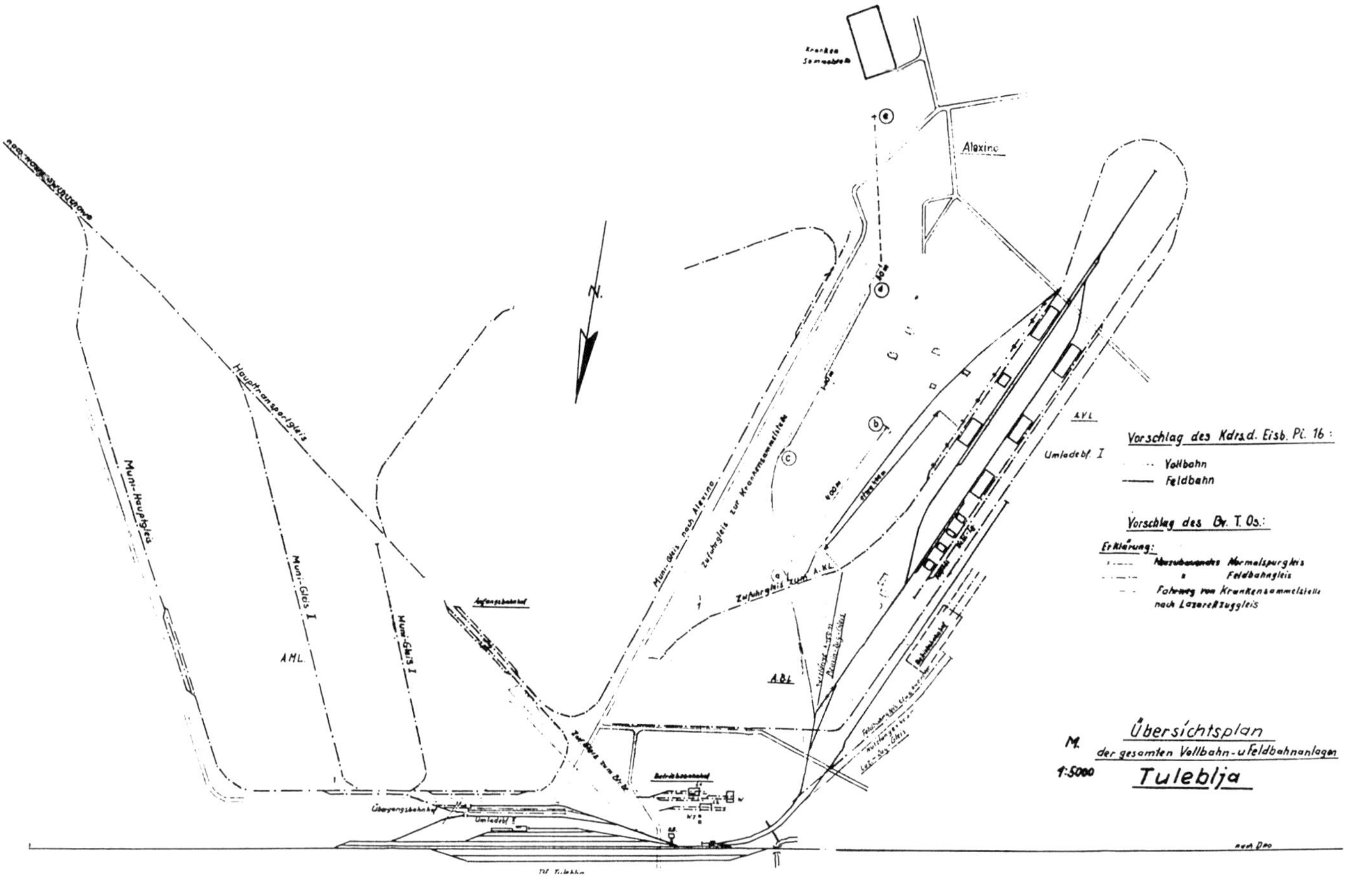

Übersichtsplan der gesamten Gleisanlagen im Bahnhof Tuleblja an der Vollbahnstrecke von Dno nach Bologoje an der Fernstrecke Moskau – Leningrad. *(Skizze: Bundesarchiv)*

fahrzeuge wie Schneeräumer, Wasser- und Werkstattwagen. Es ist leider nicht mehr möglich, die genaue Zahl der einzelnen Typen festzustellen.

Die betriebliche Beanspruchung des Rollmaterials war außerordentlich hoch. Außer bei Leerfahrten war es kaum möglich, einmal unter den zulässigen Achslasten zu bleiben, was einen verhältnismäßig großen Materialverschleiß ergab. Hinzu kam, daß der Oberbau bei Inbetriebnahme der Bahn noch einiges zu wünschen übrig ließ. So gab es in der ersten Zeit manche Entgleisungen, die erst mit zunehmender Durcharbeitung der Gleislage nachließen. Bei verwehten Strecken und vereisten Weichen im Winter nahmen die Entgleisungen wieder zu, was die Soldaten im Betriebsmaschinendienst hart in Anspruch nahm. Obgleich die Mehrzahl des Lokpersonals nur kurzzeitig ausgebildet war, fand es sich bald mit den besonderen betrieblichen Gegebenheiten zurecht; dies bei jeder Wetterlage sowie bei Tag und Nacht.

Die Unterhaltung des Rollmaterials wurde in besonderen Schuppen durchgeführt, die dem Personal auch Schutz vor Nässe und Kälte boten. Alle Instandsetzungen wurden mit feldmäßigen Mitteln durchgeführt und stellten daher erhebliche Anforderungen an die Handwerker. Auch in den Werkstätten unterstützten Kriegsgefangene und andere Hilfskräfte die Soldaten mit gutem Erfolg. Zur Versorgung der Loks mit Kesselspeisewasser dienten behelfsmäßige Wasserstationsanlagen in regelmäßigen Abständen entlang der Strecke, die nach einem Schema gebaut und schon konstruktiv gegen Kälte geschützt wurden; sie haben sich im allgemeinen auch bewährt.

Die Räumung des Kessels war ein Musterstück deutscher Generalstabsarbeit. In äußerst kurzer Zeit, binnen etwa acht Tagen, hatten sich erste Truppenteile unter widrigsten klimatischen Bedingungen hinhaltend kämpfend vom Feinde abgesetzt und das westliche Lowat-Ufer erreicht. Hierbei arbeiteten die Stäbe der Kampftruppen mit den Feldbahneinheiten eng zusammen, so daß das Gros der eingekesselten Truppen nach etwa zwanzig Tagen bereits die Ufer des Lowat erreicht hatte. Allein im Bereich der Eisenbahn-Pionier-Kompanie 71 (Betriebsamt 2) wurden vom 1. Dezember 1942 bis 1. April 1943 von der Feldbahn befördert:

Soldaten der Eisenbahnpioniertruppe und Hilfskräfte im Winter 1942/43 beim Schneeräumen im Raum Demjansk. (Foto: Bundesarchiv 19/14/60)

a) für die Armee	110 658,4 t
b) für Bau und Betrieb	115,9 t
zusammen	121 814,3 t

Im Tagesdurchschnitt waren das etwa 1000 t. Auch die hartnäckigsten Verfechter des Einsatzes motorisierter Kolonnen erkannten, daß in den Weiten des russischen Raumes der Transport auf der Schiene gegenüber dem Transport mit Lkw erheblich günstiger war. Das galt besonders für die Wintermonate und die Zeit der Schneeschmelze. Straßen, soweit zu dieser Zeit überhaupt vorhanden, und pioniermäßig gebaute Knüppeldämme waren den starken Beanspruchungen nur kurz gewachsen und gegen Artillerie und Bombentreffer empfindlich; die Wiederherstellung beschädigter Feldbahngleise war weniger aufwendig. Dennoch hat das OKW die Folgerungen aus diesen einfachen Erkenntnissen zu spät gezogen.

Eine andere Schwäche der deutschen Führung lag im immer wieder zu spät eingeleiteten Rückzug aus exponierten Stellungen. Der nebenstehende Plan zeigt den Bahnhof Tuleblja an der eingleisigen, voll ausgebauten Eisenbahnstrecke von Dno nach Staraja Russa, aufgestellt vom Kodeis 16. Er läßt die Größe des Bauvorhabens erkennen und zeigt zugleich, daß die höhere deutsche Führung an eine Aufgabe der von ihren Truppen besetzten Gebiete niemals gedacht hat. Das geht aus der aufwendigen Anlage von Verpflegungs- und Bekleidungslagern, Feldposteinrichtungen und dem großzügigen Ausbau der Einrichtungen von Vollbahn und Feldbahn hervor. Zu allem Überfluß wurden hier auch noch zwei Alternativentwürfe aufgestellt.«

Damit endet Karl Sanders Bericht über die Feldbahn im Kessel von Demjansk. Der nächste Abschnitt beschreibt das Reststück der Strecke im Sommer 1943.

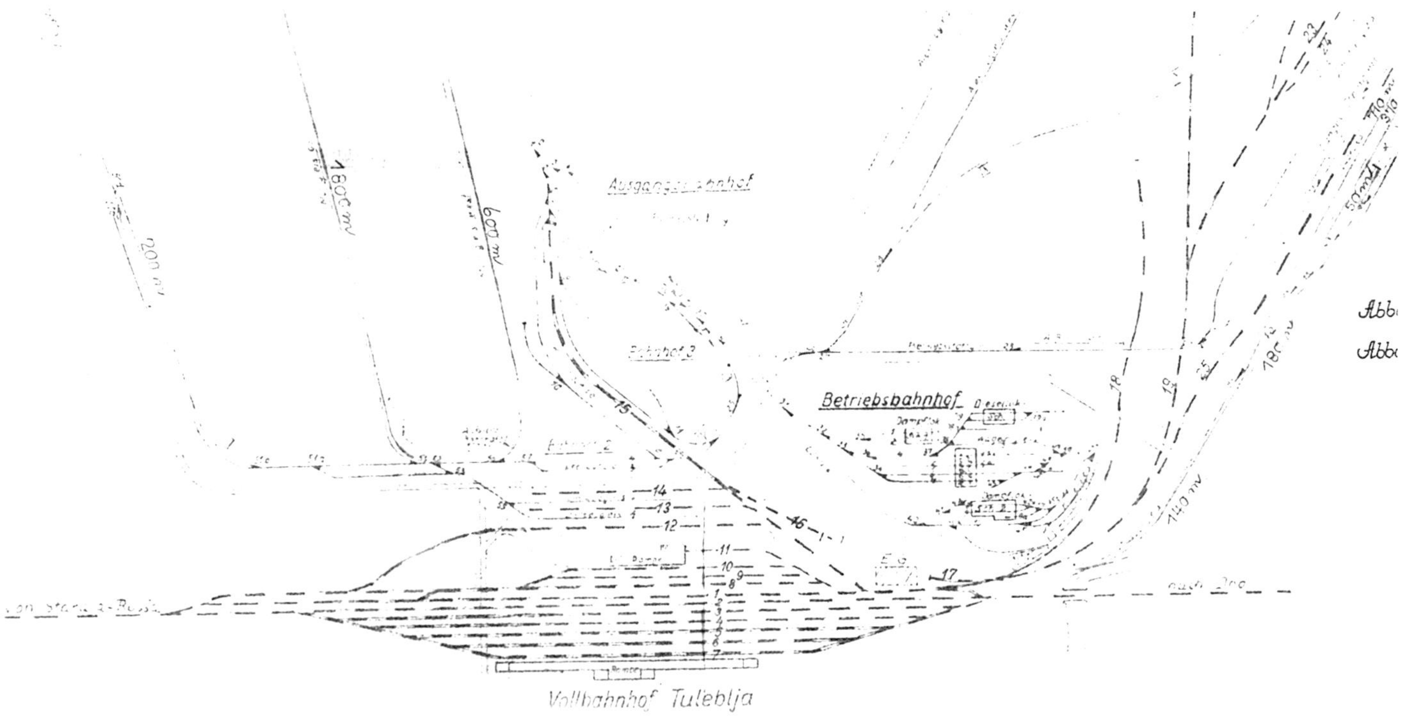

Zustand des Feldbahnhofes Tuleblja im Juli 1943, als seine Verkleinerung geplant wurde. Die Vollbahngleise sind breit schwarz-weiß, die Feldbahngleise dünn schwarz gezeichnet. Norden ist unten. (Skizze: Bundesarchiv)

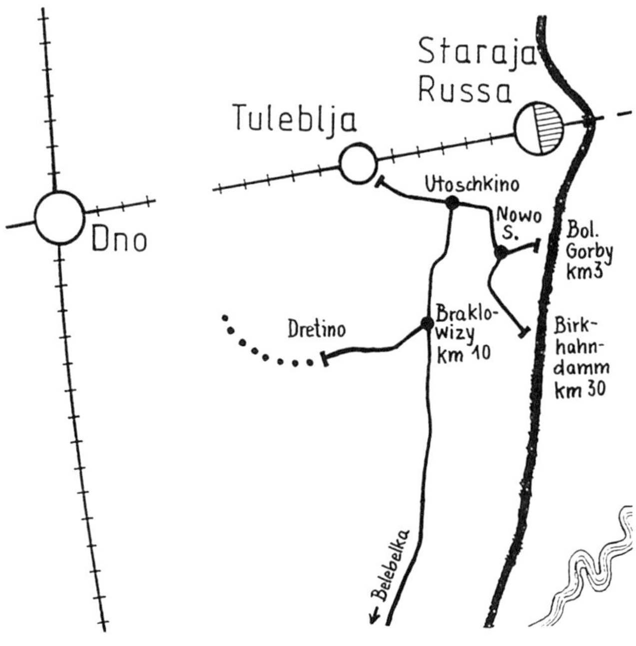

Bahnanlagen im Süden von Tuleblja und Staraja Russa mit der Feldbahnstrecke über Nowo Sswinuchowo zum Endbahnhof Birkhahndamm und weiteren Abzweigungen. Die Front lag nun am Redja-Fluß und wurde hier weitgehend per Feldbahn versorgt. Vollbahngleis schloß in Dretino von Gorki bei Dno an.

6.3 DIE RESTSTRECKE TULEBLJA – BIRKHAHNDAMM IM SOMMER 1943

Nach der Räumung des Kessels von Demjansk und der Stabilisierung der deutschen Front in den Auffangsstellungen wurde der verbliebene Teil der Feldbahn von Tuleblja nach Osten weiterhin benutzt. Die Bahn erschloß nun ein weiteres Gebiet südlich von Staraja Russa und endete im Sumpfgebiet des Redja-Flusses bei km 30,6 an einem Platz mit dem Namen »Birkhahndamm«. Von Nowo Sswinuchowo in km 22,7 dieser Strecke entstand ein Abzweig von wenigen Kilometern länge nach Bolowino Gorby.

In großem Umfang erweitert wurde die Feldbahn von Tuleblja durch den nach Süden reichenden Ast von Utoschkino (in km 14,5) am Polist-Fluß entlang bis Belebelka. Sie wird im nächsten Abschnitt beschrieben. Auf einem wieder nach Westen reichenden Zweig dieser Bahn sollte bei Dretino ein weiterer Umladebahnhof zur Feldbahn entstehen, um dessen Ausgestaltung sich die Nachschubtruppen und die Eisenbahnpioniere im Sommer 1943 seitenlang stritten. Ähnlich endlose Debatten ergaben sich, als zum Ausbau der südwärtigen Feldbahnstrecke bei Belebelka neues Material dadurch beschafft werden sollte, daß man die Gleisanlagen im Umladebahnhof Tuleblja verkleinerte. Hier wollte der Kommandeur der Eisenbahnpioniere 16 (Stab/Eisb. Pi. Regt. 4) im Juli 1943 möglichst viel Gleis gewinnen; er schlug deshalb für manche Beförderungsleistungen wieder Lkw und Pferdefuhrwerke vor.

6.4 FELDBAHN UTOSCHKINO – BELEBELKA IM SOMMER 1943

Als Abzweig von der Feldbahn Tuleblja – Birkhahndamm wurde zwischen dem 12. Februar und dem 28. März 1943 (45 Arbeitstage) die Feldbahnstrecke Utoschkino – Jassny (– Simnik) mit 30 km Gesamtlänge erbaut, die Verbänden der Heeresgruppe Nord dienen sollte. Die Erdbewegung in dem gefrorenen Boden fiel ebenso schwer wie das Nageln der Gleise. Dort arbeiteten durchschnittlich 332 Eisenbahnpioniere, 85 estnische und lettische Pioniere sowie 162 russische Zwangsarbeiter. Eine bemerkenswerte Zahl am Rande ist, daß täglich 22 große Feldbahnwagen mit zusammen 105 m³ Kies herangefahren wurden; jeden Tag wurden rund 700 m Gleis vorgestreckt. Vom Stab des Eisenbahn-Pionier-Regiments 4 wurde der Weiterbau einer 18 km langen Feldbahnstrecke zwischen Jassny und Belebelka betreut. Auch hier wurde genageltes Gleis in Kiesbettung verlegt, und zwar täglich etwa 310 m. 106 Eisenbahnpioniere, 61 Reichsbahn-Bauzugarbeiter sowie 37 Hilfswillige und Landeseinwohner arbeiteten an dieser Strecke vom 14. April bis 15. Juni 1943, also an 62 Tagen. Diese Bahn hatte einen Zweig nach Teremowo und wurde noch bis Petrowo um 30 km verlängert; siehe die Ziffern 8 und 9 der Liste vom 12. Mai 1943 im Abschnitt 9.1.
Für diese Feldbahnen werden drei (nur teilweise ausgeführte) Abzweigstrecken erwähnt, nämlich Belebelka Schepni (16 km mit Stichgleis Jamna – Kremna, 6 km), ferner Simnik – Gluchaja Goruschka (10 km, Verlängerung nach Gorbowustizy vorgesehen), und schließlich Wolyschewo Podzepodtschze (7,7 km).

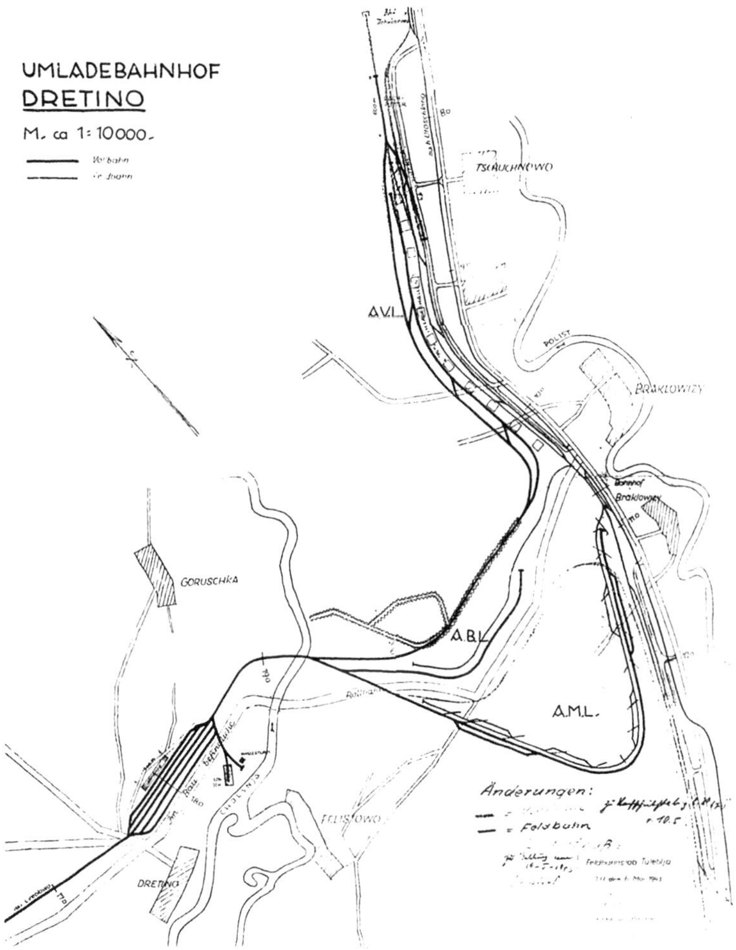

Der geplante Umladebahnhof Dretino, am Polist-Fluß gelegen, 15 km südlich des Abzweigbahnhofs Utoschkino der ersten Feldbahn von Tuleblja nach dem Birkhahndamm. Dick ist die Vollbahn, dünn ist die Feldbahn gezeichnet, schwach sind Änderungen nachgetragen. Plan vom 6. Mai 1943. (Skizze: Bundesarchiv AOK 16/75 057/1)

6.5 DIE FELDBAHNEN VON LOKNJA, FEKINO UND CHOLM 1942/43

Schon im Spätsommer 1942 waren im Bereich der Heeresgruppe Nord (Eis. Pi. Regt. 4) kleine Feldbahnen von Kretschno nach Finew Lug (Raum Ljuban) und von Loknja über Fekino in Richtung nach Cholm (Raum Suschtschewo/Nowosokolniki) mit Dieselloks in Betrieb. Sie sind oben im Abschnitt 9.8 »Werkstättenwesen« bereits erwähnt. Die Bahn von Loknja, nicht einmal hundert Kilometer südlich von Staraja Russa im Gebiet westlich der Waldai-Höhen, wurde in 600-mm-Spur errichtet. Im Herbst 1943 reichte die Strecke von Loknja nach Sutoki; sie diente der Versorgung der Lowat-Front südlich von Cholm. Als Abzweigung hiervon wurde im Frühjahr 1943 eine Feldbahnstrecke für die Heeresgruppe Nord bei Fekino gebaut. Im Abschnitt 4.7 wurde bereits gesagt, daß die in einem »Erfahrungsbericht« aus Fekino enthaltenen Angaben aus dem Stab/Eisb. Pi. Regt. 4 vom 27. Juni 1943 sehr klar die Schwierigkeiten und die Sprache jener Zeit erkennen lassen. Der Bericht wird deshalb hier einmal vollständig wiedergegeben. Auffällig darin sind die großen Stückzahlen bei Brücken und Durchlässen sowie die Berechnung der Tagewerke von russischen Hilfswilligen und Kriegsgefangenen.

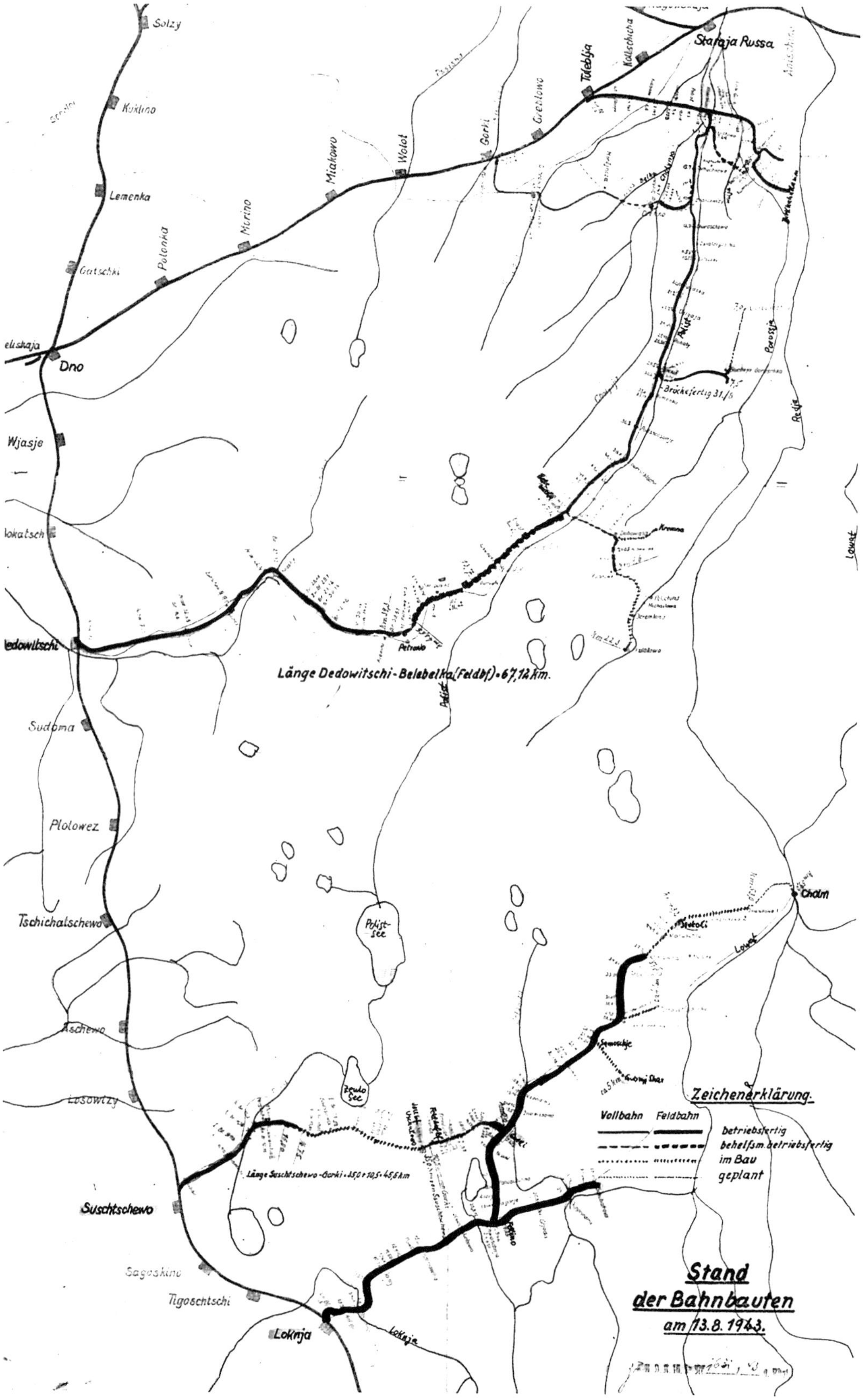

Militärisch genutzte Bahnbauten im Bereich der 16. Armee nach dem Stand vom 13. August 1943. Im Norden die von Tuleblja ausgehenden bis Birkhahndamm und Belebelka mit Abzweigen an den Flüssen Polist und Redja. Im Süden die Heeresfeldbahnen von Loknja, Fekino und Cholm auf der Westseite des Flusses Lowat.

(Skizze: Bundesarchiv)

Ausfahrender Feldbahnzug auf Bahnhof Loknja im Herbst 1942. *(Foto: Urban/Sammlung Ess)*

Zug mit Bauarbeitern und Kies auf der Feldbahn vor Cholm, wieder im Herbst 1942. *(Foto: Urban/Sammlung Ess)*

Dieser Feldbahnwagen der Strecke von Loknja wurde mit Aufbau und Heizung für den Verwundetentransport hergerichtet.

(Foto: Urban/Sammlung Ess)

»1. Für Feldbahnstrecke Fekino – Sumpfbrücke von 20,850 km Streckenlänge wurden geleistet:

22 015 m	genageltes Gleis verlegt
980 m	geschraubtes Gleis verlegt
zus.: 22 995 m	Gleis verlegt
25 Stck.	Weichen eingebaut
14 738 cbm	Boden bewegt
14 713 cbm	Kiesbettung geschüttet (7 647 cbm von Juchowo [14 km durchschnittl. Trans portlänge] angefahren),

88 Stck. Brücken und Durchlässe (10 + 78) mit einer Gesamtlänge von (300,95 + 63,85) = 364,80m gebaut.

2. In der Zeit von 18. 3. 43 bis 1. 6. 43, d. h. während 74 Arbeitstagen, waren durchschnittlich eingesetzt:
a) 359 Eisb. Pioniere und deutsche Zivilarbeiter,
b) 210 Hilfswillige, Landeseinwohner und Gefangene.

An Tagewerken sind geleistet worden und werden auf Tagewerke Deutscher Kräfte umgerechnet:

a) 26 566 deutsche Tagewerke	= 26 566 Tgw.
b) 15 838 russische Tagewerke x 0,5	= 7 918 Tgw.
zusammen:	34 464 Tgw.

3. Unter Zugrundelegung der Berechnungen unter Ziffer 2 kann überschlägig festgestellt werden:
a) für 1 km verlegtes Feldbahngleis mit 0,71 cbm Bodenbewegung/lfdm., Strecke mit rund 0,7 cbm Kiesbettung/lfdm. Gleis und 17,5 m Brücke/km Strecke waren 1 654 Tagewerke oder 16 540 Arbeitsstunden erforderlich.
b) Am Tage sind rund 311 m Gleis vorgestreckt worden.
c) Auf 1 km Strecke waren rd. 27 Arbeitskräfte eingesetzt, wovon rd. 10 Mann russ. Hilfskräfte waren.
d) Es sind täglich rd. 200 cbm Kies in 100 4,5 t-Kastenwagen mit 2,05 cbm Inhalt angefahren worden.«

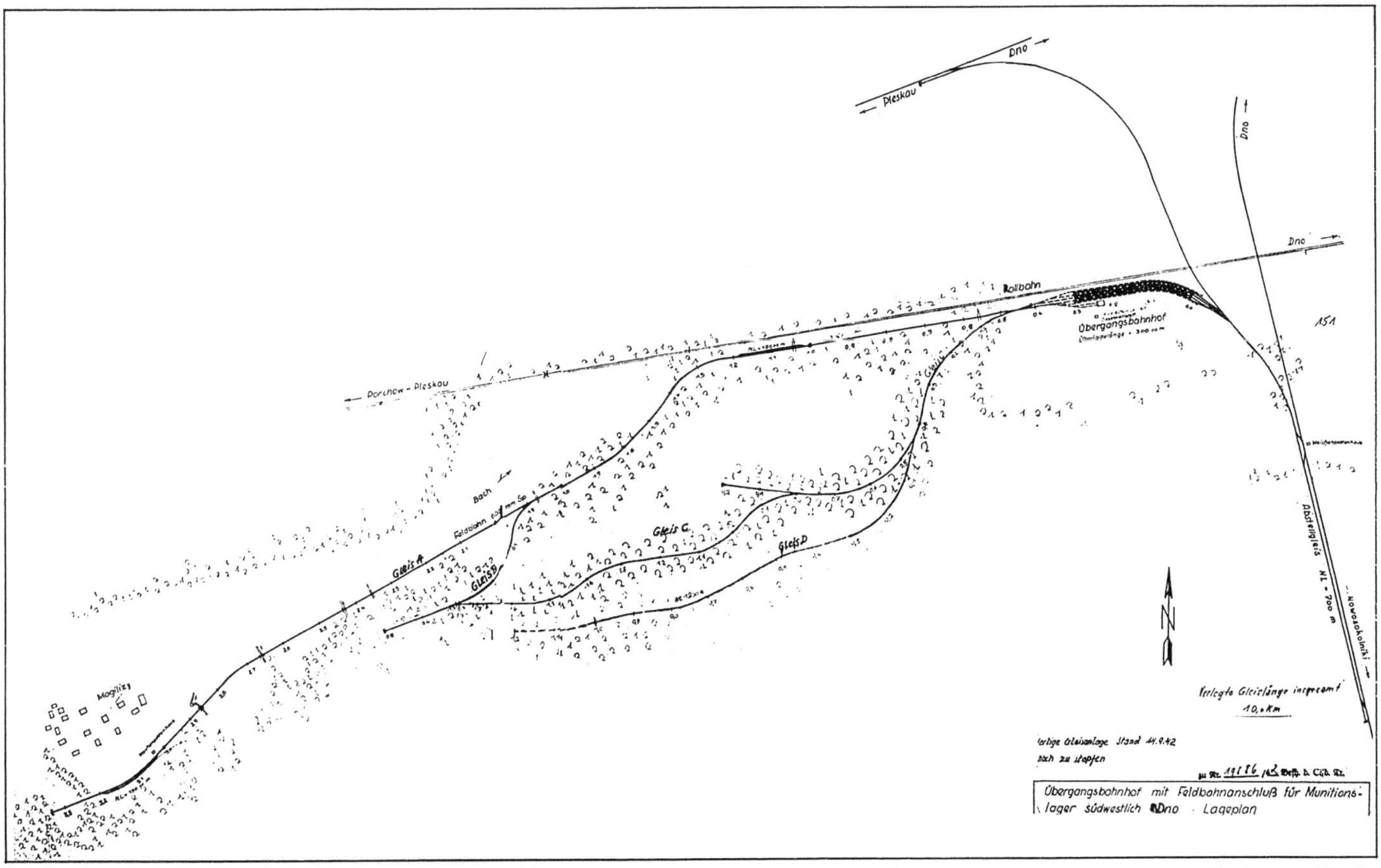

Lageplan des Munitionslagers der 18. Armee im Nordabschnitt der Ostfront bei Dno. Der Übergangsbahnhof lag an der Vollbahn von Pleskau nach Ono und der südwärts laufenden Strecke nach Nowosokolniki. Zustand vom 14. September 1942, das Gleis D ist noch zu stopfen.
(Skizze: Bundesarchiv)

6.6 DIE MUNTIONS-FELDBAHN VON DNO AB SOMMER 1942

Als ein ganz besonderer Fall des Militärtransports durch Schmalspurbahnen im Zweiten Weltkrieg ist die nur wenige Kilometer lange Munitionsbahn bei Dno zu erwähnen. An dieser Stelle, etwa fünfzig Kilometer vor Tuleblja und dem Anfang der Feldbahn zum Kessel von Demjansk gelegen, rollten auf der Vollbahn gewaltige Munitionsmengen für den Nordabschnitt der Ostfront an, besonders für die Gebiete in den Wolchow-Sümpfen und für die Stellungen am Lowat-Fluß.

Südlich von Dno wurde daher ab Mai 1942 ein Munitionslager eingerichtet, um die Vollbahnwagen rasch entla-

Militärkarte der Umgebung von Dno mit den Bahnstrecken nach Pleskau (westlich), Tuleblja (östlich) und Novosokolniki (südlich). Neben der Vollbahn die »Rollbahn« für Kraftfahrzeuge, die in östlicher Richtung verlängert werden sollte. *(Skizze: Bundesarchiv)*

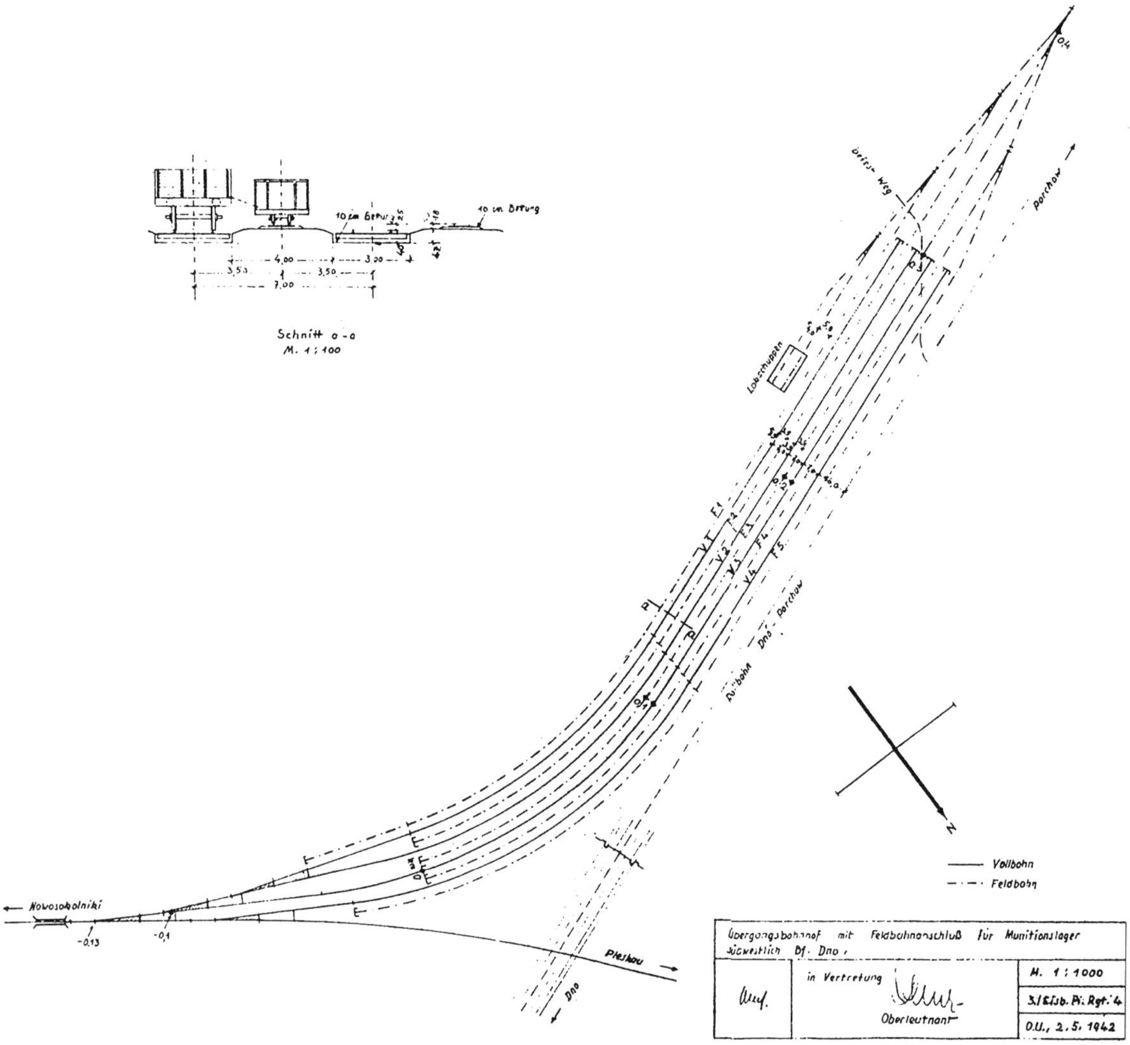

Querschnitt durch das Gelände im Umladebahnhof zum Munitionslager bei Dno. Die Vollbahn hatte dort vier Gleise, die Feldbahn fünf Gleise und einen zweiständigen Lokschuppen. *(Skizze: Bundesarchiv H 14/72)*

den und nach Deutschland zurückschicken zu können. Dieses Munitionslager, im Oktober 1942 fertig, bestand eigentlich nur aus einer Anzahl von weit auseinandergezogenen Feldbahngleisen (in 600-mm-Spur), auf denen die beladenen Waggons vorübergehend abgestellt waren. Den Bau besorgte die 3./Eisb. Pi. Regt. 4 für die 18. Armee. Man hoffte, durch diese gefächerte Art der Aufstellung bei Angriffen aus der Luft die Verluste möglichst gering halten zu können. Bei Bedarf konnte die hier gelagerte Munition auf die Straßen-Rollbahn von Porchow-Pleskau nach Dno oder auf die Vollbahnen von Pleskau nach Dno und nach Nowosokolniki ein weiteres Mal umgeladen werden. Insgesamt wurden wohl 10 km Gleis im Wald verlegt, doch wird der »Feldbahnanschluß für ein Munitionslager südwestlich Dno« in anderen Statistiken auch mit der reinen »Streckenlänge« von 1,8 km aufgeführt, während die langen Abstellgleise unerwähnt bleiben. Diese Anlage dürfte etwa bis Ende 1943 bestanden haben.

6.7 FELDBAHNEN IM SUMPFGEBIET DES WOLCHOW BEI NOWGOROD (1943)

Nach dem Überfall auf Rußland hatten die deutschen Armeen im Spätherbst 1941 den Angriff bis vor die Tore Moskaus vorgetragen. Auf den harten russischen Winter völlig unvorbereitet, erlitten die deutschen Armeen der Heeresgruppen Nord und Mitte in einem frühen Winter durch die in Eilmärschen herangebrachten sibirischen Ar-

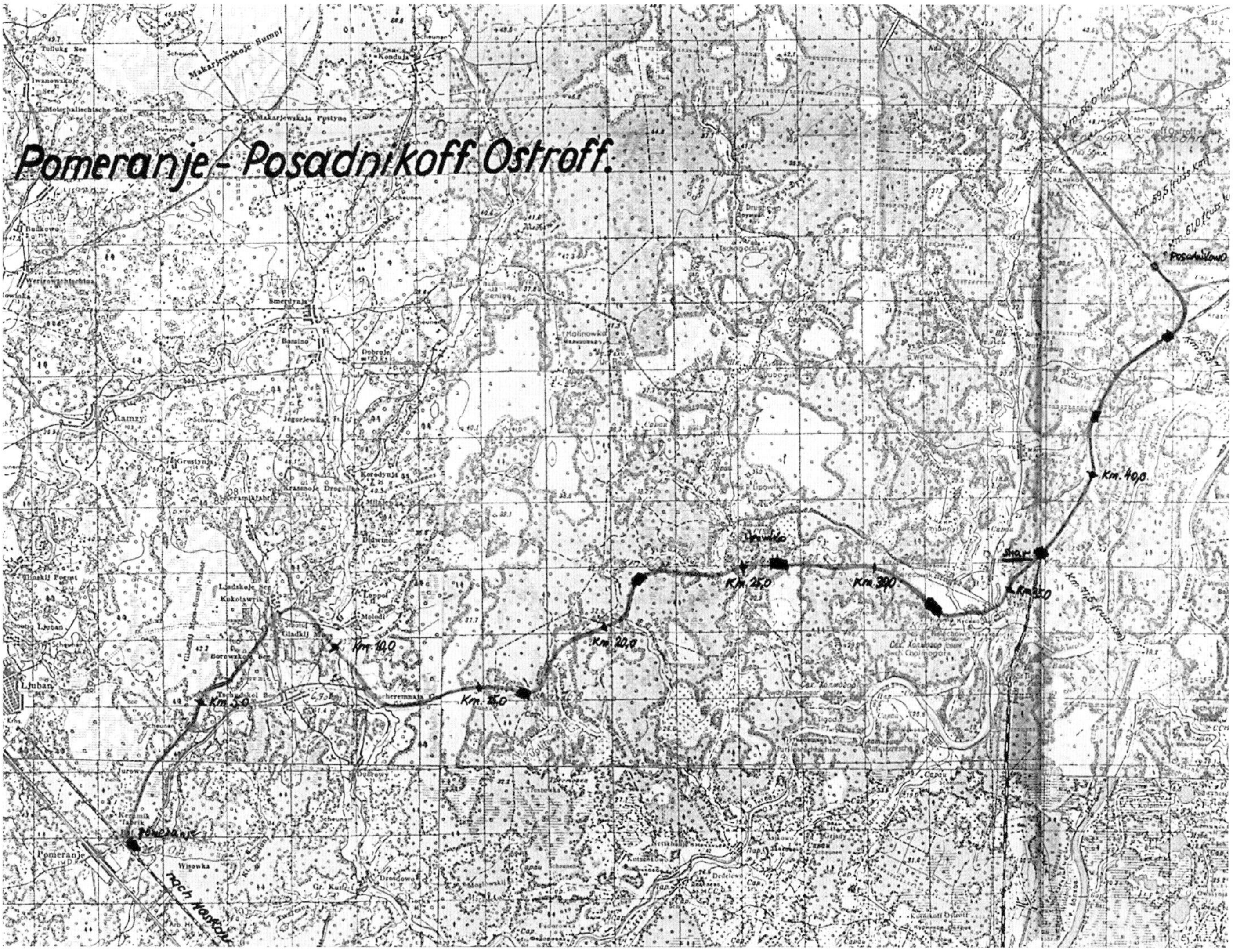

Von der Fernstrecke Leningrad – Moskau zweigte die Feldbahn Pomeranie – Shar – Posadnikowo in den Sümpfen am Wolchow-Fluß ab. Ein Ausschnitt aus der Militärkarte1:100 000. *(Skizze: Bundesarchiv)*

meen schwerste Verluste. Unter großen Mühen konnten die Fronten gegen Frühjahr 1942 gehalten werden. Nach diesem Debakel änderte Hitler das operative Kriegsziel: Ab Frühjahrsoffensive 1942 sollte die Hauptstoßrichtung seiner Armeen an der Südfront liegen: Eroberung der Kornkammer Ukraine mit ihren Kohle- und Mineral-Bodenschätzen und schließlich auch die beabsichtigte Eroberung der Ölquellen hinter dem Kaukasus-Gebirge.
Im Mittel- und Nordabschnitt beschränkte man sich daher auf eine Stabilisierung der Front. Obwohl die Russen sich bemühten, in beiderseits sehr verlustreichen Schlachten Boden zurückzugewinnen, veränderten sich die Fronten nicht wesentlich. Die Erfahrungen des harten Winters 1941/42 und vor allem die davor und danach liegenden Schlammperioden zwangen die deutsche Heeresführung, die Transportbedingungen außerhalb der Rollbahnen durch beschleunigtes Wiederherstellen und Umspuren der Normalspurstrecken und nicht zuletzt durch Errichtung mehrerer schmalspuriger Heeresfeldbahnen nachhaltig zu verbessern. Dies betraf in besonderem Maße auch die rückwärtigen Verkehrsverbindungen und Nachschubstrecken der 18. deutschen Armee unter Generaloberst Lindemann südlich von Leningrad (und der davon südlich operierenden 16. Armee).
Im ausgedehnten Wald- und Sumpfgebiet des Wolchows südlich von Leningrad hatten sich die Fronten ineinander verkeilt. Keiner der beiden Seiten waren namhafte Geländegewinne möglich. Auf Anforderung der 18. Armee wurde der beschleunigte Aufbau eines Heeresfeldbahnnetzes im rückwärtigen Gebiet der Front geplant und in

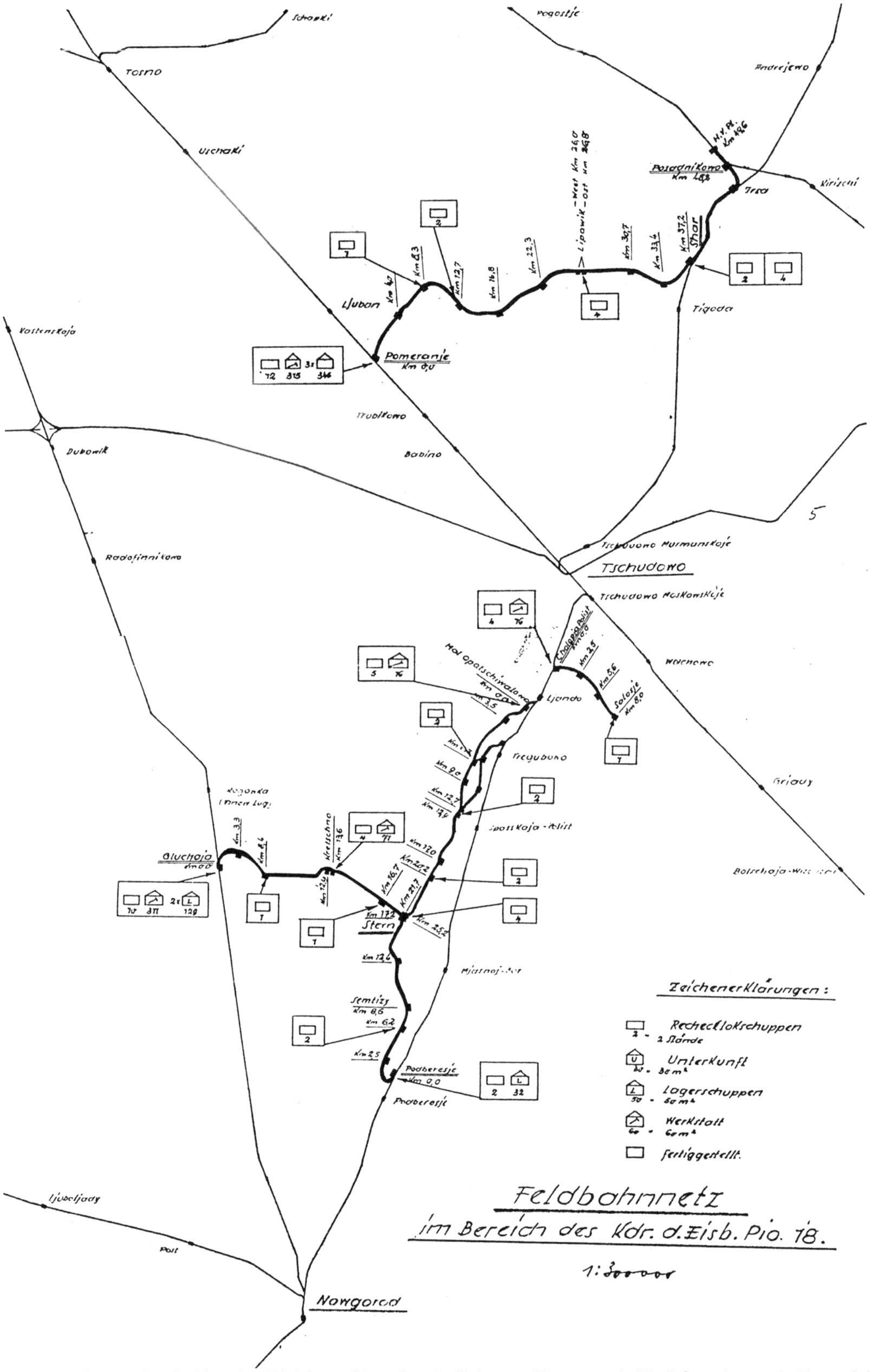

Übersicht der Feldbahnen bei der 18. Armee im Gebiet der Wolchow-Sümpfe nördlich von Nowgorod. Fünf Strecken mit über einhundert Bahnkilometern waren 1943 in Betrieb. *(Skizze: Bundesarchiv)*

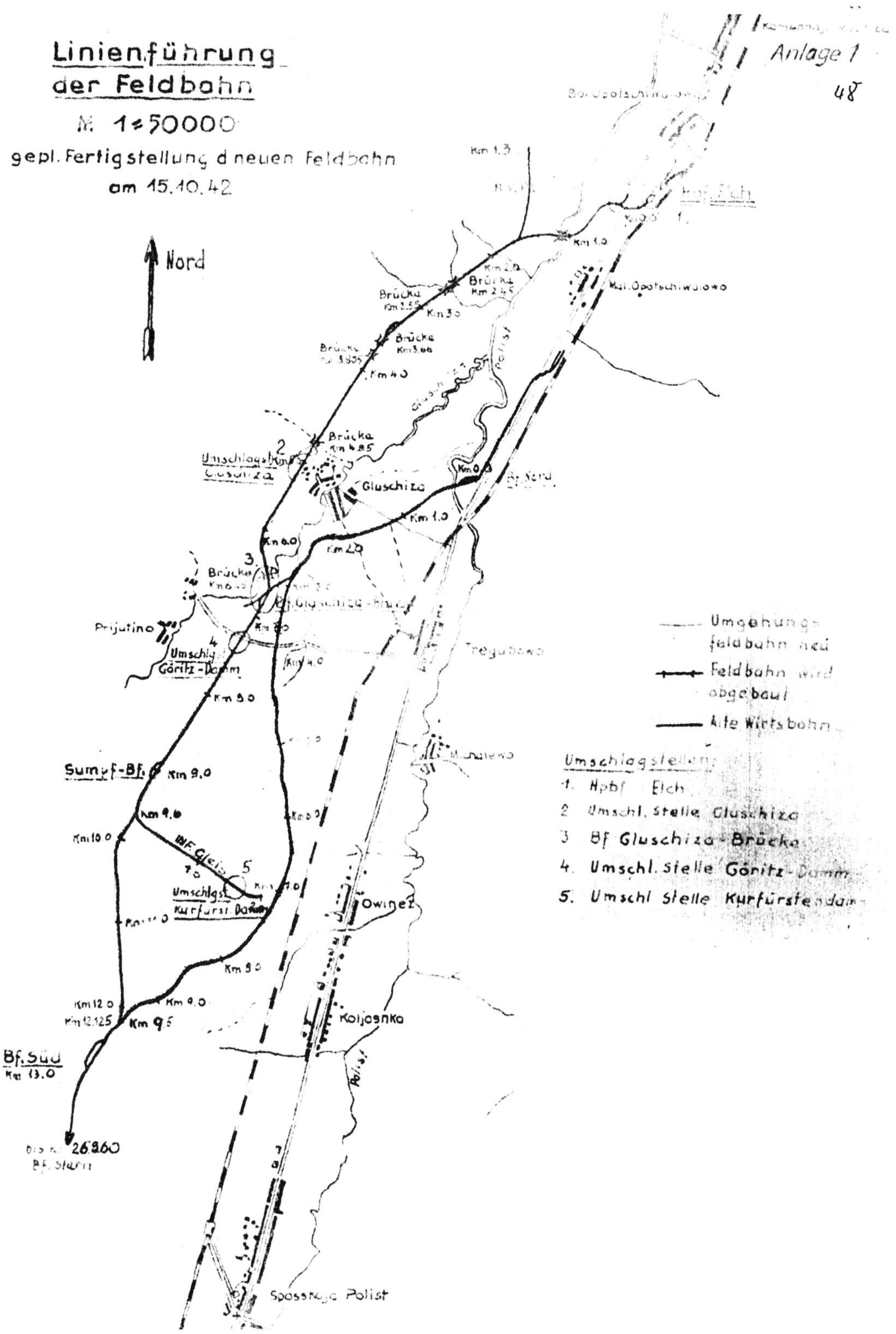

Nördlicher Abschnitt der Wolchow-Feldbahn von Mal. Opotschiwalowo (bei »Hbf. Elch«) nach Stern im Süden; geplante Fertigstellung am 15. Oktober 1942. Hier der Bereich der »Umgehungsfeldbahn«. (Skizze: Bundesarchiv)

Angriff genommen. In dem außerordentlich schwierigen Gelände gestaltete sich der Bahnbau sehr kompliziert. Die Eisenbahnpioniere mußten hier wahre Wunderwerke an Improvisation und technischem Können abliefern.
Fünf Hauptstrecken waren ab Herbst 1942 bzw. Frühjahr 1943 in Betrieb. Sie hatten eine Länge von zusammen etwa 112 Kilometern. Von Anfang an wurden sie ausschließlich mit Motorlokomotiven betrieben. Alle Bahnen hatten 60 cm Spurweite. Sie waren etwa bis Januar 1944 in Betrieb, dann ging dieses Gebiet in harten Winterschlachten an die Rote Armee verloren. Es handelte sich um folgende Strecken:

Gluchaja Keresti – Stern	21,7 km
Podberesje – Stern	17,2 km
Mal Opotchiwalowo – Stern	25,4 km
Choiopja Polist – Salosje [Saoskolje]	8,0 km
Pomeranje – Upowik – Posadnikowo	37,5 km

Wir wissen nicht, ob es einen Ort namens »Stern« tatsächlich gegeben hat, oder ob diese Bezeichnung lediglich aus der Lage des Bahnknotens abgeleitet worden ist, von dem die einzelnen Strecken »wie Strahlen eines Sterns« nach verschiedenen Richtungen ausgingen. Diese Feldbahnen haben im Sommer und Herbst 1943 beträchtliche Transportleistungen erbracht; Statistiken sind bis heute überliefert. Ihre Auswertung für die Strecke Pomeranje – Posadnikowo zeigt folgendes Ergebnis: In den acht Monaten Mai – Dezember 1943 beförderte die Bahn an Gütern 124 756 Nettotonnen (15 594 je Monat in 5611 Zügen, also 700 Züge je Monat). Davon waren reine Truppenzüge 1130 (141 im Monat) und Lazarettzüge 253 (31 im Monat), deren Lasten noch hinzukamen.
Zumindest für die Strecke von Mal Opotchiwalowo läßt sich sagen, daß sie von km 12,1 südwärts bis Stern auf der Grundlage einer älteren Strecke (»Wirtsbahn«) wieder errichtet wurde, während ihr nördlicher Abschnitt als »Umgehungsfeldbahn« bezeichnet wurde, weil er westlich der vorgefundenen Trasse verlief, die man abbaute. Hier bauten ab Ende August 1942 die Eisenbahn-Bau-Kompanien 106 und 125, die 1./ und 4./Eisb. Pi. Regt. 4, ein Kommando der Eisb. Pi. Kp. 72, einige Armee-Einheiten, eine Strafgefangenenabteilung und Kriegsgefangene.
Um ein Absacken des Bettungskieses in dem sumpfigen Gelände zu verhindern, wurde fast die gesamte Strecke auf einen Knüppelteppich mit oberer Reisigschicht gelegt. In einzelnen Abschnitten verwendete man Streckbalken und damit verklammerte Querschwellen als Sumpfbrücken. Auch der Kiestransport war nicht einfach: auf Breitspur kam er von Schapki bis Tschudowo heran und wurde dort noch auf Normalspurwagen umgeladen, ehe er die Feldbahn erreichte. Eine weitere Kiesgrube bestand an der Narwabahn. Auf Anforderung der Armee wurden an der Strecke verschiedene Stichgleise zu den Feldtruppen eingebaut. Alle Hochbauten an der Strecke führte die Eisenbahn-Pionier-Kompanie 72 aus.

Die folgenden Aufnahmen entstanden beim Bau der Feldbahn von Pomeranje nach Shar im Sumpfgebiet des Wolchow, also südlich von Leningrad bei der 18. Armee. Der Vorbau durch das morastige Gelände konnte im Herbst 1942 nur »vor Kopf« aus der soeben gelegten Strecke heraus erfolgen. Hier der Antransport von Schienen und Schwellen; der Knüppelteppich soll eine Vergrößerung der Auflagefläche bewirken. (Alle Fotos: Bundesarchiv 79/17)

Bauholz wird zur Vorbaustelle gebracht. Hinten liegt Jochgleis, vorn Schwellengleis auf Sumpfrosten. Zum Tell war vierfacher Unterbau, verkeilt und verknebelt, notwendig.

Links oben: Bei Winterbeginn wurden die offenen Feldbahnwagen mit Dächern versehen. An der Arbeit auch zwei russische Kriegsgefangene.

Oben: Kiesgewinnung für die Bettung mit dem Löffelbagger, im Hintergrund zweiachsige Feldbahnwagen.

Links: Kiestransport mit leichter Gmeinder-Diesellok für den Vorbau.

Links oben: Eine Gruppe Feldeisenbahner im Wolchow-Sumpf beim Rammen von Pfahlrost-Stämmen für eine Bahnbude.

Oben: Ein fertiger »Bahnhof« der Wolchow-Feldbahn Im Herbst 1942, etwas gegen Luftbeobachtung getarnt. Die Stationsnamen wurden hier oft an die heimatliche Geographie angelehnt.

Links: Beim Bau eines 12-ständigen Lokschuppens für die Feldbahn Pomeranje – Shar im Herbst 1942. Vorn liegen wieder Gleisjoche.

Truppentransport hinter die Frontstellungen auf der Wolchow-Feldbahn: eine »Gulaschkanone« mit zwei Zugpferden und Vorräten hat auf dem Vierachser Platz.

Nachschubzug mit Deutz-Motorlok auf der Wolchow-Feldbahn. Der dritte Wagen ist hoch mit Rauhfutter beladen. Als bescheidenen Frostschutz hat die Lokomotive schon Holztüren erhalten.

Beim Umladen von Verpflegung von der Feldbahn auf Pferdewagen im Wolchow-Sumpf.

Urlauber benutzten auch beladene Züge der Feldbahn Pomeranje – Shar für den Weg zur Vollbahn in die Heimat. Hier werden Bauholz und Sandsäcke auf einem erbeuteten französischen Rungenwagen transportiert.

Frontsoldaten fahren auf der Wolchow-Feldbahn in den Urlaub; Herbst 1942. Wieder zwei genietete Rungenwagen aus französischer Beute.

Im Winter 1942/43 auf dem zugefrorenen Sumpf des Wolchow: Bahnhofsgleise auf Sumpfbrücken. *(Foto: Bundesarchiv 78/96/70)*

Die nächsten acht Aufnahmen sind im Streckenabschnitt von Opotschiwalowo bis Stern der Feldbahnen im Wolchow-Sumpf 1942 entstanden. Zunächst ein typischer Transport mit Landeseinwohnern und Kriegsgefangenen auf einem bereits fertiggestellten Gleis zum Vorbau an der Spitze: Deutz-Motorlok, französischer Rungenwagen und zweiachsige Feldbahnwagen vor der Abfahrt.

(Foto: Bundesarchiv PK455115 bis 455/17)

Zweispurgleis von Vollbahn und Feldbahn am Wolchow. Rechts der Gleise liegen Nachschubgüter, links Bahnmaterial vom Schienenfahrrad bis zur Feldbahnweiche.

Rechts: Ein Bahnhofsschild auf der Wolchow-Bahn von Opotschiwolo. Hauptmann Willenbrock war Chef der Feldbahn-Kompanie 517.

Unten: »Eisenbahn in Betrieb« – auf vielen im Zweiten Weltkrieg begonnene Feldbahnen konnte dieses Schild wegen veränderter Frontlage nicht einmal aufgehängt werden. Wolchow-Feldbahn Ende 1942.

Oben: Transport blutjunger Soldaten mit Fahrrädern auf der Wolchow-Bahn.

Links: Vor der Abfahrt eines Feldbahnzuges am Wolchow-Sumpf 1942.

Lokschuppen der Betriebswerkstatt Mal. Opotschiwalowo mit Deutz-Lok.

Vor dem Verladen von leeren Kisten für Munition und Verpflegung in einen provisorisch gedeckten Feldbahnwagen am Wolchow.

7. Heeresfeldbahnstrecken in Finnland 1942 – 1944

Ermutigt durch den Abschluß des deutsch-sowjetischen Nichtangriffspaktes im Herbst 1939 stellte die Sowjetunion anschließend bestimmte politische Forderungen an die bis dahin unabhängigen Staaten Estland, Lettland und Litauen. Unter dem Druck des übermächtigen Nachbarn gaben diese Länder nach; das führte zu deren Angliederung in die Sowjetunion. Auch an Finnland wurden entsprechende Forderungen gestellt. Aber die Finnen gaben nicht nach und führten den sogenannten Winterkrieg vom 30. November 1939 bis 13. März 1940. Das kleine Finnland wehrte sich tapfer, mußte nach erheblichen Verlusten aber schließlich in einem Waffenstillstand große Gebiete an der östlichen Landesgrenze an die UdSSR abtreten.
Nach dem deutschen Einmarsch in die Sowjetunion am 22. Juni 1941 erklärte auch Finnland den Sowjets erneut den Krieg, der fortan der »Fortsetzungskrieg« genannt wurde (25. Juni 1941 – 19. September 1944). Bis Dezember 1941 eroberten die finnischen Truppen beinahe alle Gebiete zurück, die sie 1940 verloren hatten, ferner noch etwa einhunderttausend Quadratkilometer, die außerhalb der finnischen Grenzen von 1939 lagen.
Mit Einsetzen der großen amerikanischen Waffenlieferungen über den Anlandehafen Murmansk gewann die sowjetische Murman-Bahn sehr schnell höchste strategische Bedeutung. Da diese Strecke in Richtung Leningrad zwischen Ladogasee und Onegasee über 320 km Länge nun von den Finnischen Staatsbahnen betrieben wurde, mußte die Sowjetunion Ende 1941 eine Umgehungsbahn am Südrand des Weißen Meeres nach Oboserskaja (und Moskau) errichten. Die Deutsche Wehrmacht setzte zur Unterstützung des »finnischen Waffengefährten« Feldmarschall Mannerheim in diesem Land die 20. (Gebirgs-) Armee ein.
Zur Verbesserung der Versorgungsleistung für diese Truppe im mittleren Finnland wurde ab Mai 1942 eine deutsche Heeresfeldbahn von Hyrynsalmi nach Norden gebaut. Sie war zunächst für eine Strecke von 100 Kilometern nach Taivalkoski beschlossen. Nach anfänglich sehr provisorischer Erstellung wurde sie aber 1943 weitergebaut bis hinter Kuusamo und erreichte damit eine Gesamtlänge von 176 Kilometern. Sie war zugleich eine der wenigen Feldbahnstrecken in 75-cm-Spur.
Die Strecke unterstand dem Oberkommando der 20. Gebirgsarmee. Ausgeführt wurde der Bau unter Leitung des Eisenbahn-Pionier-Bataillons (mot) 13. Am Bau beteiligt waren auch die Organisation Todt, Zivilisten und sowjetische Kriegsgefangene: Eine Statistik vom 1. Juli 1944 nennt 858 deutsche Soldaten, 126 Mann von der O. T., 16 finnische Zivilisten, 381 Polen, 49 Hilfswillige und 1821 russische Kriegsgefangene, zusammen also 3251 Mann in Bau und Betrieb der Feldbahn. Auch Soldaten aus Feldstraflagern waren dabei.
Im Fall dieser finnischen Feldbahn trat also die administrative Besonderheit auf, daß sie nicht vom General der Eisenbahntruppen beaufsichtigt wurde, sondern daß die dort tätigen Kompanien der 20. (Gebirgs-) Armee und dem Armee-Pionierführer direkt unterstellt waren. Aus einzelnen Akten geht hervor, daß der General der Eisenbahntruppen sich dadurch übergangen fühlte und nun manchen Fehlschlag in Bau und Betrieb dieser Bahn einfach darauf zurückführte, daß er nicht beteiligt worden war.
Das Armee-Oberkommando 20 hatte sich deutlich gegen den Einsatz von Dampflokomotiven wegen der damit verbundenen Rauchentwicklung ausgesprochen. Deshalb wurden aus dem Heimat-Pionierpark Rehagen-Klausdorf zunächst (wohl im August 1942) nach Finnland 15 Einheiten Gleis ohne Schwellen sowie zwei schwere und drei mittlere Dieselloks (oder Einheiten Dieselloks?) versandt. Im Dezember 1942 folgten verspätet weitere 14 komplette Einheiten Dieselloks mit zusammen 55 Maschinen, deren Nummern bekannt sind. Am 28. Dezember 1942 waren nur 13 Loks betriebsfähig. Im Oktober 1943 wurden dann auch fünf schwere Dampflokomotiven nach Finnland geliefert. Bei mindestens zwei Maschinen handelte es sich um Cn2-Schlepptenderloks, mindestens eine kann als KDL 11 nachgewiesen werden.
Große Schwierigkeiten machte in Finnland die Ersatzteilversorgung für die Feldbahnloks, weil solche Teile im Lande selbst nicht zu besorgen waren und ihr Nachschub aus Deutschland stets mehrere Monate dauerte. Dazu schrieb das Armeeoberkommando 20 am 16. Januar 1943: »Die Loks und ein größerer Teil der Wagen wurden seit Monaten zum Bahnbau eingesetzt. Da keinerlei Ersatzteile vorhanden sind, mußten von den insgesamt 60 Loks bereits über die Hälfte wegen meist geringfügiger Schäden außer Betrieb gesetzt werden.

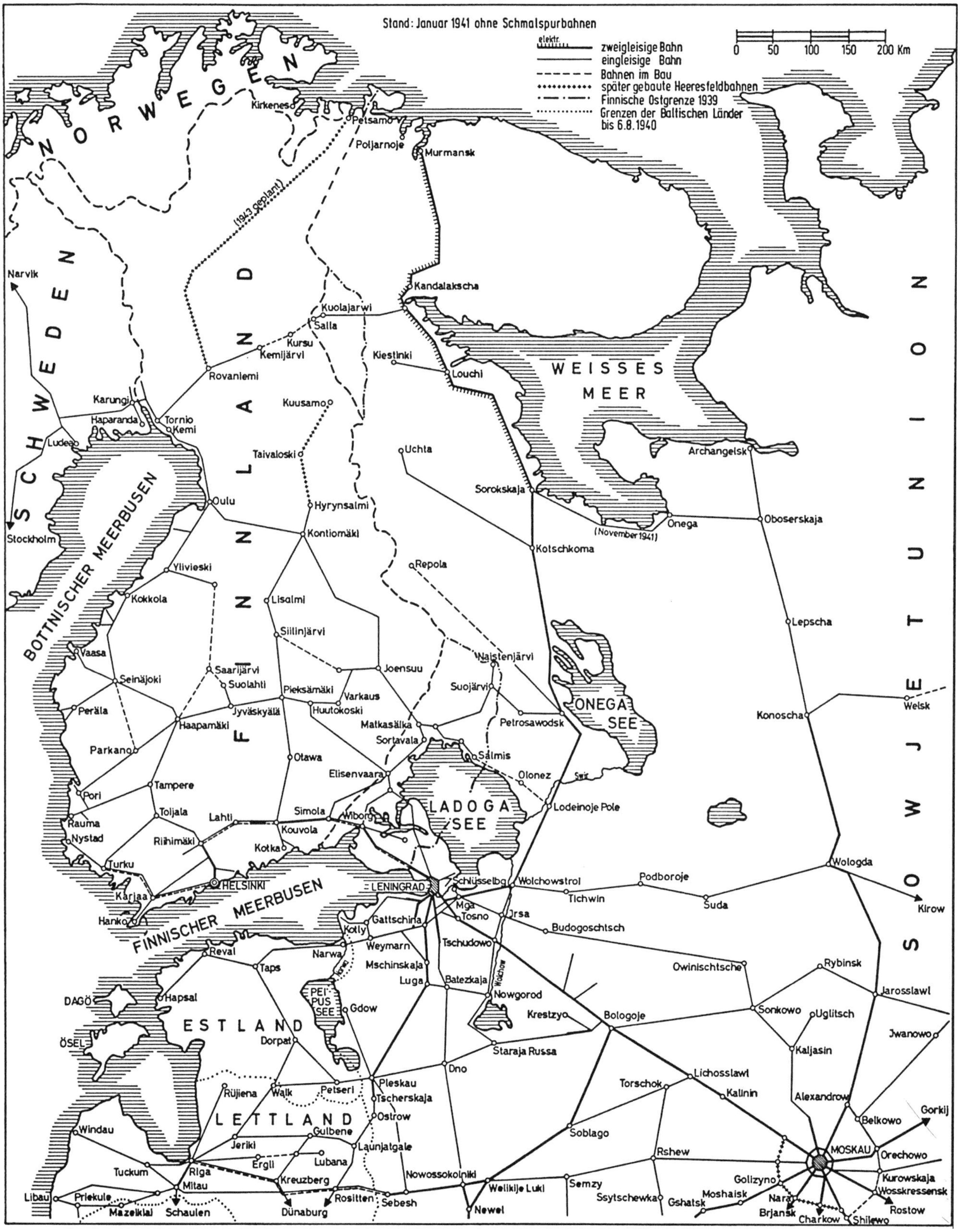

Die Eisenbahnen In Finnland und im Norden der Sowjetunion nach dem Stand vom Januar 1941. Man erkennt die Lage der deutschen Feldbahn von Hyrynsalmi und die geplante Bahn zum Polarkreis. Wiedergabe der Karte mit freundlicher Genehmigung des Muster-Schmidt-Verlags aus Kreidler, »Die Eisenbahnen im Machtbereich der Achsenmächte während des Zweiten Weltkrieges«.

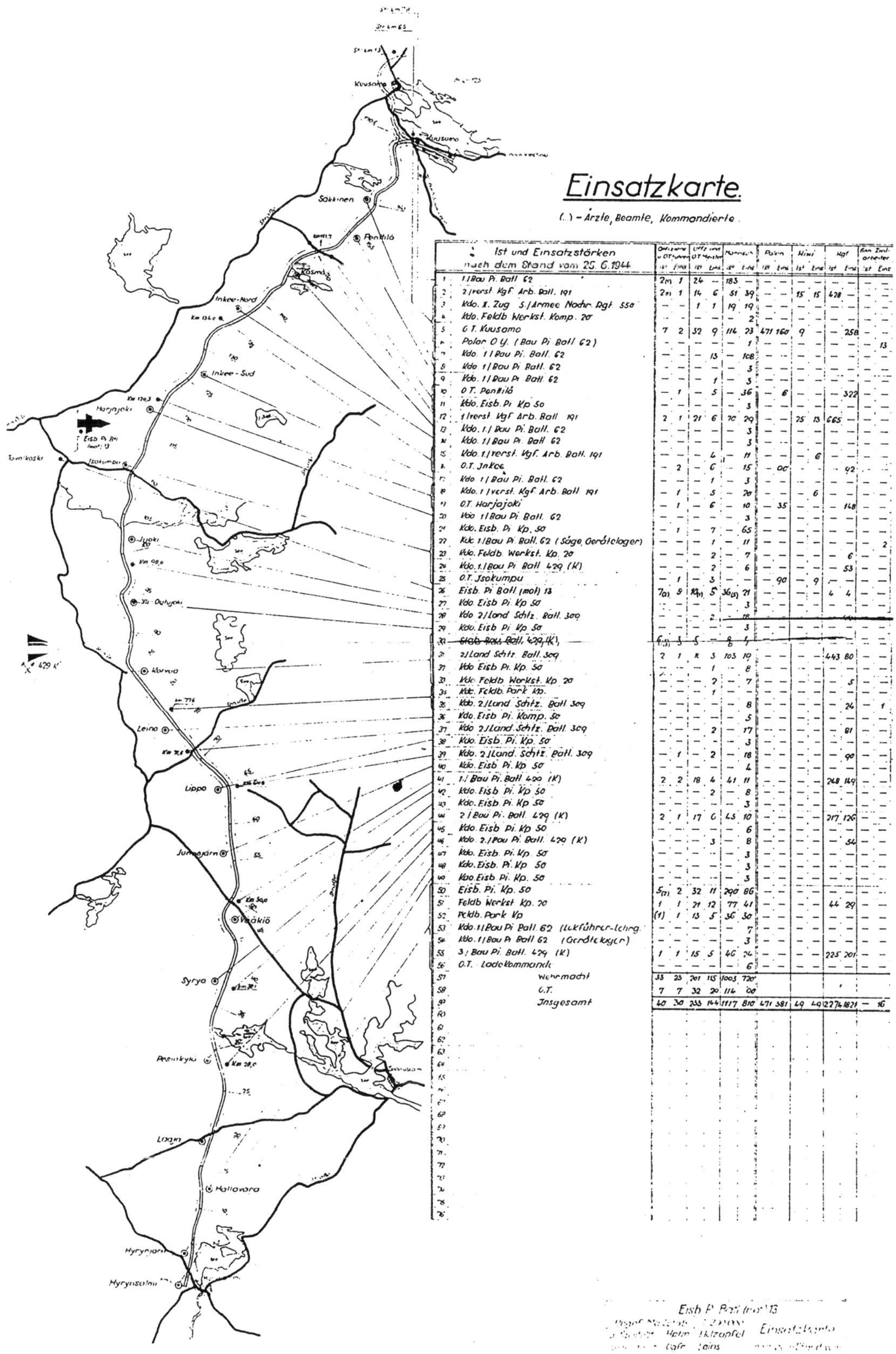

Einsatzkarte der Heeresfeldbahn Hyrynsalmi – Kuusamo in Finnland, Stand vom Juni 1944. *(Skizze: Bundesarchiv)*

Oben links: Die folgenden zwölf Abbildungen wurden 1944 auf der finnischen Feldbahnstrecke von Hyrynsalmi nach Kuusamo aufgenommen. Hier die »Große Lokwerkstatt« am Ausgangsbahnhof Hyrynsalmi mit einer HF 130 C.

(Alle Fotos: Bundesarchiv 78/ 94)

Oben rechts: Im Inneren der Lokwerkstatt von Hyrynsalmi mit auseinandergenommener HF-130-C-Diesellok.

Rechts: Kreuzung zwischen Feldbahn und finnischer Breitspur in km 3,0 der Strecke. Vorn eine Draisine, hinten eine Dampflok.

Tabelle 21: Verzeichnis der am 2. Dezember 1942 bei der Eisenbahn-Pionier-Kompanie 50 in Finnland eingetroffenen Lokomotiven

Jung	Deutz	Windhoff	Gmeinder	Carl Wolf Bau A.G.	Orenstein u. Koppel
HFM	HFM	HFM	HFM	HFM	HFM
8 751	13 752	13 778	13 759	13 788	13 770
8 752	13 753	13 779	13 760	13 789	
8 753	13 754	13 780	13 761	13 790	
8 754	13 755	13 781	13 762		
13 792	13 756	13 782	13 763		
13 793	13 757	13 783	13 764		
13 794	13 758	13 784	13 765		
13 795	25 821	13 785	13 766		
13 796		13 786	13 767		
13 797		13 787	13 768		
13 798			13 769		
13 799			13 772		
13 800			13 773		
			13 774		
			13 775		
			13 776		
			13 777		
13 Stück	8 Stück	10 Stück	17 Stück	3 + 1 Stück	1 Stück

Die mit Fernschreiben angeforderten Ersatzteile werden [...] bei Hersteller-Firmen beschafft und durch Teilsendungen mit Feldpost zugeführt. Es wird nochmals gebeten, diese Zusendung zu beschleunigen. Denn mit weiterem Ausfall muß angesichts der polaren Winterzeit gerechnet werden. Mit dem Ausfall der Loks stockt der Bahnbaufortschritt, und der eigentliche Zweck, Versorgungstransporte zur Front, ist außer den Bahnbau-Material-Transporten ganz unmöglich.
Darüber hinaus ist es erforderlich, für ständige Bereithaltung und Nachführung von Ersatzteilen Vorsorge zu treffen. Es handelt sich meist um normale Diesel-Maschinenteile, wie Einspritzventile, Einspritzdüsen, Glühkerzen; ferner um die der Abnützung unterliegenden Triebwerksteile (Lager, Bremsbacken, Federn); schließlich um die öfters zu ersetzenden Waggon-Zubehörteile, wie Federungen, Lauflager, Kupplungen, Zughaken, Radsätze.« Der Bahnbau litt nämlich unter einer Reihe von Problemen, die für alle Heeresfeldbahnen galten, und unter manchen speziellen Schwierigkeiten. Daher konnte der versprochene Fertigstellungstermin nicht eingehalten werden. Einen ersten Einblick gibt der »Bericht über den Feldbahnbau Hyrynsalmi – Kuusamo mit Stand vom 3. Januar 1943«, verfaßt von Oberleutnant Töbelmann, aus dem Auszüge folgen: »Von den bisher verlegten rd. 80 km Streckengleis können rd. 40 km als brauchbar für einen Behelfsbetrieb angesehen werden. Um die Forderung der endgültigen Leistung mit dem genehmigten rollenden Material bis Kiestinki zu erfüllen, sind Gleislageverbesserungen jedoch auch hier erforderlich. Als gut und betriebssicher sind z. Zt. erst wenige Kilometer anzusehen. Nacharbeiten kleinen Ausmaßes müssen bei Beginn der Tauwetterperiode sofort ausgeführt werden, wenn nicht die teilweise schon verbogenen Schienen ganz unbrauchbar gemacht und die Zahl der Entgleisungen noch erhöht werden soll.
25 km Streckengleis sind im Schnellbauverfahren verlegt. Sie sind hinsichtlich der Betriebssicherheit für die geforderte Leistung nicht zu gebrauchen. Nach dem Schnellbauverfahren wurde unter folgenden Gesichtspunkten gearbeitet:
Vermeidung sämtlicher Erdarbeiten,
Umgehung jeder Bodenerhebung,
Erhöhung der max. Steigungen,
Unterbau des Gleises mit Holz.
Welche Betriebsgefährdung und Schäden dadurch aufgetreten sind, ist durch die augenblickliche Betriebslage bewiesen. Die restlichen 15 km sind Bauspitzengleise und im Ausbau begriffen.
In den Bahnhöfen ist die Gleisanlage nur teilweise brauchbar. Der Weichenbau ist schlecht und dürfte nur mit 3 km/Std. befahren werden [...] Bei fortschreitendem Gleisbau stellte man dann die Unmöglichkeit der Einhaltung der Termine fest. Es wurde darum das sogenannte Schnellbauverfahren befohlen [...]
Eine ausreichende Lokwerkstatt war noch nicht im Bau. Vorläufig behelfsmäßiger Ausbau der im Bau befindlichen Wagenwerkstatt als Lokwerkstatt. Beleuchtung noch keine vorhanden. Als Lokunterstand dient in Hyrynsalmi ein unzureichender Holzschuppen (nicht heizbar, wenig Tageslicht, kein Kunstlicht) [...]
Planung und Ausführung der Brücken erfolgt zum größten Teil in Holz. Eine 1/4-jährliche Brückennachschau ist wegen Verwendung von frischem Holz, genagelten Bretterträgern und verdübelten Tragbalken erforderlich. Sicherung gegen Eisgang ist geplant.«
Mit den Feldbahndieselloks gab es viele Schwierigkeiten: Kühlerfrostschäden, Achsbrüche wegen der schwachen Gleislage, schlechte Reparaturen im Freien mit Folgeschäden, Mangel an Lokführern mit Erfahrung auf Motorloks, starke Abnutzung der Bremsklötze durch Fahrfehler und eine steigungsreiche Strecke, schließlich auch Sa-

botage durch Sandbewurf seitens der zwangsweise zum Bau herangezogenen Menschen. Der Mangel an Ersatzteilen zwang zum »Ausschlachten« junger Maschinen, um überhaupt noch fahren zu können. Im Bericht des Oberleutnants Töbelmann heißt es zur betrieblichen Lage weiter: »Zur Erfüllung der geforderten Streckenleistung von 400 to täglich auf 175 km ist Eisb. Pi. Kp. 50 zahlenmäßig und betriebstechnisch nicht in der Lage. Schon auf der jetzt befahrbaren Strecke von 50 km haben sich große Mängel im Betriebsdienst gezeigt, obwohl täglich nur 80 – 250 to gefahren wurden. Eine Streckenfahrt am 28. 12. 42 ab Weiche 1 (km 3) ergab folgendes Bild: Am 27. 12. 42 gegen 18 Uhr wurde ein Zug zum Abfahren der Strecke bis zur Bauspitze (km 59) am 28. 12. um 9 Uhr zugesagt. Wegen dringendem Bedarf an Kleineisenzeug in Vääkio (km 48) konnte der Zug durch das erforderliche Rangieren erst 1 Std. später abfahren. Angehängt wurden ca. 45 to Baumaterial an einer 16-to-Diesellok. Nach 50 m Fahrt mußten wegen Schnee weitere 10 to abgehängt werden. Bis zum 15 km entfernten nächsten Bahnhof Laaja betrug die Fahrzeit 90 Minuten (normal 45 Min.). In Laaja waren die beiden Überholungsgleise mit beladenen Wagen verstopft. Ausweichmöglichkeit eines entgegenkommenden Zuges war nicht vorhanden. Beim nächsten Bahnhof Pesiokylä war zusätzlich noch ein Kiesgrubengleis vollgestellt. Vom Fahrdienstleiter wurde nun darauf aufmerksam gemacht, daß eine Weiterfahrt wegen Schneeverwehungen nicht möglich sei. Eine weitere Feststellung ergab dann, daß bereits am 27. 12. kein Zug über Pesiokylä (km 28) hinausgefahren ist, worüber man in Hyrynsalmi nicht unterrichtet war. Hinausschicken von Zügen auf die Strecke mit dem eiligen Ziel Vääkio (km 53) und Bahnhofsverstopfungen hätten dann unbedingt vermieden werden können. Eine endgültige Bahnhofsverstopfung war die Folge. In den folgenden Tagen machte sich dann dadurch noch ein gewisser Wagenmangel bemerkbar, obwohl Wagen für die kurze Strecke in Übermaß vorhanden sind.«

Als Gründe für diese Schwierigkeiten sah man damals die mangelhafte Ausbildung der Fahrdienstleiter und Rangierer an, außerdem das Fehlen von unterschiedlichen Zuglasttafeln für Sommer und Winter, den ungesicherten Schneedienst sowie mangelhafte Zustandsmeldungen an eine Zugleitung. Hinzu kam außerdem, daß die ersten drei Kilometer der Feldbahn als Dreischienengleis auf einer ebenfalls betriebenen finnischen Breitspurstrecke lagen, wodurch Fahrplanstörungen und selbst ein Unfall resultierten.

Als besonders unglücklich beim Bau der finnischen Bahn wurde noch gemeldet, daß die 112 000 vom Heimat-Eisenbahn-Pionier-Park gelieferten Schwellenschrauben für die mitgegebenen Unterlagsplatten zu dick waren, man also andere Schrauben besorgen mußte. Über Erfahrungen beim Weiterbau dieser deutschen Feldbahnstrecke in Finnland gibt ein Tätigkeitsbericht des Kommandeurs des Eisenbahn-Pionier-Bataillons (mot) 13 vom 31. August 1943 Aufschluß:

»Bei der Überquerung von Sümpfen und Mooren hat die Erfahrung ergeben, daß es besonders wichtig ist, vor Baubeginn eine genaue geologische Untersuchung hinsichtlich der Mächtigkeit, der Beschaffenheit sowie des Untergrundes der Sümpfe und Moore vorzunehmen. Dabei dürfen die Probebohrungen nicht zu weit voneinander entfernt sein, da sowohl die Sumpftiefen als auch die Beschaffenheit rasch wechseln. Sumpflöcher in einem sonst gleichmäßig tiefen Sumpf führen zu schwerem Absacken einzelner Dammteile, erfordern dauerndes Nachschütten und behindern den späteren Betrieb. Auf Grund der geologischen Untersuchung kann erst über die Art, Breite und Stärke der Astteppiche entschieden oder allenfalls der Bau von Sumpfbrücken angeordnet werden. Letztere erweisen sich im allgemeinen bei Sumpftiefen über 4 m vorteilhafter als eine Dammschüttung, weil durch sie erstens eine einwandfreie Gleislage erzielt wird und auch der Arbeitsaufwand nicht höher ist, als für das Schütten der absackenden Dämme, die zudem wegen des ständigen Nachgebens eine Ursache häufiger Entgleisungen sind [...]

Für die Unterbauarbeiten im allgemeinen ist sorgfältige Ausführung nötig. Durch unsachgemäße und übertrieben schnelle Herstellung kann wohl eine rasche Gleisverlegung erzielt werden, im Enderfolg wird aber eine Strecke geschaffen, auf der kein Betrieb geführt werden kann. Das Gleis erleidet Verbiegungen in beiden Richtungen, die mit feldmäßigen Mitteln nicht behoben werden können, und durch die dauernden Entgleisungen wird auch das rollende Material sehr stark in Anspruch genommen und beschädigt. Tiefliegende Schienenstöße schaden besonders den Lokomotiven. Von Oberbaumaterial hat sich besonders das Gleis auf Holzschwellen als vorteilhaft für den Betrieb mit schweren Loks erwiesen. Das Rahmengleis erfordert besseres Stopfmaterial, verbiegt sich leichter, die eisernen Schwellen fressen sich rasch in den Boden ein. Die Herstellung der Gleisstöße beim Holzschwellengleis erfolgt am besten im Gerätelager. Die fertigen Stöße werden dann auf die Strecke gebracht. Nachteilig für den raschen Gleisbau wirkte es sich beim Bau aus, daß zwei verschiedene Stärken von Schwellenschrauben samt zugehörigen Unterlagsplatten geliefert wurden. Geschraubtes Gleis auf Unterlagsplatten

Deutscher Nachschub auf Feldbahnwagen im Bahnhof Pesiökylä, etwa bei Kilometer 28. *(Foto: Kilpiö/Kalliomäki)*

ist genageltem Gleis vorzuziehen. Besonders sorgfältig müssen die Weichen verlegt werden, da sie sonst rasch abgenutzt werden und zu häufigen Entgleisungen Anlaß geben.
Die Loks und die 5- und 9-t-Wagen haben sich bewährt. Die 9-t-Wagen müssen gleichmäßig verteilt beladen werden und erfordern sorgfältige Gleislage. Über die gedeckten Wagen und die Personenwagen liegen noch keine Erfahrungen vor. Vorteilhaft wäre es für den Betrieb, wenn die Loks und alle Wagen gleiche Pufferhöhe und einheitliche Kupplungen hätten. Für die Schneeräumung haben sich eiserne Schneepflüge vorteilhaft erwiesen, da die behelfsmäßig hergestellten Holzpflüge mit Blechbeschlag nicht ausreichten [...]
Im Bahnhof Hyrynsalmi wurde die große Lokwerkstatt fertig. In Vääkiö sind 2 Lokschuppen im Bau. In Korvua 2 kleine Wagenwerkstätten, in Isokumpu 1 kleine Lokwerkstatt, 3 Lokschuppen, sowie kleinere Betriebsgebäude.«
Die Inbetriebnahme erfolgte im September 1943. Für die Betriebsführung stand dem Eisenbahn-Pionier-Bataillon 13 zunächst nur die Eisenbahn-Pionier-Kompanie 50 zur Verfügung. Das Armee-Oberkommando forderte deshalb am 6. Juli 1943 weitere Pionierkompanien für die Betriebsführung an: »Um Zuführung einer Feldbahnkompanie zum Einsatz an der Feldbahn Hyrynsalmi – Kuusamo zum 1. 10. 1943 wird gebeten. Die Feldbahn wird voraussichtlich ab September 1943 bis Isokompu = rd. 100 km und ab Dezember 1943 bis Kuusamo = rd. 170 km in Betrieb genommen. Gemäß Merkblatt für den Bau und Betrieb der Heeresfeldbahnen, 1. Nachtrag v. 1. 12. 1942, ist zur Betriebsführung für eine Streckenlänge von 20 – 25 km eine Feldbahnkompanie anzusetzen.
Dem Eisb. Pi. Btl. Stab (mot) 13 als Kommando der Feldbahn steht zur Betriebsführung aber lediglich die Eisb. Pi. Kp. 50 mit einer Iststärke von 4 Offz. 28 Uflz. 251 Mannsch. zur Verfügung, die im günstigsten Falle die Leistung einer Feldbahnkompanie erreicht. Eine Aufstellung weiterer Einheiten aus der Armee ist aus personellen Gründen unmöglich. Allein die bauliche Unterhaltung der Feldbahn wird in dem überaus schwierigen Gelände verbunden mit den hiesigen Witterungsverhältnissen auch

Der Betriebsbahnhof von Vääkiö in Kilometer 47,6. Neben vielen Dieselloks ist auch eine Rauchfahne zu sehen.

Das Sägewerk von Jsokumpu lieferte Bauholz für Brücken, Dämme und Gebäude. Man erkennt an dem Waggon die große Ladebreite auf 75 cm Spurweite. Vorn zwei Kipploren.

Dampfbetrieb war in Finnland selten: Dampflok der Bauart HF 110 C auf 75-cm-Spur im Bahnhof Jijoki, Kilometer 102. Dahinter nachträglich abgedeckte Feldbahnwagen, links eine Draisine.

Am Ende dieser finnischen Bahn lag der »Futterbahnhof« von Kuusamo mit seinen Heustapeln. Davor eine der typischen Heeresfeldbahn-Draisinen mit der Anschrift »WaPrüf 5/D 719«.

Bauarbeiten am Munitionsgleis des Luftwaffenbahnhofes bei Kuusamo.

Überblick am Futterbahnhof mit getarnten Bauten, abgestellten Feldbahnwagen und einer Draisine.

Links: Langer Feldbahn-Personenwagen (14,6 m über Kupplung) der Feldbahn, aufgenommen im finnischen Bahnhof Hyrynjärvi um 1944. In der Wagenmitte die Anschrift »WaPrüf 5«; es ist auch eine kurze Form mit 11,2 m Länge bekannt.

Unten: Inneneinrichtung des »Urlauber-Wagens« auf der finnischen Feldbahn mit 75 cm Spurweite. Sogar Dampfheizung und elektrische Beleuchtung gehörten zur Ausstattung.

nach Fertigstellung noch erhebliche Baukräfte in Anspruch nehmen.«

Auf diese Anforderung schrieb der General der Eisenbahntruppen am 24. Juli 1943 recht kühl an den Chef des Transportwesens zurück: »Die jetzt bestehenden 17 Feldbahn-Kpn. reichen nicht einmal zum Betrieb der Feldbahnstrecken im Osten aus, so daß die Eisb. Truppe gezwungen ist, zusätzlich Baueinheiten einzusetzen. Im Weltkrieg war es die Regel, daß das unvergleichlich größere Feldbahnnetz von den Eisenbahntruppen gebaut und von den Armeen mit eigenen Kräften betrieben wurde. Die Armeen haben zu diesem Zweck fachkundiges Personal zur Verfügung gestellt. Nur in größeren Notfällen gab die Eisb. Truppe das allernotwendigste Rahmenpersonal, in der Regel einen Offizier, ab. Es müßte beim (Geb.) AOK 20 auch möglich sein, zumal nach hiesiger Kenntnis der dortigen taktischen Lage die blutigen Verluste seit langem nur gering sein dürften.«
Beim Chef des Transportwesens wurde dieser Brief mit dem Vermerk »Hiermit erledigt« zu den Akten genommen. Neben der Strecke Hyrynsalmi – Kuusamo war für die Vorbereitung einer Frühjahrsoffen-

sive gegen Murmansk im Jahre 1943 eine etwa 400 km lange Feldbahn von Rovaniemi nach Petsamo geplant. Wegen der mit der Trassierung verbundenen großen Schwierigkeiten kam diese »utopische Planung« (Kreidler, S. 113) jedoch nicht zur Ausführung.

In topografisch schwierigem Gelände (viele Wasserläufe und Sümpfe) wurden vor Kuusamo große bautechnische Schwierigkeiten überwunden. Bis zur Einstellung der Bahn im Winter 1944/ 45 wurde permanent an ihr gebaut. Ab 17. Mai 1944 befand sie sich aber doch in einem so guten Zustand, daß auf ihr auch Urlauberzüge mit den ab 1943 von Linke-Hofmann-Busch gebauten großen vierachsigen HF-Personenwagen eingesetzt wurden, zumal Straßen wegen der Schlammperiode unpassierbar waren.

Die Transportleistungen der Bahn (ohne Bauzugverkehr) betrugen z. B. im Mai 1943 immerhin 8576 Tonnen und im Juni 1943 sogar 10 444 Tonnen. Im einzelnen wurden transportiert für die

Armee	4908 t,
Versorgung der Feldbahn	1905 t,
Finnische Wehrmacht	2911 t,
Luftwaffe	719 t.

Es war 1943 weiterhin geplant worden, diese Heeresfeldbahnstrecke Hyrynsalmi – Kuusamo bis in Richtung Kiestinki oder in Richtung auf die finnisch-sowjetische Grenze zu verlängern. Diese Arbeiten wurden auf den ersten 7 km Strecke bis zum »Futterbahnhof« und zu einem »Luttwaffenbahnhof« im Sommer 1944 mit Erdbewegungen, Sprengungen und Gleisbau begonnen, ehe Finnland am 25. Oktober 1944 mit der Sowjetunion einen Waffenstillstand schloß und die Wehrmacht auch hier an den Rückzug denken mußte. Für die geplante Gesamtlänge der Bahn von 330 km sollten bei 500 t Tagesleistung insgesamt 79 Loks ausreichen.

Über die Zahl der für diese Streckenverlängerung notwendigen Lokomotiven schrieb der Befehlshaber der Eisenbahntruppen an den Chef des Transportwesens unter dem 4. Oktober 1943 das Ergebnis seiner Berechnungen: »Auf Grund der Erfahrungen im Osten ist die Zahl der Reservelokomotiven für Instandsetzungen von 10 v. H. zu gering. Man rechnet im Osten im allgemeinen mit 20 v. H. bei Dampflok und 25 v. H. bei Diesellokomotiven. Da vorwiegend Diesellokomotiven eingesetzt sind, empfiehlt es sich, den Reservebestand für Instandsetzungen auf 25 v. H. einzusetzen. Bei 64 eingesetzten Lokomotiven ergibt dies eine erforderliche Reserve von 16 Lokomotiven.

Die Zahl der Lokomotiven für den Ausbau der Strecke Kuusamo-Landesgrenze ist mit 8 Lokomotiven angegeben, dabei sind jedoch die Lokomotiven für die andere Strecke Kuusamo – Kiestinki in der Aufstellung enthalten. Die für die Strecke Landesgrenze – Kiestinki vorgesehenen Lokomotiven werden zweifellos für den Ausbau der Strecke Kuusamo – Landesgrenze ausreichen. Die für den Ausbau vorgesehenen Lokomotiven können daher in Wegfall kommen. Die Zahl der erforderlichen Lokomotiven würde dann betragen:

Strecke Hyrynsalmi – Kuusamo	32 Lokomotiven
Strecke Kuusamo – Kiestinki	32 Lokomotiven
Reserve für Instandsetzung	16 Lokomotiven
	80 Lokomotiven

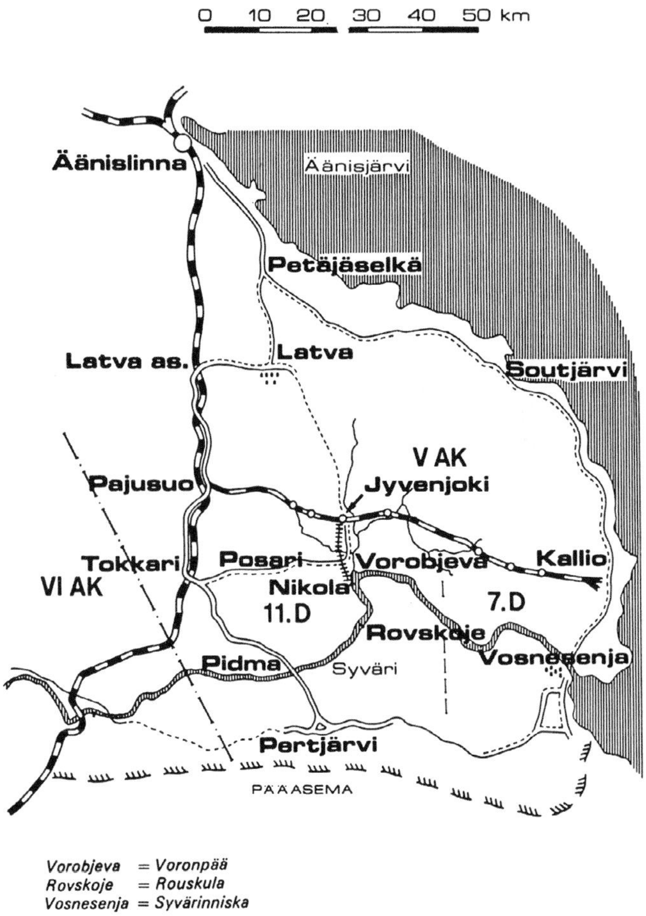

Die Strecke der finnischen Heeresfeldbahn am Flusse Swir und am Onega-See (rechts in der Zeichnung) zweigte bei Pajusuo von der Murman-Bahn ab; sie bestand bis 1944. Skizze aus der Arbeit von E.-E. Saarisen.

Kieszug auf Bahnhof Käsmä im Norden Finnlands. *(Foto: Bundesarchiv)*

Der vom (Geb.) AOK 20 angegebene Mindestbedarf von 79 Lokomotiven dürfte daher richtig angegeben sein.«
Wie schon gesagt, zogen sich die deutschen Truppen bis Januar 1945 nach Nordnorwegen zurück; der Feldbahnbetrieb war wohl schon Monate zuvor zum Erliegen gekommen. Ergänzend sei an dieser Stelle noch eine eigene Heeresfeldbahn der finnischen Armee erwähnt, die während des Zweiten Weltkriegs gegen die Sowjetunion erbaut wurde.
Vom Winter 1941 an bis 1944 war die finnisch-sowjetische Front erstarrt zum Stellungskrieg. Die Frontlinie verlief, etwa dem Fluß Swir folgend, östlich des Ladoga-Sees bis zum Onega-See. Bis dorthin waren die finnischen Truppen vorgedrungen. Das Gebiet nördlich des Flusses Swir war sumpfig, es fehlten Straßen. Auf dem von finnischen Truppen besetzten Gebiet befand sich ein beinahe 320 km langer Teil der berühmten Murmanbahn. Dieser Streckenteil wurde während des Fortsetzungskrieges von den finnischen Staatsbahnen betrieben. Man erachtete es für notwendig, von dieser Bahn aus eine West-Ost-Verbindung zwischen Murmanbahn und dem Onega-See zu bauen.
Zwischen Pajusuo und Kallio wurde von Juli 1942 bis Februar 1944 die 71 km lange »PK-Bahn« mit 75-cm-Spur durch den Sumpf gebaut. Zehn Bahnhöfe lagen neben den Knüppeldämmen, viel Gleismaterial und die meisten der zwölf Loks waren aus Beutebeständen gewonnen. Nur etwa vier Monate war die ganze Strecke in Betrieb, ehe sie im Juni 1944 auf dem Rückzug von den Finnen wieder zerstört wurde. Diese finnische Heeresfeldbahn wurde mit Dampf- und Motorlokomotiven betrieben. Die Dampflokomotiven waren finnischen, deutschen und sowjetischen Ursprungs (vgl. dazu auch Eero-Eetu Saarinen: Vlä-Syvärin Rautatie [Schmalspurige Eisenbahnen des Ober-Swir], Loimaa/Finnland 1979).

8. Feldbahnen bei der Heeresgruppe Mitte 1942: die Strecken vor Moskau

Nach diesem Exkurs zu den Heeresfeldbahnen in Finnland, die auch einen mittelbaren Einfluß auf die deutsche Nordfront vor Leningrad gehabt haben, kehren wir zurück zur Beschreibung solcher Schmalspurbahnen, die während des Krieges mit der Sowjetunion in dem von deutschen Truppen besetzten Gebiet erbaut worden sind. Im Jahre des deutschen Angriffes, 1941, wurden keine Heeresfeldbahnen errichtet, weil der Vormarsch dafür wohl zu schnell war. Nach dem sehr ernüchternden Winter 1941/42 und während der weniger gravierenden Geländegewinne des Sommers 1942 wurde hingegen der Ruf nach einer Unterstützung der Kampftruppen durch Feldbahn-Nachschub an der Seite der Kraftwagen-Kolonnen immer lauter: Einsatz und Bewährungsprobe der deutschen Heeresfeldbahnen begannen.
Die deutsche Heeresgruppe Mitte, die im September 1941 den Angriff auf Moskau begonnen hatte, blieb im Dezember 1941 vor der Stadt liegen und mußte im Januar 1942 die Front bereits wieder ein Stück zurücknehmen. Am 7. Oktober 1941 hatte Hitler noch verboten, eine Kapitulation Moskaus anzunehmen; 1942 erhielt der Vormarsch zu den Bodenschätzen im Kaukasus Vorrang, so daß sich die Armeen vor Moskau etwas stabilisieren konnten. Mit der Befestigung der Steilungen wurde 1942 etwa ein halbes Dutzend von Feldbahnen für die Heeresgruppe Mitte in Bau genommen. Nicht jede der damals gebauten Bahnen ließ sich genau nach örtlicher Lage und zeitlichem Bestand feststellen; immerhin ist es aber für ihre Mehrzahl gelungen. Die folgende Übersicht nennt die bis Mai 1943 im Bereich der Heeresgruppe Mitte aufgebauten Feldbahnen.

Ein typisches Bild von den deutschen Heeresfeldbahnen in der besetzten Sowjetunion: Lokführer der Eisenbahnpioniere auf seiner Maschine, hier einer 1939 von Orenstein & Koppel mit Fabriknummer 13 239 gebauten Dampflokomotive.
(Foto: Bundesarchiv PK 276/735/14)

8.1 DIE STRECKEN BEI OREL

Ab Sommer 1942 wurden hinter der Front der Heeresgruppe Mitte (4. Armee, 2. Panzerarmee, 9. Armee) die Verkehrsverbindungen laufend verbessert. Es wurden Rollbahnen neu- und ausgebaut, das breitspurige Eisenbahnnetz zum großen Teil umgespurt und erweitert, neue Heeresfeldbahnen geplant und gebaut.

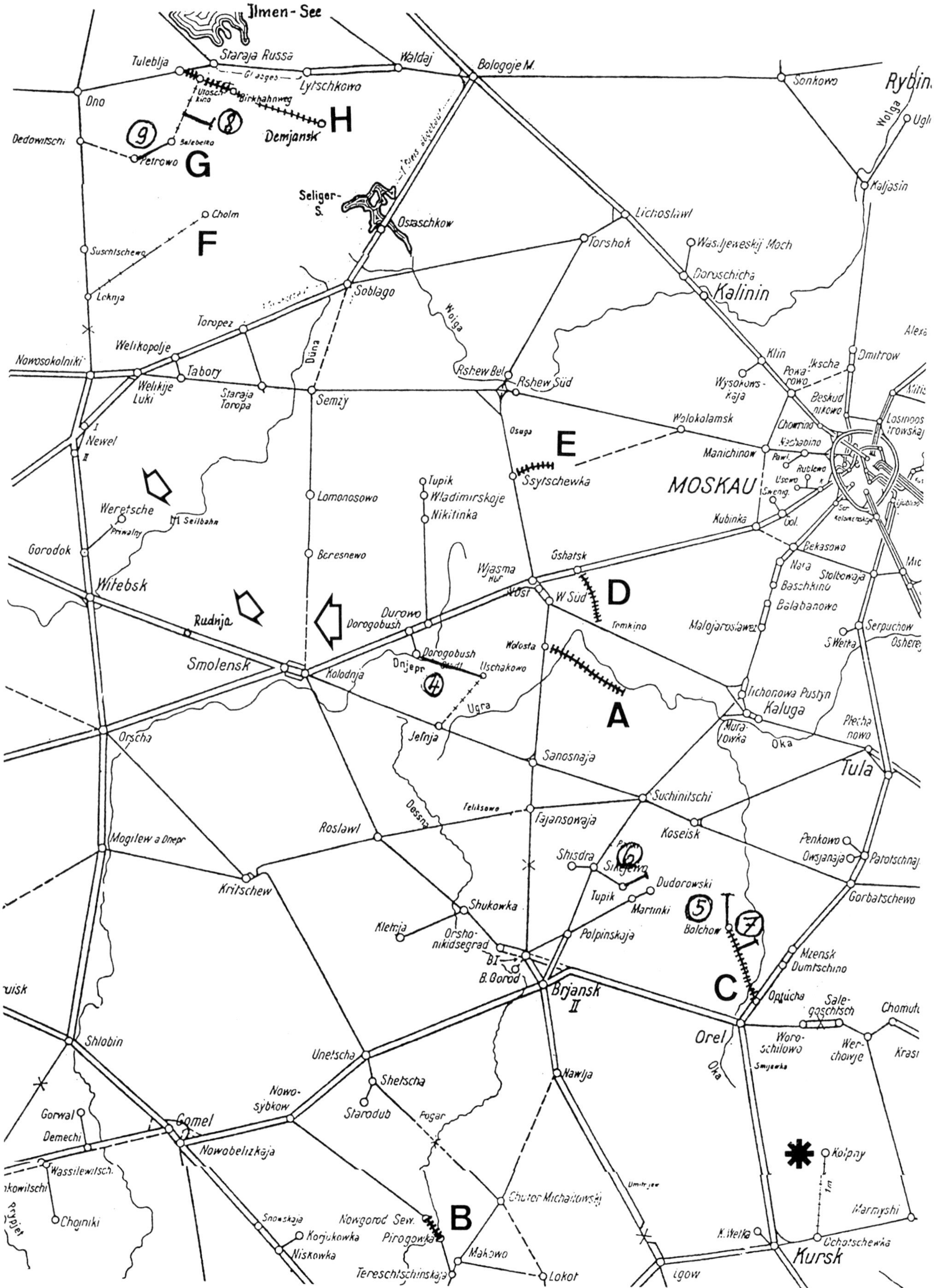
Jlmen-See
Staraja Russa
Waldaj
Bologoje M.
Sonkowo
Rybin
Tuleblja
Lytschkowo
Dno
Birkhahnweg
H
Demjansk
Dedowitschi
Petrowo
G
Wolga
Kaljasin
Seliger-S.
Ostaschkow
Cholm
F
Lichoslawl
Torshok
Waslljewskij Moch
Doroschicha
Kalinin
Suschtschewo
Loknja
Soblago
Toropez
Welikopolje
Nowosokolniki
Welikije Luki
Tabory
Staraja Toropa
Semzy
Düna
Wolga
Rshew Bel
Rshew Süd
Klin
Dmitrow
Iksch
Wysokowskaja
Wolokolamsk
Newel
Osuga
E
Ssytschewka
Manichinow
MOSKAU
Kubinka
Tupik
Wladimirskoje
Nikitinka
Lomonosowo
Weretsche
Seilbahn
Gorodok
Bcresnewo
Witebsk
Rudnja
Wjasma
Gshatsk
W Süd
D
Tomkino
Malojaroslawez
Serpuchow
Durowo
Dorogobush
Smolensk
Kolodnja
Dnjepr
Uschakowo
Wolosta
A
Tichonowa Pustyn
Kaluga
Ugra
Jelnja
Orscha
Sanosnaja
Oka
Tula
Suchinitschi
Roslawl
Tajansowaja
Koseisk
Mogilew a Dnepr
Dessna
Shisdra
Sikejewo
Dudorowski
Kritschew
Tupik
Martinki
Penkowo
Owsjanaja
Gorbatschewo
Shukowka
Kletnja
Orshonikidsegrad
Polpinskaja
Bolchow
B. Gorod
Brjansk II
C
Optucha
Mzensk
Dumtschino
Orel
Chomutowo
Shlobin
Unetscha
Shetscha
Nawlja
Starodub
Pogar
Gorwal
Demechi
Gomel
Nowobelizkaja
Nowo-sybkow
Woroschilowo
Werchowje
Kolpny
Wassilewitsch
Choiniki
Prypjet
Chutor Michailowski
Nowgorod Sew.
B
Pirogowka
Korjukowka
Niskowka
Mahowo
Tereschtschinskaja
Lokot
Lgow
Kursk
Uchotschewka
Marmyshi
K. Wetka

Tabelle 22: Feldbahnen der HGr Mitte bis Mai 1943

	Strecke	Länge	Bemerkung
1942:	Ssytschewka – H.K.L.	19	altes Planum vorhanden
	Wolosta – H.K.L. (Luschki)	61,4	
	Nowgorod Sewerskij – Pirogowka	14	altes Planum vorhanden
	Optucha – Bolchow	62,6	
	Gshatsk – H.K.L.	29,7	besonders günst. Gelände
1943:	Krasny Bor – H.K.L.	43	
	(Teilstrecke)		im Bau
	Bolchow – Kireikowo	47,5	

Schon Ende 1942 wurde eine große Heeresfeldbahn nordwestlich von Orel, nämlich von Optucha nach Salchow in Betrieb genommen, Streckenlänge 62,6 km. Im Jahre 1943 sollte die Bahn von Salchow nach Kireikowa um 50 km verlängert werden. Ferner gab es noch eine Stichbahn von der Strecke Optucha nach Salchow in Richtung des Flusses Oka von 20 km Länge. Es ist nicht bekannt, ob das Verlängerungsstück von Salchow nach Kireikowo noch fertiggestellt wurde.
Diese Heeresfeldbahnstrecke war eine der bedeutendsten der Jahre 1942/43, die vorgesetzte Stelle war das Eisb. Pi. Regt. 1. In der »Dringlichkeitsliste« vom 12. Mai 1943 (Abschnitt 9.1) steht der Ausbau dieser Bahn als Nummer 5 und 7.
Gelegentlich wird als »Heeresfeldbahn« von 1942 auch die Meterspurstrecke zwischen Ochotschewka und Kolpny im Osten der Stadt Kursk erwähnt; so bei Kreidler,

Links: Übersichtskarte der Eisenbahnen vor Moskau aus dem Bundesarchiv, darin nachträglich eingetragen die 1942/43 entstandenen Heeresfeldbahnen: A = von Wolosta zur HKL, B = Verbindungsstrecke bei Nowgorod Serwerskij auf altem Planum, C = von Optucha nach Bolchow mit 1943 geplanten Ergänzungen, 0 = von Ghatsk zur HKL, E = von Ssytschewka zur HKL, alle im Bereich der Heeresgruppe Mitte. Die eingekreisten Ziffern 5 bis 9 sind Bauten des Jahres 1943, beschrieben im Abschnitt 9.1 mit separater Karte. Der Stern bei Kursk weist auf die militärisch genutzte Meterspurbahn von Ochotschewka hin. Im Norden dieser Karte sind folgende Feldbahnen dargestellt, die zur 16. Armee (siehe unter 6.1) gehörten: F = Strecke von Loknja nach Cholm und Fekino, G = von Petrowo nach Utoschkino, H = von Tuleblja in den Demjansker Kessel. Schließlich ist mit drei Pfeilen bereits auf die unter 9.3 beschriebenen Bahnen im Raum Smolensk hingewiesen, nämlich die Baumaßnahmen bei Dorogobush, Jelnja, Beresnewo, Rudnja und Gorodok.

Karte 11. Hierbei dürfte es sich um die Nutzung einer vorhandenen Strecke durch deutsche Feldeisenbahner gehandelt haben, die wegen ihrer von der Vollbahn abweichenden Spurweite und Profilgrenze besonders genannt werden mußte, ohne daß für sie der Einsatz von rollendem Heeresfeldbahnmaterial bestätigt ist.

8.2 DIE FELDBAHNEN VON GHATSK UND SSYTSCHEWKA

Während des ganzen Jahres 1942 hatte die Rote Armee vergeblich versucht, den im Raum der 9. und Teilen der 4. Armee östlich von Smolensk am Oberlauf des Dnjepr aus der deutschen Front herausragenden »Balkon« einzudrücken oder zu beseitigen. Die vielen Schlachten um die im nordöstlichen Zipfel gelegene Stadf Rshew erlangten traurige Berühmtheit. Aufgrund der verlorenen Schlacht bei Stalingrad entschloß sich Hitler auf Drängen seiner Kommandeure dann erst Anfang 1943, die Front aus diesem hartumkämpften Raum in einem großen Absetzunternehmen um 200 km nach Westen zurückzunehmen auf die dort geplante »Büffelstellung«. Ein damals beteiligter Offizier, Oberstleutnant a. D. Hans Herz, schreibt über den unvollendeten Bau einer Feldbahn im Raum von Rshew, etwa 90 km westlich von Moskau: »Mit der 7. Kompanie des Eisenbahnpionierregimentes 1 habe ich von Ghatsk eine 30 km lange 600-mm-Feldbahn parallel zur Front Richtung Petelino im Süden gebaut. Oberbau aus ca. 7 verschiedenen Schienenprofilen. Kurz vor Betriebsbeginn wurden die behelfsmäßigen Lokschuppen abgebrannt und die Gleise und Durchlässe gesprengt. Das war im Februar 1943.«
Mit am Bau waren eine Abteilung Arbeitsdienst, 60 Zivilarbeiter und 200 Kriegsgefangene. Der Bau war von Juli 1942 bis Anfang 1943 erfolgt, also erst kurz zuvor. Dem Baubetrieb dienten eine Deutz-Diesellokomotive, mehrere 8-t-Feldbahnwagen und Muldenkipper. Bei dieser Bahn ist im Gegensatz zu den meisten anderen bemerkenswert, daß normale Bau-Elemente nicht zur Verfügung standen, so daß man gezwungen war, behelfsmäßig zu arbeiten und – zumal auch Eile geboten war – Erdbewegung möglichst zu vermeiden. Statt fertiger Gleisjoche wurden Einzelschienen in verschiedenen Profilen (also ganz wie 1916 bei Uhnow – Adelinka) geliefert, statt fertiger Schwellen Rohhölzer, die – frisch geschlagen – mit der Kreissäge zurechtgeschnitten werden mußten. Auch die (Schienen-) Laschen mußten geschmiedet und gebohrt werden. An Bauten waren eine 40 m lange Behelfsbrücke über die Ghatsk und mehrere Durchlässe notwendig,

Aus dem Bereich der Heeresgruppe Mitte sind auch einige Fotografien von Heeresfeldbahnen überliefert, die sich nicht mehr genauer lokalisieren lassen, die aber typisch für viele der damals gebauten Strecken sind. Hier ein Kieszug mit 130 PS-Motorlok, aufgenommen 1942/43 in Rußland. *(Fotos: Bundesarchiv PK 276/748)*

deren Betonrohre gegossen werden mußten. Drei Bahnhofsgebäude (besonderer Übergabebahnhof bei Ghatsk) wurden als Blockhäuser errichtet, mehrere Schneezäune mußten gefertigt und aufgestellt werden (Paul Dost).
Diese Verluste entstanden im Rahmen des Rückzuges zur »Büffelstellung«. Das Unternehmen gelang: Wie geplant, standen die 9. Armee Generalfeldmarschall Models und Teile der 4. Armee von Generaloberst Heinrici noch vor dem Einsetzen der Schlammperiode Ende März 1943 in der von 29 000 Pionieren und Bautruppen in nur sieben Wochen ausgebauten und befestigten Stellung.
Fast im gleichen Frontabschnitt wie die Bahn von Ghatsk, vielleicht fünfzig Kilometer nördlich gelegen, wurde noch 1942 eine 60-cm-Feldbahn bei Ssytschewika begonnen. Diese Bahn nutzte die alte Trasse der Breitspur-Strecke nach Wolokolamsk in Richtung Moskau, die von den zurückweichenden Sowjettruppen weitgehend abgebaut worden war. Für die Bahn von Ssytschewka sind neben der Länge von 19 km und dem Endpunkt an der Hauptkampflinie keine weiteren Daten bekannt; sie mußte mit der Räumung von Rsehw gleichfalls aufgegeben werden.

8.3 DIE FELDBAHN VON WOLOSTA

Eine weitere Heeresfeldbahn im Bereich des Kommandeurs der Eisenbahn-Pioniere Mitte (Eisb. Pi. Regt. 1) wurde von Wolosta nach Luschki zur HKL schon zwischen Mitte Mai und Ende November 1942 gebaut: Gesamtlänge 61,43 km, Erdbewegung 123 000 m^3, eingesetzt achthundert Mann, Bauzeit 200 Tage.
Diese Strecke lag an der Vollbahnlinie von Wjasma nach Kirow und Brjansk im Westen Moskaus; sie erschloß den Frontabschnitt am Ugra-Fluß südlich der Feldbahnstrecke von Ghatsk. Auch diese Bahn dürfte bald nach ihrer Fertigstellung wieder abgebaut und verlassen worden sein.

Kriegsgefangene beim Ausladen von Schwellen für die Feldbahn.

Feldbahnzug und einheimische Arbeiterinnen in der Sowjetunion 1942/43. Aus dem Wasserkran neben der Halbtenderlok HF 110 C läßt sich vielleicht schließen, daß hier eine noch vorhandene Bahn von der Wehrmacht weiterbenutzt wurde.

8.4 DIE FELDBAHN VON NOWGOROD SEWERSKIJ

Außer den in der oben angeführten Statistik genannten Daten, daß es sich um die Nutzung eines alten Planums von etwa 14 km Länge gehandelt hat, ist auch über diese Feldbahn westlich von Gamel und östlich von Kursk nichts weiter bekannt. Sie verkehrte zwischen den Ortschaften Nowgorod Sewerskij und Pirigowka; dadurch stellte sie die dringend nötige Verbindung zwischen weiterführenden West-Ost-Bahnstrecken her. Ihr Wiederaufbau wird für 1942 und für 1943 in den Statistiken genannt.

Materialzug auf einer neuerbauten Feldbahnbrücke im Bereich der Heeresgruppe Mitte. Die Lok gehört zur Nummerngruppe HF 11 751 ff.; die Brücke ist gegen Luftaufklärung getarnt.

Dreiachsige Halbtender-Feldbahnlok von 110 PS Leistung beim Rangierdienst auf einem Ausweichbahnhof in der Sowjetunion.

9. Feldbahnplanungen des Jahres 1943

Im folgenden Abschnitt sollen nun die ab 1943 an der Ostfront gebauten Heeresfeldbahnen betrachtet werden. Zunächst ein Blick auf die Planungen.

9.1 VORGESEHENE STRECKEN AN DER OSTFRONT

Am 4. Dezember 1942 fragte die Planungsabteilung beim Chef des Transportwesens die Oberkommandos der Heeresgruppen A, Don, S, Mitte und Nord nach der Planung für den Feldbahnbau 1943: »Um einen Überblick über den voraussichtlichen Bedarf an Feldbahnen für das Jahr 1943 zu erhalten, ist für dortigen Bereich eine Planung für den Bau von Feldbahnen in engem Einvernehmen zwischen O. Qu. und Gen. Trspw. aufzustellen. Zur Überprüfung der technischen Möglichkeiten ist Kdr. d. Eisb. Pi. zu beteiligen [...]
Bei der Planung ist zu berücksichtigen, daß für den Antransport einer Geräteeinheit (10 km Betr. Str. einschl. rollendem Material) 2 Züge aus der Heimat benötigt werden. Hinzu kommt der Transport von Baustoffen für Betriebseinrichtungen und Brücken sowie von Bettungsstoffen, sofern sie nicht an Ort und Stelle vorgefunden werden. Ob und in welchem Umfange diese Forderungen erfüllt werden können, ist noch nicht abzusehen.« Knapp zwei Wochen später, am 13. Dezember 1942, mußte der Befehlshaber der Eisenbahntruppen dem Chef des Transportwesens bereits gewisse Engpässe an Feldbahnmaterial melden: »Auf Grund der Erfahrung im Osten ist es notwendig, daß ein gewisser Bestand an Feldbahnmaterial für Nachforderungen und Ersatz für ausgefallenes Feldbahngerät zur Verfügung bleibt. Über dieses Gerät kann Gen. Qu. nicht verfügen [...]
Die Feldb. Kpn. 601–617 reichen nur für die z. Z. im Bau bzw. Betrieb befindlichen Feldbahnen einschließlich Don-Bogen aus. Es ist noch nicht zu übersehen, ob für die neu zu errichtenden Strecken auch die entsprechende Anzahl Feldb. Kpn. sofort aufgestellt werden kann. Unter Umständen müssen die jetzt vorhandenen Kpn., wenigstens zeitweise, wesentlich größere Abschnitte übernehmen und zu diesem Zweck durch Hilfskräfte verstärkt werden.«
Einen Überblick der bei den Heeresgruppen Nord (oben im Abschnitt 6.4 schon beschrieben) und Mitte vorgesehenen Strecken nach dem Stand vom Ende März 1943 gibt eine Übersicht des Befehlshabers der Eisenbahntruppen:

Tabelle 23: Feldbahnplanung 1943

»Im Rahmen der von den Heeresgruppen Nord und Mitte vorgesehenen Feldbahnbauten sind folgende Feldbahnen geplant

	Spurweite in mm		
1. Heeresgruppe Nord:	600		750
a) Feldbahn Petrowo-Jassny-Utoschkino. Länge:	72 km		
b) Verlängerung der Feldb. Loknja-Cholm. Länge:	42 km	114 km	
2. Heeresgruppe Mitte:			
a) Feldbahn Weretschje-Lugewskija. Länge:	32 km		
b) Feldbahn Smolensk-Ribschewo. Länge:	70 km		
c) Feldbahn Nowgorod Sewersk-Pirogowka. Länge:	15 km	117 km	
d) Feldbahn Rudnja-Demodow-Ssosanaja-Wystawkala Iwanowa			90 km
insgesamt		231 km	90 km
in Einheiten	24		9
aus Bereich Heeresgruppe Mitte zurückgeführt	9		-
noch erforderlich	15		9
an Feldbahnmaterial vorhanden	12		-
es fehlen für den beantragten Ausbau	3		9

Die fehlenden Einheiten für 600-mm-Spur dürften aus alten Beständen und aus dem durch die Wi-Rü-Aktion beschlagnahmten Feldbahngerät, das bisher noch nicht erfaßt wurde, gedeckt werden. Die neun Einheiten für 750-mm-Spur müssen aus der Neufertigung 1942/43 entnommen werden. Der Bedarf für die diesjährige Planung ist damit gedeckt. Für zukünftige Planungen stehen aber keine nennenswerten Bestände mehr zur Verfügung, da für das Feldbahnmaterial von Chef H-Rüst keine Kontingente zur Verfügung gestellt sind und das Feldbahnmaterial nicht in eine Dringlichkeitsstufe eingegliedert ist.«

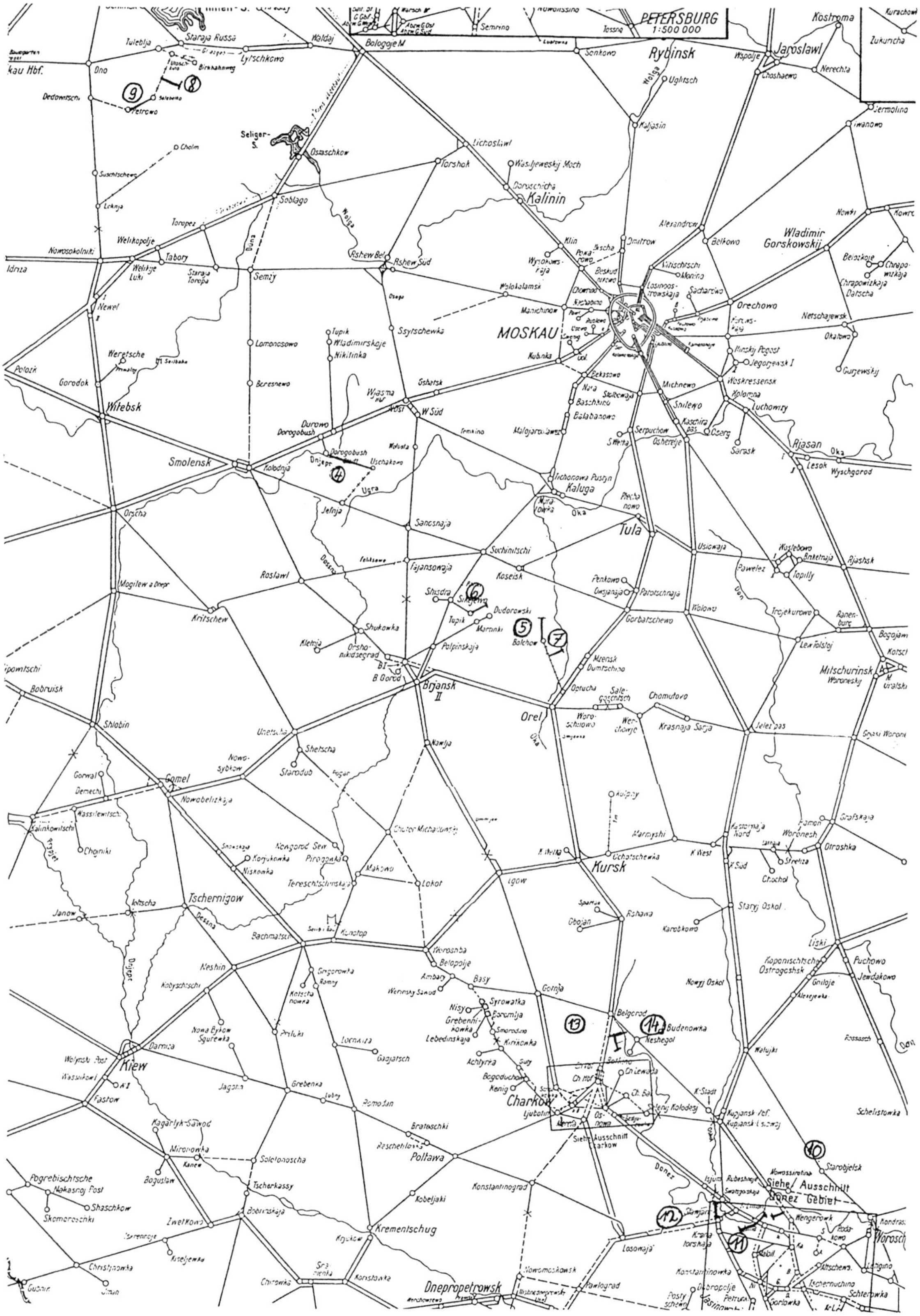

Übersichtskarte der Eisenbahnen in der nördlichen und mittleren Sowjetunion nach dem Stand vom Frühjahr 1943, darin eingetragen mit den Ziffern 4 bis 14 die geplanten Strecken aus der »Dringlichkeitsliste« vom 12. Mai 1943 (ohne Strecke 3 = Tamanbahn am Schwarzen Meer, siehe Abschnitt 10.3). In dieser Karte sind die Bahnen vor Moskau und im Demjansker Kessel bereits nicht mehr enthalten. (Skizze: Bundesarchiv)

Für das gleiche Jahr 1943 waren durch die Heeresgruppe Süd weitere 363 km Feldbahn in 60-cm-Spur geplant. Über die Dringlichkeitsfolge im Feldbahnbau 1943 ließ der Generalquartiermeister, zuständig für die gesamte Versorgung der Truppen, dem Chef des Transportwesens am 12. Mai 1943 die nachstehende Übersicht zukommen. Leider sind die laufenden Nummern 1 und 2 nicht enthalten.

Tabelle 24: Dringlichkeitsfolge im Mai 1943

»80 km	3. Die von AOK 17 beantragten Zubringerstrecken zur Feldbahn Taman–Front [...]
28 km	4. Feldbahn nach Dorogobush [Fb. »Julia«].
50 km	5. Verlängerung Feldbahn Optucha–Bolchow nach Kireikowo (geforderte Leistung 300 to).
20 km	6. Verlängerung Feldbahn Tupik–Srussny nach Cholminitschi (geforderte Leistung 300 to).
20 km	7. Stichgleis von Feldbahn Optucha–Solchow zur Oka (geforderte Leistung 200 to.).
	8. Abzweigung von Feldbahn Utoschkino–Belebelko und zwar von Widsha nach Teremowo.
30 km	9. Verlängerung Feldbahn Utoschkino–Belebelko bis Petrowo.
20 km	10. Loskutowka (südl. Lissitschansk)–Figarowka–Bogdanowka–Beressowskij.
35 km	11. Raj Alekssandrowka (20 km südl. Krassnij-Liman) Jaman–Solotarewka.
25 km	12. Slawjansk–Glubokaja Makatycha–Kolomijzy–Nikolskoje–Goloja Dlina entlang der Rollbahn.
30 km	13. Mikojanowka (58 km nördl. Charkow)–Ssaltikowo–Brodok–Pristen.
25 km	14. Ssaltikowo–Tschermoschnoje–Siborowka Murom.
363 km	n. Maßstab 1:300 000 annähernd ermittelt! «

Eine Aktennotiz vom Chef des Transportwesens dazu lautet: »Stand lt. Angabe Bedeis z. Zt. 10 Einheiten 60-cm-Spur, Null Einheiten 75-cm-Spur! Gen. Qu. bekannt, hat trotzdem alles angemeldet.«

9.2 MATERIALBESTÄNDE UND MÄNGEL 1943

Womit sollten also diese Bauten realisiert werden? Eine bemerkenswerte Liste aus der Handakte des Generals der Eisenbahntruppen über den »verfügbaren Bestand an Feldbahngerät (600-mm-Spur)« liegt für den 29. März 1943 vor.

Tabelle 25: Bestände am 29. 3. 1943

»1. Gleis	122 km	= 12 Einheiten
2. Weichen	580 Stck.	= 29 Einheiten
3. Loks		
a) Motorlok	14 m	= 15 Einheiten
b) Dampflok	56 m	
Dampflok	13 s	
4. Feldbahnwagen		
a) 2achsige	648 Stck.	~ 24 Einheiten
b) 4achsige	567 Stck.	
5. Plattenwagen und Kastenkipper	rd. 2000 Stck.	~ 28 Einheiten

Gleis dürfte keinen unüberwindlichen Engpaß bilden. Lokomotiven dürften durch Instandsetzung mehr vorhanden sein. Bestandsnachweis über die tatsächlichen Bestände ist von In 10 bis ungefähr 10.4. zu erwarten.«

Grundsätzliche Bemerkungen zu den inzwischen erkannten Aufgaben der Heeresfeldbahn im Osten machte der Chef des Transportwesens im Oberkommando des Heeres, General Gercke, am 6. April 1943. Sie sind zugleich neue Richtlinien über den »Einsatz von Feldbahnen im Osten«: »Die bisherige Verfügung über den Einsatz von Feldbahnen im Osten (OKH/Gen Qu/Chef Trspw Az. Feldb. Pl Abt. III 1. St. Nr. 04074.42 vom 14. 5. 1942) wird durch nachstehende Neufassung ersetzt:

1.) Feldbahnen im Osten sollen das weitmaschige russische Eisenbahnnetz verdichten. Sie dienen vor allem der Versorgung.
2.) Über den Einsatz des zur Verfügung stehenden Feldbahngerätes entscheidet Chef Trspw im Einvernehmen mit Gen Qu.
3.) Die AOK's stellen den Antrag auf Bau von Feldbahnen unter Angabe der täglich geforderten Leistung an Heeresgruppen. Bei den Heeresgruppen ist der Antrag erstmalig unter Mitwirkung des Gen d Trspw und des Kdrs. d. Eisb. Pi. b. d. Heeresgruppen auf seine Berechtigung im Hinblick auf die Versorgung der H. Gr. und seine techn. Durchführbarkeit bei Berücksichtigung des Kräfte- und Zeitbedarfs zu prüfen. Die Heeresgruppe leitet den Antrag dann unter kurzer Angabe der Linienführung, des Kräfte-, Zeit- und Gerätebedarfes an Gen Qu weiter. Nach Prüfung durch Gen Qu im Hinblick auf die Gesamtversorgungslage und das verfügbare Feldbahngerät wird gegebenenfalls dann der Antrag an Chef Trspw gerichtet. Chef Trspw befiehlt dann den Bau entsprechend den gestellten Forderungen und dem vorhandenen Gerät an den Befh. d. Eisb. Tr.

Auch die folgenden fünf Aufnahmen sind 1942/43 im Mittelabschnitt der Ostfront auf einer unbekannten 600-mm-Feldbahn entstanden. Zwar ist der Bahnhofsname »Mesha« bekannt, doch ließ sich seine Lage nicht feststellen. Hier ist die Lokomotive HF 6 011 von Orenstein & Koppel mit einem zusätzlichen Wasserwagen gekuppelt, links ein Wasserturm mit Tarnanstrich, rechts eine Motorlok beim Rangieren.

Der Übergangsbahnhof »Mesha« mit Vollbahngleisen (links) und Feldbahn (rechts).

Ladegut Viehfutter auf der Feldbahn bei Mesha. Die Motorlok hat einen Namen und eine Bahnnummer erhalten.

Auch die Heeresfeldbahnlok HF 6 011 trägt eine zusätzliche Bahnnummer; solche Zahlen waren auch bei Wagen üblich, um die Buchführung der Strecken zu vereinfachen. Diese Lokomotive von 60 PS Leistung wurde im August 1939 bei Orenstein & Koppel in Babelsberg unter Fabriknummer 13 239 gebaut.

Mit der Lok HF 6 011 auf der Strecke unweit des Bahnhofes Mesha. Die lange Brücke ist durch einen eigenen Brückenposten gesichert, der auf dem Austritt neben der Lok steht.

4.) Auswahl und Zuführung des Gerätes erfolgt durch Befh. d. Eisb. Tr. entsprechend der geforderten Leistung, dem Baufortschritt und den örtlichen Verhältnissen. Zugkontingent stellt Gen Qu.

5.) Bau und Betrieb in Operationsgebiet erfolgen unter verantwortlicher Leitung der Eisenbahntruppe. Diese kann im allgemeinen nur die zum Bau notwendigen Anleitungs- und Spezialkräfte stellen, da sie unbe-

dingt ihrer Hauptaufgabe, dem Ausbau und der Wiederherstellung von Vollbahnen, nachkommen muß. Diese knappen Kräfte müssen daher durch starke und hochwertige Hilfskräfte seitens der Armeen verstärkt werden. Der Umfang dieser Hilfskräfte ist bereits in den Angaben der H. Gr. gem. Ziffer 3 aufzunehmen. Rascher Baufortschritt und glatter Betrieb werden durch diese Hilfskräfte entscheidend beeinflußt. Die Hilfskräfte sind dem verantwortlichen Baubzw. Betriebsleiter der Feldbahn einsatzmäßig zu unterstellen.

6.) Die von der Eisb. Pi. Tr. betriebenen Feldbahnen sind von den FEK'dos im Rahmen des üblichen Eisenbahnnachschubs mitzuversorgen. Diesel- und Otto-Kraftstoff werden den Feldbahnen von den Armeen gestellt.«

Über vielfältige Nachschub- und Einsatzprobleme der Heeresfeldbahnen schrieb der Befehlshaber der Eisenbahntruppen am 17. April 1943 an den Chef und die Generale des Transportwesens: »Bei der Wahl der Linienführung für die Feldbahn ist die Wasserfrage ausschlaggebend. Motor-Lokomotiven werden auf Anordnung des Reichsministers für Bewaffnung und Munition während des Krieges nicht mehr angefertigt. Es werden daher in absehbarer Zeit, wenn die vorhandenen Motor-Lokomotiven eingesetzt sind, Motor-Lokomotiven nicht mehr zur Verfügung gestellt werden können. Der ganze Betrieb einschließlich des Baubetriebes wird daher nach Ausgabe der restlichen Motor-Lokomotiven nur noch mit Dampf-Lokomotiven durchzuführen sein. Die Linienführung der Bahn ist daher weitgehendst von der Wasserfrage abhängig. Die Feldbahn-Lokomotiven sind im allgemeinen mit Wasserhebern ausgerüstet und in der Lage, Wasser aus Wasserlöchern selbst zu entnehmen. Die Anlage der Wasserstation kann in diesem Falle später erfolgen.

Bis zur endgültigen Einführung des Heeresfeldbahngerätes ist es notwendig, vor jeder geplanten Feldbahn das Gerät bei Befh. d. Eisb. Truppen zu erfragen, das voraussichtlich zur Verfügung gestellt werden kann.

Bau- und Betriebsparks für die Feldbahn sind bisher nicht aufgestellt. Ihre Aufstellung ist auch vorerst aus Kontingentmangel nicht möglich. Die Anforderung und Lieferung des Feldbahngerätes hat daher nach Feldbahneinheiten zu erfolgen. Die Zusammensetzung der Feldbahneinheiten ist aus dem Merkblatt für das Verladen einer Heeresfeldbahnstrecke von 10 km Betriebslänge zu entnehmen. Für die Ermittlung der Streckenleistung ist nur das Gerät, das in den Feldbahneinheiten vorhanden ist, zugrunde zu legen. Die Streckenleistung ist daher weitgehendst abhängig von den vorhandenen Steigungsverhältnissen.

Die Ermittlung des vorläufigen Kräfte- und Zeitbedarfes setzt voraus, daß bei der Erkundung der Linienführung die Erdbewegungen ermittelt werden. Diese Ermittlung gehört demnach mit zur Erkundung der Linienführung.«

Im Sommer 1943 verdichtete sich aus verschiedenen Gründen der Wunsch, die Heeresfeldbahnen aus der Zuständigkeit des Befehlshabers der Eisenbahntruppen herauszulösen und sie als Pioniere den jeweiligen Armeen direkt einzugliedern. Dazu kam es aber nicht mehr; die Feldbahnen wurden durch den Rückzug immer unbedeutender.

Aus einem Bericht des Befehlshabers der Eisenbahntruppen vom 26. September 1943 gehen gewisse Bestände in 600-mm-Spur zu jenem Zeitpunkt hervor als »in der Heimat vorhanden«.

Tabelle 26: Bestände am 26. 9. 1943	
Gleis	130 km
Weichen	197 Stück
Schwellen	200 000 Stück
Dampflok mittelschwer (Bt + Ct)	40
Dampflok schwer (Cn2)	3
Motorlok mittelschwer (130C)	30
Motorlok schwer (200D)	7
Wagen vierachsig	390
Wagen zweiachsig	670

Auch im Sommer 1943 wurde auf der Pionier-Übungsbahn von Rehagen-Klausdorf bei Berlin noch Feldbahnmaterial gelagert und zu Ausbildungszwecken verwendet. Das Bild zeigt eine Cn2-Halbtenderlok mit Funkenfänger-Schornstein auf Dreischienengleis (600/750 mm Spurweite) vor zwei großen Feldbahn-Personenwagen, wie sie in Finnland verwendet worden sind. *(Foto: Helmold)*

Nochmals sechs Aufnahmen von einer nicht näher identifizierten Heeresfeldbahn im Bereich der Heeresgruppe Mitte, aufgenommen im Oktober 1942: hier ein Feldbahnzug beim Überqueren einer sehr aufwendigen Flußbrücke.
(Fotos: Bundesarchiv PK 272/382)

Endbahnhof derselben Strecke mit provisorischer Umladestelle zu Lastwagen und Pferdefuhrwerk. Eindrucksvoll zeigt das Bild die Weite der Landschaft.

Verpflegungszug im Herbst 1942 mit einer »Rollbahnlok« von Henschel.

Frostschutzkästen an der Lokomotive HF 7 005 von Henschel, aufgenommen im späten Herbst 1942. Baulok des Typs »Riesa«.

Auf einem Feldbahnhof in der Sowjetunion: der vierachsige Wagen wird von einer 50-PS-Diesellok geschleppt, dahinter eine Dampflok ungefähr gleicher Leistung.

Dampflokomotive HF 5 043 beim Wassernehmen aus einem Vorratsbehälter, der seinerseits auf einem Beute-Rungenwagen liegt. Die Lok gehört zur Henschel-Type »Monta«.

Betrachten wir nun, was mit diesem Material und den in der Sowjetunion vorhandenen Beständen ab 1943 noch unternommen wurde.

9.3 BAHNEN UM SMOLENSK 1943

Nach der im Abschnitt 8.2 beschriebenen Räumung des Frontbogens von Rshew in die »Büffelstellung« entstanden 1943 im Norden und Osten der Stadt Smolensk neue Heeresfeldbahnen der Wehrmacht. Die Quellenlage ist im vierten Kriegsjahr aus verschiedenen Gründen nicht mehr so günstig wie zuvor; viele Strecken wurden anders errichtet als geplant, mehrere gründlich geplante Bahnen auch nicht mehr gebaut. Die folgenden Angaben geben einen ersten Einblick.

Das Oberkommando der Heeresgruppe Mitte und der Oberquartiermeister stellten Anfang März 1943 ihre Forderungen zur Versorgung der neuen Stellungen durch den Aufbau von Feldbahn- und Vollbahnstrecken beim General des Transportwesens Mitte. Dazu gehörten [nach Bundesarchiv RH 1911/181]:

1.) Feldbahn Jelnja – Front Übergangsbahnhof Jelnja, Streckenführung zur Mitte der Stellung der 7. Division im Raum Shfdkaja, dann nordwärts etwa bis Uschakowo, Länge etwa 32 km, Spurweite 60 cm, Leistung 400 t täglich.

2.) Ausbau der Strecke Bafonowo – Dorogobush. Umgehungskurve bei Bafonowo wegen Feindsicht nötig; 200 t.

3.) Ausbau der Strecke Smolensk Ost – Szawino – Fedjajewo – Beresnewo – HKL für Schienenschlepper auf Normalspur; 600 t.

4.) Feldbahn Rudnja – Demidoff – Front. Erster Bauabschnitt nordwärts ab Demidoff, zweiter eine nordwestliche Stichbahn von Ssosanowa nach Iwanowa, dritter die südliche Verlängerung nach Rudnja. Spurweite 75 cm, Leistung 600 t täglich.

5.) Herrichten der Vollbahnstrecke Gorodok nördlich von Witebsk – Weretschje für Nachschub mit halben Zügen und Ausbau von Weretschje zum Umschlagbahnhof auf Feldbahn.

6.) Feldbahn Weretschje – Front über Nowojo Kukowo und Betschkar. Hierzu war die Verwendung von »Feldbahngerät der Luftwaffe« vorgesehen, weil dort an der Front auch Fliegereinheiten standen.

Mit der Veränderung der militärischen Lage Anfang 1943 wandelten sich auch diese Pläne für Feldbahnen. Nördlich der Stadt Smolensk, die am 16. Juli 1941 von deutschen Truppen erobert und am 24. September 1943 von ihnen wieder verlassen wurde, baute die Wehrmacht schon ab Anfang 1943 eine Feldbahn mit dem Decknamen »Regina«. Hier wurden über 300 000 m^3 Erdbewegungen ausgeführt. Die Angaben zur Streckenlänge schwanken zwischen 43,2 km und 97,2 km. Beteiligt war das Eisenbahn-Bau-Bataillon 514. Ausgangsbahnhof war Krasny Bor. Es ging wohl darum, im Norden Beresnewo und Lomonosowo zu erreichen und von dieser Strecke die Front zu versorgen.

9.4 FELDBAHN »JULIA« BEI DOROGOBUSH ÖSTLICH VON SMOLENSK IM SOMMER 1943

Um 1943 die Versorgungslage im Rücken der 4. und der 9. deutschen Armeen am Oberlauf des Dnjepr im Osten und Süden von Smolensk zu verbessern, wurden nun Heeresfeldbahnen mit 60-cm-Spur im Raum von Dorogobush und Jelnja errichtet. Das Vorhaben ist in der Dringlichkeitsliste vom 12. Mai 1943 (Abschnitt 9.1) unter Ziffer 4 enthalten.

Den Bau überwachte der Kommandeur der Eisenbahn-Pioniere 4 (Stab II./Eisb. Pi. Regt. 1). Gewisse Anzeichen sprechen dafür, daß der Anschluß von Jelnja an der Hauptbahn Smolensk–Sanosnaja bis nach Uschakowo in Vollspur ausgeführt worden ist; Uschakowo wird mehrfach »Übergangsbahnhof« genannt. Als die Planung der Strecken im Mai 1943 begann, stand die 4. Armee am Südflügel der Heeresgruppe Mitte unter dem Befehl des Generalobersten Gotthard Heinrici. Er hat, wie Bilder zeigen, die Bahn auch einmal besichtigt; sie erhielt den Decknamen »Julia«.

Übrigens ist die Nennung von Dorogobush als Ziel dieser Feldbahn so zu verstehen, daß die Strecke zur Versorgung der deutschen Stellungen vor der Stadt und dem Dnjepr gebaut wurde, den Ort selbst aber nicht erreicht hat; Endbahnhof war vielmehr Jakolewo.

Die Trassierung der Feldbahnen im Raum vor Dorogobush wurde in verschiedenen Varianten geplant. Die »Strecke A« begann im Bahnhof Uschakowo und erreichte in km 13 den Ort Potschinok. Von dort wollte die Eisenbahn-Pionier-Kompanie 68 weiterbauen über Gromowo (km 19,9) nach Artjuschino (km 25,1). Mit einer Umtrassierung

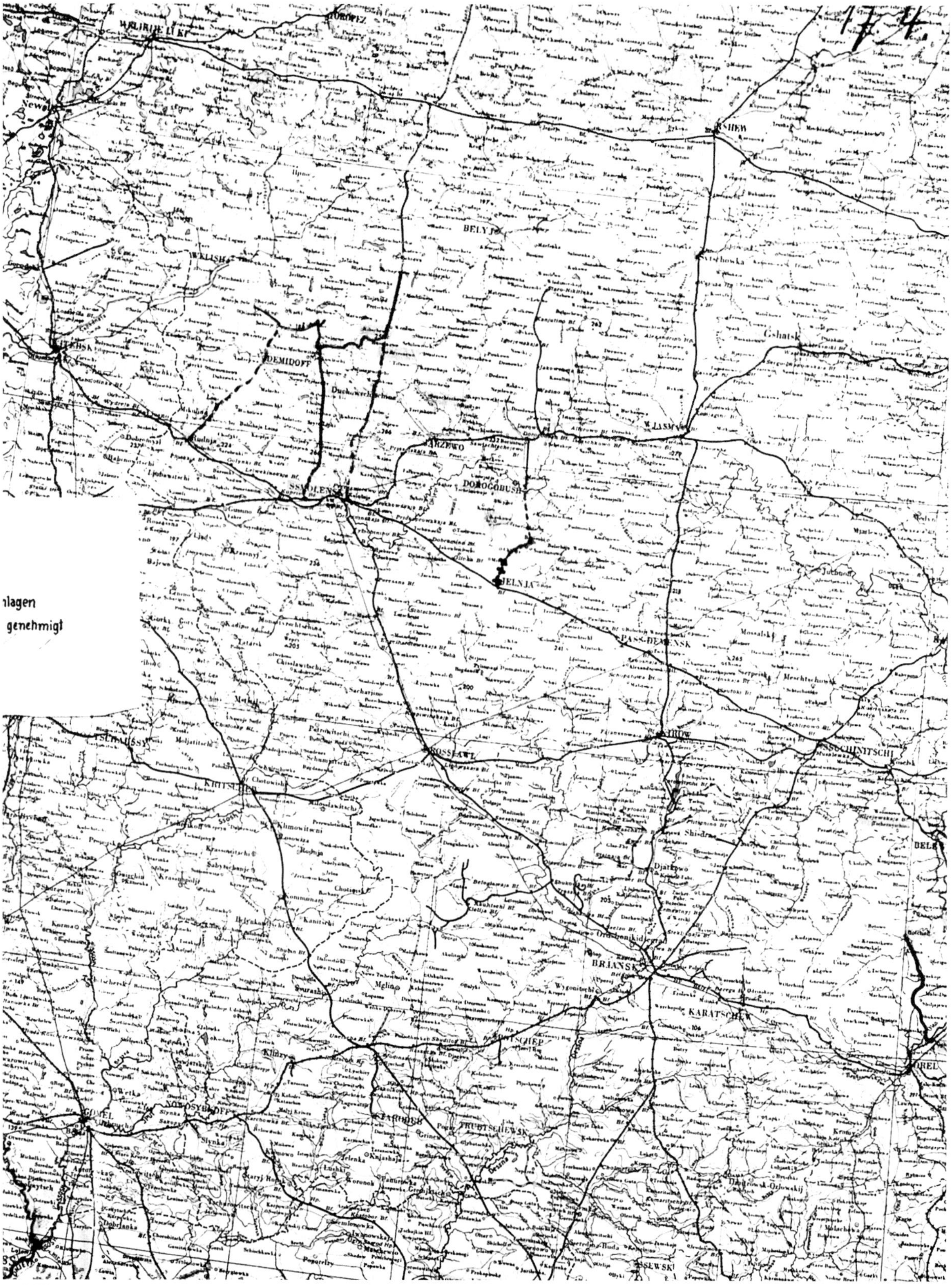

Militärkarte zum Mittelabschnitt der Ostfront zwischen Smolensk und Moskau, etwa Ende 1942. Am rechten Bildrand sind die für Feldbahnen wichtigen Orte Gshatsk, Sytschowka und Orel zu sehen, in Bildmitte die Bahnstationen von Dorogobush, Jelnja, Rudnja und Smolensk, links (am westlichen Rand) Witebsk und Gorodok. Am südlichen Rand der Karte die Verbindungsbahn bei Nowgorod–Ssewerskij. (Skizze: Bundesarchiv RH 1911/181)

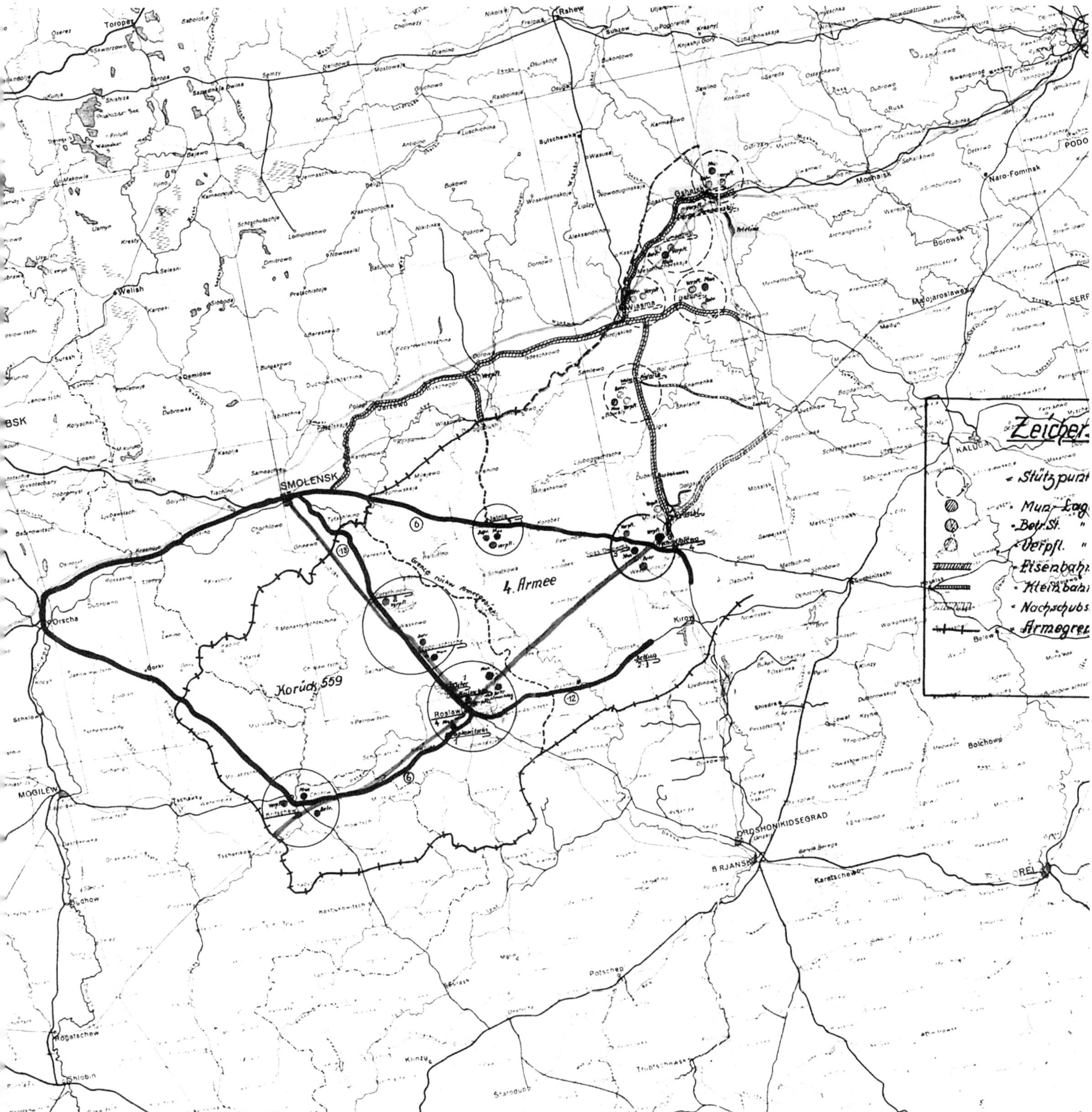

Eine Militärkarte der Verkehrswege im Westen und Südwesten der sowjetischen Hauptstadt Moskau mit den Stellungen der 4. Armee nach dem Rückzug aus dem Kessel von Rshew in die »Büffelstellung« Anfang März 1943. Man erkennt die von der Armee aufgelösten Stützpunkte und Lager sowie die aufgegebenen Schienenstränge. Beachte auch die »Armeegrenze« und die »Grenze des rückwärtigen Armeegebietes«. Im Norden dieser Stellungen lagen die 3. Panzerarmee, im Süden die 2. Panzerarmee und die 9. Armee, gegenüber die sowjetische Westfront. Am linken, westlichen Bildrand sind um Witebsk die Ausgangsbahnhöfe für deutsche Heeresfeldbahnen bei Smolensk, Rudnja und Gorodok zu erkennen, außerdem der Ort Lepel als Endpunkt der 1944 erbauten Feldbahn »Venus« von Parafjanow (siehe Abschnitt 12.1). (Skizze: Bundesarchiv AOK 4/34 579/14 Karte 70)

Auf dem Schmalspur-Abschnitt der Feldbahn von Jelnja nach Dorogobush sind die folgenden 21 Aufnahmen 1943 entstanden. Hier die Ankunft von Feldbahnloks mit hölzernem Frostschutz am Übergangsbahnhof Uschakowo.
(Alle Fotos: Bundesarchiv 79/15)

Entladung von Feldbahnmaterial in Uschakowo am Ende des Winters 1942/43.

durch die 3./Eisb, Pi. Regt 1 im Juni 1943 sollte hingegen statt Gromowo der Bahnhof Schemetowo in km 21,1 angefahren und dadurch Artjuschino bereits nach 22,5 km Streckenlänge erreicht werden. Im Juli wurden Pläne zur Verlängerung von dort (km 22,5) über Aleschino (km 25,2) bis Puschkino (km 27,8) und noch weiter bis zum Kilometer 29,5 aufgestellt: hier reißen die überlieferten Karten ab. Die Plantrasse verlief zumeist auf lehmigem Untergrund, oft in Strauchwerk und Wiesen, gelegentlich auch im Wald; Bauausführung unbestätigt.
Auch die »Strecke B« der Feldbahn »Julia« nahm ihren Ausgang in Uschakowo. Die ersten 2,5 km war die Strecke bis Nowo Ustinowo vereinigt mit der Bahn nach Potschinok. Sie wurde von dort in Richtung Dorogobush angelegt und erreichte nach 25,8 km und mehreren Ausweichen die Station Jakowlewo. Von dort wurde nach weiteren 8 bis 9 km der obere Flußlauf des Dnjepr bei Dorogobush erreicht und (auf dem Papier) überquert; Gesamtlänge dieses Abschnitts in zwei Varianten war 10,8 bis 11,4 km. Damit hatte die Strecke B etwa 36,6 km Länge. In km 16,19 sollte Anschluß an die Trasse Potschinok – Gromowo – Artjuschino hergestellt werden, doch ist die Ausführung dieser Verbindung zweifelhaft. Bei km 18 berührte die »Strecke B« die Rollbahn Dorogobush – Jelnja und die Nachschubstraße Süd zur HKL.
Schließlich wurde noch eine 5,7 km lange Stichbahn Nowosselsk – Bobrowitschi geplant, die vermutlich in Kilometer 19 der »Strecke B« (Uschakowo – Jakolewo) angebunden war.
Mit Beginn der Schlacht von Kursk (Operation Zitadelle) am 5. Juli 1943 geriet auch die Front im Bereich der Heeresgruppe Mitte wieder in Bewegung. Durch die ungestümen sowjetischen Angriffe und die nachfolgenden Absetzbewegungen gingen die meisten der für 1943 östlich und nördlich von Smolensk geplanten Heeresfeldbahnen verloren, bevor sie in Betrieb genommen werden konnten. Die Feldbahnen des Rückzuges der Heeresgruppe Mitte im Jahre 1944 nennt der Abschnitt 12.1.

Rechts oben: Über eine Kopframpe wird die Feldbahnlok HF 5 012 abgeladen.

Mitte: Beim Abladen der Feldbahnwagen war das Rahmengleis nützlich. Der Vollbahnwagen trägt ein Schild »Grukodeiszug« und ist damit als Transport der Eisenbahntruppe selbst kenntlich.

Rechts unten: Die ersten Arbeiten am Übergangsbahnhof: der Bau von Durchlässen für kleine Gewässer; im Hintergrund abgestelltes Material.

Feldbahn-Dampflok HF 6 001 hinter einem Pferdeschlitten mit Wasserfaß am Bahnhof Uschakowo.

Gesamtansicht des Übergangsbahnhofes von Uschakowo an der Feldbahn nach Dorogobush im Frühsommer 1943: Links ein Vollbahnzug, aus dem russische Frauen zur Bauarbeit aussteigen, davor Schienenwagen und abgebordete Feldbahnwagen.

Abstellgleise im Anfangsbahnhof. Rechts eine Henschel-Rollbahnlok, dahinter Deutz-Motorlokomotiven.

Die Wasserentnahmestelle im Übergangsbahnhof Uschakowo wurde mit einer Lokomobile aus der Landwirtschaft vollgepumpt.

Wasserübernahme der Dampflok aus einem alten Preußentender, der zuvor zum Unkrautvertilgungszug 3 aus Glückstadt gehört hatte. Henschel-Baulok der Bauart »Riesa«.

Reparatur von Dieselloks im Anfangsbahnhof der Feldbahn »Julia« im Sommer 1943. Im Hintergrund ein Tankwagen für Kraftstoff.

Der »Transport von Mannschaften zur Baustelle«, wie es im Originalbericht von 1943 heißt. Die »Riesa«-Lok steht im Einschnitt.

Ein Stationsbunker im Übergangsbahnhof Uschakowo. Er wird noch weiter eingegraben und getarnt.

Beim Bahnbau in Richtung Dorogobush wurden zahlreiche russische Zivilisten, besonders Frauen, eingesetzt. Ein solcher Arbeiterzug mit Diesellok HF 50 B ist hier zu sehen.

Zur Tarnung gegen Fliegersicht wurde die Strecke anfangs durch den Wald geführt. Feldbahn-Draisine bei Kilometer 2, rechts abgelegtes Werkzeug.

Planumsarbeiten bei km 18,4 der Strecke nach Dorogobush. Füllmaterial für Dämme wurde durch Seitenentnahme gewonnen.

Heeresfeldbahn-Soldaten mit der Schwellenbohrmaschine von Robel.

Beim Stopfen des Feldbahngleises an einer Ausweiche. Bei der Feldbahn Dorogobush wurde zumeist Sand als Bettungsmaterial verwendet. Links ist der bei allen Feldbahnen wichtige Entwässerungsgraben zu erkennen.

Eine kurze Feldbahnbrücke in km 15,05 von Uschakowo. Soldaten legen die Schwellen auf, einheimische Frauen verrichten Erdarbeiten.

Feldbahndraisine am Übergangsbahnhof, links Generaloberst Heinrici, Oberbefehlshaber der 4. Armee östlich von Smolensk.

Bei Kilometer 19,5 war diese mächtige Feldbahnbrücke mit sechs Stützen zu errichten.

10. Heeresfeldbahnen in der südlichen Sowjetunion

Neben den beiden eher aus politischen Gründen ausgesuchten Hauptzielen Leningrad im Norden und Moskau im Mittelabschnitt der Ostfront bildete der Süden mit der fruchtbaren Ukraine, dem Wirtschaftszentrum im Donez-Becken und mit dem Öl im Kaukasus für die Wehrmacht die dritte große Stoßrichtung in der Sowjetunion. Das galt besonders im Sommer 1942, aber auch noch nach dem Rückzug aus dem Kaukasus und der Wende bei Stalingrad im darauffolgenden Winter.

10.1 FELDBAHNBAU IM KAUKASUS ENDE 1942

In extrem vorgeschobener Position am Kaukasus nennt Eugen Kreidler (Karte 11) eine Heeresfeldbahn von Mosdok über den Terek nach Süden zur Front bei Beslon als »im Bau« befindlich. Da dieser Teil der Welt nur zwischen Oktober und Dezember 1942 von deutschen Truppen besetzt war, dürfte die Bahn über Planungen wenig hinausgekommen sein.

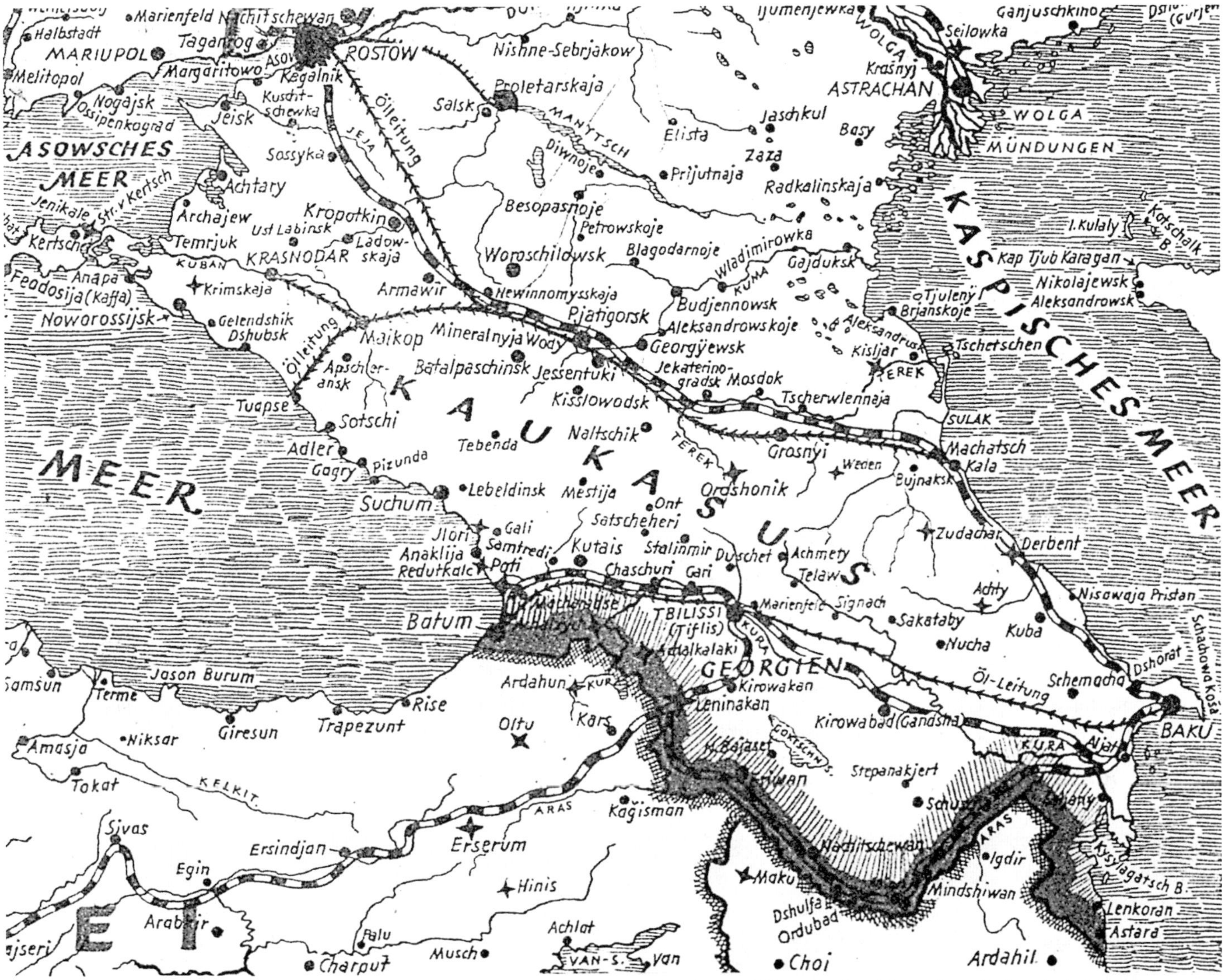

Verkehrsverhältnisse im Kaukasus zwischen Baku, Astrachan und Rostow im Jahre 1942 nach einer Karte des »Berliner Lokal-Anzeigers«. An der Strecke von Rostow nach Baku entlang des Terek liegt Mosdok als Ausgangspunkt einer geplanten Feldbahn. Wichtig auch die eingetragenen Ölleitungen. Aus dem Kaukasus zogen sich die deutschen Truppen Anfang 1943 zum Kuban-Brückenkopf (links im Bild) zurück.

10.2 DREI GROSSFELDBAHNEN IM DONBOGEN WESTLICH VON STALINGRAD, HERBST 1942

Weitere Feldbahnen der Wehrmacht wurden im Spätsommer 1942 vor Stalingrad begonnen. Bei Kreidler werden dazu die folgenden operativen Angaben (S. 149) gemacht: »In dem eisenbahnleeren Donbogen wurden drei Heeresfeldbahnen mit rund 400 km Länge in Angriff genommen, die über Trassierungsarbeiten nicht hinauskamen. Die Bahnen zweigten in Schelistowka, Oblinskaja und Tschir ab.«

Die geplante Bahn von Oblinskaja (auch: Obliwskaja) sollte mit Abzweigungen fast 200 km Strecken länge haben; Bauleiter der Bahn von Tschir war Major Meixner. Es dauerte aber bis zur Oktobermitte 1942, ehe nennenswerte Feldbahnverbände im Donbogen eingetroffen waren. Mehrere erfahrene Offiziere wurden von anderen Feldbahnen abkommandiert, so Ende September auch Oberleutnant Karl Sander von der Strecke im Kessel Demjansk. Er hat uns zu diesem Abschnitt wieder eigene Aufzeichnungen zur Verfügung gestellt, die den Einsatz des Feldbahn-Bataillons 502 im Verband der Kampfgruppe Stahel bis zum Winter 1942/43 beschreiben.

Zur historischen Einordnung sei erwähnt, daß deutsche Truppen Ende August 1942 die Stadt Stalingrad (450 000 Einwohner) erreicht hatten, in der sie schon im November 1942 eingekesselt wurden. Ausbruch und Rückzug nach Westen wurde der 6. Armee (Generaloberst Paulus) und den übrigen Einheiten nicht erlaubt, Entsatzoperationen scheiterten. Bis zum 2. Februar 1943 zerschlug die Rote Armee den Kessel; zwanzig Divisionen mit 250 000 Mann gerieten in Gefangenschaft. Damit wurde die Schlacht um Stalingrad zur Wende im Zweiten Weltkrieg. Die nachfolgenden Erinnerungen Karl Sanders an das Feldbahn-Bataillon 502 stützen sich wesentlich auf Notizen von Major Meixner, auf Angaben des damaligen Oberzahlmeisters Rolf Roßberg und auf eigene Niederschriften.

»Nach den Aufzeichnungen Roßbergs wurde der Ersatz für die Feldbahn-Bataillone 501, 502 und 503 in der Zeit vom 1. September bis zum 5. Oktober 1942 in Fürstenwalde/Spree zusammengestellt. Der Stab des Feldbahn-Bataillons 502 erhielt hier die Feldpost-Nummer 06361. Das Stabspersonal wurde dem bereits im Südabschnitt Rußlands in der Aufstellung befindlichen Bataillon mit den Feldbahn-Kompanien 604, 605, 606 und 607 unterstellt; Verladung und Eisenbahnmarsch des Stabspersonals unter Fahrtnummer 196284 b am 8. Oktober 1942 ab Bahnhof Fürstenwalde.

Der Eisenbahnmarsch führte infolge Falschleitung zunächst nach Georgiewsk am Elbrus, das am 24. Oktober

Hauptmann Hüttepohl (später Major) im Oktober 1942 vor der Abfahrt von Fürstenwalde in den Donbogen.

1942 erreicht wurde. Am gleichen Tage wurde der Transport über Armavier, Kaukaskaja, Rostow nach Jasinowataja weitergeleitet. Hier gab es einen unfreiwilligen Aufenthalt, der vom 27. bis zum 31. Oktober 1942 dauerte. Über die fast jedem Rußlandkämpfer bekannten Orte Gorlowka, Debalzewo, Lichaja, Morosowskaja wurde endlich am 5. November 1942 Oblinskaja erreicht. Hier erfolgt die Unterstellung des gesamten Bataillons mit Stab, den Feldkompanien 604, 605, 606 und 607 sowie aller zugeteilten Einheiten unter den Stab Eisenbahn-Pionier-Bataillon z. B. 10, dessen Kommandant Major E. Meixner war.

Während sich das Stabspersonal von Fürstenwalde aus auf dem Eisenbahnmarsch nach Oblinskaja befand, hatte sich dort bereits nicht nur der vorläufige Bataillonsstab unter Führung von Hauptmann Meier-Selbach eingerichtet, sondern es waren in Oblinskaja auch schon die Feldbahn-Kompanien 604 bis 607 zusammengestellt und eingesetzt worden. Die Eingliederung des hinzugekommenen Stabspersonals vollzog sich reibungslos. Begrüßt wurden besonders Arzt und Zahlmeister, die wegen des inzwischen auf etwa 600 Köpfe angewachsenen Personalbestandes vor wichtigen und dringenden Aufgaben standen. Am 5. November 1942 gliederten sich das Bataillon und die Kompanien wie folgt:

Stab Feldbahn-Bataillon 502
Kommandeur: Hauptmann Meier-Selbach
Adjutant: Leutnant ...
1a Hauptmann Meier-Selbach
1a (T) Oberleutnant Sander
Truppenarzt Unterarzt Dr. Bohm
Zahlmeister Roßberg
außerdem traten zum Bataillonsstab:
Hauptmann Hüttepohl,
Oberleutnant Lindstädt und
die Leutnante Just und Schmidt.
Feldbahn-Kompanie 604
Kompaniechef: Hptm. Stern von Piatowski (†)
Kompanie-Offizier: Oberleutnant Lehnert (†)
Feldbahn-Kompanie 605
Kompaniechef: Hauptmann Janowski
Kompanie-Offizier: Leutnant Juhnke (†)
Feldbahn-Kompanie 606
Kompaniechef: Hauptmann Scholz (†)
Kompanie-Offizier: ...
Feldbahn-Kompanie 607
Kompaniechef: Oberleutnant Kraußе (†)
Kompanie-Offzier: Oberleutnant Eckerlein (†).

Unterstellt wurden dem Bataillon außerdem noch die Einheiten Eisenbahn-Pionierkompanie 115 unter Führung von Hauptmann z. V. Klempin und die 1. Kompanie des Eisenbahn-Bataillons 83. Insgesamt hatte die Zahlmeisterei des Bataillonsstabes zu dieser Zeit fast 800 Soldaten in Verpflegung. Hinzu kamen noch etwa zweihundert Kriegsgefangene, die bereits vor Aufstellung des Bataillons der Eisenbahn-Pionier-Kompanie 115 unterstellt worden waren. Da Hauptmann Meier-Selbach Anfang November 1942 krankheitshalber in die Heimat versetzt wurde, führte Major Meixner bis zum Beginn der Kampfhandlungen das Bataillon. Sein Adjutant war Obltn. Schröter. Sie schlugen mit Zeichnern und Schreibern ihren Gefechtsstand hart nördlich Flugplatz Obliwskaja auf. Mit Beginn der Kampfhandlungen übernahm Hauptmann Waue das Bataillon. Als Adjutant wurde ihm der Verfasser zugeteilt. –
Mit der noch gut funktionierenden ‚blauen' Eisenbahn trafen nach und nach auch die Ausrüstungen des Stabes und der Kompanien ein. Es folgte in Abständen von etwa ein bis zwei Tagen das Oberbau- und rollende Material. Hierzu gehörten rund 80 km Gleisrahmen für 60 cm Spurweite, 300 Feldbahnwagen und 120 Dampflokomotiven.
Der Auftrag des Bataillons ergab sich aus der allgemeinen Lage an der Westfront der 6. Armee (General Paulus) und aus dem Einsatz der im großen Donbogen nordwestlich von Stalingrad operierenden Kräfte. Zu letzteren gehörten Teile einer italienischen Armee, Teile der Armee-Abteilung Hollidt und Einheiten der 2. rumänischen Armee. Das Bataillon hatte ursprünglich den Auftrag, die Feldbahnen auszubauen und zu betreiben, um diese Streitkräfte wirksam versorgen zu können.
Diese Aufgaben des Feldbahn-Bataillons 502 mit den Feldbahn-Kompanien 604 bis 607 fanden ihre Grundlage in der geheimen Kommandosache des Befehlshabers der Eisenbahntruppen Nr. 320/42 und im Geheimbefehl des Generalstabs des Heeres, Chef des Transportwesens Nr. 03951/42. Danach hatte der Kommandeur der Eisenbahn-Pioniere bei der 6. Armee (Kodeis 6) die als Großfeldbahnen I bis III bezeichneten Strecken zu trassieren und zu bauen. Alle drei Feldbahnen dienten demnach zur Versorgung der an der Donfront stehenden Truppen der 6. Armee und der ihr unterstellten rumänischen und italienischen Einheiten. Außerdem sollte durch diese Feldbahnen, die bereits als Vollbahnen zu trassieren waren, das Gebiet westlich des Don überhaupt verkehrlich erschlossen werden. Befehlsgemäß war folgender Verlauf der Bahnen vorgesehen:

Ein Kamelgespann am Bahnhof Oblinskaja im November 1942. (Fotos: Sammlung Sander)

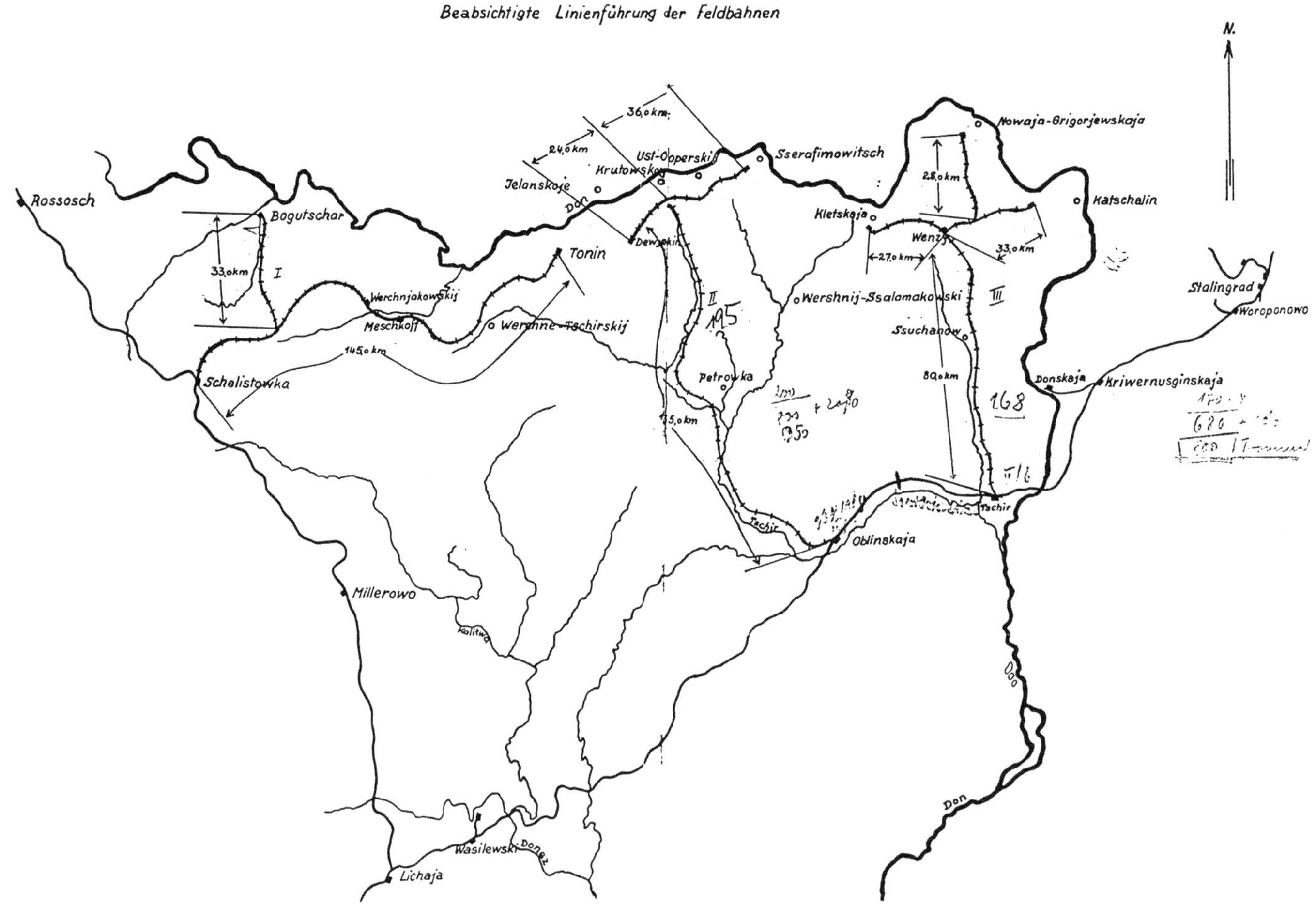

Beabsichtigte Linienführung der drei Großfeldbahnen im Donbogen westlich Stalingrad, entworfen vom Eisenbahn-Nachrichten-Regiment z. b. V. 514 am 11. August 1942. Zu diesem Zeitpunkt standen die deutschen Truppen vor der Eroberung Stalingrads. (Skizze: Sammlung Ess)

I.) Stammstrecke von Bf. Schelistowka der Strecke Liski – Lichaja in östlicher Richtung zum Endbahnhof Latischenskij mit Spitzenstrecke von Annowo Rebrikowo bis Radtschenskoje;

II.) Stammstrecke von Bf. Oblinskaja der Strecke Lichaja – Stalingrad bis Gegend Karaßow mit Spitzenstrecken nach Kriuschinsky, Blinoff und Werchnaja-Zarizinskaja;

III.) Stammstrecke von Bf. Tschir der Strecke Lichaja – Stalingrad bis Oskuskij mit Spitzenstrecken nach Wralew, Dalnij-Perekopsky, Radionow und Lapuschinskij.

In den vom Kodeis 6 an die einzelnen Eisenbahn-Pioniereinheiten ergangenen Befehlen vom 4. August 1942 war festgelegt, daß die drei Großfeldbahnen bis zum Einbruch der Schlammperiode fertigzustellen waren. Als Vorbedingung für den Bau der drei Großfeldbahnen wurde angeordnet, zunächst die Vollbahnstrecke Waljuki – Kondraschewskaja – Millerowo – Lichaja wiederherzustellen, wozu folgende Einheiten abgestellt wurden:

Eisb.-Pi.-Stab z. b. V. 10 (Major Meixner),
2./Eisb.-Pi.-Reg. 5,
4./Eisb.-Pi.-Reg. 5.
Eisb.-Bau-Bt. 83.

Die Trassierung der Feldbahnstrecken übernahmen der Stab I/Eisb.-Pi.-Reg. 5 und die Eisb.-Pi.-Kp. 74, während für den Bau unter der Leitung von Kodeis 6 die Stäbe
I./Eisb.-Pi.-Reg. 5
II./Eisb.-Pi.-Reg. 6 und
Stab z. b. V. 10

zur Verfügung standen. Für Bau und Betrieb der Feldbahnen galten die vom Befehlshaber der Eisenbahntruppen herausgegebenen Richtlinien, deren wichtigste waren:
- Steigungen auf der Strecke bis 5 Promille, in Ausnahmefällen bis 15 Promille zulässig;
- Gleiskrümmungen auf der Strecke größer als 300 m Radius;
- Spurweite 600 mm;
- Planum bei eingleisiger Strecke 3 m, bei zweigleisiger 6 m breit;
- Abstand von festen Bauwerken 2,10 m;
- Gleisabstand auf den Bahnhöfen 4,00 m;
- Spurerweiterung maximal 18 mm;
- Umladebahnhöfe täglich 400 t Leistung, später auf 800 t auszubauen;
- Abstand von Mitte Feldbahn zu Mitte Vollbahngleis 4,25 m;
- Bahnhofsentfernungen 4 bis 5 km, bei größeren Steigungen aber 2,5 bis 3,5 km;
- Ausweichen und Überholgleise mindestens 250 m lang;
- Wendebahnhöfe für Loks mit Gleisdreiecken auf Strecke II;
- Wasserstationen für Loks mit Tender und Wasserwagen alle 35 km vorsehen;
- Betriebswerke alle 50 km;
- Schienenprofil mindestens 15 kg/m angestrebt.

Ferner wurde befohlen: »Für die Strecken I und II steht Feldbahnmaterial von 600 mm Spurweite zur Verfügung. Für die Strecke III ist das Feldbahnmaterial noch nicht bekannt, voraussichtlich kommt Kleinbahnmaterial in Frage. Gleisrahmen stehen nur in geringem Umfang zur Verfügung, die Strecken müssen hauptsächlich aus losem Material hergestellt werden, für das gebogene Kurvenschienen nicht geliefert werden. Bei Kurven über 200 m Halbmesser ist ein Vorbiegen der Schienen nicht mehr erforderlich.«
Ausgangspunkt der Feldbahn war der bereits erwähnte Bahnhof Oblinskaja, an der eingleisigen Eisenbahnstrecke nach Stalingrad gelegen. Dort lag auch ein großer Feldflugplatz. Von hier aus führte die Trasse in allgemein nördlicher Richtung am Ostufer des Tschir entlang bls nach Bokowskaja. An dieser Stelle gabelte sich die Strecke. Ein Ast führte nach Norden bis dicht hinter die rumänische Front mit Spitze zur linken deutschen Division der 6. Armee. Der zweite Ast rückte nach Nordwesten zum Anschluß an die Feldbahnen im Bereich der italienischen Armee mit Sitz in Millerowo. Die Ermittlung der Lok-Leistungen, das Aufstellen der Fahrpläne und die Planung der Behandlungsanlagen für das rollende Material bearbeitete der Verfasser als Ia (T) Stab 502. Diese Arbeiten wurden Anfang November 1942 überraschend vom OKH (Oberst im Generalstab Dr.-Ing. Stambach) an Ort und Stelle kontrolliert: sie fanden dessen Zustimmung und Anerkennung. Bevor das Feldbahn-Batl. 502 zum Einsatz kam, hatten Einheiten des Eisenbahn-Pionier-Stabes zbV 10 die Eisenbahn-Trasse im Bereich der 2. rumänischen Armee gebaut. Zu diesen Einheiten gehörten u. a. eine Eisenbahn-Pionier- Kompanie (mot) als Brückenbaukompanie, zwei Eisenbahn-Bau-Bataillone, Wasserstations-Kompanien, Bohrtrupps und etwa 9000 russische Kriegsgefangene.
Der Kompanie des Hauptmanns Klempin fiel die Aufgabe zu, den Bahnhof Oblinskaja auf höhere Leistung auszubauen, Gleisanlagen für den Umschlag der Versorgungsgüter von Vollbahn- auf Feldbahn und umgekehrt anzulegen, sowie für die militärische Sicherheit der sich hieraus entwickelnden Großbaustelle zu sorgen. Schon vor der endgültigen Aufstellung des Bataillons hatte die Einheit Klempin unter Mitwirkung einer großen Zahl Kriegsgefangener mit diesen Arbeiten begonnen. Es muß bemerkt werden, daß der Wirkungsgrad ein denkbar mäßiger war, weil der Ernährungs- und Gesundheitszustand der Kriegsgefangenen äußerst schlecht waren. Erst nach dem Eintreffen des Truppenarztes mit seinem Sanitätspersonal konnte hier Abhilfe geschaffen werden.
Es war vorgesehen, die Feldbahn-Kompanien als geschlossene Einheiten im Zusammenwirken mit den zugeteilten Eisenbahn-Pionier-Kompanien und der Wasserstationskompanie 194 einzusetzen. Die Einsatzpläne lagen bereits fest und wurden den Kompanieführern durch den Kommandeur des Bataillons bekanntgegeben. Danach sollte am weitesten nördlich von Oblinskaja die Feldbahnkompanie 607 eingesetzt werden. Vorkommandos unter Führung von Oberleutnant Eckerlein waren zu diesem Zwecke bereits in Marsch gesetzt worden. Die Feldbahnkompanie 606 hatte nach Durchführung der Bauarbeiten vorzugsweise den Betriebsmaschinendienst abzuwickeln. Ihr wäre also in Anbetracht der sich erst später abzeichnenden Feindlage sowie der betrieblichen Gegebenheiten die schwierigste Aufgabe zugefallen. Vorkommandos wurden auch von den Feldbahnkompanien 604 und 605 entsandt. Es ist jedoch nicht mehr festzustellen, an welcher Stelle der Trasse deren erste Marschziele lagen. Die nach und nach von anderen Fronttruppenteilen oder aus der Heimat in Oblinskaja eintreffenden Soldaten waren mit Ausnahme der Unteroffiziere nur zu einem verhältnismäßig geringen Teil gelernte Eisenbahner, worauf beim Einsatz dieser Kräfte Rücksicht zu nehmen war. Es wurde so verfahren, daß ungelernte Arbeiter, Büroschreibkräfte

usw. zu den künftigen Betriebs-Kompanien, dagegen gelernte Metallhandwerker nach Möglichkeit bei der Feldbahnkompanie 606 als künftiger Maschinen-Kompanie Verwendung fanden.
Die Eintönigkeit der Steppenlandschaft, die anfänglich primitive Unterbringung und die große Entfernung von der Heimat drückten sehr auf die Stimmung des Ersatzes; jedoch gehörten Disziplinlosigkeiten zur Ausnahme. In verhältnismäßig kurzer Zeit bildete sich ein gutes kameradschaftliches Verhältnis zwischen den Soldaten und den Führern aller Grade heraus.
Trotz der überhasteten Aufstellung des Bataillons im Operationsgebiet und des mit Verzögerung eintreffenden Ersatzes aus der Heimat konnte Anfang November 1942 den vorgesetzten Stäben die bedingte eisenbahntechnische Einsatzbereitschaft gemeldet werden. Da Nachrichten über die Feindlage nicht bis zu den Einheiten durchgedrungen waren, als es um und in Oblinskaja absolut ruhig war, konzentrierte sich das Interesse aller Soldaten verständlicherweise allein auf die Feldbahn. Die Einheiten trafen zwar alle Vorbereitungen, die ein Ernstfall erfordert – so wurden beispielsweise Alarmpläne aufgestellt, die Posten und Wachen nachts verstärkt und die im Fronteinsatz noch unerfahrenen Soldaten unterwiesen –, doch glaubte niemand so recht an eine Änderung der Lage und daran, daß er sehr bald mit der Waffe gegen einen entschlossenen und kampferprobten Gegner würde antreten müssen.
Dieser Fall trat aber rasch ein. Am späten Abend des 12. November 1942 erfuhren die im Donbogen eingesetzten Offiziere vom Oberbefehlshaber des VIII. Fliegerkorps, Generalleutnant Fiebig, in dessen Bunker am Flugplatz Oblinskaja erste Einzelheiten über den Erfolg der sowjetischen Gegenoffensive. Damit war der Feldbahnbau vor Stalingrad bereits im Ansatz beendet.«
Soweit Karl Sanders Erinnerungen an den Donbogen. Wir betrachten nun den Bau der drei Strecken anhand der im Bundesarchiv vorhandenen Akten. Über die vorgesehenen Lokomotiven hieß es am 4. August 1942 im Befehl des Kodeis B: »Auf Strecke I ist der Betrieb mit Diesel-Loks vorgesehen. Da aber voraussichtlich ein Teil der Diesel-Loks in den Spitzenstrecken verwendet werden muß, sind auf Strecke I vorsorglich Wasserstationen wie auf den übrigen Strecken vorzusehen. Die Entfernung zweier Wasserstationen richtet sich nach den Streckenverhältnissen und dem Fassungsvermögen des Tenders. Für den Hauptstreckenabschnitt der Strecke II bis Tschernschewskaja sind Feldbahneinheiten mit schweren Dampf-Lokomotiven vorgesehen. 6 von den hier einzusetzenden 7 Feldbahneinheiten haben Dampf-Lokomotiven mit zweiachsigem Tender mit einem Wasserinhalt von 6,0 cbm. Auf der Lok befinden sich zusätzlich 0,6 cbm Wasser, so daß der Gesamtwasservorrat der Lok 6,6 cbm beträgt. Mit diesem Wasserinhalt kann bei voller Ausnutzung der Leistungsfähigkeit der Lok (Leistung 110 PS) eine Strecke von etwa 35 km durchfahren werden. Die 7. Einheit (Feldbahneinheit Nr. 32) hat schwere Dampflok ohne Tender. Um sie zusammen mit den Lokomotiven der übrigen schweren Einheiten einsetzen zu können, müssen sie mit provisorischen Tendern versehen werden. Hierzu eignen sich die mit den Einheiten zu liefernden Tankwagen, die einen Fassungsraum von 4,5 cbm haben. Die Lokomotiven mit diesem provisorischen Tender können dann ebenfalls eine Strecke von 35 km durchfahren. Für die restliche Hauptstrecke und die Spitzenstrecken stehen nur mittlere Dampf-Lokomotiven ohne Tender zur Verfügung.
Auf die restlose Durchführung einer vollkommenen Wintersicherung der Feldbahn ist besonderer Wert zu legen. Der Bau der Lokschuppen und sonstigen für die Wintersicherung erforderlichen Bauten ist bereits bei Beginn des Baues der Feldbahn zu berücksichtigen und in Angriff zu nehmen.« Auch bei den Feldbahnen im Donbogen dachte man für den Erdbau an die Verwendung von Kriegsgefangenen. Die Heeresgruppe B forderte dazu am 12. August 1942 an: »Für Feldbahnbau Nr. II und III im Bereich A. O. K. 6 sind aus Neuanfall 13 000 Kgf. in den ostwärtigen Dulag und Armeegefangenensammelstellen des Armeebereichs anzuhalten und bereitzustellen. Darunter sollen sich in möglichst großer Anzahl befinden: Eisenbahnpioniere, Eisenbahnbautruppen, Bahnarbeiter, Erdarbeiter, Bauarbeiter, Schlosser, Schmiede, Zimmerleute, Holzarbeiter, Mechaniker usw.
Dagegen dürfen sich nicht darunter befinden: Turkvolkangehörige, Erdölfacharbeiter, Berufsbergleute, Panzerfahrer und Panzerfacharbeiter, Facharbeiter der Rüstungsindustrie.
Es sind nur gesunde, kräftige, arbeitsfähige Kgf. bereitzustellen. Alle übrigen Kgf. (einschließlich der Volks- und Fachgruppen) sind nach Deckung des Truppenbedarfs beschleunigt in die rückwärtigen Stalag und Dulag abzuschieben.«
Am 14. August 1942 ergänzte die 6. Armee dazu: »Bei der Unterkunftsvorbereitung ist zu berücksichtigen, daß die Kriegsgefangenen mehrere Wochen an einer Stelle für die Deutsche Wehrmacht Arbeit leisten müssen, d. h. es ist Wert auf eine gedeckte, gegen Regen und auch Kälte schützende Übernachtungsmöglichkeit zu legen. Die Verpflegung ist dem Lande zu entnehmen. Sätze für Schwerarbeiter sind durch Heeresgruppe B genehmigt.

Mit den Landwirtschaftsführern ist durch die Dulags bereits jetzt schon ein Heranschaffen der Verpflegung an die geplante Streckenführung mit Kräften des Dulags und der Zivilbevölkerung (Panjefahrzeuge) durchzuführen. Erkundung, Heranschaffen und Einbau von Kochkesseln muß sofort eingeleitet werden.«

Ihre schicksalhafte Anforderung endete mit dem Satz: »Dem A. O. K. kommt es darauf an, daß durch eingehende Vorbereitungen der Feldbahnbau noch vor Beginn der Schlammperiode im Herbst und vor Beginn des Winters fertiggestellt wird.«

Erschreckende Angaben über das Arbeitsvermögen und den Zustand der Kriegsgefangenen machte das Eisenbahn-Pionier-Regiment 6 (Stab) am 17. September 1942: »Infolge des schlechten Ernährungszustandes und der vollkommen unzureichenden Verpflegung der Kriegsgefangenen ist die Arbeitsleistung derselben völlig ungenügend und beträgt 1/4 bis 1/6 der normalen. Zur Beschleunigung der Ausführung des Unterbaues wird deshalb beantragt, das Mindestmaß der Breite des Unterbauplanums für Feldbahnen mit Holzschwellen von 2,60 m zuzulassen.«

Obwohl die Bahnen noch kaum begonnen waren, wurde im September 1942 vom Kodeis B die Schneeräumung im Winter 1942/43 bereits vorbereitet: »Der Bedarf an Kgfn. für Schneeräumungsarbeiten an den 3 Großfeldbahnen wird mit je 2 000 Kgfn. = insgesamt 6 000 Kgfn. veranschlagt. Um Sicherstellung dieser Kgfn. wird gebeten.«

Am 15. August 1942 verfügte der Befehlshaber der Eisenbahntruppen die bevorzugte Fertigstellung der Feldbahn von Tschir nach Norden, die am engsten vor der Stalingradfront lag: »Der Bau der Feldbahn III ist nach Mitteilung des AOK 6 besonders dringlich. Das macht eine anderweitige Einteilung des vorgesehenen Feldbahngerätes notwendig, da z. Zt. noch nicht feststeht, wann das für die Feldbahn III vorgesehene Gerät geliefert wird. Die Feldbahnstrecken I und III haben etwa die gleiche Länge. Die für die Feldbahn I vorgesehenen Feldbahneinheiten sind daher in Feldbahn III einzubauen, die Trassierungsarbeiten und der Baubeginn der Feldbahn III sind besonders zu beschleunigen und mit allen Mitteln zu betreiben.«

Noch immer bestanden die Bahnen aber nur auf dem Papier. Am 16. August schrieb die Heeresgruppe B: »Mit dem Beginn der Bauarbeiten an den Feldbahnen I (Stammstrecke ab Bhf. Scholistowka) und II (Stammstrecke ab Bhf. Oblinskaja) ist bis 1. 9. 42 und an Feldbahn III (Stammstrecke ab Bhf. Tschir) bis 10. 9. zu rechnen.«

Am 21. August 1942 war die Erkundung abgeschlossen. Der Stab des Eisenbahn-Pionier-Regiments (mot) 6 schrieb an Kodeis B: »Feldbahn I: Die Anlage des Umlade- und Ausgangsbahnhofs bei Schelistowka ist verhältnismäßig leicht durchzuführen, der Bf. Schelistowka selbst kann erforderlichenfalls noch um bis zu 2 Gleise erweitert werden. Die vorgesehene Führung der Trasse bis Meschkoff ist durchführbar, südostw. Meschkoff muß die Bahnlinie zwei kleinere Täler ausfahren. Der Übergang über den Tschir muß etwa 2 km westlich Potschtowyi gesucht werden, und die Trasse von da ab ausschließlich auf dem rechten Tschirufer geführt werden. Das linke Ufer ist wegen der starken Zerklüftung ungeeignet. Südwestlich Latschewski ist die Anlage eines größeren Ausladebahnhofs möglich. Die Straßenzufahrten sind vorhanden bzw. lassen sich leicht schaffen.

Feldbahn II: Erweiterung des Bahnhofs Obliwskaja für Normalspur und Anlage des Umlade- und Ausgangsbahnhofs für die Feldbahn sind leicht möglich. Die Führung der Trasse im unteren Tschirtal ist bis auf einige Schwierigkeiten bei der Überwindung von Steppenschluchten möglich. Es ist noch zu untersuchen, ob sie zweckmäßiger auf dem Ostufer des Tschir verbleibt ohne zwei Talkreuzungen.

Feldbahn III: Der Bf. Tschir ist ebenfalls für Vollbahn erweiterungsfähig. Umlade- und Ausgangsbahnhof der Feldbahn können leicht angelegt werden. Bis auf die Überwindung einiger Steppenschluchten kann die Trasse in der geplanten Linie geführt werden. Bei Ssuchano wurde Fahrt wegen Feindlage abgebrochen.«

Tatsächlich ging aber der Bau dieser drei »Großfeldbahnen« nun eher schleppend voran. Am 3. Oktober 1942 fand man beim Stab des Eisenbahn-Pionier-Regiments (mot) 6 dazu die folgenden Worte: »Die Unterbauarbeiten an den Feldbahnen sind soweit vorgeschritten, daß die Einhaltung der Termine für die bauliche Fertigstellung nunmehr fast ausschließlich vom Eingang des Feldbahnmaterials abhängig ist. Bis jetzt ist außer Förderbahngleis lediglich bei Feldbahn I völlig verschiedenartiges und teilweise unbrauchbares Gerät eingetroffen.

Bei Kodeis 6 liegen außer ganz allgemeinen Unterlagen über die Anforderung von Feldbahngerät keinerlei Angaben darüber vor, mit welchem Gerät und in welcher Reihenfolge nunmehr tatsächlich gerechnet werden kann. Eine Übersicht hierüber ist für ordnungsmäßigen Einbau und für die Einteilung der Strecken in solche für schwere und leichte Lokomotiven unbedingt erforderlich. Ohne derartige Unterlagen ist naturgemäß die Einhaltung der gegebenen Termine nicht gewährleistet.

Kodeis 6 hat, um wenigstens ganz kurzfristig einen Überblick über das eingehende Material zu bekommen, Offiziere nach Bf. Lichaja und Bf. Urasowo entsandt, die

mit Hilfe der Zugbegleitpapiere den Inhalt der Züge überschläglich feststellen und vermeiden sollen. Diese Meldungen kommen jedoch für eine ordnungsmäßige Planung zu spät. Es wird daher gebeten, baldmöglichst genaue Unterlagen über das zu erwartende Feldbahngerät beizubringen und zu übersenden. [...]
Es wird ausdrücklich gemeldet, daß durch den Mangel an ordnungsmäßiger Vormeldung des Feldbahngerätes und den schlechten Zustand der Lokomotiven mit Einhaltung der gemeldeten Termine für die Inbetriebnahme mit der geforderten Leistung nicht gerechnet werden kann. Diese Termine beruhten auf planmäßigem Materialeingang ab spätestens 2.10.«
In diesen Wochen spitzte sich die Lage um Stalingrad aber bereits unübersehbar zu, und die Versorgung der kämpfenden Truppe ließ Züge mit Feldbahnmaterial bald am Rande stehen. Die letzte bekannte Aktennotiz über Großfeldbahnen im Donbogen stammt vom 7. Oktober 1942 (Kodeis B) und lautet: »Die Fertigstellungszeit der Großfeldbahnen hängt z. Zt. nur von dem Antransport der Feldbahn-Oberbaustoffe ab. Die im H. B. O.-Ost und F. E. Kdo. 3-Bereich eingelaufenen Züge mit Feldbahngerät werden laufend von hier und vom Kdr. d. Eisb. Pion. 6 vorgetrieben; alle Transportdienststellen (Gen. d. Trspw., F. E. Kdo. 3 und Bahnhofs-Offze.) sind von der Wichtigkeit überzeugt worden. Für Feldbahn I steht oder läuft, nachdem B 120 Fahrtnummer 489 018 am 6. 10. zugeführt und abgeladen ist, kein Zug im Gebiet H. B. O.-Ost oder F. E. Kdo. 3, so daß am 6. 10. Befh. d. Eisb. Tr. gebeten wurde, Fahrtnummer ggfs. auch auf nördl. Transportstraße zuzuführen und sie dem Kdr. d. Eisb. Pion. B mitzuteilen.
Für Feldbahn II sind die im Gebiet der H. B. O.-Ost abgestellten 7 Fahrtnummern erneut abgerufen; 2 Züge sind inzwischen etwas vorgerückt. Diese Züge werden rund 40 – 50 km starkes Feldbahngleis mit kleinem Bestand an rollendem Material zur Feldbahn II bringen.
Befh. d. Eisb. Tr. wurde fernmündlich gebeten, weitere Fahrtnummern zuzuführen, sie vorzumelden und die Beladeübersichten jeweils im voraus zu übersenden. Die Fertigstellung verzögert sich, wie schon gemeldet, um etwa so viel Tage, als der regelmäßige Materialeingang nach dem 2. 10. einsetzt, wobei die Terminverschiebung erheblich wächst mit zunehmender Zeitverzögerung. Kdr. d. Eisb. Pion. 6 ist mit Schwerpunktbildung bei Feldbahn II angewiesen.«
Damit endet die Geschichte der drei Großfeldbahnen im Donbogen bei Stalingrad. Mit dem Beginn des Winters erlagen die Bauarbeiten dem Frost und der sowjetischen Gegenoffensive, die schon auf Rostow – das Tor zum Kaukasus – zielte. Bereits im Januar 1943 war das Gelände der drei Bahnen mit rund achtzig Lokomotiven (möglicherweise mehr) wieder verloren. Eine heute noch vorhandene, nicht genau datierte Tabelle vom Jahresende 1942 nennt die im Donbogen eingesetzten Feldbahn-Betriebseinheiten und ihre Fahrzeuge. Daraus sind die folgenden Daten zusammengefaßt:

A. Dampfloks	
Bt	6 Stück
Ct	2 Stück
Dt	29 Stück
C (HF 110)	24 Stück
Fr. Beute	16 Stück
Summe	77 Loks
B. Dieselloks	
110 PS	1 Stück
HF 130 C	35 Stück
Summe	36 Loks

Insgesamt also 113 Triebfahrzeuge, dazu ein halbes Dutzend Draisinen und viele hundert Feldbahnwagen, Langholztransporter, Wasserwagen und Kipploren. Von den Lokomotiven sind sogar die meisten Lieferdaten und Nummern bekannt; sie sind in der nächsten Tabelle enthalten. Ungeklärt ist noch, um welche Loktype es sich bei der Angabe »Bauart HS, 60 PS, 13 t Dienstgewicht, 4 Achsen« mit den HF-Nummern ab 6060 handelte, vermutlich jedoch ebenfalls um französische Beutemaschinen. Die folgenden Listen nennen die dort zurückgelassenen Einheiten sowie die Nummern der dort Anfang 1943 als verloren gemeldeten Lokomotiven.

Tabelle 27: Feldbahngerät im Donbogen (versandfertig)

Einheit	Strecke	Lokomotiven, Hersteller	Wagen	Bemerkungen
32	III	4 Dampf, Henschel, 90 PS	71	
33	III	4 Dampf, Henschel, 110 PS	73	
34	III	4 Dampf, Jung, 110 PS	69	
35	III	3 Dampf, 110 PS	69	2 Jung, 1 Krenau
36	I	4 Dampf, Krenau, 110 PS	66	
45	I	4 Dampf, deutsch, 110 PS	72	
46	I	4 Dampf, deutsch, 110 PS	59	
37	III	6 Dampf, HS, 60 PS	50	
38	III	6 Dampf, HS, 60 PS	50	

39	III	6 Dampf, HS, 60 PS	50	
40	III	6 Dampf, HS, 60 PS	50	
41	III	6 Dampf, HS, 60 PS	50	
42	I	6 Dampf, franz., 60 PS	43	
43	I	6 Dampf, franz., 60/70 PS	43	je 3 Loks 60 und 70 PS
44	II	5 Dampf, 59/110 PS	43	4 franz.Loks und 1 dt. Lok 110 PS
115	III	4 Diesel, 110–130 PS	77*)	1 BMAG 110, 1 Deutz 130, 2 Jung 130 PS
116	III	4 Diesel, 130 PS	77*)	1 BMAG, 3 Deutz
117	III	4 Diesel, Deutz, 130 PS	77*)	
118	III	4 Diesel, BMAG 130 PS	77*)	
119	III	4 Diesel, BMAG 130 PS	77*)	
120	I	4 Diesel, BMAG 130 PS	77*)	
121	I	4 Diesel, BMAG 130 PS	57	
122	I	4 Diesel, 130 PS	57	3 BMAG, 1 Deutz
127	I	4 Diesel, 130 PS	65	

*) dazu eine Draisine

Tabelle 28: Dampfloks im Donbogen

A. Jung		
1.)	5 539 Bt	
2.)	5 521 Bt	
3.)	9 791 C	HF 110
4.)	9 784 C	HF 110
5.)	9 787 C	HF 110
6.)	9 789 C	HF 110
7.)	9 788 C	HF 110
8.)	9 786 C	HF 110
B. Henschel		
1.)	25 970 Ct	Rollbahn
2.)	25 971 Ct	Rollbahn
3.)	24 569 Bt	Fulda
4.)	24 568 Bt	Fulda
5.)	24 622 Bt	Fulda
6.)	24 623 Bt	Fulda
7.)	25 945 C	HF 110
8.)	25 946 C	HF 110
9.)	25 949 C	HF 110
10.)	25 950 C	HF 110

C. Krenau		
1.)	941 C	HF 110
2.)	945 C	HF 110
3.)	948 C	HF 110
4.)	944 C	HF 110
5.)	946 C	HF 110

D. Bauart »HS« (60 PS)					
1.)	6 060 D	11.)	6 073 D	21.)	6 131 D
2.)	6 061 D	12.)	6 077 D	22.)	92 D
3.)	6 062 D	13.)	6 078 D	23.)	220 D
4.)	6 125 D	14.)	6 115 D	24.)	E/001 D
5.)	6 126 D	15.)	6 128 D	25.)	6 084 D
6.)	6 063 D	16.)	6 080 D	26.)	6 068 D
7.)	6 064 D	17.)	6 130 D	27.)	6 067 D
8.)	6 066 D	18.)	5 402 D	28.)	6 074 D
9.)	6 129 D	19.)	6 083 D	29.)	6 075 D
10.)	6 069 D	20.)	6 132 D	30.)	6 065 D

E. Franz. Loks ohne Nummern			
60	PS	=	9 Stück
70	PS	=	3 Stück
50	PS	=	4 Stück
F. unbekannte Lieferer			
HF 100 C		=	9 Stück

Tabelle 29: Dieselloks Bauart HF 130 C im Donbogen

A. Schwarzkopf					
1.)	10 756*)	8.)	11 186	15.)	11 198
2.)	11 077	9.)	11 187	16.)	11 199
3.)	11 190	10.)	11 188	17.)	11 182
4.)	11 191	11.)	11 181	18.)	11 180
5.)	11 192	12.)	11 196	19.)	11 183
6.)	11 193	13.)	11 197	20.)	11 194
7.)	11 185	14.)	11 195	21.)	11 189

*) nur 110 PS Leistung

B. Deutz					
1.)	36 609	4.)	36 602	7.)	36 606
2.)	36 600	5.)	36 603	8.)	36 607
3.)	36 601	6.)	36 604	9.)	36 608

C. Jung			
1.)	8 374		
2.)	8 375		
D. Unbekannte Lieferer			
HF 130 C		=	4 Stück

10.3 FELDBAHNEN IM KUBAN-BRÜCKENKOPF AM SCHWARZEN MEER VON APRIL BIS OKTOBER 1943

Die Halbinsel von Taman, auf asiatischem Boden gegenüber der Halbinsel Krim im Norden des Schwarzen Meeres am Übergang zum Asowschen Meer gelegen und von der Krim nur durch die Straße von Kertsch getrennt, wurde im Sommer 1943 zu einem weiteren Einsatzgebiet der deutschen Heeresfeldbahn: Die Taman-Halbinsel mit dem Kuban-Fluß wurde zu einem wichtigen Rückzugspunkt nicht nur für die vor Stalingrad am Don geschlagenen deutschen Truppen, sondern ebenso für die aus dem Kaukasus verdrängten Armeen, die dort von Juli bis Dezember 1942 nach den Ölfeldern von Baku marschiert waren. In diesem »Kuban-Brückenkopf« wurden auf Befehl Hitlers Anfang 1943 fast 400 000 Soldaten zusammengezogen, die im Sommer wieder gegen den Kaukasus marschieren sollten. Der Plan ließ sich nicht ausführen; im September 1943 erhielt die Heeresgruppe A endlich den Befehl, die Räumung des Brückenkopfes durchzuführen. Auch dazu Kreidler (S. 157): »Im Kubanbrückenkopf war Anfang 1943 nur noch ein kurzes Stück der von Noworossijsk nach Krymskaja verlaufenden Eisenbahn. Außerdem waren durch Eisenbahnpioniere mehrere Heeresfeldbahnen gebaut worden. [...] Ende des Monats September 1943 war die Räumung des Brückenkopfes im wesentlichen durchgeführt. Das rollende Schmalspurmaterial, 109 Lokomotiven und 1450 Wagen, wurde zurückgeführt, die Gleise und Brücken wurden gesprengt.«

Der Feldbahn-Offizier Karl Sander war von Ende April 1943 bis zur Räumung des Kuban-Brückenkopfes, vom Donbogen kommend, als Oberleutnant und Kompaniechef der Feldbahn-Kompanie 606 auf der Taman-Halbinsel eingesetzt. Er unterstand dem Feldbahn-Bataillon 502 und war für den gesamten Betriebsmaschinendienst der Feldbahn verantwortlich. Es folgt sein Bericht über die Zeit auf dem Brückenkopf: »Aus dem Kaukasus und vom Don zurückweichende Einheiten der 17. Armee, die zur Heeresgruppe A gehörten, hatten im Januar 1943 an den Lagunen des Kubanflusses einen Brückenkopf gebildet, gegen den die sowjetischen Truppen bisher vergebens angerannt waren. Die Verteidigung dieses Brückenkopfes war zum Schutz des deutschen Südflügels und zur Vermeidung der vollständigen Einkreisung der Wehrmacht an den Küsten des Asowschen Meeres und des Schwarzen Meeres ein zwingendes operatives Erfordernis. Die Versorgung der im Kampfeinsatz stehenden

Oberleutnant Karl Sander, Verfasser der Abschnitte über die Feldbahnen im Demjansker Kessel, im Donbogen und auf dem Kuban-Brückenkopf, hier aufgenommen vor der Unterkunft in Traktowyi an der Tamanbahn.

deutschen Truppen wickelte sich über die Häfen Taman und Ssennaja ab; von dort mußten die Versorgungsgüter auf nur bei trockenem Wetter befahrbaren Straßen zur Front befördert werden. Dazu war ein enorm großer Lkw-Transportraum erforderlich, der aber nicht mehr in dem erforderlichen Maße zur Verfügung stand.

In der Nähe des Kuban-Mündungsdeltas, also bei Temrjuk, Starotitatorowskaja und Warenokowskaja, führten die Straßen zudem durch stark versumpftes Gelände, das dem Lkw-Transport enge Grenzen setzte. Damit konnten sich die taktischen Führer auf Dauer nicht einverstanden erklären. Es lag daher nahe, eine weit leistungsfähigere Feldbahn zu bauen und zu nutzen.

A. Zur Taman-Halbinsel

Am 7. April 1943 erreichte uns deshalb der Befehl des Kodeis 6, daß das gesamte Bataillon 502 zur Taman-Halbinsel in Marsch gesetzt werde. Wir hatten unsere Verladung vorzubereiten. Es dauerte jedoch noch bis zum 15. April, ehe wir verladen und abfahren konnten, was an der Belastung der Bahnhöfe, an der Zerstörung der Strecken und am Mangel an Güterwagen lag. Wir fuhren über Koristowka, Snamenka, Mederowo, Kuzowka, Dolinskaja nach Novibug, das wir in den Nachmittagsstunden des 16. April erreichten. In der gleichen Nacht fuhren wir bei herrlichstem Wetter nach Wodopoj bei Nikalajew weiter. Hier mußte ein G-Wagen wegen Achsschadens ausgewechselt werden. In Cherson, wo unsere Eisenbahnwagen noch in der gleichen Nacht auf Fähren verladen und über den Dnjepr gesetzt wurden, trafen wir kurz nach

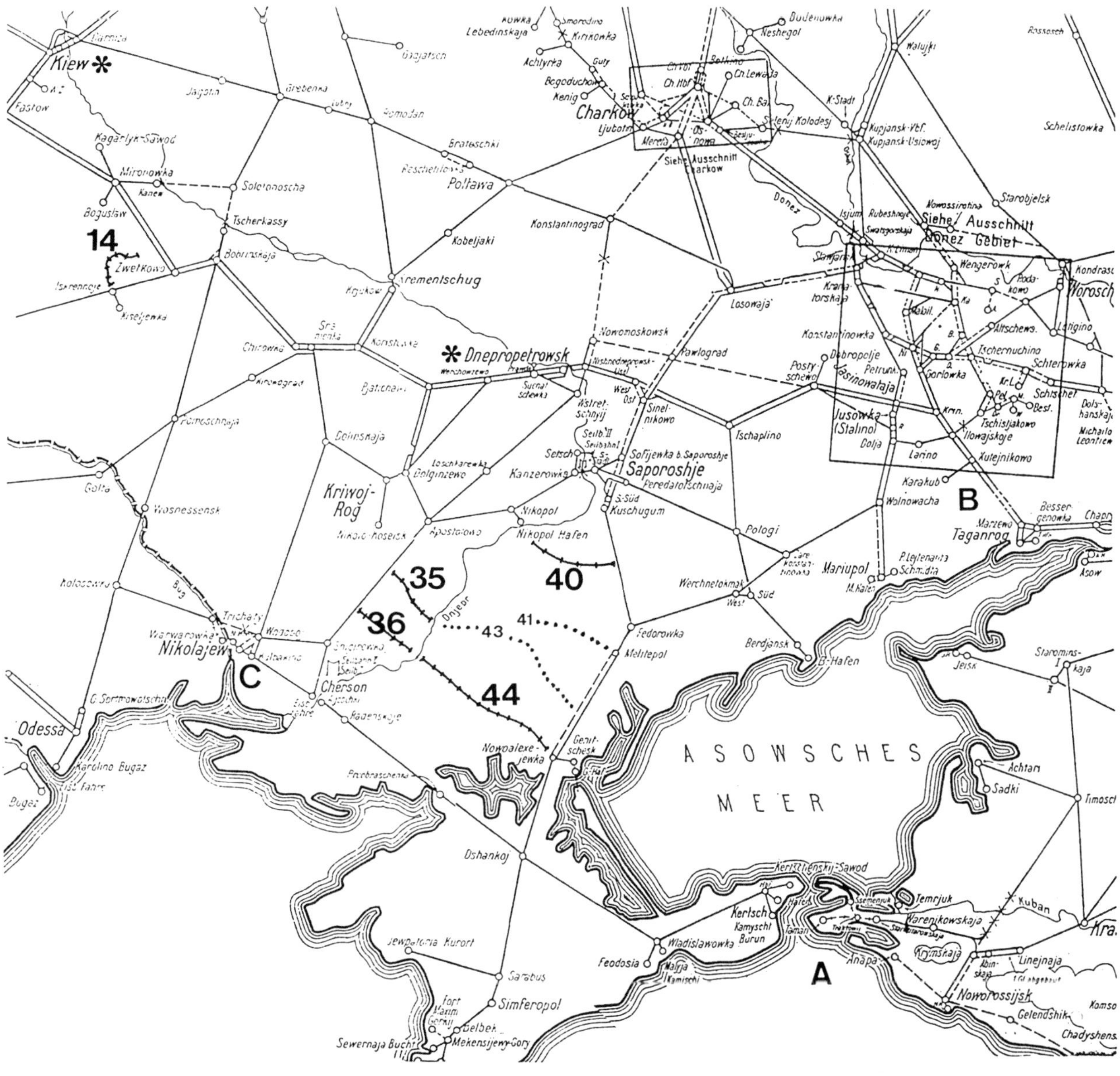

Übersichtskarte der Eisenbahnen in der südlichen Sowjetunion nach dem Stand von 1943 (aus dem Bundesarchiv) mit nachträglich eingetragenen Feldbahnen: A = die Lage der »Tamanbahn« auf dem Kuban-Brückenkopf, B = die Feldbahn von Taganrog auf vorhandener Trasse, C = die von Rumänien auf annektiertem Gebiet betriebene Feldbahn bei Trichaty und Nikolajew. Die Ziffern bezeichnen die im Abschnitt 16 dargestellten Wirtschaftsbahnen in der Ukraine und am Dnjepr, die ab Sommer 1943 militärisch genutzt werden sollten. Mit einem Stern sind die Sitze der (zivilen) Reichsverkehrsdirektionen Kiew und Dnepropetrowsk markiert.

Ein Blick auf die »schäbige Konkurrenz«, die motorisierten Transportkolonnen an der Landzunge von Illitsch. Alle Aufnahmen in diesem Abschnitt, soweit nicht anders gekennzeichnet, vom damaligen Zahlmeister Roßberg und Major Thön.

Mitternacht des 16. April ein. Das Übersetzen der Fahrzeuge des gesamten Bataillons dauerte bis gegen Mitte des 17. April. Auf einer Fähre konnten bis zu 22 Waggons verladen werden.

Das Übersetzen über den Dnjepr wird mir unvergessen bleiben. Es war eine für diese Jahreszeit verhältnismäßig milde Vorfrühlingsnacht, die mich an den Krieg zeitweise nicht mehr denken ließ. Der Strom kam mir unendlich breit vor. Ich trat aus dem Waggon auf die Fähre hinaus und beobachtete das leichte Kräuseln des Bugwassers und das Spiel der im milden Mondlicht schimmernden Wellen. Alles atmete scheinbar tiefen Frieden, wovon die Männer nicht unbeeindruckt blieben. Entgegen den Vorschriften schliefen sie alle den Schlaf der Gerechten, den die meisten der Braven auch redlich verdient hatten. So glitten wir fast lautlos durch den Strom, wieder einem ungewissen Schicksal entgegen. In dieser Nacht wirkten die Weite und Schönheit der russischen Landschaft tief auf mein Gemüt, und es wurde mir warm ums Herz.

Nach dem Übersetzen hielt der Kommandeur einen kurzen Appell ab. Die Stärke des gesamten Bataillons betrug an diesem Tage, dem 18. April, um 9 Uhr nur noch 7 Offiziere sowie 154 Unteroffiziere und Mannschaften. Wir fuhren sogleich nach Oschankoj, dem großen Eisenbahnknotenpunkt im Nordteil der Krim, weiter. Unterwegs, auf einem öden Haltepunkt, war Gelegenheit, eine Rede des Propagandaministers Goebbels zu hören, die im Rundfunk übertragen wurde. Interessant war, daß auch die des Deutschen mächtigen Russinnen die Rede mithörten und bei besonders markanten Stellen, die sich gegen den Kommunismus richteten, laut Beifall zollten. Der Grund war einfach: Sie waren der Überzeugung, daß Hitler den Krieg gewinnen, danach die roten Kommissare verjagen und jedem kleinen Landwirt wieder einige Kühe und vielleicht auch ein Pferd übereignen würde. Auf der Weiterfahrt durch die Krim boten uns russische Frauen in handgeflochtenen Körbchen Lebensmittel aller Art an, die von unseren Soldaten verbotenerweise gegen Strümpfe, Unterwäsche, Atebrintabletten usw. eingetauscht wurden. Alle waren wir von den Obstkulturen überrascht, durch die wir mit mäßiger Geschwindigkeit fuhren. Bei einem Halt erzählte mir ein »blauer Eisenbahner«, daß wöchentlich zur Erntezeit ein Zug mit den besten Obstsorten ins Reich gefahren werde. Uns wurden Äpfel von beachtlicher Größe und herrlichem Geschmack zum Tausch angeboten. Wie die befragten Einheimischen nicht ohne berechtigten Stolz erzählten, sind diese Obstkulturen in den Jahren 1925 bis 1930 angelegt worden.

Der Transportzug traf am 20. April in Kertsch ein. Nach kurzer Ruhe, die lediglich von einigen Bombenangriffen unterbrochen wurde, luden wir unsere Waffen, Geräte, Pferde und sonstige Ausrüstung auf Marinefähren um. Am ehemaligen Fischereihafen wies uns ein Oberleutnant der Kriegsmarine die Fähren 3213, 3214, 3216 und 3229 zu, die um 16.10 Uhr des gleichen Tages ablegten. Alles hatte Schwimmwesten angelegt und sich auf ein überraschendes Bad vorbereitet. Zu den fest montierten Flakgeschützen der Marine brachten wir noch unsere MGs in Stellung. Leichte schwimmende Einheiten der Kriegsmarine und Marineflieger sorgten noch zusätzlich für den Schutz vor feindlichen Überraschungen von der See oder aus der Luft, redeten doch einige von uns passierte Wracks in der Fahrrinne der Straße von Kertsch eine eindringliche Sprache. Die Überfahrt dauerte doch etwa zwei Stunden. Als wir in Taman anlegten, griff der Gegner Stadt und Mole wiederholt mit Bomben an. Wir mußten deshalb das Entladegeschäft mehrmals unterbrechen und nahmen in behelfsmäßigen Bunkern Deckung. Erst am 21. April konnten wir uns zu unseren Einsatzorten auf der Halbinsel in Marsch setzen. Gemeinsam mit einem Leutnant besuchte ich vorher noch den deutschen Soldatenfriedhof, auf dem die ersten Gefallenen des Kubanbrückenkopfes bestattet waren.

B. Einsatz am Kubanbrückenkopf

Als die dem Bataillon unterstellten Kompanien am 21. April 1943 schließlich in die vorgesehenen Abschnitte eingewiesen waren, begann sofort der Abmarsch von Taman.

Bei der Erkundung der Bahn und des Geländes: rechts (mit Brille) Oberst Tschöckel, links im Bild Major Thöne bei einer Lagebesprechung auf der Tamanbahn.

Das Wetter hatte leider umgeschlagen, es war regelrecht kalt und regnete und schneite abwechselnd, wodurch die schlechten Straßen für unsere angeschlagenen Fahrzeuge praktisch unpassierbar wurden. So waren wir froh, daß uns Fahrer mit Spezialfahrzeugen der 3. K.W.-Transport-Abteilung Nr. 991 einen Teil des schwersten Ladegutes abnahmen. Befehlsgemäß rückte ich nach Traktowyi ab, sammelte und verpflegte dort zunächst einmal Männer und Pferde. In Zelten und den wenigen ärmlichen Russenhütten des durch das Kampfgeschehen stark in Mitleidenschaft gezogenen Dorfes krochen die Männer vorerst unter. Ich selbst bezog mit meinem Burschen, dem Oberpionier Gustav Schiebener, Quartier in einer eben noch bewohnbaren russischen Lehmhütte. Unter dem gleichen Dach mit uns wohnten eine russische Oma mit Tochter und deren etwa 12jährigem Sohn. Es war uns zwar verboten, mit der russischen Bevölkerung unter einem Dach zu wohnen, doch brachten wir es nicht fertig, sie einfach hinauszuweisen.

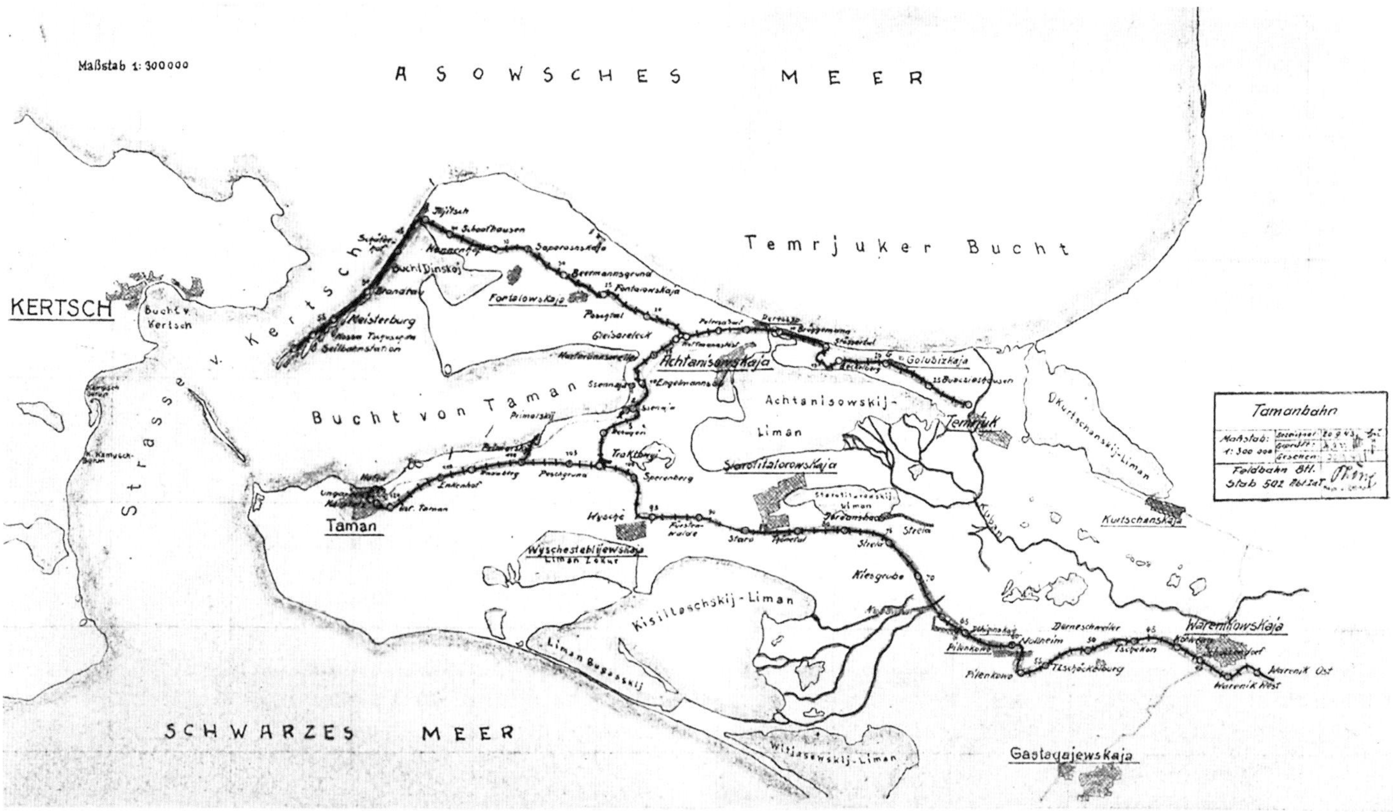

Die Stammstrecke der Taman-Feldbahn im September 1943. Links die Straße von Kertsch, rechts der Anschluß über Warenikowskaja nach Krimskaja. In der Bildmitte Starotitatorowskaja, der später auf Feldbahnspur umgespurte Übergangsbahnhof. Östlich dieser Station arbeitete man zunächst auf Breitspur.

Eine Fähre der Kriegsmarine läuft mit Oberbaugerät im Hafen von Taman ein. Sie hat ausschließlich Gleisrahmen mit Stahlschwellen geladen (Fähre Nr. 3223 »Kassel«).

C. Die Feldbahn: Aufgaben und Gliederung

Unter verantwortlicher Führung des Grukodeis A, Oberst Tschöckel, (Kdr. Eisb. Pi. Rgt. 3) mit dem unterstellten II. Bataillon des Eisb. Pi. Rgts. 3, Major Därnisch (Stellvertreter Hauptmann Rade), konnte die gesamte Feldbahn in etwa sieben Monaten trassiert und einschließlich aller Kunstbauten wie Brücken, Durchlässe und behelfsmäßiger hölzerner Bahnhofsgebäude von den dort eingesetzten Eisenbahn-Pionier-Kompanien gebaut werden. Auch der aus vorbereiteten Gleisrahmen bestehende Oberbau war bereits behelfsmäßig verlegt. Es fehlten aber alle Gebäude und Einrichtungen, wie sie für die Unterhaltung des rollenden Materials notwendig waren. Als für den Betriebsmaschinendienst verantwortlicher Offizier erhielt ich auch den Befehl, mit meinen Pionieren diese Gebäude einschließlich aller Einrichtungen schnellstens aufzubauen. Ferner waren Vorkehrungen zu treffen, um das über See eintreffende rollende Material (Lokomotiven, Wagen, Draisinen) vom Hafen Taman zum Bahnbetriebswerk Traktowyi zu transportieren und dort getarnt und bewacht abzustellen. Unter Aufbietung aller Kräfte der FBK 606 sowie unter unendlichen Mühen gelang es in verhältnismäßig kurzer Zeit, auf der grünen Wiese bei Traktowyi ein beachtliches Betriebswerk mit sämtlichen Werkstätten, Wasserstations- und Bekohlungsanlagen sowie Nebengebäuden zu erstellen. Aus der Heimat trafen ab Anfang Mai laufend Soldaten ein, die als Reichsbahn- oder Feldbahn-Lokomotivführer ausgebildet waren. Von in der Nähe liegenden Fronteinheiten holten wir uns mit Unterstützung der 17. Armee die für den Lokomotivfahr- und Unterhaltungsdienst geeigneten Soldaten, die alle in gut gegen Fliegersicht getarnten und gegen Splitterwirkung geschützten, rasch errichteten Baracken untergebracht werden konnten. Geeignete russische Fachkräfte gaben uns bereitwillig die rückwärtigen Gefangenenlager ab, die froh waren, die Verpflegungsstärke auf diese Weise verringern zu können. Daß wir mit diesen russischen Kriegsgefangenen, die man in besonderen Baracken, aber unter sonst gleichen Bedingungen wie unsere Soldaten unterbrachte, verpflegte, bekleidete und ärztlich versorgen ließ, mit ganz wenigen Ausnahmen die besten Erfahrungen gemacht haben, sei hier vorab vermerkt. Anhand einer noch vorhandenen Karte ließen sich Gliederung und Einsatzräume der dem Bataillon unterstellten Feldbahn-Kompanien ermitteln. Die personelle Besetzung blieb jedoch trotz eifriger Nachforschungen bisher sehr lückenhaft überliefert. Im Mai 1943 ergab sich etwa folgende Gliederung:

Feldbahn-Bataillon 502 – Standort: Wischestebliwskaja
(Betriebsabteilung I)

Kommandeur:	Major Wilhelm Thöne
Ia:	Hauptmann Dahmann
IIa, Adjutant:	Leutnant Dipl.-Ing. Schleifer
Betrieb:	Hauptmann Dietrich
Ordonnanzoffizier:	Oberleutnant Lindstädt
Ordonnanzoffizier:	Leutnant Mühlhaus
Zahlmeisterei:	Oberzahlmeister Roßberg
Arzt:	Oberarzt Dr. Kaminski
Anmerkung:	Leutnant Schleifer wurde später durch Leutnant Ebel ersetzt

Feldbahn-Kompanie 604 – Standort: Starotiterowskaja
(Betriebsabteilung 4)

Kompaniechef:	Oberleutnant Ade (†)
Kompanie-Offizier:	Leutnant Hildebrand

Feldbahn-Kompanie 605 – Standort: Taman
(Betriebsabteilung 5)

Kompaniechef:	Hauptmann Janowski
Kompanie-Offizier:	nicht ermittelt

Feldbahn-Kompanie 606 – Standort: Traktowyi
(Maschinenabteilung 6)

Kompaniechef:	Oberleutnant Sander
Kompanie-Offiziere:	Leutnant Gastmeier

Leutnant Krüger

Feldbahn-Kompanie 607 – Standort: Ssennaja
(Betriebsabteilung 7)

Kompaniechef:	Oberleutnant Eckerlein (†)
Kompanie-Offiziere:	nicht ermittelt

Eisenbahn-Betriebs-Kompanie 208 – Standort: Krasnaja-Strela
(Betriebsabteilung 11)
Kompaniechef:
Kompanie-Offiziere: nicht ermittelt

D. Streckenbeschreibung

Die Taman-Halbinsel wird im Norden vom Asowschen und im Süden vom Schwarzen Meer begrenzt. Im Osten geht diese seinerzeit baum- und strauchlose Ebene in die Ausläufer des Kaukasus über. Die Grenze nach Westen bildet die Straße von Kertsch, die an der engsten Stelle, nämlich zwischen der Landzunge von Illitsch und dem Ostufer der Krim, nur etwa 8 km breit ist.

Die Stammtrasse hatte bei Starotiterowskaja Anschluß an die eingleisige, mit russischer Spur verlegte Vollbahn nach Krimskaja. Sie führte über die von den deutschen Pionieren erbauten Bahnhöfe Fürstenwalde, Traktowyi westlich nach Taman und hatte eine Länge von 38 km. Von Traktowyi aus wurde über Rehagen der Hafen Ssennaja erreicht. Dieser Abzweig war fast 8 km lang. Die zunächst eingleisige vollspurige Trasse von Krimskaja nach Starotiterowskaja war etwa 86 km lang, so daß die Stammstrecke eine Länge von insgesamt 38 + 8 + 86 = 132 km aufwies.

Von der Spitze der sehr schmalen Landzunge Illitsch bis zum Ostufer der Krim hart ostwärts Kertsch wurde zur Entlastung der Marineeinheiten eine Drahtseilbahn über die Straße von Kertsch gebaut. Aus diesem Grunde mußte sogleich nach unserem Eintreffen auf der Taman-Halbinsel mit der Verlängerung der Feldbahntrasse über Ssennaja, Fontalowskaja, Soporoshskaja Illitsch zur Seilbahnstation bei Kossa Tschuschka begonnen werden. Diese ebenfalls eingleisige Strecke hatte eine Länge von etwa 50 km. Da die Seilbahn aber nicht mehr rechtzeitig fertiggestellt werden konnte, wurde dieser Ast der Feldbahn nur mäßig genutzt. Das traf auch für den rund 30 km langen Abzweig von Hoffmannslust – der Bahnhof lag auf freier Strecke und wurde nach dem bauleitenden Leutnant Hoffmann benannt – nach Temrjuk zu. Der am Achtonisowskij-Urnan gelegene Hafen von Temrjuk war zur Vergrößerung der Umschlagkapazitäten vorgesehen.

Die Gesamtlänge der Feldbahn betrug also

Stammstrecke	=	132 km
Abzweig Illitsch	=	50 km
Abzweig Temrjuk	=	30 km
Insgesamt	=	212 km

Zu dieser Streckenlänge müssen noch etwa 20 km für Überholungs-, Kreuzungs-, Lade- und Werkstattgleise addiert werden, so daß die Gesamtlänge fast 232 km betrug.

Diesellok der Gattung HF 130 C auf der Mole von Taman. Hier wurden Güter vom Schiff zur Feldbahn und umgekehrt umgeschlagen; zur Krim fuhr der Prahm über die Straße von Kertsch etwa zweieinhalb Stunden.

Der Oberbau bestand aus normalen, für Feldbahnen vorbereiteten Gleisrahmen mit Stahlschwellen von 600 mm Spurweite, die miteinander verlascht und verschraubt wurden. Vignolschienen mit Holzschwellen lagen nur auf Brücken und in Streckenabschnitten mit starkem Gefälle oder schwierigen Unterbaubedingungen, Sumpfstellen, und auf der Landzunge bei Illitsch. Alle Weichen wurden von den Bahnhofsbesatzungen per Hand bedient. An die längs der Bahnanlagen verlegten Zugmeldeleitungen waren neben den Bahnhöfen auch der Kommandeur und die Kompaniechefs angeschlossen. Für die Unterhaltung der Bahnanlagen hatten die Feldbahn-Kompanien 604, 605 und 607 zu sorgen, denen dafür vorgebildete Unteroffiziere – meistens Berufseisenbahner – zugeteilt wurden. In schwierigen Fällen, also bei Zerstörungen der Bahnanlagen durch Feindeinwirkung, Entgleisungen und Zusammenstöße, griffen meine Spezialisten ein. Hauptmann Dietrich als Berufseisenbahner unterwies in regelmäßigen Abständen die zum Bahnhofs- und Zugbegleitdienst eingeteilten Soldaten sowie den aus der Heimat eintreffenden Ersatz.

E. Der Betriebsmaschinendienst

Ohne die außerordentlichen Leistungen der Soldaten aller Grade des Bahnhofs- und Betriebsdienstes schmälern zu wollen, muß ich sagen, es konzentrierte sich die Hauptlast der Taman-Bahn mehr und mehr auf die FBK 606, die den gesamten Betriebsmaschinendienst zunächst erst einmal aufbauen und dann auch durchführen mußte. Der gelernte Eisenbahner braucht hierzu keine

Der Hafenbahnhof Taman der Feldbahn. Das Gelände mußte erst durch Abtrag des Hanges gewonnen werden. Beim Bau wirkten auch ungarische Pioniere mit. (Foto: Bundesarchiv 78/96/76)

Östlich des Anfangsbahnhofes Taman wurde diese 60 m lange und 17 m hohe Feldbahnbrücke errichtet. (Foto: Bundesarchiv 78/96/82)

weiteren Erläuterungen; er weiß ohnedies. was es heißt, unter Feindeinwirkung bei 40° C am Tage und 5° C in der Nacht einen Munitionszug ohne Lichtsignale feindwärts zu fahren. Nicht selten mußten die Lokführer bis zu 20 Stunden ununterbrochen im Einsatz bleiben, und auch das Werkstättenpersonal arbeitete oft bis zur völligen Erschöpfung, um das rollende Material immer wieder bereitstellen zu können. Aus nachstehenden Schilderungen soll sich der mit dem Maschinendienst weniger vertraute Leser eine Vorstellung von der Bewältigung der Aufgaben und den damit verbundenen Leistungen der Soldaten dieses Dienstzweiges machen.

Vordringlich war die Errichtung von Wagen- und Lokomotivwerkstätten sowie deren Einrichtung mit den notwendigsten Werkzeugmaschinen, wie Radsatzdrehbänken, Hebeständen, Bohrmaschinen. Ferner mußten Lager für die Bereithaltung von Ersatzteilen aufgebaut und eingerichtet werden. Daneben oblag es der Kompanie, das Werkstattpersonal anzuleiten, weitere Lokführer auszubilden und amtlich zu prüfen. Anhand der Streckenkarten waren die maximalen Anhängelasten, die Fahrgeschwindigkeiten und die Zahlen der Bremser festzulegen. Wagen- und Lokomotivumlaufpläne, Fristentafeln für Loks und Wagen sowie Dienstpläne für das Personal mußten erstellt werden.

Die mir zugewiesenen zwei Offiziere, nämlich die Leutnante Gastmeier und Krüger, hatten gerade die Kriegsschule absolviert und waren als Ingenieur-Studenten im Eisenbahnwesen kaum unterwiesen und völlig unerfahren. Für mich bedeuteten sie in den ersten Wochen eher eine Be- als Entlastung. Dagegen fand ich sehr gute Unterstützung durch Feldwebel Eberwein und Unteroffizier Kiefer, die beide Reichsbahn-Lokomotivführer waren. Leider sind sie später gefallen.

Entsprechend den militärischen Notwendigkeiten wurden folgende Züge gefahren:

a) Truppentransporte in Ost- und Westrichtung. Hierfür standen gedeckte und offene vierachsige Fahrzeuge zur Verfügung;
b) Munitionszüge in Ostrichtung, die meistens mit offenen G-Wagen gefahren wurden;
c) Waffen-, Geräte- und Lkw-Transporte mit R-Wagen in Ost- und Westrichtung;
d) Verpflegungszüge in Ostrichtung mit offenen G-Wagen;
e) Verwundetenzüge mit Spezialwagen in Westrichtung;
f) Urlauberzüge mit gedeckten G-Wagen in Ost- und Westrichtung;
g) Flüchtlingszüge für die russische Bevölkerung mit G-Wagen in Westrichtung;
h) Werkstattzüge zur Behebung von Störungen in beiden Richtungen;
i) Draisinen mit Soldaten zur Streckenbewachung und für Sonderzwecke.

Zur Bewältigung dieser Transportleistungen standen meiner Einheit am Tage der Räumung des Brückenkopfes am Kuban bis zu 120 Feldbahn-Lokomotiven, davon etwa 40 Dieselloks, und etwa 900 Feldbahn-Wagen (einschließlich rund 150 Loren) zur Verfügung. Nach einem Bericht des Befehlshabers der Eisenbahntruppen vom 26. September 1943 wurden als aus Taman bisher zurückgeführt gemeldet:

Gleis	23 km
Weichen	60 Stück
Schwellen	38 000 Stück
Dampflok mittlere	4 (Bt u. Ct)
Dampflok schwere	16 (Cn2)
Motorlok mittlere	55 (HF 130 C)
Wagen 4achsig	261
Wagen 2achsig	166

Mit Handnotiz vom 8. Oktober 1943 wurden diese Daten teilweise ergänzt:

Dampflok zusammen	23
Motorlok	86
Wagen 4achsig	598
Wagen 2achsig	513

Zusammen also 109 Lokomotiven und 1111 Wagen. Nach meiner Erinnerung ist das Material dann zur Feldbahn-Kompanie 606, die nach der Räumung infanteristisch im Raum Radenskoje (20 km südostwärts Cherson) eingesetzt war, überstellt worden. Die Zahl der Loks dürfte stimmen, dagegen ist die Zahl der Wagen bestimmt zu hoch gegriffen, denn ein großer Teil der Wagen und Draisinen sowie der Werkstattausrüstung ist damals auf der Strecke geblieben.

Etwa 16 Draisinen waren auf den Stab und die Kompanien aufgeteilt. Gleich nach Aufnahme des Bahnbetriebes ergab sich eine Überraschung: die klugen Planer hatten die Wasserverhältnisse auf der Taman-Halbinsel nicht richtig bedacht. Die wenigen vorhandenen Brunnen dienten der Versorgung von Mensch und Tier. Sie waren durch die immer stärker werdende Belegung mit deutschem Militär und den großen Wasserverbrauch bei ständig steigenden Temperaturen meistens schon um die Mittagszeit erschöpft. Die Feldköche brachen bereits kurz nach Mitternacht mit ihren bespannten Feldküchen auf, um das begehrte Süßwasser vor den anderen Einheiten abzuschöpfen. Pro Mann und Tag mußte schließlich die Wassermenge auf 1,5 l festgesetzt werden. Das in genügender Menge zur Verfügung stehende Salzwasser war zur Speisung der Lokomotivkessel ungeeignet, was die Planer der Bahn übersehen hatten. Wir gingen sofort daran, eigene Brunnen abzuteufen. Als diese schließlich nach gehöriger Tiefe Süßwasser spendeten, mußten wir schon den Kubanbrückenkopf räumen. Über die Armee forderten wir deshalb Diesel-Loks an. Bis zum Eintreffen derselben, was verhältnismäßig rasch ging, lief der Betrieb behelfsmäßig mit Dampflokomotiven.

Zur Versorgung der Lokomotiven mit Kesselspeisewasser improvisierten wir aus alten Benzintanks und anderen Fässern Wasserstationsanlagen, die von Feldbahn-Kesselwagen aus gefüllt werden konnten. Auch Lokomotiv-Bekohlungsanlagen mußten gebaut und laufend mit Kohle, die über See zugeführt wurde, beschickt werden. Die Unterhaltung der Dampflokomotiven bereitete dem technischen Personal keine übermäßigen Schwierigkeiten, nachdem auch die erforderlichen Werkzeuge und Ersatzteile aus der Heimat eingetroffen waren.

Ernste Probleme traten bei der Unterhaltung der Diesellokomotiven auf, weil die Technik dieser Maschinen dem Werkstattpersonal fremd war. Es gelang zwar, den Bahnbetrieb auch mit den Diesellokomotiven befriedigend durchzuführen, doch traten Störungen zeitweise so gehäuft auf, daß sie nur durch Tag- und Nachteinsätze vorübergehend behoben werden konnten. Einige Beispiele mögen zur Erklärung dienen: Streckenweise lag der Oberbau trotz ständiger Durcharbeitung so schlecht, daß nur bis 15 km/h gefahren werden konnte. Die Lokomotivführer konnten diese Geschwindigkeit nur im Rangiergang halten. Das führte zur Überhitzung des Getriebeöls und damit zum Ausfall der Lokomotive; die hohen Außentemperaturen begünstigten diesen Vorgang. So waren wir gezwungen, die Diesellok in die Werkstatt zu nehmen und zu reparieren. Wer aber sollte diese Spezialarbeiten durchführen?

Die schlechte Lage des Oberbaues führte häufig zu Entgleisungen. Hauptursache war die besonders für den Westteil der Taman-Halbinsel völlig ungeeignete Sandbettung des Gleises. Es kam oft vor, daß unmittelbar nach der Durcharbeitung des Gleises mit Soldaten der Betriebsabteilungen schon ein starker Sturm über die baum- und strauchlose Halbinsel fegte, der den Bettungssand unter dem Gleis wegblies. Streckenweise hing dann das Gleis in der Luft, was von den Lokführern oft nicht rechtzeitig erkannt werden konnte. Ein Soldat kam auf den Gedanken, die unerschöpflichen Mengen von kleinen Muscheln, die das Meer an die Ufer der Tamanbucht gespült hatte, als Gleisbettung zu verwenden. Nach positivem Verlauf von Versuchen wurde ein Stichgleis von Primorskyi zum Südufer der Tamanbucht verlegt und die Muscheln abgefahren. Nachdem damit alle windgefährdeten Stellen der Strecken unterstopft waren, brauchte sich niemand mehr über eine schlechte Gleisanlage zu beklagen.

Wegen ständiger Einwirkung russischer Flieger auf Bahn- und Verladeanlagen mußte in den Nächten ohne Licht gefahren werden. Da zur Erhöhung der Streckenleistungen mehrere Züge hintereinander auf Sicht fuhren, kam es oft zu Auffahrunfällen, die neben erheblichen Verletzungen des Personals Sachschäden und Betriebsstörungen zur Folge hatten. Das Aufrichten und Aufgleisen der abgekippten Lokomotiven und Wagen, die Bergung der Verletzten und des Ladegutes sowie das Abschleppen und Instandsetzen des meist sehr schwer beschädigten rollenden Materials nahm die Kräfte meiner Einheit stark in Anspruch. Eines Tages fuhr ein Güterzug auf einen auf freier Strecke haltenden Munitionszug auf, von dem praktisch nichts mehr zu finden war.

In einem anderen Falle entstand am hellen Tage bei regnerischem Wetter auf einer Gefällestrecke erheblicher Sachschaden, ebenfalls durch Auffahren. Dieser letzte Unfall, der zu Auseinandersetzungen mit dem Kommandeur, Major Thöne, geführt hat, soll noch kurz geschildert werden. Der Lokführer des auffahrenden Güterzuges, Unteroffizier Winterleitner, hatte bereits 18 Stunden Dienst hinter sich. Er bemerkte vor sich auf dem gleichen Gleis den haltenden Güterzug und gab sofort das Signal zum Bremsen, wobei er selbst mit der Lok-Bremsung einsetzte. Die in ausreichender Anzahl mitfahrenden Bremser waren wegen Übermüdung eingeschlafen und überhörten die wiederholt gegebenen Signale der Lok. Da die Strecke in starkem Gefälle lag, vergrößerte sich die Geschwindigkeit. Die starke Überbremsung der Lok, die zum Blockieren der Radsätze geführt hatte – nachträglich durch Flachstellen an den Radbandagen ermittelt –, trug mit zur Beschleunigung des Auffahrens bei. Winterleitner rettete sich in letzter Minute durch Abspringen, wobei er sich ernsthaft verletzte.

Unmittelbar nach dem Unfall war ich bereits zur Unfallstelle bei km 70 geritten und sorgte neben der Räumung der Strecke für den als tüchtig, umsichtig und diensteifrig bekannten Winterleitner. Die eingehende Untersuchung des Unfallgeschehens sowie die technische Überprüfung der Fahrzeuge ergab die Unschuld des Lokführers. Ich löste ihn ab und schickte ihn nach der ärztlichen Versorgung auf Urlaub nach Wien, seiner Heimatstadt.

In einer genauen fahrdynamischen Berechnung, ergänzt durch die Berechnung der Bremsverhältnisse, ließ sich nachweisen, daß es unter den gegebenen betrieblichen Realitäten dem Lokführer aus physikalischen Gründen überhaupt nicht möglich war, das Auffahren zu verhindern.

Anstelle des vom Kommandeur verlangten Tatberichtes legte ich einen technischen Bericht vor, der den Zorn des Gewaltigen erregte. Obgleich technischer Laie, erkannte er diese Ausführungen nicht an und verlangte neben der Vorlage des Tatberichtes die sofortige Bestrafung des Unteroffiziers mit 10 Tagen geschärftem Arrest. Das war das Strafmaß, das ich als Kompaniechef nach der Heeres-Disziplinar-Strafordnung im höchsten Falle anwenden durfte. Unter Wahrung der militärischen Formen erklärte ich, daß der Lokführer bereits in Urlaub geschickt worden sei und ich aus Gewissensgründen nicht in der Lage sei, Tatbericht einzureichen und Bestrafung auszusprechen.

Vom Stab 502 wurden die maschinentechnischen Belange äußerst schlecht vertreten, was an der mangelnden Sachkunde der meisten Stabsangehörigen lag. Man sah nur die fahrenden Loks und Wagen, machte sich aber kaum einmal Gedanken, was alles dazugehörte, um diesen komplizierten technischen Apparat mit primitiven Hilfsmitteln in Schwung zu halten. Die Forderung, Dieselspezialisten aus der Heimat zu uns in Marsch zu setzen, wurden leider überhört, so daß ich kurz und entschlossen eine größere Zahl von Dieselloks als nicht betriebsfähig abstellte.

Sofort ließ die Beförderungsleistung nach, was die 17. Armee veranlaßte, uns einen Major i. G. – also einen Halbgott, wie wir sagten – auf den Hals zu schicken. Die Unterredung mit diesem verhältnismäßig jungen Mann begann mit der Frage: »Sagen Sie, warum laufen die dort abgestellten Diesellokomotiven nicht? Die Maschinen haben doch Räder!« Mich ritt der Teufel, und ich gab ihm zur Antwort: »Herr Major, es gibt Menschen, die haben Beine und Füße, und sie können trotzdem nicht laufen.« Nach einer kurzen Pause antwortete er lächelnd: »Nun, das sehe ich ein. Was haben Sie für Forderungen?«

Ich erläuterte ihm die sachlichen und personellen Engpässe und forderte zunächst Dieselspezialisten sowie Ersatzteile für Dieselloks an. Er bat um Vorschläge für die Verwirklichung, die ich ihm sofort unterbreitete. Danach sollte Leutnant Gastmeier sofort nach Berlin zum OKH fliegen, dort die Wichtigkeit unserer Forderungen vertreten und eine Bescheinigung der 17. Armee zur Unterstützung dieser Forderungen abgeben. Das klappte, und zum großen Erstaunen des Stabes flog Gastmeier schon zwei Tage später, mit allen Papieren ausgestattet, nach Berlin und beschaffte von Orenstein & Koppel, Schwartzkopff, Gmeinder und anderen Firmen Lokersatzteile. Etwas später kamen auch vier Spezial-Monteure – als Zivilisten – per Flugzeug zu uns, so daß bald alle Schwierigkeiten überwunden waren.

Die Dieselspezialisten gehörten zum Wehrmachtsgefolge. Sie unterlagen den Militärgesetzen, wurden vereidigt, erhielten ein Soldbuch und Wehrsold wie die Unteroffiziere. Hierdurch wurde ihre Qualifikation anerkannt. Sie fanden sich rasch mit den Verhältnissen zurecht. Als jedoch kurz vor Aufgabe des Brückenkopfes die Feindlage stärkere Abwehrvorbereitungen notwendig werden ließ, strebten sie heimwärts. Ohne sie wäre aber die Instandhaltung der Diesel-Lokomotiven nicht möglich gewesen; ich machte sie deshalb zu Soldaten und gliederte sie nach einer militärischen Kurzausbildung durch einen Unteroffizier in die Kompanie ein. Erst kurz vor Räumung des Brückenkopfes setzten wir sie zu ihrer großen Freude wieder heimwärts im Marsch.

F. Am Rande vermerkt

Die günstigen klimatischen Bedingungen auf der Taman-Halbinsel übten einen außerordentlich guten Einfluß auf alle dort eingesetzten Soldaten aus. Nach dem Frühlingsanfang, der sich Ende April ohne Übergang vollzog, entfaltete die Natur ihre ganze Schönheit, die wir so lange vermissen mußten. So schossen über Nacht würzige Gräser aus der Erde, und kleine Buschrosen belebten das Bild der flachen Landschaft. Auch der Mensch, durch die harte Notwendigkeit des von ihm nicht gewollten Krieges dort zum Ausharren gezwungen, atmete auf. Die noch in den Dörfern verbliebenen russischen Frauen betätigten sich in den bescheidenen Hausgärten, auf den Tomaten-, Wein- und Sonnenblumenfeldern; man merkte es allen an, daß die Sonnenwärme ihre Wirkung tat.

Seilbahnstation bei Illitsch. Das mit der Seilbahn über das Meer ankommende Gut wird in Feldbahnwagen umgeladen und zur Front befördert; Juli 1943.

Unsere Pferde – wir hatten es immerhin wieder auf einen Bestand von 65 Tieren gebracht –, die beim Eintreffen auf der Taman-Halbinsel durchweg einen beklagenswerten

Zwischenbahnhof Traktowyi der Feldbahn. Hier befand sich das von der Feldbahn-Kompanie 606 gebaute Bahnbetriebswerk mit dem Sitz des Feldbahn-Maschinenamtes unter Oberleutnant Sander.

Mit Muscheln unterstopfter Oberbau der Taman-Feldbahn, weil Sandbettung weggeweht wurde.

Eindruck machten, erholten sich ebenfalls zusehends. Tagsüber waren sie draußen auf der Weide.

Im Sommer stiegen dann die Temperaturen auf ein fast unerträgliches Maß an. Wir waren längst mit Tropenuniformen ausgestattet worden, litten aber stark unter der Hitze. So hatten wir als Folge der Hitze, des Mangels an Trinkwasser und der langen Dienstzeiten auch Ohnmachts- und Schwächeanfälle zu verzeichnen. Das Lokpersonal war am stärksten hiervon betroffen. Nach Vorsprache an ‚höherer Stelle' wurde für den Betriebsmaschinendienst zusätzlich Mineralwasser beschafft. Ich ließ nun die Weinfelder abernten und durch die Feldküchen Obstsuppen zubereiten, die wir vor der Ausgabe in Verpflegungsbunkern abkühlen ließen. Zusätzlich holten wir von den Feldern Gurken und Tomaten sowie von den Landwirtschaftsführern Äpfel und andere Früchte. Micha, unser kleiner Russenjunge, den wir bereits seit Oblienskaja bei uns hatten und der mit ‚zur Familie' gehörte, pflückte bereits im Morgengrauen Wildgemüse, um unseren Vitaminbedarf zu decken.

Die Transportleistung der Tamanbahn war trotz der vorstehend geschilderten Schwierigkeiten befriedigend: die Spitzenleistung betrug mehr als 2000 t pro Tag. Von der betrieblichen Seite aus wäre es nach rechnerischen Ermittlungen möglich gewesen, diese Leistungen durch organisatorische Korrekturen um etwa 20 bis 25 Prozent zu steigern. Die Räumung des Kubanbrückenkopfes beendete eher vorzeitig unsere diesbezüglichen Bestrebungen.

Ohne Überheblichkeit darf gesagt werden, daß die Angehörigen des Betriebsmaschinendienstes mehr als nur ihre soldatische Pflicht erfüllten. Meine Einheit hatte in der Zeit der größten Beanspruchung der Bahn eine Verpflegungsstärke von 640 Köpfen, einschließlich der Kriegsgefangenen, deren Zahl auf 180 Mann angestiegen war. Ein Unteroffizier und ein Dolmetscher sorgten dafür, daß sich der Tagesablauf bei den Gefangenen allmählich gemäß den preußischen Regeln einspielte. Nach und nach ernannten wir geeignete und fleißige Gefangene zu Hilfswilligen (Hiwis), wie es amtlich hieß. Nach kurzer militärischer Umschulung steckten wir sie in deutsche Uniformen. Etwa 30 Hiwis hatten wir in der Lok- und Wagenwerkstatt, wo sie sich als Handwerker gut anließen; die restlichen leisteten Hilfsdienste an der Strecke, beim Laden von Wagen sowie im Kompanie-Revier.

Befehlsmäßig stand ihnen nur ein gekürzter Verpflegungssatz zu. Auf die Durchführung dieses Befehls wurde seitens der vorgesetzten Stellen streng geachtet. Wir fanden eine andere Lösung der Verpflegungsfrage und übergaben den Hiwis und Gefangenen eine eigene Feldküche aus russischen Beutebeständen. Wir überließen es ihnen zu kochen, was sie mochten. Die Hiwis waren bis zur Vernichtung des Bataillons in Rumänien bei uns. In der ganzen Zeit hatten wir nur zwei Deserteure.

Mit dem allmählichen Zurücknehmen unserer Stellungen nach Westen im Sommer mußte die Zivilbevölkerung einiger Ortschaften evakuiert werden; Feldgendarmen führten diese Maßnahmen durch. Auf offenen G-Wagen der Feldbahn wurden Frauen und Kinder aller Altersstufen mit den noch verbliebenen geringen Habseligkeiten nach Westen transportiert und auf die Krim gebracht.

Diese Züge fuhren außer Plan und waren uns deshalb auch nicht gemeldet worden. Zufälligerweise entdeckte ich bei einem Ritt zum Stab einen Zug auf einem Abstellgleis in der Nähe von Starotiterowskaja. Es hatte schon den ganzen Tag in Strömen geregnet, die armen Menschen saßen völlig apathisch, ohne jede Nahrung und Hoffnung, auf oder neben den Wagen. Eine Lok war nicht zu sehen, der den Zug begleitende Feldgendarm war völlig verzweifelt. Ich merkte ihm an, daß er ein echtes Mitgefühl vor allem mit den Kindern hatte. Eines war mir sofort klar: Hier mußte schnellstens geholfen werden. Binnen einer halben Stunde war eine Lok da, die den Zug nach Traktowyi fuhr. Die traurige Menschenfracht wurde zur Erholung für einige Tage bei den Russen in Traktowyi untergebracht. Mich stimmten die Dankesworte des deutschen Feldgendarmen und einer russischen Frau, deren warme und mütterliche Stimme ich im Geiste noch heute höre, sehr nachdenklich, denn als Ahnung sah ich auch unsere Frauen und Mütter fliehen. Vielleicht fanden sie auch jemanden, der sich ihrer in ähnlicher Weise annahm.

Manche Panne entstand im Feldbahnbetrieb durch Sabotage. Im Schutze der Dunkelheit gelang es Partisanen, Sand in die Achsbuchsen der Wagen zu werfen, die dann heißliefen und aus dem Verkehr gezogen werden mußten. Sofern es rechtzeitig bemerkt wurde, konnten Wagenbrände und Zerstörungen der Achsschenkel vermieden werden. Obgleich wir die Streckensicherungen und die Wachen an den abgestellten Fahrzeugen verstärkten, wurde keiner der Saboteure gefaßt.

An einem Tag verloren wir durch Nichtbefolgung gegebener Befehle vier Pioniere des Lokdienstes. Russische Flieger warfen nämlich zur Versorgung ihrer in unserem Bereich abgesetzten Partisanen sogenannte Verpflegungsbomben ab, die mit wertvollem, meist aus Amerika stammendem Inhalt gefüllt waren und deshalb bei Freund und Feind sehr begehrt waren.

Es kam aber auch zum Abwurf von äußerlich wie Füllfederhalter oder Drehbleistifte aussehenden Explosivkörpern, die beim Abschrauben der Kappe oder beim Druck auf das obere Ende zersprangen und zumindest die Verstümmelung der Hände zur Folge hatten. Es wurde deshalb verboten, diese Körper aufzunehmen. An diesem Tage schwebten wieder Verpflegungsbomben an kleinen Fallschirmen zur Erde, die in Wirklichkeit doch Explosivkörper waren und die sofortige Tötung der vier Pioniere bewirkten. Wir bestatteten sie in einem Kameradengrab auf einem Hügel bei Traktowyi mit militärischen Ehren. Leutnant Gastmeier kommandierte den Ehrenzug; in Ermangelung eines Feldgeistlichen hielt ich die Trauerrede.

Im Südwestteil der flachen Taman-Halbinsel gab es eine einzige Erhebung, von der das ganze Gebiet von den Küsten bis zu den Vorbergen des Kaukasus gut zu überblicken war. Ich war dienstlich darüber unterrichtet worden, daß sich auf diesem Berg eine Leitstelle der Luftwaffe befand, von der durch Funksprechverkehr die hier operierenden Jagdflugzeuge eingewiesen wurden. An einem herrlichen Sonntagmorgen ritten Gastmeier und ich auf diesen Hügel, um uns die Leitstelle anzusehen. Es lag uns aber auch daran, den Verlauf unserer Bahn aus der Vogelperspektive zu beobachten. Der diensthabende Unteroffizier der Luftwaffe erklärte uns bereitwillig, wie eine Jägerleitstelle funktionierte, was uns sehr beeindruckte, denn wir waren Zeugen mehrerer Einweisungen anhand einer in Planquadrate eingeteilten Karte. Auch genossen wir den herrlichen Rundblick bis zu beiden Meeren und der Krim und freuten uns über die Züge unserer Feldbahn, die wir streckenweise gut beobachten konnten.

Auf Befehl der 17. Armee vom 12. Mai 1943 mußten fortan alle Einheiten, die auf dem Kubanbrückenkopf eingesetzt waren, für 28 Tage Verpflegung einbunkern. Bei einer Verpflegungsstärke von 500 Köpfen war das keine leichte Aufgabe, zumal erst die nötigen Bunker gebaut werden mußten. Bauholz stand nicht zur Verfügung; das Abholzen der wenigen noch vorhandenen Bäume war streng verboten. Wir halfen uns, indem wir die Tragflächen eines abgeschossenen deutschen Flugzeuges vom Rumpf abbauten und sie als Deckenkonstruktion verwendeten. So hatten wir in wenigen Tagen einen ausreichend tiefen Bunker geschaffen, in dem es auch kühl genug war, einen großen Teil der Verpflegung zu lagern. Leider gab es wegen dieses Bunkers bald Scherereien mit einem technischen Luftwaffen-Inspektor vom Bergungsdienst. Er hatte die Aufgabe, das Flugzeug mit allen Teilen so herzurichten, daß es zur Reparatur in die Heimat abtransportiert werden konnte; nun fand er nur noch den Rumpf mit dem Motor vor. Sein Spürsinn hatte bald die Tragflächen, als Bunkerdecken verwendet, entdeckt. Er verlangte den Ausbau der Tragflächen. Es gab den üblichen Papierkrieg, der an den Nerven zehrte und uns zeitlich mehr als notwendig belastete. Unser Schirrmeister und der Hauptfeldwebel legten diesen sinnlosen Streit schließlich durch einige Flaschen Alkohol bei.

Gemessen am Gesamtgeschehen des Krieges, unter dem die meisten Menschen Europas zu leiden hatten, nehmen sich diese Begebenheiten wie Bagatellsachen aus. Sie vermitteln aber doch einen Einblick in unser Leben am Rande des militärischen Daseins, dessen Gesetzen der Offizier in viel stärkerem Maße unterworfen war als der einfache Soldat. Letzterer konnte sich auf Befehle stützen, die er nicht zu verantworten, sondern nur zu befolgen brauchte. Gewiß, das Befolgen der Befehle ist nicht immer leicht, aber im Zweiten Weltkrieg trugen Frontoffizier und Mann gleichermaßen die Strapazen, litten in vielen Stützpunkten und Kesseln gemeinsam unter Hunger oder Durst und erlebten auch gemeinsam das so niederdrückende Gefühl der Einsamkeit auf verlorenem Posten in den unendlichen Weiten des Ostens. Zu allem aber trug der Offizier die schwere Bürde der Verantwortung für jene Männer, die sich ihm blind anvertrauten. Viele wuchsen dabei über sich hinaus, manche versagten auch. Nicht nur der Generalstäbler, sondern auch der kleine Einheitsführer im Fronteinsatz hatte in den hoffnungslosen Lagen des letzten Krieges oft seelische Kämpfe auszufechten, von denen sich wohl nur der eine Vorstellung machen kann, der sich in ähnlichen Situationen befunden hat.

Auswirkungen eines russischen Fliegerangriffs auf die Feldbahn im Hafen von Ssennaja.

Der erwähnte Befehl der 17. Armee zum Einbunkern von Lebensmitteln für 28 Tage kam nicht von ungefähr: Nahziel war, die Taman-Halbinsel als Festung zu halten. Deshalb richteten wir uns neben der Abwicklung unseres Feldbahnbetriebes wieder, wie so oft, zur Verteidigung ein. Es wurden also Gräben sowie MG-Nester ausgehoben und die Besatzungen bei Tage und in der Nacht eingewiesen, damit im Alarmfall alles klappte. Für meine Leutnante und mich bedeutete das auch die ständige Überprüfung der befohlenen Maßnahmen. Zu Pferde erreichten wir die verstreut liegenden Stützpunkte einigermaßen bequem.

Ab Mitte Mai 1943 verstärkte sich die Tätigkeit der russischen Bombenflieger von Tag zu Tag. Der Rußlanderfahrene wußte diese Einsätze, die auf die Front wie auf die rückwärtigen Einrichtungen gezielt waren, richtig zu deuten. Es gelang den russischen Bombenfliegern mehrmals, den Hafen Ssennaja und die Anlagen der Feldbahn am hellen Tag wirksam zu treffen. Da die Häfen nur durch 2-cm-Flak-Kanonen geschützt waren, blieb Abwehrfeuer ohne Wirkung. Hafenmolen und Bahnanlagen waren aber durch unsere Pioniere rasch wieder in Ordnung gebracht, so daß der Betrieb immer nur kurze Zeit unterbrochen worden war.

Von der Küste des Asowschen Meeres aus unternahmen die Russen mehrere mit großer Tapferkeit durchgeführte Landemanöver. Die schlechte Planung dieser Vorhaben und die Abwehr durch unsere Kräfte ließen aber sämtliche Landungsmanöver scheitern. In solchen Tagen und Nächten galt für uns Alarmstufe I, wobei der Betrieb natürlich aufrechterhalten werden mußte. Das war nicht immer leicht, vieles mußte improvisiert werden. Es war erstaunlich, zu welcher Meisterschaft es hierin die Soldaten aller Grade allmählich gebracht hatten. Immer wieder wurde eine Lösung gefunden, wenn auch manchmal von gehörigen Flüchen begleitet. So bildete sich im Laufe der Zeit zwischen den neuen und alten Kameraden eine gute Kameradschaft heraus, die ihre Bewährungsprobe bestand. Das Verhältnis zwischen Offizieren, Unteroffizieren und Männern war ebenfalls gut.

Zu meinen Pflichten gehörte übrigens auch die gelegentliche Abnahme von Laufbahn-Prüfungen der Soldaten, die friedensmäßig als Beamte oder Beamtenanwärter des einfachen und mittleren Dienstes bei der alten Deutschen Reichsbahn beschäftigt waren. Wie jeder andere zum Kriegsdienst eingezogene Reservist waren sie in ihrer beruflichen Entwicklung gegenüber den in der Heimat verbliebenen Berufskollegen stark benachteiligt. Die Reichsbahn gab ihnen die Möglichkeit, diese Laufbahn-Prüfungen ohne Unterbrechung ihres Frontdienstes vor dem Einheitsführer abzulegen, sofern dieser die fachlichen Voraussetzungen mitbrachte. Bei den Offizieren der Eisenbahntruppe war das meist der Fall. Auf diese Weise sind manchem Soldaten nach dem Kriege größere berufliche Nachteile erspart geblieben. Die Reichsbahn hatte das Prüfungsverfahren genau vorgeschrieben und schriftlich festgelegt, so daß alles seine Ordnung hatte. Wenn

man sich die damaligen Straßenverhältnisse auf der Taman-Halbinsel vergegenwärtigt, so wird deutlich, welche Bedeutung die Feldbahn gewonnen hatte: Die Einheitsführer von der ‚schäbigen Konkurrenz', so nannten wir die LKW-Kolonnen, die anfänglich nur ein überhebliches Lächeln für die Feldbahn übrighatten, lernten die Vorteile dieser Einrichtung bald zu schätzen. Bei ungünstigen Wetterverhältnissen halfen wir immer wieder gern aus. Mit der Zunahme des Feldbahnbetriebes verschwanden allmählich auch die LKW-Kolonnen aus unserem Gesichtskreis.
Um alle technischen Aufgaben, die von uns verlangt wurden, richtig zu lösen, hatten wir den Kompanietrupp zu einem regelrechten Technischen Büro erweitern müssen, in dem neben maschinentechnisch vorgebildeten Soldaten auch einige Angehörige bautechnischer Fachrichtung arbeiteten. Alle Männer dieses besonders wichtigen Dienstzweiges leisteten trotz anfänglich nur primitiver Ausstattung des Büros gute Arbeit. Weniger einsatzfreudig zeigten sich dagegen einige der aus der Heimat überwiesenen Ingenieure, die sich mit den Verhältnissen bei uns nicht recht abfinden konnten, was zu Reibereien mit den übrigen Soldaten führte.

G. Die Räumung des Kubanbrückenkopfes

Der im Fronteinsatz befindliche Einheitsführer, vom Regiments- über den Bataillons- bis hinunter zum Kompanieführer, vermag sich aus eigener Kenntnis nur höchst selten eine zutreffende Vorstellung der strategischen oder gar operativen Absichten der übergeordneten Verbände zu machen. Taktische Erwägungen sind es, die in der Regel das Denken und Handeln dieser Unterführer bestimmen. Dennoch konnten erfahrene Kompanie-Chefs und Hauptfeldwebel auch bei der Eisenbahn-Pionier-Truppe aus der Art der eingehenden Befehle auf die allgemeine Lage schließen und Maßnahmen in ihrem kleinen Befehls- und Verantwortungsbereich treffen, um Schaden von den eigenen Männern abzuwenden. Im Verlaufe des Krieges habe ich als Kompanie- und später als Bataillonsführer manchen einsamen Entschluß gefaßt und auf eigene Verantwortung durchgeführt, dafür aber viele Männer vor der Kriegsgefangenschaft oder dem Tod bewahren können, was dann zur Folge hatte, daß sie sich in mancher hoffnungslosen Lage vertrauensvoll meiner Führung anvertrauten.
Die Soldaten der Taman-Halbinsel erkannten, daß etwas in der Luft lag. Aus den Wehrmachtsberichten, durch Abhören feindlicher Sender und aus den Mitteilungen von Urlaubern wußten wir, daß die Lage an der Südfront Rußlands abermals sehr gespannt war. In aller Munde war die Operation ‚Zitadelle', mit der sich die strategischen Maßnahmen an der Südfront verbanden. Anfang Juli 1943 begannen die Angriffsoperationen der deutschen Truppen im Rahmen der wieder aufgestellten 6. Armee mit Schwerpunkt am Mius nördlich Taganrog am Asowschen Meer. Es ist bekannt, daß diese Operationen nach anfänglichen Erfolgen nicht den erhofften Durchbruch der russischen Stellungen brachte; der Gegenschlag warf unsere schwer angeschlagenen Divisionen bis in die Nogaische Steppe zurück.
Es bestand also höchste Gefahr für alle noch am Kubanbrückenkopf und auf der Krim eingesetzten deutschen Truppen. Gerüchteweise wurden angebliche Räumungsvorbereitungen höherer Stäbe bekannt und viel diskutiert, denn jeder hatte den Wunsch, so rasch wie möglich das rettende Festland zu erreichen, bevor der Gegner weiter nach Westen vorstoßen und die Krim abriegeln würde. Daß die Bahnen bei möglichen Räumungsbewegungen auch am Kubanbrückenkopf eine erhebliche Rolle spielen würden, war uns allen klar. Aber noch war es nicht soweit, und alle versahen weiterhin den Dienst, wenn auch mit der Gewißheit, wiederum auf verlorenem Posten zu stehen.
Etwa Ende September war es dann klar: In einer zunächst noch vertraulichen Offiziersbesprechung unter Vorsitz von Major Thöne erfuhren wir erstmalig offiziell von der beabsichtigten Räumung und den zu treffenden Maßnahmen. Wertvolles Gut, wie rollendes Material, Werkzeugmaschinen und Pioniergerät, sollte möglichst unauffällig zum Verbringen auf die Krim vorbereitet werden. Mit dem Zurücknehmen der Front wurden die Streckenlängen auch kürzer, so daß das ebenfalls besonders wertvolle rollende Material von Taman zurück zur Krim zu schaffen war. Hinter den letzten Transportzügen waren die Strecken, Brücken, technischen Anlagen und Bahnhöfe durch Sprengung oder Abbrennen nachhaltig zu zerstören. Unsere inzwischen gut ausgebauten Unterkünfte und Schreibstuben übernahmen Infanterie-Einheiten und Stäbe, die sich aber nur zwei Tage dort niederlassen konnten.
Unser Bataillon und meine Einheit setzten von Taman aus nach Kertsch über, nachdem sie alle befohlenen Maßnahmen durchgeführt hatten. Es zeugte von der Einsatzfreude der Männer, aber auch vom Können der Offiziere, daß fast alle Lokomotiven und ein großer Teil der Feldbahn-Wagen die Krim erreicht haben.
Wenn auch – wie immer – die Hauptlast der hinhaltenden Widerstandskämpfe bei den Absetzbewegungen die Infanterie zu tragen hatte, so darf doch festgestellt werden, daß der volle Erfolg dieser Bewegungen nur durch das

Material für den Stellungsbau rollt über die Feldbahn an die Front, Diesellok der Bauart HF 130 C.

Ein Lazarettzug der Taman-Feldbahn im September 1943. Im Vordergrund aufgestapelte Feldbahnjoche.

vorbildliche Zusammenwirken von Heer, Marine und Luftwaffe möglich war. Durch geschickt angelegte taktische Manöver wurde die russische Truppenführung getäuscht: Sie vermutete den Schwerpunkt der Absetzbewegung im Raum von Taman und konzentrierte darauf auch ihre Hauptstoßkräfte. Das Gros unserer Truppen setzte aber bei Illitsch ab, so daß die gegnerischen Kräfte ins Leere stießen. Von den russischen Generalstabsoffizieren wird die Räumung des Kubanbrückenkopfes als hervorragende deutsche Generalstabsarbeit gewertet.

H. Auf der Krim

Das Bataillon mit allen unterstellten Feldbahn-Kompanien sammelte im Raum Kertsch. Neue Einsätze waren noch nicht befohlen. So konnten wir mit vereinten Kräften darangehen, das wertvolle rollende Material, das fast vollzählig auf die Krim hatte verbracht werden können, zu sammeln. Nach einigen Tagen erhielten wir den Befehl, alles Gerät auf Eisenbahn-Fahrzeuge zu verladen und so rasch wie möglich über Dschankoi abzutransportieren. Das war leichter gesagt als getan, denn die vielgeschmähte Eisenbahn war wieder einmal mehr als stark belastet, weil jeder Truppenkommandeur versuchte, seine Einheiten bevorzugt auf das Festland zu bringen. Mit List und Tücke gelang es uns aber doch, den großen im Norden der Krim gelegenen Eisenbahn-Knotenpunkt Dschankoi nach einigen Tagen zu erreichen. Leider sind schon auf dem Eisenbahnmarsch von Kertsch und Kamisch-Burun bis nach Dschankoi viele wertvolle Geräte und Lokomotiven durch Feindeinwirkung in Verlust geraten, so daß wir in Dschankoi nur noch über einen Bruchteil unserer ursprünglichen Ausrüstung verfügten. Auf dem Bahnhof Dschankoi herrschte ein wüstes Durcheinander.

So endeten fast alle Heeresfeldbahn-Strecken: Sprengung einer umgenagelten 600 mm-Bahn vor dem Rückzug im Oktober 1943, vermutlich am Kuban-Brückenkopf aufgenommen.

(Foto: Bundesarchiv 78/82/2)

Die Bahnhofs-Kommandantur war nicht mehr Herr der Lage. Eigene Möglichkeiten zur Abwehr der sich ständig wiederholenden Bomben- und Bordwaffenangriffe der russischen Luftwaffe hatte niemand mehr. Durch die Zerstörung der Nachrichtenmittel wurde die Entwirrung der Ansammlung von Truppen und Zügen erheblich erschwert; Infanterie und Panzereinheiten hatten Vorrang bei der Abfertigung.

Es war ein offenes Geheimnis, daß sich die Russen trotz heftigster deutscher Abwehr bereits im Westteil der Nogaischen Steppe befanden und somit die Landenge bei Perekop unmittelbar bedrohten. Mir war klar, daß es wieder einmal darauf ankommen würde, der Mausefalle im letzten Augenblick zu entwischen. Bei einer günstigen Gelegenheit zog ich deshalb meinen Zug vor und begab mich zum Bahnhofskommandanten. Diesen machte ich auf die von uns mitgeführten nicht geringen Mengen von Spreng- und Zündmitteln aufmerksam, die ausreichen würden, bei einem Bombentreffer den Bahnhof zu zerstören.

Das wirkte. Der nervlich völlig abgekämpfte Mann, der bis zur Räumung des Kubanbrückenkopfes und der Krim in Dschankoi gewiß gute Zeiten verlebt hatte, gab uns freie Fahrt. Wie mir später von Major Thöne versichert wurde, sind nach unserem Transportzug nur noch drei weitere Züge der Einschließung auf der Krim entgangen. Vielen Soldaten, die im Rahmen der 17. Armee eingesetzt waren, gelang der Absprung von der Krim nicht mehr; sie gerieten in russische Kriegsgefangenschaft.

Ende Oktober 1943 wurden wir in Radenskoje angehalten. Der Kommandeur einer Infanterie-Division befahl, alles Gerät abladen zu lassen und meine Männer einschließlich der Hilfswilligen vorerst in einem Barackenlager unterzubringen. Radenskoje, hart südlich des Dnjepr gegenüber Cherson gelegen, sollte befehlsmäßig unbedingt gehalten werden, weil es galt, die von den deutschen Eisenbahn-Pionieren erbaute permanente Brücke über den Dnjepr so lange wie möglich dem Zugriff der Russen zu entziehen. Dieses Brückenbauwerk war insgesamt etwa 2 km lang. In der Rekordzeit von 8 Monaten errichteten es zuvor unter Leitung von Oberst Krüpl unsere (ostmärkischen) Kameraden des Eisenbahn-Pionier-Regiments 2.

Ich bekam den Befehl, mich in Radenskoje zur Verteidigung einzurichten, womit sofort begonnen wurde. In nordwestlicher Richtung erkannten wir die Sperrballons, die zum Schutze des gewaltigen Brückenbauwerkes gegen feindliche Flieger aufgelassen worden waren. Am 2. November sollte die Brücke offiziell dem Verkehr übergeben werden. Wir fanden von russischen Fliegern abgeworfene Flugblätter, auf denen zu lesen stand, daß die Rote Armee ebenfalls zu den Einweihungsfeierlichkeiten erscheinen würde: Die Brücke stand genau einen Tag betriebsbereit; am 3. November wurde dieses Bauwerk der Eisenbahnpioniertruppe – das größte, das im Zweiten Weltkrieg jemals errichtet worden war – tatsächlich von den Eisenbahnpionieren gesprengt.

Zu wiederholten Malen versuchte ich, wieder Anschluß an einen Eisenbahn-Pionier-Stab zu finden. Das gelang mir am 1. oder 2. November 1943. An einem dieser Tage konnte ich mich telefonisch für vielleicht drei Minuten mit dem Ia des Eisb. Pi. Rgts. unterhalten, dem ich die besondere Lage meiner Einheit schilderte. Wie ich bald bemerkte, herrschte auch bei diesem Stab schon Aufbruchstimmung. Hierauf war wohl der mir telefonisch erteilte

Landebrücken und Heeresfeldbahngleise im Hafen Taman. *(Foto: Bundesarchiv 78/96/74)*

Rat zurückzuführen: ‚Ich kann Ihnen gar nichts sagen, machen Sie, was Sie für notwendig halten.' Auf der Strecke bei Radenskoje traf ich mit meinem Kameraden, dem Oberleutnant Henrici, zusammen, der im Begriff war, mit seiner Einheit die Gleisanlagen westlich Radenskoje zu sprengen. Ich baute mit meiner Kompanie die Stellungen innerhalb der von der Infanterie befohlenen Abschnitte aus, die wir auch sofort nach Fertigstellung bezogen.

Kurz vor dem ersten Angriff der Russen wurden wir als technische Spezialeinheit von einer Infanterie-Kampfgruppe abgelöst und erhielten Befehl, uns in einem kleinen Ort westlich von Cherson zu sammeln und weitere Befehle des Stabes 502 abzuwarten.«

Damit endet der Beitrag von Karl Sander über seinen Einsatz bei den Heeresfeldbahnen der Wehrmacht. Fortan beschäftigte er sich mit Vollspurbahnen in Rumänien und Ungarn. In diesem Abschnitt folgen Darstellungen weiterer Heeresfeldbahnen im Süden der Sowjetunion.

10.4 DIE FELDBAHN VOR TAGANROG IM SOMMER 1943

An der Nordspitze des Asowschen Meeres, wenige Kilometer östlich von Rostow, liegt die Bezirksstadt Taganrog. Auch sie wurde im Mai und Juni 1943 zum Ziel einer deutschen Heeresfeldbahn, mit der die vom Kaukasus und aus dem Raum vor Stalingrad zurückfluten-den Truppen versorgt werden sollten. Offenbar sollte hier wieder eine 60-cm-Feldbahn als Ersatz einer zerstörten Vollbahn in südlicher Richtung verwendet werden. Die Strecke begann am Übergangsbahnhof Uspenskaja und erreichte nach 50 Kilometern die Station Koschkino; weitere 7 km bis Taganrog blieben vermutlich unausgeführt. Der Anfangsbahnhof lag im Zuge der Vollbahn von Jasinowataja – Uspenskaja – Taganrog. Diese 50,7 km lange Feldbahn im Bereich des Armeeoberkommandos 6 hatte drei Zwischenbahnhöfe und acht Kreuzungsstellen. Die Tagesleistung sollte 1000 bis 1500 t betragen. In das geschraubte Schwellengleis und die Joche wurden 86 Weichen eingebaut. Für den Unterbau waren 78 000 m^3 Erde zu bewegen und 100 km Entwässerungsgräben zu ziehen. Alle Stationsbuden wurden 1,2 m tief ins Erdreich eingegraben, der Lokschuppen für 9 Maschinen zum Splitterschutz mit Erdreich aufgeschüttet. Diese Feldbahn wurde von der Eisenbahn-Pionier-Brigade I (Kommandeur der Eisenbahn-Pioniere bei der Heeresgruppe Süd) überwacht. In einem Erfahrungsbericht über den Bau dieser Bahn heißt es zum Vorstrecken der Gleise: »Bei vorschriftsmäßigem Vorstrecken einexerzierter, junger, kräftiger deutscher Eisb. Pioniere kann mit einer Tagesleistung von 35 bis 40 m pro Mann gerechnet werden. Die ungeübten, älteren deutschen Eisb. Pioniere des 4. Kriegsjahres dürften höchstens 25 m pro Mann und Tag, einheimische Hilfskräfte nach gewisser Einarbeitung höchstens 15 m pro Mann und Tag leisten.«

11. Deutsche Bahnen in der Ukraine

11.1 GEPLANTE WIRTSCHAFTSFELDBAHNEN 1942/43

Im Anschluß an den für die deutsche Armee sehr verlustreichen Winter 1941/42 verlagerte die deutsche Strategie ihre Ziele vom Mittelabschnitt der Ostfront und den bisherigen Überlegungen, die Hauptstadt Moskau mit ihren zentralen Verkehrsverbindungen zu erobern, auf kriegswirtschaftliche Ziele im Süden: auf die Kornkammer Ukraine und speziell auf die Bodenschätze im Donez-Gebiet und im Kaukasus mit Kohle, Stahl und Öl. Die raschen und raumgreifenden Geländegewinne des Sommers 1942 schienen Hitlers Intentionen zunächst recht zu geben.
In großer Eile wurden Pläne ausgearbeitet, die inzwischen eroberten Gebiete wirtschaftlich auszubeuten. Als Beauftragter für den Vierjahresplan erließ der damalige Reichsmarschall Hermann Göring am 24. August 1942 folgendes: »In meinem Erlaß vom 18. August 1942 habe ich die Notwendigkeit betont, die Lebensmittelversorgung des deutschen Volkes zu verbessern. Hierfür ist der russische Raum entscheidend. Dabei handelt es sich u. a. darum, die Zufuhr zu den Bahnhöfen und Einladestellen mit Straßenverkehrsmitteln flüssiger zu gestalten. Da das Schwergewicht der landwirtschaftlichen Erzeugung des Ostens in den Gebieten des Reichskommissars Ukraine und der Wirtschaftsinspektion B liegt, ordne ich (im Einvernehmen mit dem Herrn Reichsminister für die besetzten Ostgebiete) zunächst für die genannten Bezirke an:

1. In Gegenden, in denen die Wegeverhältnisse besonders schlecht sind oder Fahrzeuge in ausreichender Menge nicht zur Verfügung stehen oder gestellt werden können, und in denen ausreichende Fracht für eine genügende Belastung anfällt, ist der Bau von leistungsfähigen Feld- oder Kleinbahnen sofort einzuleiten und beschleunigt durchzuführen.

2. An allen zentralen Stellen der Sammelgebiete und an den Einladebahnhöfen der Normalspurbahnen sind ausreichende Lagermöglichkeiten in der einfachsten Form unverzüglich zu schaffen [...].

4. Der Reichsverkehrsminister wird ermächtigt, ggfs. Feld- oder Kleinbahnbetriebe aus dem Reich oder den besetzten Gebieten nach der Ukraine zu verlagern.«

Durch das Reichsverkehrsministerium und seine nachgeordneten Reichsverkehrsdirektionen Kiew und Dnjepropetrowsk wurden die Pläne näher ausgearbeitet. Sie sahen insgesamt den Bau von 40 Wirtschaftsbahnen mit zusammen 2 077 km Länge vor.

A. Reichsverkehrsdirektion Kiew

22 Bahnen, ausgeführt in folgenden Spurweiten:

1435 mm	=	249 km
1000 mm	=	125 km
900 mm	=	95 km
750 mm	=	445 km
600 mm	=	76 km
insgesamt		990 km

Strecken 1 bis 27, abzüglich der wegen der militärischen Lage nicht mehr durchgeplanten Strecken 1 bis 4 und 12: man kämpfte mit Partisanen und Geländeschwierigkeiten.

B. Reichsverkehrsdirektion Dnjepropetrowsk

18 Strecken (31 bis 48) in folgenden Spurweiten:

1435 mm	=	80 km
1067 mm	=	78 km
900 mm	=	35 km
750 mm	=	182 km
600 mm	=	712 km
Insgesamt		1087 km.

Damit wurde wieder ein Programm aufgestellt, das von Rückzug aus der besetzten Sowjetunion nicht sprechen durfte: für den Bau wurden Qualitäten vorgeschrieben, die eine baldige Fertigstellung unmöglich machten und erst einmal viele hundert Vollbahnzüge mit Material aus dem Reich erfordert hätten. Wie im Abschnitt 3.3.13 beschrieben, sollten dazu in einer besetzten Lokfabrik bei Charkow für diese Schmalspurstrecken 4000 Dampfloks hergestellt werden; auch dies ein Zeichen deutschen Größenwahns.

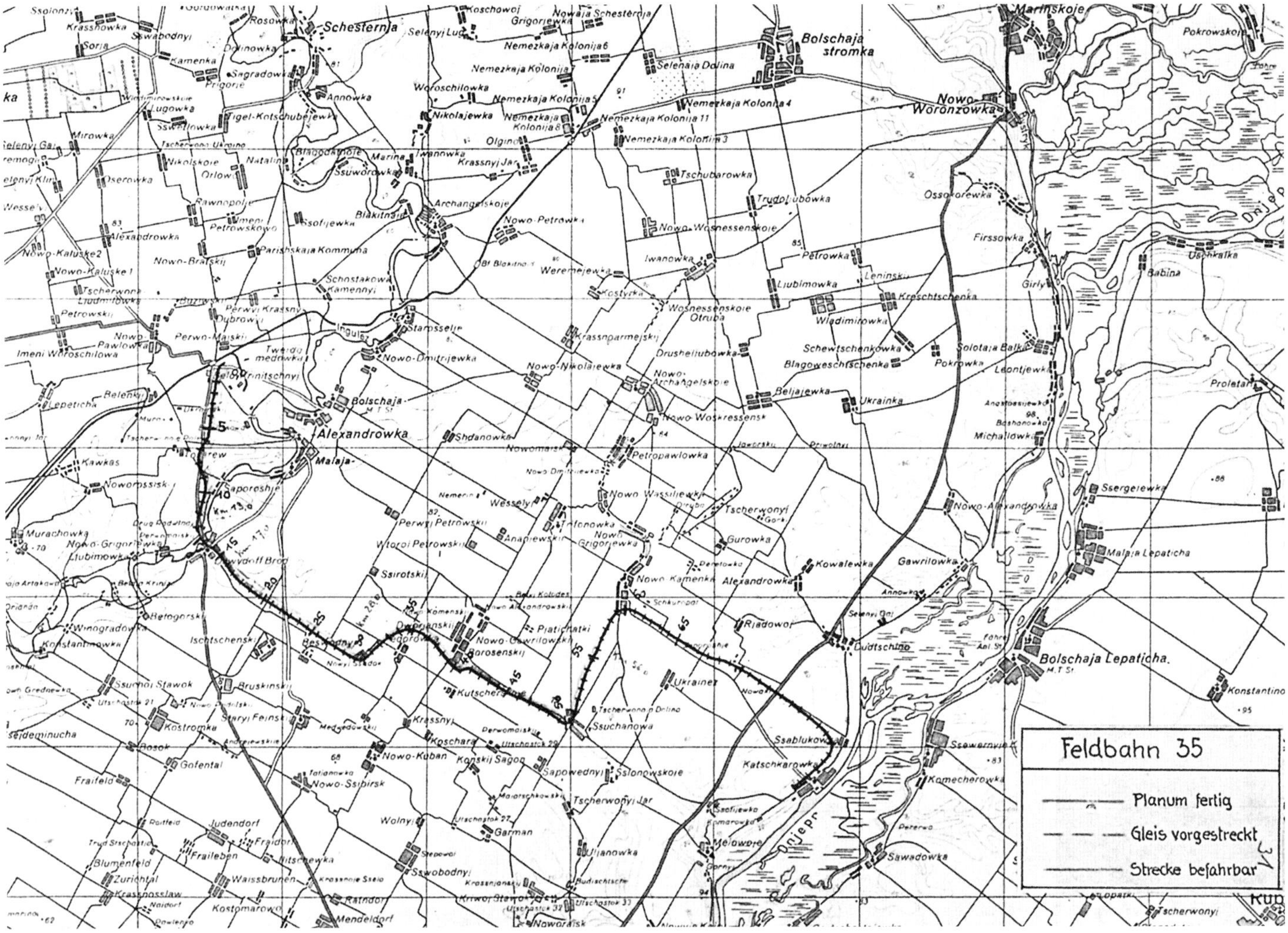

Viele Wirtschaftsfeldbahnen, die 1943 in der Ukraine zur Abfuhr landwirtschaftlicher Erzeugnisse gebaut werden sollten, lassen sich heute auf den Karten kaum noch ausmachen. An der Vollbahnstrecke von Cherson nach Nikopol nördlich der Krim sollte beispielsweise die »Feldbahn 35« von Beleja Kriniza nach Katschkarowka am Dnjepr angelegt werden. Ihr Bau wurde im Herbst 1943 abgebrochen.

(Skizze: Bundesarchiv 14/53)

Tabelle 30: Geplante Wirtschafts- und Schmalspurbahnen im Bereich der RVD Kiew (Ukraine), Stand 20. September 1943

1. Woiniza–Luzk, 54 km, Bau eingestellt.
2. Woiniza–Gorochow, 45 km, Bau eingestellt.
3. Gorochow–Beresteczko, 35 km, Bau eingestellt.
4. Werba–Beresteczko, 40 km, Bau eingestellt.
5. Berditschew–Ostropol–Luba, 95 km, auf 30 km Planum fertig.
6. Golowin–Sanki–Sadomyschl, 40 km, nach 10 km Gleisbau wegen Partisanenangriffen Bau abgebrochen.
7. Shitomir–Korostyschew, 34 km, auf 27 km fertiggestellt.
8. Skotschischtsche–Brusilow, 42 km, etwa 12 km fertig.
9. Bila Cerkwa–Ruda–Schamrajewka, 28 km, Planum begonnen.
10. Popelnja–Andruschki, 16 km, Bau eingestellt.
11. Rakitrio–Stawischtsche, 50 km, Planum fast fertig, Gleis 12 km vorgestreckt.
12. Boguslaw–Buschanka (Abzw. n. Luka), 50 km, Bau ab 1. 7. 1943 eingestellt.
13. Shaschkow–Buschanka (Abzw. n. Patasch), 60 km, Bau nach 6 km wegen Ausbauplan für Normalspur beendet.
14. Swenigorodka–Konservenfabrik, 12 km, davon 2 km fertig.
15. Swenigorodka–Jampol, 33 km, teilweise nivelliert, wie Nr. 13.
16. Pamaschnaja–Jampol, 92 km, wie Nr. 15.
17. Wysozkoje–Bobrinez, 69 km, davon 15 km fertig, z. T. Meterspur.
18. Solotonoscha–Laschitschewka, 48 km, nach 12 km wie Nr. 6.
19. Funduklejawka–Tschigirin, 46 km, teilweise planiert.
20. Gadjatsch–Alenino, 42 km, wie Nr. 6.

21. Wosnessensk–Olgopol, 70 km, davon 15 km fertig.
22. Christinowka–Nowo Kljenowo, 44 km, teilweise nivelliert.
23. Nowo Kljenowo–Jemilowka, 36 km, wie Nr. 22.
24. Podgorodnaja–Jemilowka, 52 km, wie Nr. 22.
25. Zweigl. Ausbau Podgorodnaja–Pomoschnaja, 48 km, zurückgestellt.
26. Borispol–Staroje, 35 km, etwa 8 km fertig, wie Nr. 6.
27. Ustinowka–Kowalowka, 8 km, zur Hälfte fertig.

Tabelle 31: Geplante Wirtschafts- und Schmalspurbahnen im Bereich der RVD Dnjepropetrowsk, Stand 20. September 1943.

31. Dolinskaja–Bobrinez, 80 km, Meterspur, 35 km fertig.
32. Nowyi Bug–Olgopol, 35 km, davon 18 km vorgestreckt.
33. Nowopoltawka–Lenino, 40 km, davon 19 km vorgestreckt.
34. Nowopoltawka–Belaja Kriniza, 80 km, davon 30 km vorgestreckt.
35. Beleja Kriniza–Kotschkarowka, 58 km, Planum fast fertig.
36. Snigirewka–Berisslaw, 72 km, davon 23 km vorgestreckt.
37. Kuzowka–Petrowo, 36 km, davon 25 km vorgestreckt.
38. Nowomoskowsk–Petrikowka, 78 km, nach 8 km wegen Partisanen eingestellt.
39. Poltawa Kiewskaja–Kotelwa, 62 km, wie Nr. 38.
40. Prischib–Blagoweschtschenskoje, 95 km, 15 km vorgestreckt.
41. Melitopol–Nish. Ssjerogosy, 83 km, wegen militär. Lage eingestellt.
42. Akimowka–Iwanowka, 55 km, wie Nr. 41.
43. Partisany–Nish. Ssjerogosy, 75 km, Planum fertig, wie Nr. 41.
44. Nowo Alexejewka–Dornburg, 48 km, auf 36 km vorgestreckt.
45. Weliko Anadol–Staryj Kermentschik, 85 km, zurückgestellt.
46. Kasanka–Christoforowka, 45 km, kaum begonnen.
47. Apostolowo–Pjatichatki, 58 km, nicht begonnen.
48. Dibrowa–Snigirewka, 58 km, auf 13 km vorgestreckt.

Die Planungsarbeiten zu diesem Riesenprogramm zogen sich bis zum Frühjahr 1943 hin. Auch nach dem Baubeginn mit Nivellieren und Planieren der Schmalspurtrassen stritten sich der Chef des Transportwesens und der »Bevollmächtigte des Reichsverkehrsministers für die Abfuhr landwirtschaftlicher Erzeugnisse« über Fragen der Streckenleistung und Spurweiten herum. Am 14. April 1943 schrieb die Planungsabteilung bei General Will nach Berlin an das Verkehrsministerium: »Das auf Grund der Forderungen des Beauftragten für den Vierjahresplan entstehende Schmalspurnetz muß zur vollen Ausnutzung des Landes für die Kriegswirtschaft an die entscheidenden Ost-West-Strecken des bestehenden Eisenbahnnetzes angeschlossen werden. Dies bedingt eine steigende Belastung der ohnehin durch den Frontbedarf schon überbeanspruchten Transportstraßen und hat eine weitere Verschlechterung der Gesamttransportlage zur Folge. Der planmäßige Leistungsausbau der bestehenden Verkehrswege kann hierbei nur bedingt Abhilfe schaffen. Der durch den Ausbau der Schmalspurbahnen zusätzliche Verkehrsanfall wird ebenso wie der an sich steigende Wirtschaftsverkehr durch das bestehende Netz nicht bewältigt werden können. Der Bau der Zubringerstrecken allein genügt nicht. Es müssen daher im Rahmen des Ausbaues des Schmalspurnetzes neue Vollbahnstrecken geschaffen bzw. bisher für den Schmalspurausbau vorgesehene Strecken im Vollbahnausbau erfolgen, um diesen Verkehr bewältigen zu können.
In Anbetracht des Umstandes, daß zum Bau einer Vollbahn nur etwa 1/3 mehr Kräfte benötigt werden als beim Feldbahnbau, wird die Durchführung möglich sein. Dazu kommt, daß rollendes Material nicht zugeführt, ein Umschlag von Schmal- auf Normalspur gespart, der Umfang der Wasser- und Betriebsanlagen eingeschränkt und eine erhebliche Zahl von Lagerschuppen an den Umschlagbahnhöfen vermieden werden kann. Im Rahmen der laufenden Leerbewegung von der Front zur Heimat wird eine laufende Ausnutzung dieses Leermaterials ohne längere Beladezeiten im Durchlaufmöglich sein.
Chef Trspw bittet daher in Voraussicht der kommenden Forderungen einer wachsenden wirtschaftlichen Ausnutzung des Ostens folgende Strecken gleich in Vollspur für eine Leistung von 18 Zügen zu erstellen:

1. Als besonders vordringlich:
a) Wojnica – Luck
b) Rowne – Nowgorod Wolynskij
c) Solotonoscha – Globino
d) Genowka – Nowomoskowsk
e) Uman – Pomoschnaja – Dolinskaja

2. Darüber hinaus wären vorzusehen:
a) Aljeschki – Askania Nowa – Nish Sjerogosy – Wesseloje – Fedorowka
b) Wossnessensk – Peski
c) Podgorodnaja – Kawuny
d) Shaschkow – Tolstyje Rogi – Swenigorodka
e) Slatopol – Nowomirgorod
f) Wiska – Pletenyi Taschlyk
g) Gadjatsch – Achtyrka
h) Globino – Ganowka
i) Fastow – Kanew

Chef Trspw hat gleichzeitig die Einrichtung von Walzenstraßen zur Gewinnung ausreichenden Schienenmate-

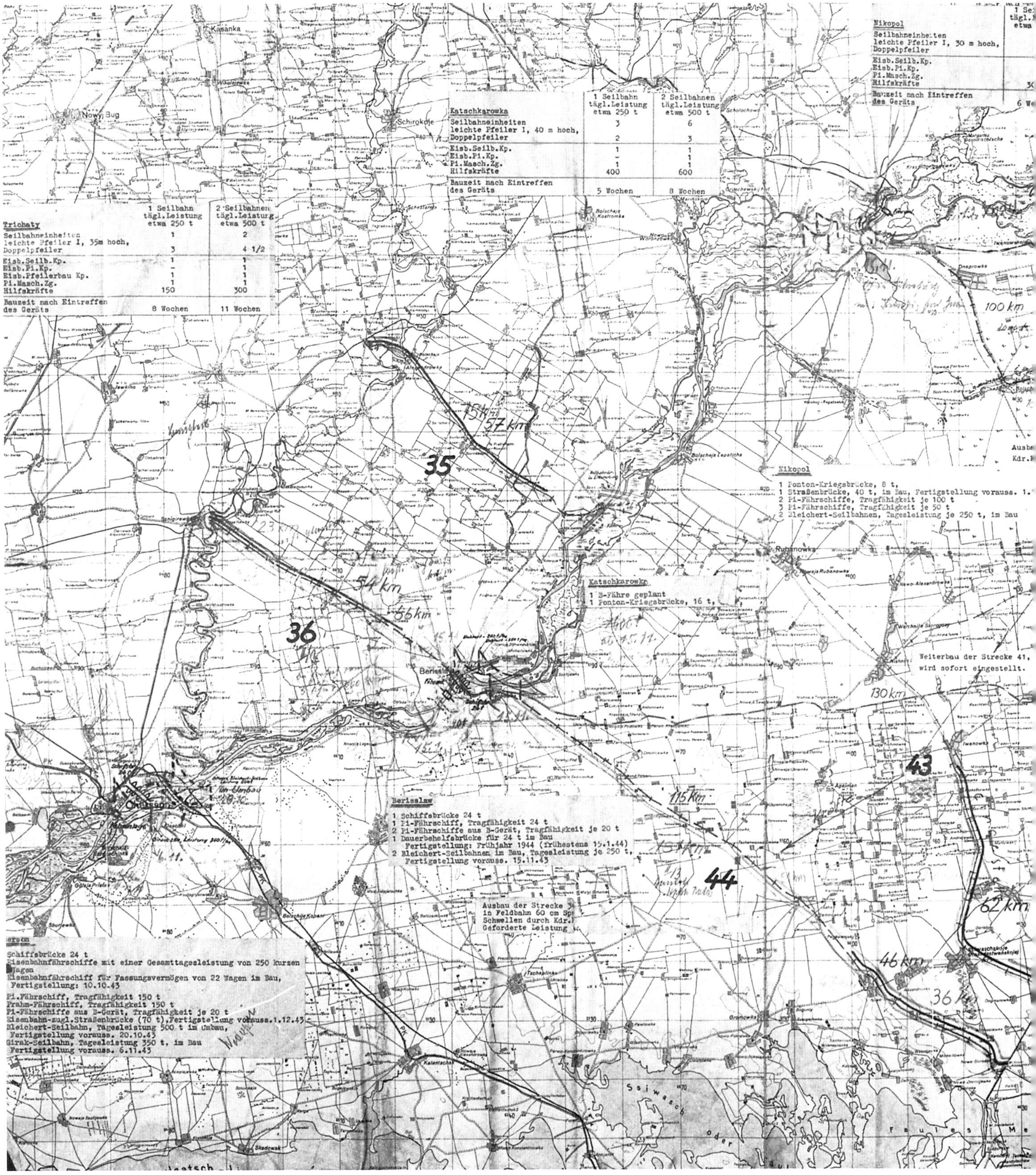
Kasanka
Nowyj Bug
Schirokoje
Katschkarowka
Seilbahneinheiten leichte Pfeiler I, 40 m hoch, Doppelpfeiler
1 Seilbahn tägl.Leistung etwa 250 t: 3 / 2
2 Seilbahnen tägl.Leistung etwa 500 t: 6 / 3
Eisb.Seilb.Kp. 1 / 1
Eisb.Pi.Kp. – / 1
Pi.Masch.Zg. 1 / 1
Hilfskräfte 400 / 600
Bauzeit nach Eintreffen des Geräts 5 Wochen / 8 Wochen
Nikopol
Seilbahneinheiten leichte Pfeiler I, 30 m hoch, Doppelpfeiler
Eisb.Seilb.Kp.
Eisb.Pi.Kp.
Pi.Masch.Zg.
Hilfskräfte
Bauzeit nach Eintreffen des Geräts
Trichaty
Seilbahneinheiten leichte Pfeiler I, 35m hoch, Doppelpfeiler
1 Seilbahn tägl.Leistung etwa 250 t: 1 / 3
2 Seilbahnen tägl.Leistung etwa 500 t: 2 / 4 1/2
Eisb.Seilb.Kp. 1 / 1
Eisb.Pi.Kp. – / 1
Eisb.Pfeilerbau Kp. 1 / 1
Pi.Masch.Zg. 1 / 1
Hilfskräfte 150 / 300
Bauzeit nach Eintreffen des Geräts 8 Wochen / 11 Wochen
100 km
57 km
35
Nikopol
1 Ponton-Kriegsbrücke, 8 t,
1 Straßenbrücke, 40 t, im Bau, Fertigstellung vorauss. 1.
2 Pi-Fährschiffe, Tragfähigkeit je 100 t
3 Pi-Fährschiffe, Tragfähigkeit je 50 t
2 Bleichert-Seilbahnen, Tagesleistung je 250 t, im Bau
Rubanowka
Katschkarowka
1 B-Fähre geplant
1 Ponton-Kriegsbrücke, 16 t,
54 km
36
Berislaw
Weiterbau der Strecke 41, wird sofort eingestellt.
130 km
43
115 km
Cherson
Berislaw
1 Schiffsbrücke 24 t
1 Pi-Fährschiff, Tragfähigkeit 24 t
2 Pi-Fährschiffe aus B-Gerät, Tragfähigkeit je 20 t
1 Dauerbehelfsbrücke für 24 t im Bau Fertigstellung: Frühjahr 1944 (frühestens 15.1.44)
2 Bleichert-Seilbahnen im Bau, Tagesleistung je 250 t, Fertigstellung vorauss. 15.11.43
44
Ausbau der Strecke
in Feldbahn 60 cm
Schwellen durch Kdr.
Geforderte Leistung
62 km
 erson
Schiffsbrücke 24 t
Eisenbahnfährschiffe mit einer Gesamttagesleistung von 250 kurzen Wagen
Eisenbahnfährschiff für Fassungsvermögen von 22 Wagen im Bau, Fertigstellung: 10.10.43
Pi.Fährschiff, Tragfähigkeit 150 t
Prahm-Fährschiff, Tragfähigkeit 150 t
Pi-Fährschiffe aus B-Gerät, Tragfähigkeit je 20 t
Eisenbahn-zugl.Straßenbrücke (70 t),Fertigstellung vorauss.1.12.43
Bleichert-Seilbahn, Tagesleistung 500 t im Umbau, Fertigstellung vorauss. 20.10.43
Girak-Seilbahn, Tagesleistung 350 t, im Bau Fertigstellung vorauss. 6.11.43
46 km
36 km
Tschaplinka
Kalantschak
Skadowsk

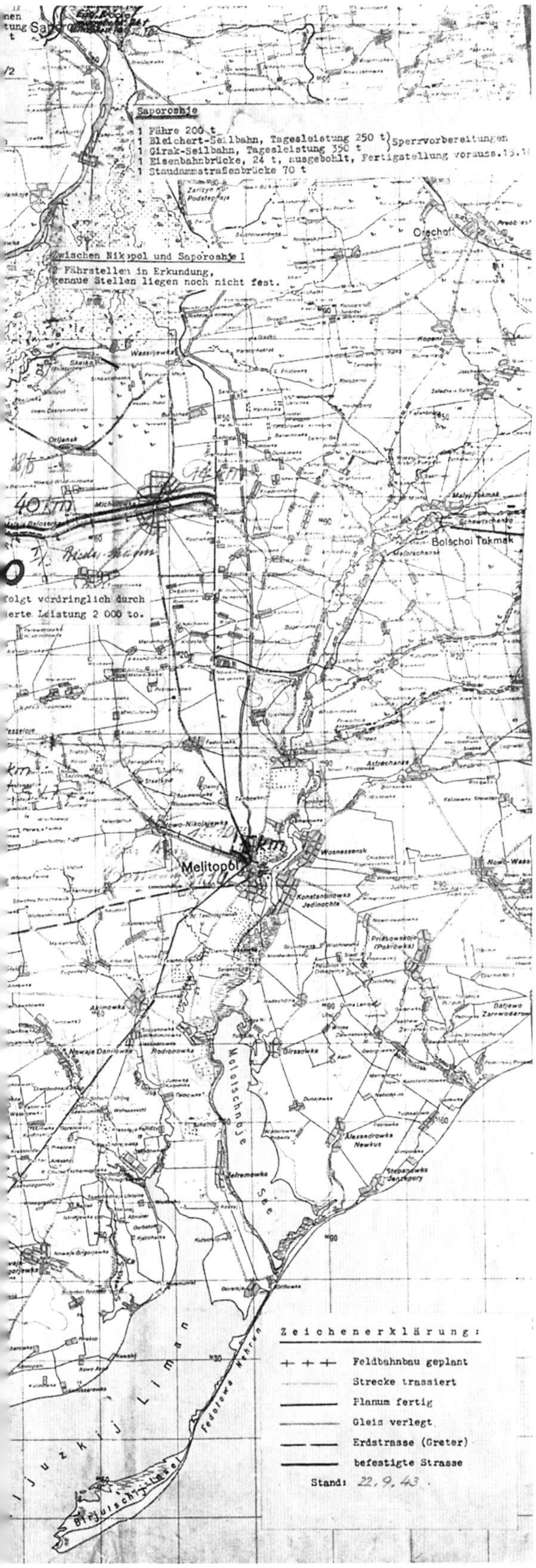

Übersichtskarte der Front am Dnjepr mit den dort geplanten Feldbahnen, Brücken und Seilbahnen im Raum von Cherson, Berisslaw, Nikopol und Melitopol. Am rechten Bildrand das Asowsche Meer, unten ist die Halbinsel Krim zu denken. Deutlich sind die militärisch wichtigen Feldbahnen 40 und 36/44 zu erkennen, ferner die aufgegebenen Landwirtschaftsbahnen 35, 41 und 43. Stand vom 22. September 1943, also kurz nach Übernahme der Strecken vom »Bevollmächtigten des RVM für die Abfuhr landwirtschaftlicher Erzeugnisse«. *(Skizze: Bundesarchiv H 14/53)*

rials im Lande bei Wirtschaftsstab Ost gefordert. Damit wären auch Transportlage und Rohstoffknappheit der Heimat als Engpässe weitgehend auszuschalten.«

Nach dem Mißlingen der mit großem technischen Aufwand geplanten Schlacht von Kursk kam auch die Südfront wieder in Bewegung. Aus der sogenannten Wotan-Stellung setzten sich die deutschen Truppen zwischen dem 15. und 30. September 1943 in einem gewaltigen Rückzugsmanöver aus einer Front von 1000 km über sechs Dnjepr-Brücken nach Westen ab und fächerten dort in einer begradigten Front auf 700 km wieder aus. Diese Operation, an der die 1. und 8. deutsche Armee sowie die 4. Panzerarmee und das 24. Panzerkorps beteiligt waren, zusammen 1 Million Soldaten, gelang, aber aus dem auf dem steilen Westufer des Dnjepr geplanten »Ostwall« wurde nichts mehr. Im Gegenteil: die Russen verstärkten ihren Druck vor allem im Süden bei der neuen deutschen 6. Armee und drängten sie auch dort bis zum Dnjepr zurück.

Wegen der veränderten militärischen Lage wurden die geplanten Wirtschaftsbahnen nicht weitergebaut. Lediglich die Bahnen 36/44 und 40 sollten als Heeresfeldbahnen beschleunigt fertiggestellt werden (siehe dazu den folgenden Abschnitt). Am Ausbau der Feldbahn 36 von Ssinigirewka nach Berisslaw war übrigens auch die Feldbahnkompanie 606 mit Hauptmann Sander beteiligt.

11.2 HEERESFELDBAHNEN AM UNTEREN DNJEPR IM HERBST 1943

Mit der vorübergehenden Stabilisierung der deutschen Front in Südrußland am Dnjepr gegen Ende September 1943 stellte sich bald auch die Frage nach der Versorgung der dort in Stellung gegangenen Truppenteile. Die Schlammperiode brach wieder herein, ein weiterer Kriegswinter stand bevor. Aufgrund der Erfahrungen aus dem Winter 1942/43 ging der Chef des Transportwesens daran, die hinter der Dnjepr-Front gelegenen Feldbahnen unterschiedlichster Herkunft auf ihre militärische Nutzbarkeit hin zu untersuchen. In die Erwägungen waren sowohl alte Landwirtschafts- und Feldbahnen aus der Vorkriegszeit als auch die im vorstehenden Kapitel genannten Wirtschaftsbahnen des Reichsverkehrsministeriums einbezogen, deren Bau im August 1943 gerade abgebrochen worden war.

Auf dem Festland nördlich der Halbinsel Krim, vom Schwarzen Meer nur wenig entfernt, bildete die Stadt Melitopol am Fluß Molotschnaja einen gewissen Schwerpunkt der Heeresfeldbahnen. Hier standen die deutschen Truppen noch auf der östlichen Seite des Dnjepr, dessen große Breite und Strömung aber dem Nachschub wie auch später dem Rückzug ein Hin-

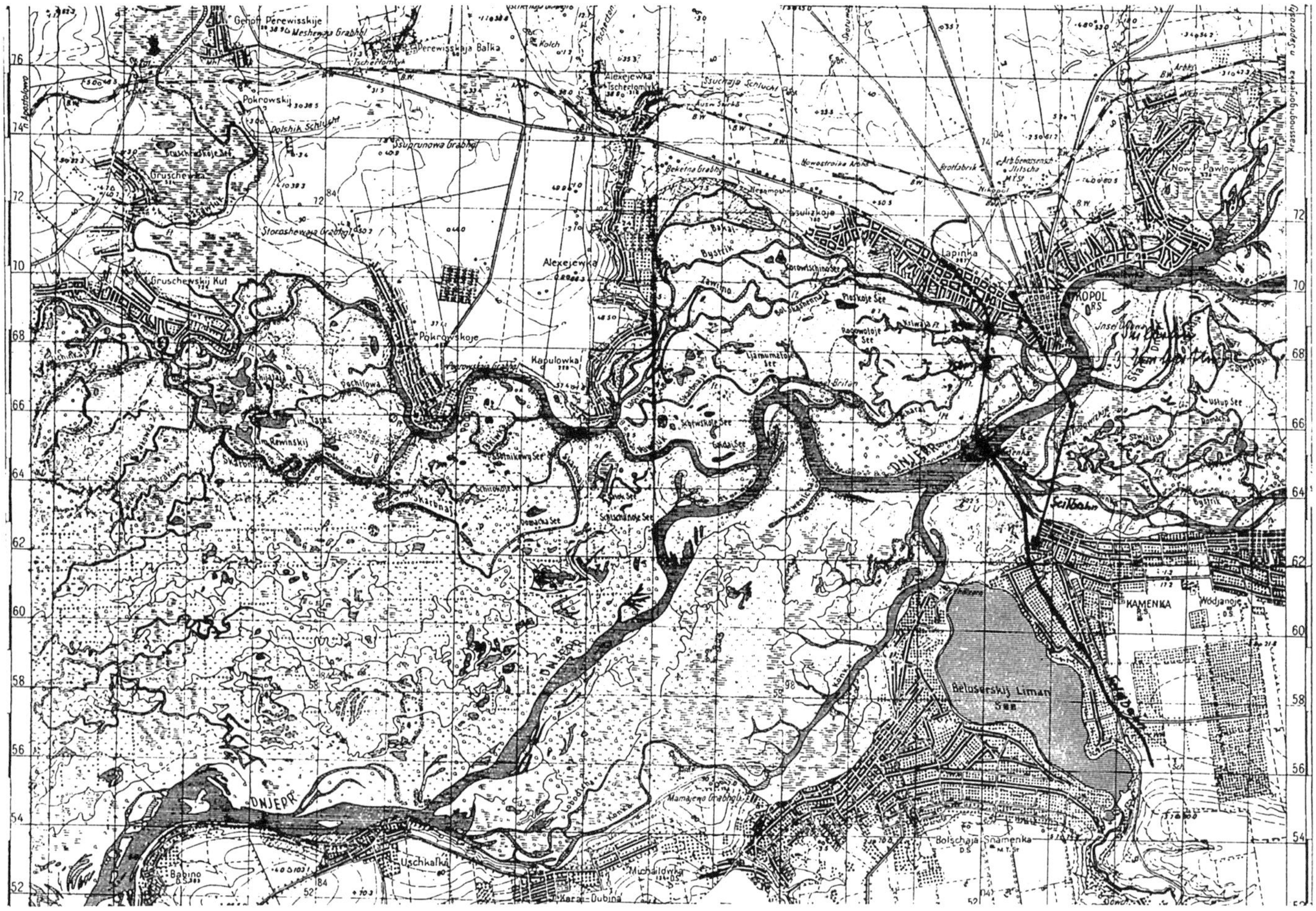

Truppenkarte von Nikopol am Dnjepr in der südlichen Ukraine mit dem nördlichen Teil der »Feldbahn 40« Ende 1943. Der Fluß ist hier 1350 m breit und wird mit Seilbahn, Pontonbrücke und Fährschiffen überquert. (Skizze: Bundesarchiv H 14/53)

dernis entgegensetzten: die Transporttruppe arbeitete mit Pionierbrücken, Pontonbrücken, Fährschiffen, Prähmen und Seilbahnen an der Überquerung des Dnjepr und auch des Bug etwas weiter westlich. Diese Flußübergänge waren bevorzugte Ziele gegnerischer Flieger und Artillerie; das umgebende sumpfige Gelände machte den Zugang schwierig.

Wegen ihrer günstigen Lage zur Front fiel die Wahl des Heeres auf die »Wirtschaftsbahnen« aus der Liste mit der Nummer 40 und auf eine Verbindung aus den Nummern 36 und 44. Die »Strecke 40« von Prischib (nördlich Melitopol) über Bolschaja Beloserka nach Blagoweschtschenskoje und Nikopol sollte fast 100 km lang sein und war am 20. September 1943 zu drei Vierteln nivelliert, während das Planum zur Hälfte hergestellt war; Spurweite 75 cm? Noch nicht unterstopfte Baugleise waren über fast 15 km vorgestreckt. Diese Bahn sollte mit 12 Heeresfeldbahn-Kompanien (72 mittlere oder 48 schwere Dampfloks, 480 vierachsige oder 864 zweiachsige Wagen) auf 1500 t Förderleistung pro Tag ausgebaut werden.

Die Strecke 36 (60-cm-Spur) begann in Snigirewka nördlich von Cherson und verlief schnurgerade südostwärts nach Berislaw am Dnjepr. Auf der anderen Seite des Flusses begann die Strecke 44 von Dornburg (Kachowka) und verlief in gleicher Himmelsrichtung bis nach Nowo Alexejewka, einer Vollbahnstation südlich von Melitopol unweit des Schwarzen Meeres. Beide Strecken waren im September 1943, so wurde gemeldet, fertig nivelliert und planiert; auf über 50 km der 181 km Gesamtlänge war das Feldbahngleis vorgestreckt. Hier war Dieselbetrieb mit 22 Feldbahnkompanien (132 mittlere oder 88 schwere Motorloks, 880 oder 1584 Wagen) vorgesehen, Tagesleistung ebenfalls 1500 t. Während Gleise, Weichen und Schwellen etwa zur Hälfte vorhanden waren, mußte Rollmaterial aus der Heimat und aus der Rückführung von Taman noch herangeschafft werden. Auch bei diesen

Strecken dachte man daran, die Feldbahn auf Vollbahnschwellen aufzubauen, um den Betrieb später umspuren zu können.
Noch im September 1943 fiel also die Entscheidung, den Weiterbau der Wirtschaftsbahnen 41, 42 und 43 (und vieler anderer) sofort einzustellen und deren Material möglichst den beiden Bahnen 40 und 36/44 zuzuführen. Die Feldbahn 40 wurde dem Kommandeur des Eisenbahn-Pionier-Regiments 2 übertragen, die Tagesleistung auf 2000 t erhöht und die Einrichtung ebenfalls für Dieselbetrieb (34 schwere und 65 mittlere Loks) angeordnet. Die nachstehende Tabelle faßt die auf den drei Strecken benötigten Fahrzeuge zusammen (Stand Mitte Oktober 1943).
Die nächste Übersicht nennt Bedarf und Materiallage nach gründlicher Erkundung etwa einen Monat später.

Tabelle 32: Bedarf für drei Feldbahnen, Oktober 1943

	Weichen	Feldbahnwagen oder		Motorlokomotiven oder	
		schwere	leichte	schwere	mittlere
Feldbahn 40	175	450	750	34	65
Feldbahn 44	185	540	900	44	81
Feldbahn 36	125	350	580	25	47
Summe	485	1340	2230	103	193

Tabelle 33: Material für Feldbahnen bei Melitopol

		Gleis km	Feldbahnschwellen für km	Vollbahnschwellen für km	Weichen	Dampflok	Motorlok	Wagen
Strecke 44	Gesamtbedarf	146	146	146	185	-	71	720
Berislawl – Novo Alexjewka	an Baustelle vorhand.	89	71	-	-	2	5	65
	also fehlt	57	75	146	185	-	66	655
Streckenlänge = 124km								
Gleislänge = 146 km								
Strecke 36	Gesamtbedarf	84	84	84	180	-	42	465
Snigirewka – Berislawl	an Baustelle vorhand.	37	68	-	-	-	-	-
Streckenlänge = 66 km	also fehlt	47	16	84	180	-	42	465
Gleislänge = 84 km								
Strecke 40	Gesamtbedarf	113	113	-	150	-	58	600
Nikopol – Prishib	an Baustelle vorhand.	40	41	-	52	-	-	-
Streckenlänge = 96km	also fehlt	73	72	-	98	-	58	600
Gleislänge = 113 km								
Strecke 35	an Baustelle vorhand.	59	45	-	-	-	-	-
Strecken 44 + 313 + 40 + (35)	Gesamtbedarf	343	343	230	515	-	171	1785
	an Baustellen vorhand.	225	225	-	52	2	5	65
	also fehlt	118	118	230	463	-	166	1720
	gedeckt aus Taman	34,5	38	-	75	-	43*)	1111
	gedeckt aus RVM-Beständen	83,5	80	-	30	-	-	-
	aus Heimat zuzuführen	-	-	-	358	-	123	609

*) Die übrigen 67 Stück sind nicht einsatzfähig

Fähre und Brücke als Flußüberquerung der »Feldbahn 44« bei Dornburg in der Ukraine, aufgenommen im Oktober 1943, Name des Gewässers unbekannt. *(Foto: Bundesarchiv H 14/404)*

Anfang Oktober 1943 meldeten die Eisenbahnpioniere dem Chef des Transportwesens, daß mit Strecke 44 der Seilbahnhof am Ostufer des Dnjepr bereits am 15. November erreicht sein könnte. Dort arbeiteten 6 Kompanien und 2000 Zivilisten. Ab 10. September 1943 sollte eine Schiffsbrücke zur Feldbahn 36 bestehen, doch strebte man den Bau einer festen Brücke an. Konfus mutet die Meldung hinsichtlich der Spurweiten auf der Strecke 40 an: »Rollendes Material reicht nach genau durchgeführter Berechnung für eine Leistung von 2000 t für Strecke 40 und 1500 t für durchlaufende Strecke 36 und 44 nicht aus. Daher Vorschlag, Strecke 40, bereits in 60-cm-Spur begonnen, zunächst in dieser Spur fertigzustellen, um baldmöglichst Leistung zu erzielen. Während der Durchführung des Betriebes auf Strecke 40 wäre sodann die Vorbereitung auf 1-m-Spur durch Nageln der äußeren Gleise zu betreiben. Für 1-m-Spur stehen nach Mitteilung RVD Kiew 44 Dampfloks, 5 Dieselloks und rund 18 Wagen mit durchschnittlich 15 bis 18 t Leistungsfähigkeit zur Verfügung. Nach Zuführung des von Bedeis, Generalmajor Will, in Aussicht gestellten 60-cm-Geräte in Höhe von etwa 40 Dieselloks und 400 Wagen würde das 60-cm-Gerät für die Strecke 36 und 44 ausreichen.«

Angesichts der großen Streckenlänge und der Knappheit an Menschen und Material waren aber selbst die beiden Bauvorhaben Strecke 40 und Strecke 36/44 nicht mehr gleichzeitig zu schaffen. General Will schrieb am 24. Oktober: »Aus dem Vortrag bei Herrn General Gercke am 23. 10. 1943, mittags, habe ich entnommen, daß er es als selbstverständlich hält, daß die Feldbahn 44 trotz aller Nachschubschwierigkeiten termingemäß fertig wird. Als logische Folge müßte sie mit allen Mitteln betrieben werden. In der Nacht vom 23./24. 10. 1943 meldet mir Kdr. d. Eisb. Pi. Rgt. 2 (bei AOK 6), daß die Armee allergrößten Wert auf baldige Fertigstellung der Feldbahn 40, wenigstens vom Anfangsbahnhof Kamenka (südlich von Nikopol) ein größeres Stück nach Südwesten, legt. Es müßte meines Erachtens die Dringlichkeit zwischen Feldbahn 40 und 44 befohlen werden, da sie sich unter Umständen mit Verlegung des Kräfteeinsatzes noch etwas forcieren läßt.«

Auch bei der Feldbahn 36 konnte der Fertigstellungstermin vom 15. November 1943 nicht gehalten werden. Am 23. November schrieb der Kommandeur des Eisenbahn-Pionier-Regiments 2 (beim AOK 6) zu seiner Entlastung: »Der lange und langsame Anlauf im Baufortschritt der Feldbahn 36 ist zurückzuführen auf den angetroffenen Zustand der Feldbahn bei Übernahme von der Reichsbahn am 8. 10. 43.

Die Bahn war als Vollbahn trassiert. Die nach den Planunterlagen der Reichsbahn erforderlichen Erdarbeiten lagen bei insgesamt 135 000 m³. Von diesen Erdarbeiten waren bei der Übernahme 45 000 m³ durchgeführt. Große Dämme und Einschnitte waren begonnen und mußten daher zwangsläufig für den Weiterbau übernommen werden, da die Bahn für späteren Vollbahnausbau befohlen war und für die Höchststeigungen 12,5 ‰ bei R = 300 im Maximum zugelassen waren. Nach Fernschreiben wurden zwar von Kdr. d. Eisb. Pi. Rgt. 5 (bei H. Gr. A) Steigungen bis 20 ‰ und Halbmesser bis 250 m zugelassen. Diese Erleichterung brachte keine Vorteile für eine schnellere Fertigstellung mehr. Die Einzelheiten waren schon so weit gediehen, daß eine Änderung nicht mehr möglich war.

Das ganze von zivilen Firmen verlegte Gleis mußte abgebaut und neu verlegt werden, darunter leichtes Fördergleis mit einer Länge von 15 km. 4 km normales Feldbahngleis waren bei Schwellenabständen bis 1,60 m so schlecht genagelt, daß sie in einen brauchbaren Zustand nicht mehr versetzt werden konnten. 8 Brücken und Durchlässe mit einer Gesamtlänge von 76,50 m mußten abgerissen und neu gebaut werden. An Lok für den Baubetrieb standen 4 Dieselmaschinen zu je 12 PS zur Verfügung, von denen 2 dauernd in Reparatur waren [...]

Die Feldbahnkp. 606 ist ausschließlich zur Entladung des rollenden Materials, für Reparaturen der Lok und der in argem Zustand angekommenen Wagen eingesetzt und kommt für den Feldbahnbau somit nicht in Betracht. [Ferner herrscht] Mangel an Lok für den Baubetrieb. Der Lok-Bestand am 20. 11. 1943 weist auf:

	Zahl	in Reparatur
Dampflok	5	1
Diesellok	4	1

Die Dampflok können bei dem aufgeweichten Planum ohne Schotterung noch nicht eingesetzt werden. Bei den 3 fahrbereiten Diesellok handelt es sich um 12-PS-Maschinen, die für Dammschüttungen und Beschotterung eingesetzt sind und mit Mühe 8 3/4-cbm-Loren ziehen. Für den dringendsten Baubedarf wurden am 11. 10. angefordert: 10 Diesellok und 100 Wagen, die noch nicht angeliefert sind.«

Der Baufortschritt litt ferner durch den häufigen Wechsel der eingesetzten Pionier-Kompanien, durch die Schlechtwetterperiode im Herbst, den Mangel an Lastwagen für Material und Mannschaftstransporte und den Ausfall an zivilen Arbeitskräften, die beim Herannahen der Front in Scharen flüchteten. So waren Ende November erst 12,5 km Gleise gebaut und 1,5 km geschottert, dafür Erdarbeiten aber in großem Umfang abgeschlossen. Die 3. Kompanie des Eisenbahn-Bau-Bataillons 106 war zum Abtransport von Oberbaustoffen von Belaje Kriniza auf der »Feldbahn 35« eingesetzt.

Aus dem Bericht ist zu entnehmen, daß viel Arbeit und Material vor dem Eintreffen der Eisenbahnpioniere verschlampt worden war. In einem am 19. Juli 1944 verfaßten Schlußbericht schrieb der Kommandeur des Eisenbahn-Pionier-Regiments 2 (bei der Heeresgruppe Südukraine) an den General der Eisenbahntruppen: »Der Bau der Feldbahn 36 von Ssnigirewka nach Berislaw wurde im Winter 1942/43 begonnen und sollte den Zweck haben, das in diesem Raum anfallende Getreide zum Um- und Verladebahnhof Ssnigirewka zu befördern. Die Bauleitung lag in Händen der Reichsbahn und unterstand dem Bevollmächtigten des RVM, Reichsbahnoberrat Schmid, Pomoshnaja.

Am Tage der Einsatzübernahme durch Stab II./Eisb. Pi. Rgt. 3, am 9. 10.1943, wurde folgender Ausbauzustand angetroffen: Firma Scholz, Lübeck, und Firma Kriegeris & Co., Hamburg, hatten nach Angabe der Reichsbahnbauleitung den Ausbau der Strecke freihändig übertragen bekommen. Beide Firmen arbeiteten vollkommen planlos, da überhaupt bis zu diesem Tage keinerlei brauchbare Bauunterlagen vorhanden waren. Die Trasse lag in großen Zügen fest, und die Firma Scholz führte mehr oder weniger nach Gutdünken die Erdarbeiten mit im Durchschnitt 500 Landeseinwohnern durch und hatte das Feldbahngleis für einen provisorischen Pferde-Feldbahnbetrieb bis etwa 20 km verlegt, d. h. teils auf fertigem Planum (an den Stellen, wo weniger Erdbewegungen waren), teils lag das Gleis auf der Grasnarbe.

Für die Brückenbauwerke war die Firma Kriegeris verpflichtet und hatte bereits 2 Brücken in km 1,775 und km 2,85 und mehrere Holzdurchlässe errichtet. Die Bauweise dieser Brücken war derart mangelhaft und unsachgemäß, daß sie kaum für ein behelfsmäßiges Befahren genügend standhaft waren. Aus diesem Grunde mußten diese Brückenbauwerke umgestoßen und durch neue ersetzt werden.

Firma Scholz wurde einschließlich der Landeseinwohner von Stab II./Eisb. Pi. Rgt. 3 für den weiteren Einsatz übernommen und einsatzmäßig den Kompanien zugeteilt, Kriegeris wurde von weiteren Bauaufträgen entbunden. [Der] Stab stellte sofort Ausbauunterlagen der Feldbahn für eine Tagesleistung von 1000 t auf, wobei die alte Trasse z. T. beibehalten wurde, damit der fast dreivierteljährige Baueinsatz der Baufirma nicht gänzlich umsonst war [...] Infolge der taktischen Lage stellte Firma Scholz am 29. 10.1943 den Einsatz ein.«

Die letzten Zeilen dieses Berichts lassen erkennen, daß eine erneute Bewegung der Front dem durchgehenden Betrieb auch auf diesen Feldbahnen zuvorkam. Melitopol, seit September hart umkämpft, fiel am 23. Oktober. Am 24. Oktober 1943 gelang sowjetischen Truppen der Durchbruch bei Dnjepropetrowsk; die deutschen Linien wurden auf 150 km Breite aufgerissen. Noch immer aber hielt Hitler an der Verteidigung der Krim fest. Die ukrainische Hauptstadt Kiew, weit im Westen gelegen, wurde von den Russen am 6. November zurückerobert, während die Schlacht im Dnjepr-Bogen noch immer anhielt. Erst am 6. Februar 1944 zog sich die neue 6. Armee aus dem Brückenkopf Nikopol zurück, weil die Gefahr einer Abschnürung an der Südfront immer weiter wuchs. Am 10. April räumte diese Armee bereits Odessa, und die auf der Krim abgeschnittene 17. deutsch-rumänische Armee mußte aus Konstanza versorgt werden. Am 15. April 1944 meldete der OKW-Bericht den Verlust der Krim. Es ist anzunehmen, daß das schwere und empfindliche Eisenbahnmaterial der Heeresfeldbahn bei diesem Rückzug abermals fast komplett zurückgelassen wurde.

11.3 SONSTIGE FELDBAHNEN AN DNJEPR UND BUG IM HERBST 1943

Neben den Bahnen 40 und 36/44 sahen sich die Eisenbahnpioniere und der Transportchef aber auch nach weiteren nutzbaren oder demontierbaren Feldbahnen in diesem Raum um. Ein Bericht vom 28. Oktober 1943 greift

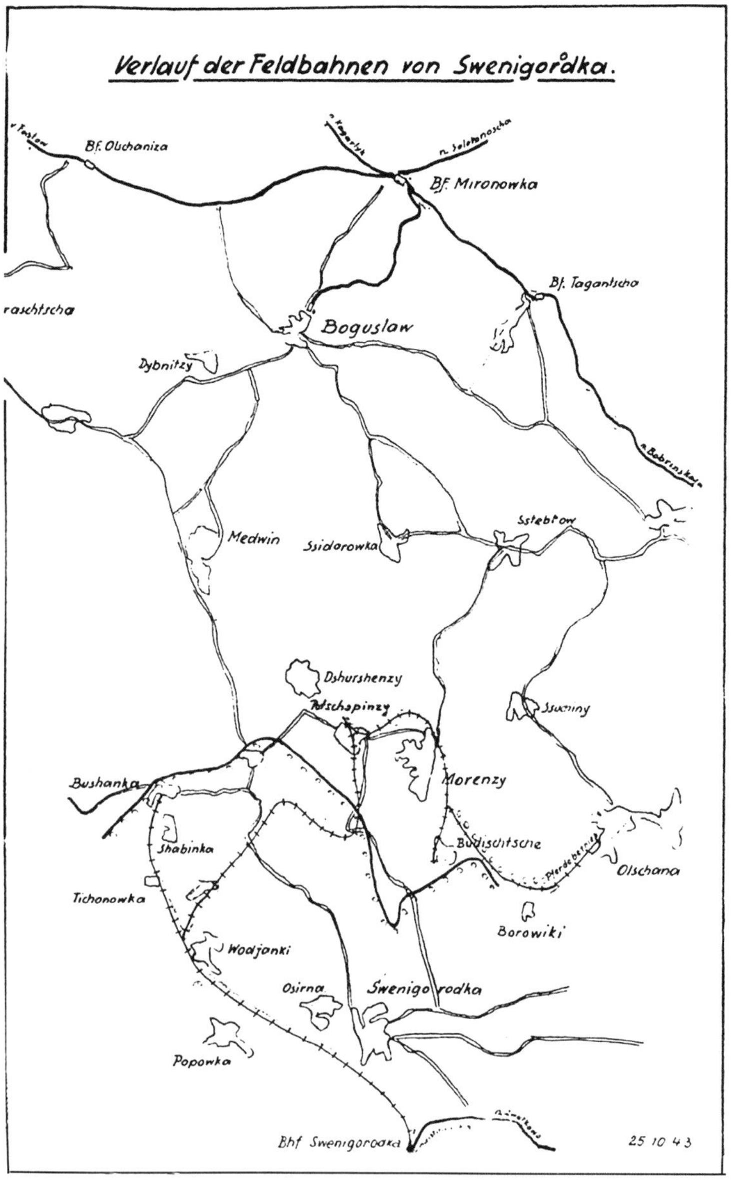

Die Feldbahn von Swenigorodka, eine 1933 erbaute Landwirtschaftsbahn südlich von Boguslaw in der Ukraine, die zur »Feldbahn 14« ausgebaut werden sollte. *(Skizze: Bundesarchiv H 14/53)*

die Rübenbahn um Swenigorodka und Bushanka wieder auf. Sie liegt in einem Gebiet, in dem auch die »Wirtschaftsbahn 14« gebaut werden sollte. Dazu schrieb der Kommandeur der Eisenbahn-Pionier-Brigade 1 (bei der Heeresgruppe Süd) an den Befehlshaber der Eisenbahntruppen:

»Feldbahn vor dem Kriege [1933] erbaut. Vor 3 Monaten geplant, die Feldbahn bis nach Boguslaw zu verlängern. Bau jedoch unterblieben, da Geländeunterschiede zu groß und größere Brückenbauten erforderlich. Bauleitung der Feldbahn sollte Reichsbahn übernehmen. Für geplanten Bau erforderliches Obermaterial vorhanden, liegt auf Bf. Boguslaw. Nur Schwellen fehlen. Lagerndes Feldbahnmaterial in Boguslaw: Insgesamt 49 060 m Schienen und 17 Weichen. Feldbahnmaterial ist deutscher, belgischer und französischer Herkunft.

Ihre Aufgabe ist, die Zuckerrübenernte von den Feldern zu den Fabriken Olchowec, Buschanka und Potschapenzy zu schaffen und anschließend die Fertigware zur Vollbahn (Umschlagbahnhof Swenigorodka). Zur Zeit verfügt über die Feldbahn das Eisenbahnbetriebsamt Bobrinskaja. Streckenlänge 96 km, Gesamtgleislänge 110 km (einschl. Bfe.), Spurweite 75 cm.«

Die Bahn besaß 2 Rangierloks, 6 Dieselloks und 126 Wagen. Die Züge hatten bis 106 t Gewicht und wurden vor Steigungen geteilt. Auf einem Spitzengleis herrschte noch Pferdezug. Am 28. Oktober 1943 wurde diese »Strecke 14« im Bereich des AOK 8 unter die militärisch nutzbaren Feldbahnen gerechnet. Ferner heißt es in dem Bericht: »Der Zustand der Feldbahnstrecke (einschl. Kunstbauten) bedarf dringend einer Durcharbeitung bzw. Ausbesserung. Die Kreuzung mit der im Bau befindlichen Vollbahn wird 3 km nördl. Schesterenzy (schienengleich) erfolgen.

Im Bf. Swenigorodka befindet sich folgendes Feldbahnbaumaterial der Feldbahn-Bauleitung Swenigorodka, die die Vollbahn im Abschnitt Buschanka – Budischtsche baut.

a) Oberbaustoffe:
 70 000 Schwellen 10 cm x 14 cm und 16 cm x 25 cm. Schienen u. Kleineisen für 93 km Gleis (davon sind vom Eisb. Pi. Rgt. 2 Schienen und Kleineisen für 30 km Gleis bestellt) [...],
 30 Feldbahnweichen (Steigung 1:7).
b) Rollendes Material:
 3 Dampfloks,
 4 Plattformwagen,
 25 Holzkipper (2,5 m^3), Spurweite 1,00 m.«

Ein ähnlicher Erkundungsauftrag für die »Einsatzgruppe Schäfer« im Oktober 1943 betraf die südlich von Kiew gelegene Rübenbahn von Potasch nach Berezina (auch: Beresina), über die folgender Bericht vorliegt: »Die Schmalspurbahn Potasch – Beresina wurde vor etwa 30 Jahren für die in Iwanki und in Beresina befindlichen Zuckerfabriken angelegt und wird heute vom Eisb. Betriebsamt Bobrinskaja mit ukrainischem Personal betrieben. Sie dient auch jetzt zum Transport von

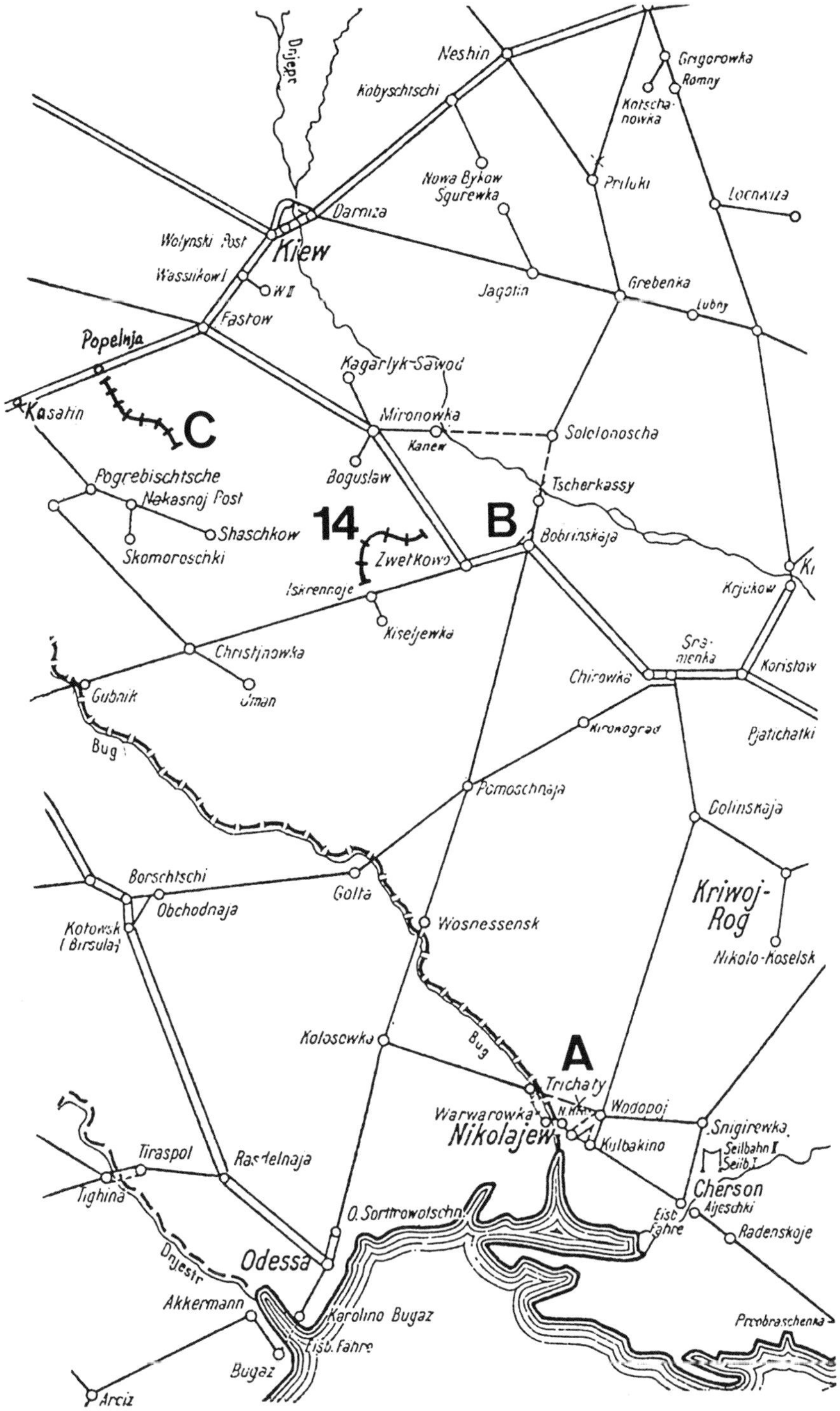

Karte der Eisenbahnen in der südwestlichen Sowjetunion mit dem Schwarzen Meer und der Kriegsgrenze nach Rumänien. Darin nachträglich eingetragen: A = die von rumänischen Einheiten betriebene Heeresfeldbahn bei Trichaty am Bug, B = der Sitz des Eisenbahn-Betriebsamtes Bobrinskaja (Rübenbahn von Potasch), 14 = die Rübenbahn von Swenigorodka als »Feldbahnstrecke 14« im Herbst 1943, C = die Heeresfeldbahn von Popelnja nach Schamraewka. Der größte Teil dieses Gebietes wurde Ende 1943 geräumt.

Kohle, Zuckerrüben und von Zucker für diese Zuckerfabriken, die in den nächsten Tagen erst voll zum Betrieb kommen und somit eine Verstärkung des Bahnbetriebes herbeiführen werden. Strecke wird laufend unterhalten und ist in gutem Zustand bis auf die beiden Holzbrücken in km 14 und 17, deren Holz z.T. morsch ist.
Gesamtlänge: 39,3 km. Spurweite: 75 cm. Lokleistung: für 1 Zug 50 t (= 7 Wagen).
Rollendes Material: 2 Schlepptenderloks, Bauart T (4-Kuppler ohne Laufachse). Es soll in nächster Zeit evtl. noch eine C-Maschine (20 t Leistg.) vom Bw. Swenigorodka kommen. 74 Wagen.«

In einer Aufstellung vom Herbst 1943 ist im Südabschnitt ferner eine bedeutende Feldbahnstrecke von Popelnja über Skwira nach Belaja Zerkow enthalten. Der Abschnitt Popelnja – Schamraewka ist mit 46 km Länge angegeben und liegt südwestlich von Kiew an der Vollbahn von Fastow nach Kasatin; im November 1943 wurde dieses Gebiet zwischen Dnjepr und Bug von deutschen Eisenbahnern geräumt.

Eine weitere militärische Feldbahn im Bereich der Südostfront befand sich am Flusse Bug, der wenig westlich des Dnjepr in das Schwarze Meer mündet. Diese Feldbahn begann in der Stadt Nikolajew und führte nach Grigoresti bei Trichaty. Sie wurde von einer rumänischen Eisenbahn-Betriebs-Kompanie in Gang gehalten: ein Blick auf die Karte zeigt, daß man nicht sehr weit von der alten rumänischen Schwarzmeerküste entfernt war. Im Krieg hatte Rumänien auch Nikolajew besetzt. Über diese Bahn berichtete der Kommandeur der Eisenbahn-Pionier-Brigade 1 (bei der Heeresgruppe Süd) dem Befehlshaber der Eisenbahntruppen am 20. September 1943: »Gesamtlänge 31,0 km, Spur 600 mm. Oberbau teils Gleisrahmen, Schienenprofil 93/15, teils Längsschienengleis auf Holzschwellen russisch 80/11,5. Schotterbettung. Sehr saubere Gleislage, gepflegter Oberbau.

Rollendes Material:

a) Motorlok:	16	Deutz,	36 PS, 7 t
	2	O & K,	36 PS, 7 t
	6	Gmeinder,	50 PS, 8 t

b) Wagen:

leichte Feldbahnwagen (alte Form)	52
desgl. mit Bremse	45
schwere Feldbahnwagen	79
Langholzwagen	12
Gedeckte Gerätewagen (alte Form)	22
desgl. als Lazarettwagen eingerichtet	8
Kipploren (leichte V-Form)	12
Kipploren (schwere Kastenkipper) russisch	50

Bw für Motorlok in Grigoresti.
Größte Steigung: 30 ‰ auf 358 m.

Die Strecke wird z. Zt, von Grigoresti (Betriebsbf.), Umschlag Vollbahn – Feldbahn und Vollbahn – Straße, bis Mercani, Umschlag Feldbahn – Straße, betrieben. Der Betrieb wird durch eine rumänische Feldbahnbetriebskompanie geführt. Derzeitige Leistungsmöglichkeit der Feldbahn ist bei weitem nicht ausgenutzt. Grund: Mangel an Güterzulauf.
Die Fortsetzung der Strecke von Mercani – Warwarowka – Fährstelle – Bugfähre – Fährstelle Nikolajew ist nicht in Betrieb, jedoch betriebsfähig. Die Fähranlegestellen sind sehr sauber gebaut. Steinmolen mit zweigleisiger Klappbrücke an der Anlegestelle. Klappbrücken mit Hebevorrichtung. Das zugehörige Fährschiff liegt im Hafen Nikolajew und besteht aus 2 Pontons mit dichter Schienenabdeckung. Fassungsvermögen: 8 schwere Feldbahnwagen. Für Dauerbetrieb muß das Fährschiff in den Aufbauten noch verbessert werden. Schlepper steht nach Angabe der Speer-Transportflotte Nikolajew zur Verfügung. Übersetzzeit 15 Minuten.
Der Feldbahnumschlagbf. Nikolajew Hafen (Feldbahn Vollbahn) ist z. Zt. als Lagerplatz der Firma Grün & Bilfinger benutzt. Die Gleisanlagen sind zum größten Teil durch Schrotthaufen verschüttet und müßten freigelegt werden. Die vorhandene Umschlaggruppe ist nicht ausreichend und nicht zweckmäßig angelegt. Es lassen sich leicht 2 Umschlaggruppen (auch Feldbahn – Straße) herstellen.
Leistung der Feldbahn: z. Zt. sind von den vorhandenen Loks betriebsfähig 12 Deutz, 4 Gmeinder. 8 Loks sind nicht betriebsfähig. Bei 4 Deutz und 2 O & K fehlen lediglich die Ventilatorriemen, die nach Angabe der betriebführenden Kompanie in Rumänien nicht zu beschaffen sind. Bei den 2 Gmeinder sind lediglich kleinere Motorschäden. Bei der größten Steigung von 30 ‰ kann mit den verwendeten Loks unter Berücksichtigung der geringen Dienstgewichte nur mit einer Schlepplast von 25 t gefahren werden. Durchschnittliche Geschwindigkeit auf der Strecke 14 km/Std.
Unter diesen Umständen können bei 24-Stunden-Betrieb geleistet werden: 24 Züge in jeder Richtung = rd. 600 t brutto, 300 t netto. Erforderlich hierfür: 6 Betriebsloks. Bei Doppelzügen rd. 1200 t brutto, bei 3 Zügen hintereinander rd. 1800 t brutto. Erforderlich hierfür: 18 Betriebsloks.
Die Bahnhofsgleise haben eine Länge von 200 m, sind also für die Aufstellung von 3 Zügen mit je 25 t Schlepplast ausreichend. Bei Inbetriebnahme der jetzigen 8 Reparatur-Loks reicht bei einer Reserve von 6 Loks die Gesamt-Lokzahl auch für das Fahren von 3 Zügen hintereinander aus. Eine Verbesserung der Trasse ist mit geringen Mitteln nicht möglich, da der schwierigste Streckenabschnitt durch eine Schlucht führt, die nicht umfahren werden kann. Eine Erhöhung der Leistung kann nur dadurch erzielt werden, daß schwerere Loks in Dienst gestellt werden, die auf Grund ihres größeren Dienstgewichtes die Neigung von 30 ‰ mit einer größeren Schlepplast überwinden können. Unter Zugrundelegung des gleichen Fahrplanes wie vor könnte bei Verwendung von 8 Loks HF 130 (6 Betriebsloks und 2 Reserveloks) und 3 Zugfolgen geleistet werden:

Von dem Doppelzug mit Deutz-Maschinen	= 1200 t brutto
3. Zug mit HF 130	= 1200 t brutto
zusammen:	2400 t brutto.«

Da über Nikolajew auch deutscher Nachschub herangeführt wurde, wollte die Wehrmacht sehr bestimmt bald wissen, ob sich die Leistungsfähigkeit der Bahn nicht durch den Einsatz deutscher Kräfte steigern lasse, doch wurde bald anerkannt, daß allein der Lokmangel für Engpässe verantwortlich zu machen war. Auf die Anforderung von schweren Dieselloks zur Leistungssteigerung der Feldbahn Trichaty – Nikolajew erklärte der Befehlshaber der Eisenbahntruppen am 20. September 1943: »Eine Abgabe von Loks ist augenblicklich nicht möglich, da jede irgendwie aufzutreibende Lok für die neu befohlenen Feldbahnen 44 – 36 bzw. 40 – Nikopol benötigt wird, für die nach den bisherigen Unterlagen über die dortigen Bestände des RVM und nach den eigenen Beständen in der Heimat ein erheblicher Mangel an Loks auftreten wird.«

12. Feldbahnen des Rückzuges 1944

12.1 DIE FELDBAHN »VENUS« BEI LEPEL IM RAUM WITEBSK, FEBRUAR BIS JUNI 1944

Nicht Stalingrad, sondern die Schlacht von Kursk wird von vielen Militärhistorikern beider Seiten als die Entscheidungsschlacht des gesamten Rußlandkrieges betrachtet. Unter dem Decknamen »Zitadelle« versuchte Hitler im Juli 1943 letztmalig, unter Einsatz massierter Kräfte und bestückt mit neuesten Panzerkonstruktionen das Kriegsglück zu wenden. Aber die Operation mißlang; nach anfänglichen deutschen Erfolgen ergriffen die Russen die Initiative. Der größte Teil der deutschen Reserven mit all ihren modernen Waffen ging in dieser gewaltigen Materialschlacht verloren. Von nun an hatte die Sowjetarmee das Gesetz des Handelns in die Hand genommen. Damit kam auch nach beinahe zweijähriger Pause der Mittelabschnitt der Ostfront wieder in Bewegung.

Unter dem gewaltigen Druck der sowjetischen Kräfte mußte die deutsche Orel-Front 1943 stufenweise zurückgenommen werden. Die Entwicklung für die Vollbahnen schildert Kreidler (S. 172) so: »Ende September, am 24. 9., gingen Smolensk und Roslawl verloren, nachdem die Strecke dazwischen bereits am 22. 9. von einer russischen Panzerspitze unterbrochen worden war. Beim Rückzug fielen umfangreiche Räumungstransporte an, um die großen Versorgungslager in diesem Raum zu bergen. Wegen des schnellen Zurückweichens der Fronten und der Unsicherheit auf den rückwärtigen Eisenbahnverbindungen konnte längst nicht alles, was einmal nach Rußland befördert worden war, zurücktransportiert werden. Im Oktober sind 24 720 Wagen, das sind 743 Züge, in rückwärtige Lager oder in die Heimat zurückgefahren worden. Im Raum Mogilew – Orscha – Witebsk gingen nicht nur 40 Lokomotiven und 2 000 Wagen, sondern auch wertvolle Werkstätten, Lager, Parks und sonstige Einrichtungen verloren. Als letzte große Nord-Süd-Rochadelinie stand der Heeresgruppe Mitte jetzt nur noch die Strecke Orscha – Mogilew – Gomel zur Verfügung [...] Im November und Dezember 1943 gelang den Russen bei Newel an der Nahtstelle der Heeresgruppe Nord und Mitte ein Einbruch, bei dem die Bahnstrecken Idriza – Nowosokolniki, Polozk – Newel (9. 11.) und Polozk – Witebsk (26. 12.) unterbunden wurden. Ein Angriff auf Witebsk konnte abgewiesen werden. Zur Versorgung des Raumes Witebsk wurde eine Heeresfeldbahn von Parafianow an der Strecke Molodetschno – Polozk nach Lepel gebaut, die am 28. 5. 1944 in Betrieb kam. Bis dahin hatte die gefährdete Zulaufstrecke von Orscha nach Witebsk entscheidende Bedeutung für die Versorgung und den Antransport von Verstärkungen für die 3. Pz.-Armee.«

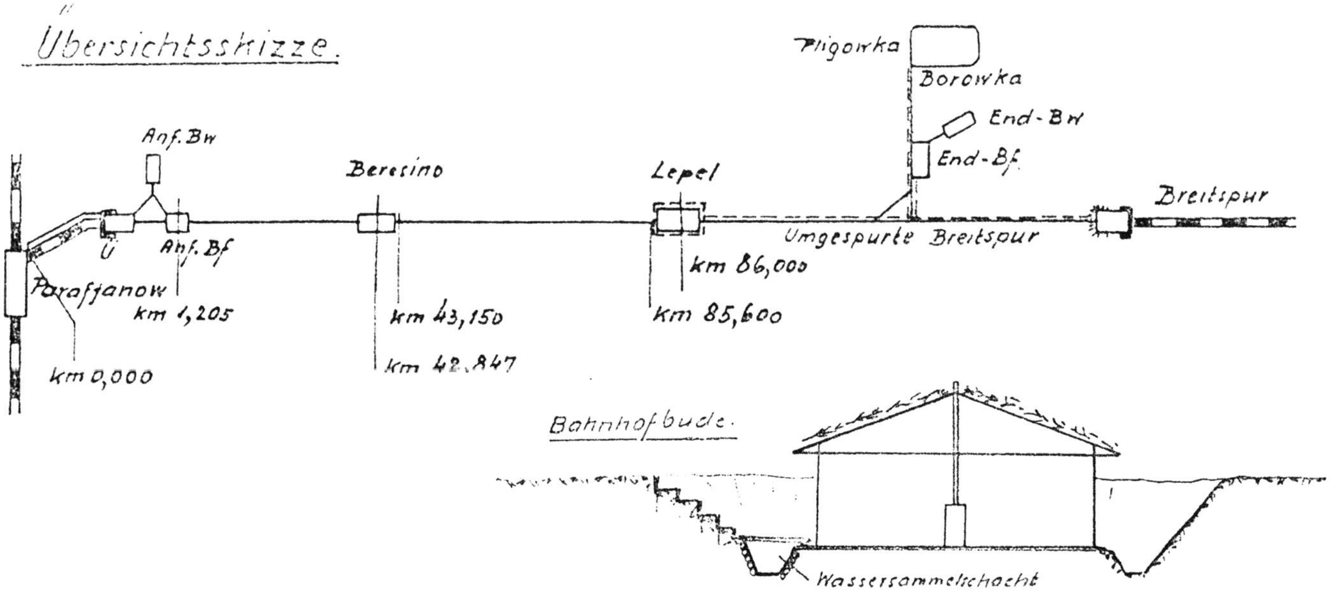

Übersicht der Feldbahn Parafjanow – Lepel mit dem Namen »Venus« zur Versorgung des Raumes Witebsk. *(Skizze: Bundesarchiv)*

Die folgenden Bilder berichten vom Bau der Feldbahn »Venus« bei Lepel im Frühjahr 1944. Hier das Auslegen der Schwellen und Schienen durch den Vorbauzug, vorn ein Pflock der Trassierung. *(Foto: Bundesarchiv 279/912/10A)*

Diese 85 km lange Heeresfeldbahnstrecke am nördlichen Rand Weißrußlands, unweit der alten sowjetischen Grenze zu Polen, erhielt den strategischen Namen »Venus«. Ihre Planung begann in den letzten Monaten des Jahres 1943; sie wurde in 75-cm-Spur ausgeführt. Sie war zugleich die letzte große Feldeisenbahn des Zweiten Weltkriegs. Die Bahn wurde Ende Mai 1944 in Betrieb genommen. Abgesehen von den vielen über Trassierungsarbeiten nicht hinausgelangten oder nicht mehr fertiggestellten Heeresfeldbahnen hatte sie die kürzeste Lebensdauer aller Schmalspurbahnen: am symbolhaften 22. Juni 1944, dem dritten Jahrestag des Einmarsches der deutschen Truppen nach Rußland, begann die russische Großoffensive im Mittelabschnitt. Operatives Ziel: Zerschlagung der deutschen Heeresgruppe Mitte, schnelles Erreichen der Ostsee und damit Abschnürung der gesamten Heeresgruppe Nord. Nach 40 Tagen und schneller als erwartet hatten die Russen ihr Ziel erreicht. Bei Tukkum standen sie am 30. Juli 1944 an der Ostsee, das deutsche Heer hatte in zweieinhalb Monaten 28 Divisionen mit 300 000 Soldaten verloren. Nachdem auch die Alliierten seit ihrer Landung in der Normandie rasche Fortschritte machten, war der Krieg für Deutschland verloren. Über das Schicksal der Bahn und ihren Untergang ist nichts bekannt geworden.

Betrachten wir nun die Entstehung der Feldbahn »Venus« etwas näher. Eine Schnellerkundung des vorgesehenen Geländes durch den Kommandeur der Eisenbahn-Pionier-Brigade 2 (bei der Heeresgruppe Mitte) wurde am 14. Januar 1944 wie folgt zusammengefaßt:

»1. Erkundungsergebnis:
Um die Bauzeit möglichst kurz zu halten und eine größtmögliche Sicherung gegen Bandenschäden zu erzielen, wurde beschlossen, die Feldbahn weitgehendst auf der Straße selbst zu verlegen. Dieses auf Grund der Straßenbreite fast überall möglich. Um schnellstens einen Teil des Nachschubs mit der Feldbahn nach Lepel schaffen zu können, sind auf Kosten der Leistungsfähigkeit starke Neigungen 1:50 zugelassen. Länge der Feldbahnstrecke: 82 km. Leistungsfähigkeit: Bei einer maximalen Steigung von 1:50 1000 t. Nach Aufbrechen der Witterung durch Änderung der Neigungsverhältnisse: 2000 t.

2. Kräftebedarf.

a) Eisenbahnpioniere: 6 Kompanien. Diese Kräfte können zur Zeit im Bereich nicht freigemacht werden und müßten sämtlich durch General der Eisenbahntruppen zugeführt werden.

b) Hilfskräfte von der Armee zu stellen:
Bau-Batl. mit einer Arbeitsstärke von
je 400 Mann = 3 Batl., Zivilisten = 3000 Mann.
Von der Armee wurde bisher in Vorbesprechungen lediglich die Gestellung und Versorgung der Zivilisten zugesagt, jedoch nicht deren Unterbringung, die in dieser Jahreszeit und bei Fehlen jeder Unterkunft auf ganz erhebliche Schwierigkeiten stoßen dürfte. Desgleichen kann die Armee keine Bau-Btle. stellen.

3. Zeitbedarf.
3 Monate, unter der Voraussetzung, daß die Hilfskräfte der Armee planmäßig und vollzählig anlaufen.

4. Materialbedarf.
11 Feldbahneinheiten, 75 cm Spurweite. 2 Bagger, die von der Eisb. Pi. Truppe nicht gestellt werden können, 500 Finnenzelte, 5 Vollbahnloks, 120 Vollbahnwagen zum Kiestransport.

Eisb. Pi. Brigade 2 nimmt auf Grund des Erkundungsergebnisses und der allgemeinen Kräftelage gegen die Durchführung des Projektes in der vorliegenden Form Stellung mit folgender Begründung:
a) Der 82 km lange Feldbahnbau ist nicht vor Beginn der Schlammperiode durchzuführen. Das letzte Drittel des Baues wird in die Schlammperiode fallen und den Bau vor Kopf unmöglich machen, da die Betriebssicherheit auf den im stärksten Winter verlegten Gleisen in notwendigem Maße nicht gewährleistet ist.
b) Die Eisb. Pi. Kräfte und vor allen Dingen die erforderlichen Hilfskräfte der Armee dürften nicht vollzählig und zeitgerecht beizubringen sein.
c) Die Unterbringung der großen Anzahl russischer Zivilisten und die Erhaltung einer gleichbleibend hohen Arbeitsleistung im Winter erscheint kaum durchführbar.
d) Die Nacharbeiten an einer im Winter verlegten Feldbahn auch bei weitgehendster Straßenbenutzung sind beträchtlich und binden auf längere Zeit Eisb. Pioniere und Armeekräfte.
e) Auf Grund der taktischen und versorgungsmäßigen Lage bleibt zu erwägen, ob eine derartige Kräftemassierung in dieser langen Zeitspanne für den Erfolg gerechtfertigt ist.

Eisb. Pi. Brigade 2 schlägt daher vor:
a) Durchführung des Feldbahnbaues von Parafjanow – Beresino (Länge der Bahn etwa 42,0 km).
b) Einsatz und Anzahl der Kräfte so, daß dieser Abschnitt vor Beginn der Schlammperiode fertiggestellt werden kann.
c) Während der Schlammperiode Aufrechterhaltung eines ordnungsgemäßen Nachschubbetriebes.
d) Nach beendigter Schlammperiode Beginn des 11. Abschnittes Beresino – Lepel, falls Versorgungslage dies erfordert.«

Tatsächlich befahl der General des Transportwesens Mitte am 28. Januar 1944 den Bau der Feldbahn von

Pioniere beim Vorbau der Feldbahn, hier beim Abladen der Langschienen vom Feldbahnwagen. *(Foto: Bundesarchiv 279/912/BA)*

Schwellenbohrmaschine beim Einsatz auf der Feldbahn »Venus«. *(Foto: Bundesarchiv 279/911/36)*

Parafjanow nach Lepel in den zwei von der Brigade vorgeschlagenen Bauabschnitten. Die Gesamtleitung hatte Oberst Tzschöckel vom Stab/Eisb. Pi. Regt. 1, die Bauleitung Hauptmann Weichselbaumer (Kdr. d. Eisb. Pi. Btl I/1 beim Pz. AOK 3), die örtliche Bauleitung Hauptmann Blenkner. Folgende Einheiten wurden eingesetzt (Stand vom 29. Januar 1944):

Einheimische Hilfskräfte beim Bau der Feldbahn von Parafjanow nach Lepel im Frühjahr 1944. Diesellok der Type HF 130 C mit der Anschrift »KML 3«.

Beim Vorbau waren auch leichte Dieselloks der Type HF 50 B im Einsatz. Hier das Abtragen von Erdreich für einen Einschnitt.

(Foto: Archiv Ellwanger/Sammlung Ess)

»Eisb. Pioniere (Einheiten werden einsatzmäßige Einsatzgruppe Baranowicze (Stab/Eisb. Pi. Rgt 1) und truppendienstlich Kdr. d. Eisb. Pi. Btl. I./1b. Pz. AOK 3 unterstellt):
Feldb. Kp. 609 (bereits im Anmarsch),
3./Eisb. Bau-Btl. 514 (wird sofort aus Bereich Kdr. d. Eisb. Pi. Btl. II./1b, AOK 4 zugeführt),
Feldb. Kp. 613 (wird in etwa 8 – 10 Tagen aus Bereich Kdr. d. Eisb. Pi. Btl. II./1b, AOK 4 zugeführt),
4./Eisb. Pi. Rgt 1 (ist aus Raum Witebsk, falls taktische Lage es zuläßt, vorgesehen).
1-2 Eisb. Pi. Kpen. (etwa ab 15. – 20. 2. 44 aus Bereich Kdr. d. Eisb. Pi. Btl. II./5 b, AOK 9).«

Dieser Befehl endete mit den Worten: »Auf Grund der Dringlichkeit des Feldbahnbaues im gesamten Bereich der Heeresgruppe Mitte ist mit dem nötigen Schwung und der erforderlichen Energie an dieses Vorhaben heranzutreten, vor allen Dingen die Anlaufzeit abzukürzen und ein flüssiger, schneller Baufortschritt sicherzustellen, um so der schwierigen Versorgungslage der Armee fühlbare Entlastung in der Schlammperiode zu bringen.«
An Hilfskräften hatten das Pz. AOK 3 rund 800 Mann in zwei Bau-Bataillonen, der General der Pioniere bei der Heeresgruppe Mitte weitere Soldaten und der Heeresgruppen-Wirtschaftsführer etwa 3000 Zivilisten zu stellen. Anfang Februar 1944 wurde der Feldbahnstab 501 von der Heeresgruppe Nord nach Parafjanow in Marsch gesetzt.

Über das Anfang 1944 verfügbare Feldbahnmaterial gibt eine Notiz für den General der Eisenbahnpioniertruppe, Generalleutnant Will, vom 18. Januar 1944 Aufschluß. Aus ihr gehen die Vorräte bei »In 10« in Rehagen-Klausdorf und im Vorratslager Baranowicze in Weißrußland hervor. Auch ohne die für 1944 erwartete Lieferung der 30 Stück Cn2-Dampfloks von Jung und eines großen Teils der KDL 11 wurden damals in den beiden Lägern noch immerhin 25 sogenannte »schwere« Dampfloks, also Schlepptenderloks, bevorratet. Hinzu kamen 24 Stück »schwere« Motorloks HF 130 C. Die Bestände an Rahmengleis und auch an losem Gleis waren durch die permanenten Verluste jedoch drastisch zusammengeschmolzen. Für 600-mm-Spur gibt es keine vergleichbare Aufstellung aus diesem Zeitraum. Man wird davon ausgehen können, daß die Gleisbestände hierfür ähnlich lagen, die Lokomotiv- und Wagenbestände jedoch deutlich niedriger anzusetzen sind.
Ein großes Sammellager für den Nachschub von Feldbahnmaterial einerseits und für die Zusammenfassung des von der Front zurückgeführten Fahrzeugparks war

schon 1943 bei der Stadt Baranowicze (auch: Baranowitsche) entstanden, die unweit der früheren polnisch-russischen Grenze nordöstlich von Brest-Litowsk liegt. Hier wurden Fahrzeuge und Ausrüstung aus abgebauten Feldbahnstrecken zwischengelagert, bevor sie einem anderen Bauvorhaben an neuen Frontabschnitten zugeteilt wurden. Mit der Rücknahme der Front im Spätsommer 1944 wurde dieses Lager aufgegeben, und die Truppe stand vor der problematischen Aufgabe, das von dort in das »Altreich« rückgeführte Material überhaupt weiter zum Einsatz zu bringen. Eigentlich hatte es im Herbst 1944 keinen Sinn mehr, die Räumungszüge nach Westen mit den Feldbahnlokomotiven zu füllen, die an der Ostfront entbehrlich geworden waren, und dennoch geschah es andauernd.

Die erste Rate von Feldbahngerät für die Strecke »Venus« wurde am 7. Februar 1944 durch den Chef des Transportwesens freigegeben: »Der vorgeschlagene Feldbahnbau Parafjanow – Lepel (75 cm Spur) wird genehmigt. Geforderte Leistung 1000 to. Für den 1. Bauabschnitt werden die im Eisb. Pi. Park Baranowitsche lagernden restlichen 2 Feldbahngeräteeinheiten sowie 3 weitere Einheiten, 75 cm Spur, aus der Heimat freigegeben. Die Zuführung weiteren Geräts für den 2. Bauabschnitt erfolgt dem Baufortschritt entsprechend.«
Bis Ende Februar 1944 waren bereits 23 km Hauptplanum, 3,5 km Nebenplanum, 21,5 km Hauptgleis und 3,5 km Nebengleis hergestellt. Der rasche Baufortschritt war zurückzuführen auf den geringen Anteil an Erdbe-

Tabelle 34: Feldbahnmaterial 75 cm, Anfang 1944

1. Bestand an Fb.-Gerät 750 mm Spur am 18.1. 44 bei In 10			
37 km	Rahmengleis	=	3 Einheiten
261 km	loses Gleis	=	22 Einheiten
150 km	Schwellen (236 000 Stck.)	=	14 Einheiten
628 Stck.	Rahmenweichen	=	31 Einheiten
178 Stck.	lose Weichen	=	9 Einheiten
5 Stck.	le. Motorlok	=	1 Einheit
31 Stck.	m. Motorlok	=	5 Einheiten
21 Stck.	s. Motorlok	=	5 Einheiten
13 Stck.	m. Dampflok	=	2 Einheiten
16 Stck.	s. Dampflok	=	4 Einheiten
79 Stck.	2-achs. Fb.-Wagen	=	1 Einheit
1402 Stck.	4-achs. Fb.-Wagen	=	35 Einheiten
131 Stck.	Muldenkipper	=	13 Einheiten
2 Stck.	Draisinen	=	2 Einheiten
2. Es lagern in Baranowicze:			
25 km	loses Gleis	=	2 Einheiten
37 km	Schwellen (60 000 Stck.)	=	3 Einheiten
26 Stck.	Weichen	=	2 Einheiten
12 Stck.	s. Dampflok	=	3 Einheiten
3 Stck.	s. Motorlok	=	1 Einheit
160 Stck.	4-achs. Fb.-Wagen	=	4 Einheiten
40 Stck.	Muldenkipper	=	4 Einheiten
1 Stck.	Draisine	=	1 Einheit

Bauzug mit Feldbahn-Diesellok auf einer frisch fertiggestellten Brücke der Feldbahn »Venus«.
(Foto: Archiv Ellwanger/ Sammlung Ess)

wegungen, die Nutzung der Landstraße (in 40 %) als Trasse und die kräftige Mithilfe der Armee durch Einsatz von Lastwagen. Über den Einsatz der Hilfskräfte und die Sicherung der Feldbahn schrieb der Kommandeur der Eisenbahn-Pionier-Brigade 2 (bei der Heeresgruppe Mitte) am 20. Februar 1944 an seine Vorgesetzten:

»1. Gestellung von Hilfskräften

a) von der Armee

2 Baubataillone

Iststärke: 12 Offz., 156 Uffz., 1003 Mannsch., 58 Hiwis, 134 Georgier und 113 Zivilisten.

Einsatzstärke: bisher 6 Offz., 68 Uffz., 412 Mannsch., 35 Hiwis, 100 Georgier, 108 Zivilisten.

Kdr. d. Eisb. Pi. Btl. I/1 (bei Pz. AOK 3) versucht, beim Armee-Pionier-Führer ein 3. Baubataillon zum Feldbahnbau frei zu bekommen. Die fehlenden Zivilisten sollen von der Armee noch zu geführt werden. Ergebnis steht zur Zeit noch aus.

b) vom Heeresgruppen-Wirtschaftsführer

Von den 2000 Zivilisten sind bisher lediglich 300 durch Beitreiben eines Polizeibataillons und der eigenen Kompanien aufgetrieben. Eine wesentliche Erhöhung dieser Zahl ist in dem zugewiesenen Raum nicht möglich, da dieser fleckfieberverseucht und zum großen Teil bandenbesetzt ist. Um Zuführung der noch fehlenden Zivilisten, mindestens jedoch 1000 Arbeiter, durch den Heeresgruppen-Wirtschaftsführer wird gebeten, da sonst Terminhaltung nicht möglich.

2. Sicherung des Feldbahnbaues Parafjanow Richtung Lepel

[Bereits am] 1. 2. 1944 wurde gemeldet, daß fast täglich Geleitzüge durch Banden in Stärke von 30 bis 50 Mann überfallen bzw. angeschossen werden. In der Lagemeldung Nr. 971 vom 18. 2. 1944 wurde ein Feuergefecht mit Banden beim Beitreiben von Zivilisten zum Feldbahnbau gemeldet, bei dem der Btls.-Kdr. des Polizeibataillons und 2 Soldaten fielen. Aus der Lagemeldung Nr. 972 vom 19. 2. ist zu entnehmen, daß bei einem Bandenüberfall 1 Offz. und 3 Mann fielen, 1 Mann schwer und 5 Mann leicht verwundet wurden.

Die Straße 8 km ostwärts Dokszyce in Richtung Lepel ist nur in der Zeit von 9 bis 15 Uhr im Geleitzug befahrbar. Falls die Banden nicht weiter zurückgedrängt werden, wird ein Großteil der zum Bau eingesetzten Pionierkräfte während des Baues der Feldbahn zur Sicherung eingesetzt werden müssen.«

Am 11. Juni 1944 übermittelte der Kommandeur des Eisenbahn-Pionier-Bataillons I./1 (beim Pz. AOK 3) seine »Erfahrungswerte aus dem Feldbahnbau« von der Feldbahn »Venus«. Die Vorbemerkung dazu faßt den Bauverlauf zusammen:

»Die Feldbahn Venus führt von Parafjanow nach Lepel und mündet dort in die bestehende Breitspurbahn Lepel – Orscha ein. Durch Umspuren des Breitspurgleises von Bahnhof Lepel (einschl.) bis Borowka wurden die vorhandenen Gleise für die Feldbahn nutzbar gemacht. In Borowka schließt eine neugebaute Entladeschleife an; der Endbahnhof entstand ebenfalls durch Umbau und geringfügige Erweiterung eines vorhandenen Breitspurbahnhofs, so daß sich hierfür nur wenig Feldbahnbaumaterialbedarf ergab [...] Der Bau des ersten Teils der Feldbahn bis Beresino erfolgte im Winter und war bis zur Schlammperiode beendet. Der zweite Teil bis Lepel wurde im Frühjahr gebaut. Es erscheinen daher unter-

Eröffnungszug mit Tannengrün auf der Feldbahn von Lepel. Hinten eine Dampflok HF 110 C. *(Foto: Bundesarchiv 279/910/22)*

Der »Eröffnungszug« der Venus-Feldbahn von Parafjanow mit dem »Siegestor« und Hakenkreuzfahne im Frühjahr 1944. *(Foto: Bundesarchiv 279/910/31)*

schiedliche Erfahrungswerte für Sommer und Winter.« Die Strecke wurde aus Langschienen 93/15 auf Holzschwellen geschraubt und in Kies gebettet. Auf der Bahn von 85,6 km Länge lagen 142 Weichen. Insgesamt wurden 87 840 m³ Erde bewegt, 52 Überwege gebaut und 140 Durchlässe angelegt. Als Stationsgebäude wurden Finnenzelte etwa 1 m tief in die Erde eingegraben, zur Unterbringung der Loks wurden genormte Lokschuppenbaracken mit Splitterschutz aufgestellt. Auch die Wasserbehälter (36 m³ Inhalt) wurden zum Schutz vor Anschlägen eingegraben.
Bei der Fertigstellung der Feldbahn am 28. Mai 1944 war auch ein Fotograf der Propaganda-Kompanie erschienen, um die grünbekränzten Züge und den Schriftzug »Freie Fahrt zum Sieg« an einem Portal aufzunehmen, wie sie die Bilder zeigen. Wenige Wochen später eroberte die Rote Armee das Gebiet um Lepel zurück.

Ausweiche auf freier Strecke neben der Landstraße: Begegnung mit einem Bus der Wehrmacht.
(Foto: Archiv Ellwanger/Sammlung Ess)

12.2 ZWEI STRECKEN AM PRIPJET IM FRÜHJAHR 1944

Auch Anfang 1944, als die Engländer bereits in zahlreichen Nachtangriffen Berlin bombardierten und amerikanische Truppen bei Rom landeten, gingen Bau und Planung von Feldbahnstrecken durch die Wehrmacht noch weiter. Inzwischen waren aber Materialeinsatz und Beförderungsansprüche stark zurückgegangen: Für die Heeresgruppe Mitte, AOK 2, wurde am 25. Januar 1944 die Wiederherstellung der südöstlich von Staruschki gelegenen Feldbahnstrecke Kopzewitschi – Petrikoff in 75-cm-Spur genehmigt, gefordert waren nur 300 t Tagesleistung. Die 18 km lange Linie führte bis an den Pripjet heran. Für den Bau sollte die Eisenbahntruppe nur Anleitungspersonal stellen, während die Armee die Hilfskräfte stellte. An rollendem Material für den Bau wurden 4 Dampfloks und 40 Feldbahnwagen zugeteilt, die möglicherweise noch aus dem schon genannten, nicht weit entfernten Feldbahnlager von Baranowicze nach Petrikoff zum Versand gebracht wurden. Beteiligt waren das Eisenbahn-Bau-Bataillon 511 (bei AOK 511) und der Kommandeur der Eisenbahn-Pionier-Brigade 2 (bei der Heeresgruppe Mitte), auf der Baustelle selbst die 4. Kompanie des Eisb. Bau. Btl. 511 und die Eisb. Pi. Kp. 68 sowie 900 Kriegsgefangene. Die Fertigstellung des Vorhabens wurde für den 20. Februar 1944 befohlen; eine Fertigmeldung ist jedoch nicht bekannt. Im Zusammenhang mit diesem Feldbahnbau sollte auf der gleichfalls beschädigt vorgefundenen Feldbahntrasse von Kopzewitschi nach

Truppentransport auf der Feldbahn zur Versorgung von Witebsk im Frühsommer 1944. Feldbahnlok HF 110 C mit Kobelschornstein.
(Foto: Archiv Ellwanger/Sammlung Ess)

Süden eine »ganz behelfsmäßige Vollbahn von nur örtlicher Bedeutung für das Armeekorps« gebaut werden. Im Bereich der Heeresgruppe Mitte wurde ferner für das Armee-Oberkommando 2 am 26. März 1944 die Wieder-

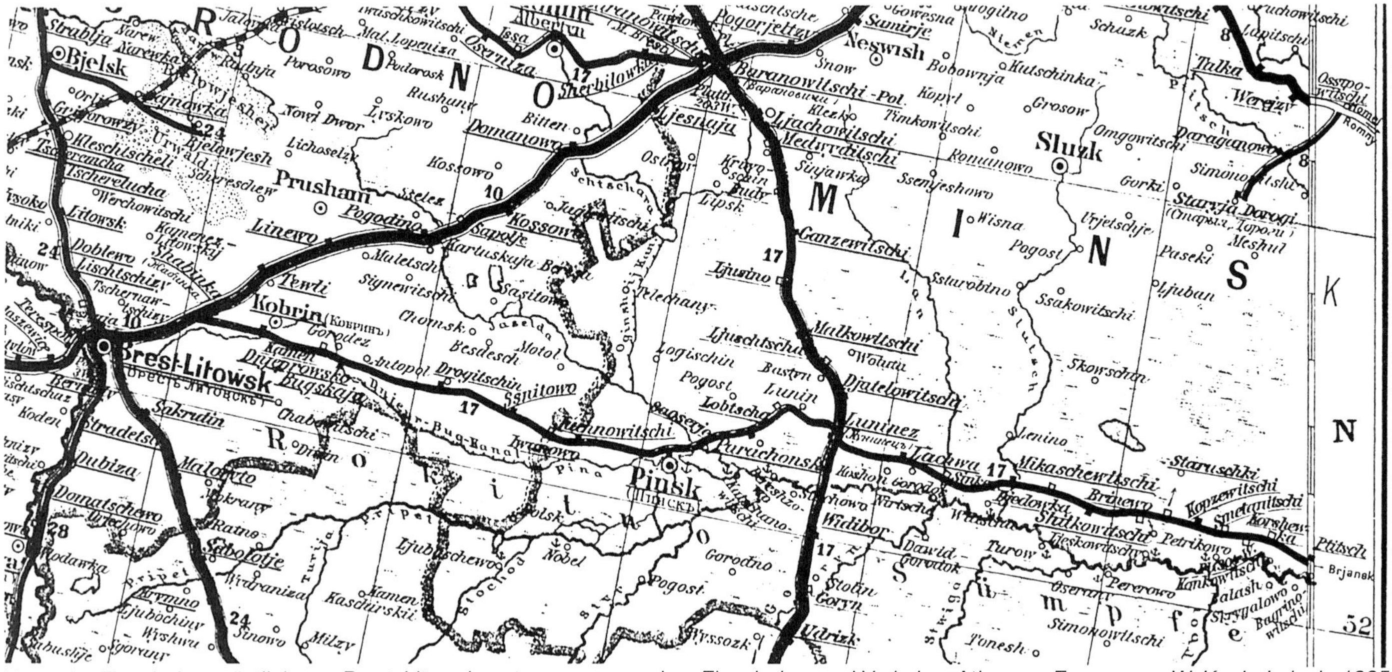

Karte der Eisenbahnen östlich von Brest-Litowsk, entnommen aus dem Eisenbahn- und Verkehrs-Atlas von Europa von W. Koch, Leipzig 1905. In Bildmitte die Fernbahn von Brest über Pinsk nach Gomel und der Pripjet-Fluß, am rechten Bildrand die Orte Staruschki, Kopzewitschi und Petrikowo, bei denen 1944 eine Heeresfeldbahn gebaut werden sollte.

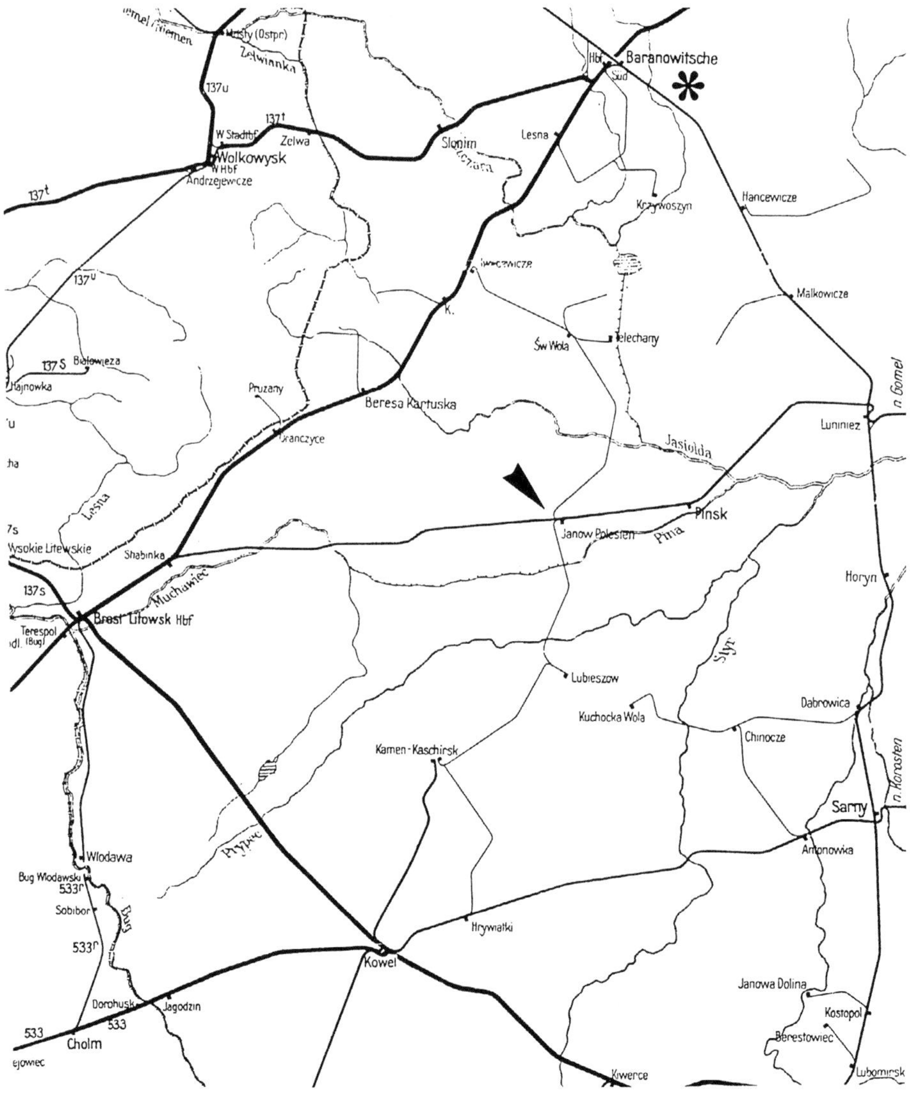

Ausschnitt der Eisenbahnkarte aus dem Reichskursbuch vom Sommer 1943 mit Strecken östlich von Brest-Litowsk. An der Route nach Pinsk und Gomel sollte 1944 bei Janow Polesien eine abgebaute Schmalspurbahn südwärts nach Lubieszow zur HKL als Heeresfeldbahn (Pfeil) wieder in Betrieb genommen werden. In Baranowicze (Stern) befand sich das große Zwischenlager für Feldbahnmaterial.

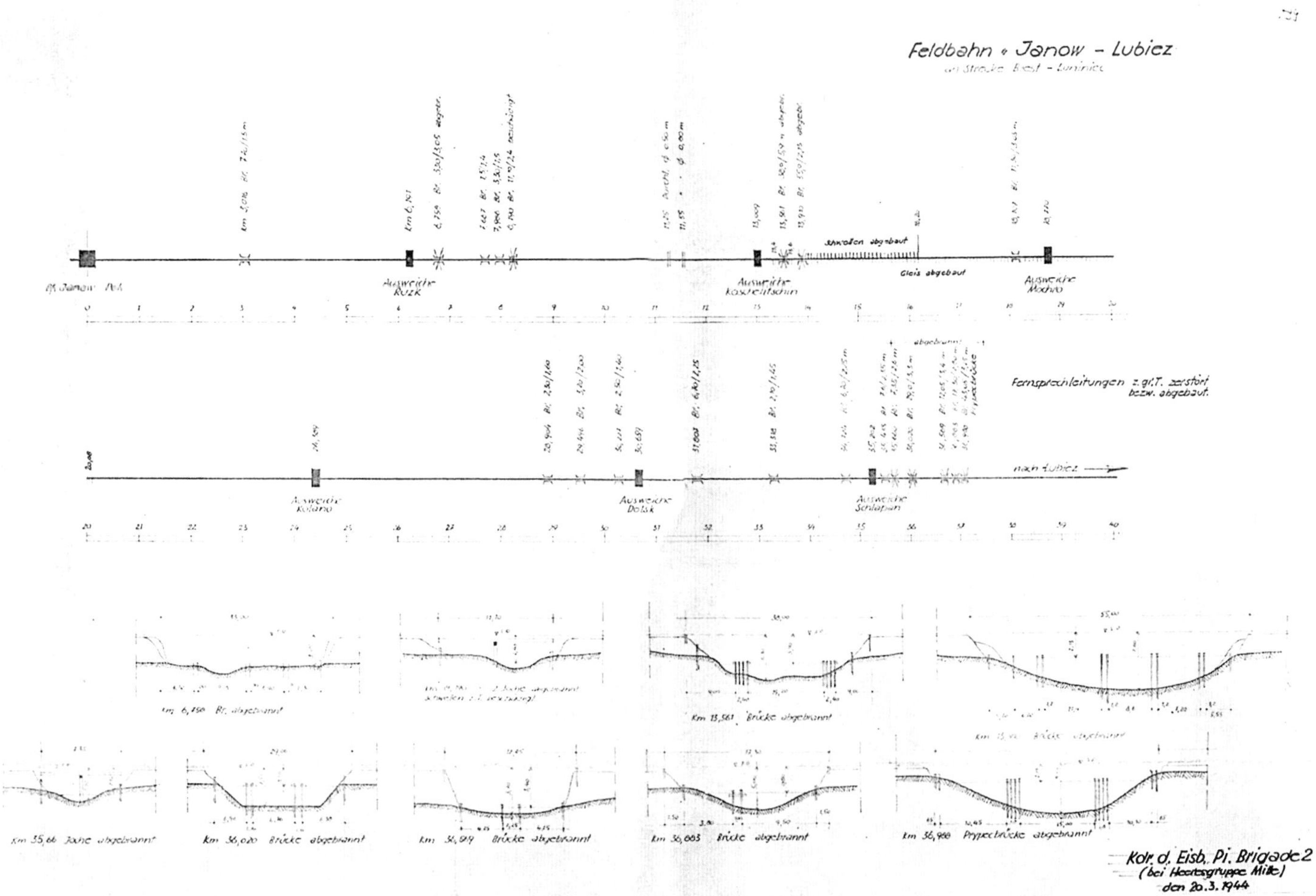

Im März 1944 wurde dieser Streckenplan der Heeresfeldbahn von Janow nach Lubiez (polnische Schreibweise) aufgestellt. Man erkennt, daß die früheren Brücken ausnahmslos abgebrannt worden waren. *(Skizze: Bundesarchiv)*

herstellung einer vorhandenen, aber zerstörten Feldbahn von Janow Poleski in Richtung Lubiez (auch Lubieszoni) und zur Hauptkampflinie angeordnet. Diese etwa 40 km lange Feldbahn zweigte bei Pinsk von der Vollbahnstrecke Brest Luniniec ab und lag unweit des Flusses Pripjet. Die Bahn sollte 60 cm Spurweite haben und zunächst 100 t, später 300 t Tagesleistung vollbringen. Eine Verlängerung nach Iwacewisl war geplant. Zum Bau konnte der General der Eisenbahntruppen nur noch ein »Anleitungskommando« zur Verfügung stellen, während die Armee die Hilfskräfte zu stellen hatte. An Material wurden zunächst 12 000 m Schienen, 4 Dampfloks und 40 Feldbahnwagen nach Janow Poleski versandt, mehr ist darüber nicht bekannt. Bereits im Juli 1944 wurde Brest-Litowsk von der Roten Armee zurückerobert. Übrigens war diese Strecke schon im Ersten Weltkrieg im Betrieb deutscher Truppen.

12.3 FELDBAHNEN IM BALTIKUM

Im Oktober 1943 waren auch Feldbahnbauten im Raum Sonda – Narwa (Estland) durch die Eisenbahn-Pionier-Brigade 3 für die Heeresgruppe Nord im Vorlauf. Diese Strecken sollten (nur) 600 t am Tag befördern. Die Bahn lag im Bezirk der im Oktober 1944 »aufgelösten« Reichsverkehrsdirektion Riga. Über den Baufortschritt und einen Betrieb ist nichts bekannt.

Eine der letzten Planungen zu deutschen Heeresfeldbahnstrecken ist für den 30. August 1944 aktenkundig, als der General der Eisenbahntruppen vom Chef des Transportwesens den Befehl erhielt, in der Nähe von Riga im früheren Lettland die 60-cm-Bahn von Incukalns nach Ogre für 600 Tagestonnen auszubauen und bis nach Baldohn (südlich Üxküll) zu verlängern. An den Eisenbahn-Pionier-Kommandeur bei der Heeresgruppe Nord wurde der Auftrag weitergegeben mit dem Zusatz: »Zuführung

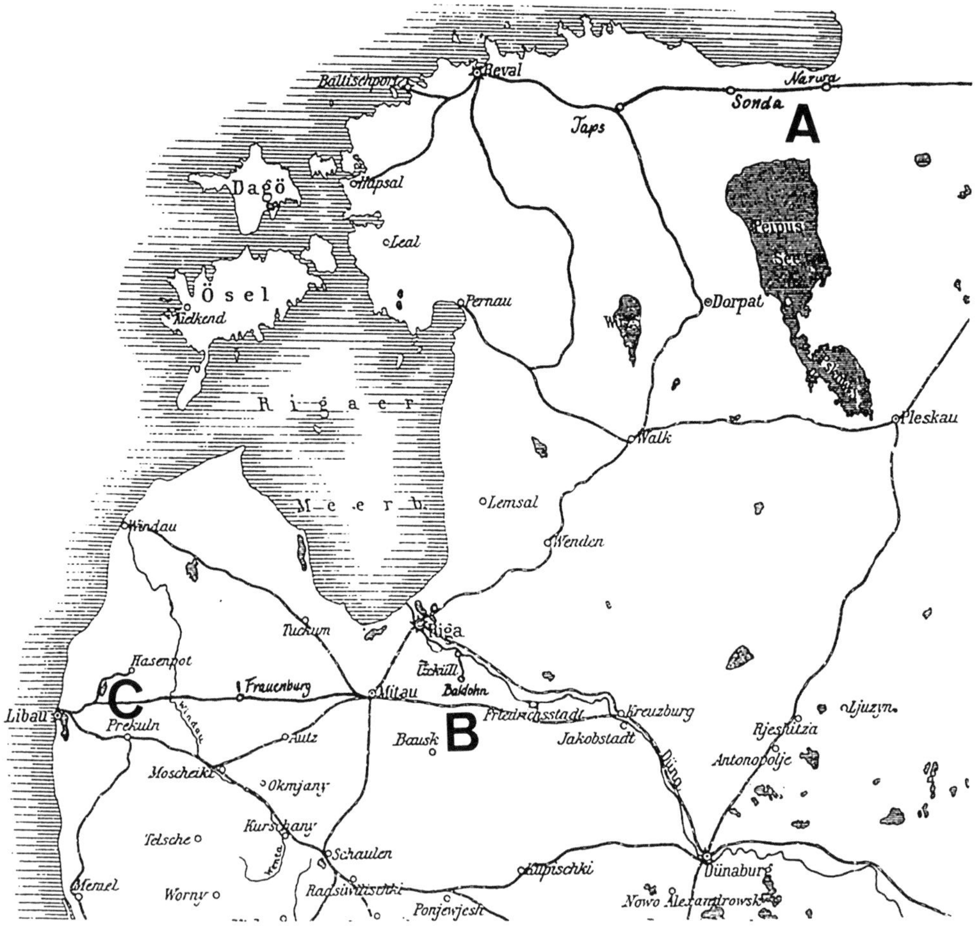

Die Lage der Heeresfeldbahnen des Rückzuges im Baltikum, eingetragen in eine Ludendorff-Karte von 1918: A = Bahn im Raum zwischen Sonda und Narwa an der früheren estnisch-russischen Grenze, B = Feldbahnverlängerung bei Baldohn in Lettland, C = Bahn an der alten lettisch-litauischen Grenze bei Kilometer 183,9 der nach 1918 erbauten Vollbahn von Ubau nach Frauenburg.

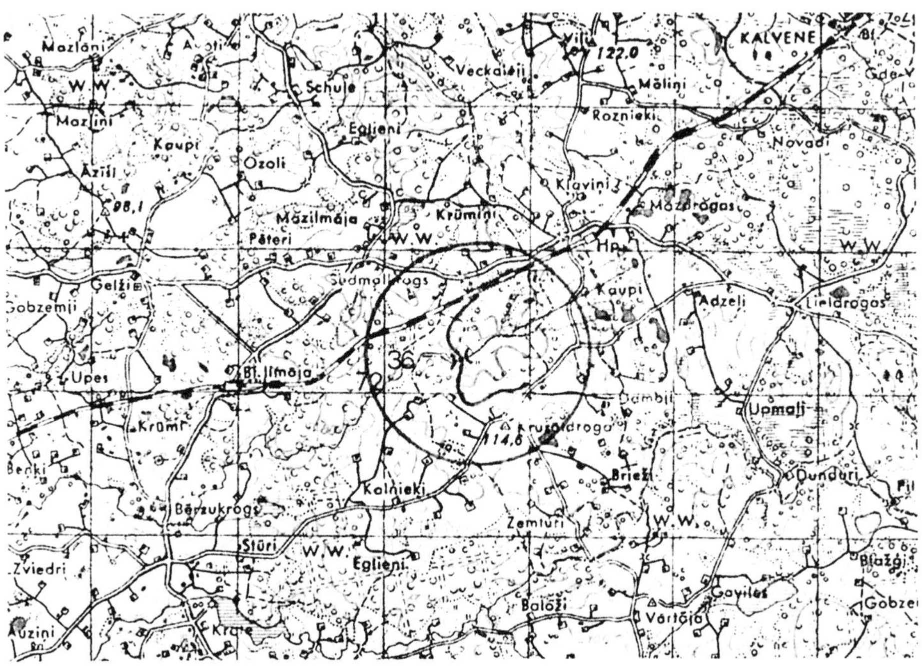

von Feldbahnmaterial aus Heimat ist zur Zeit nicht möglich; Baufortschritt und Fertigstellungstermin wie bisher melden«. Am 13. Oktober 1944 marschierte die Rote Armee in Riga ein, damit war dieses Projekt erledigt.

Als letzte gebaute Feldbahnstrecke des Zweiten Weltkrieges nennen die noch vorhandenen Akten ein kurzes Streckenstück bei Libau im südlichen Lettland, nur wenig entfernt von der litauischen Nordgrenze. Dort wurde

Ausschnitt aus der Truppenkarte 1:100 000 von 1943 mit den Bahnstrecken nördlich von Prekuln, darin die Linie von Libau nach Frauenburg mit abzweigender Heeresfeldbahn von 2,54 km Länge, erbaut im Dezember 1944. *(Skizze: Bundesarchiv)*

Rechts: Streckenband der Feldbahn in Kilometer 183,9 der Vollbahn Libau – Frauenburg nach Krusatdroga, gezeichnet am 13. Januar 1945. (Skizze: Bundesarchiv)

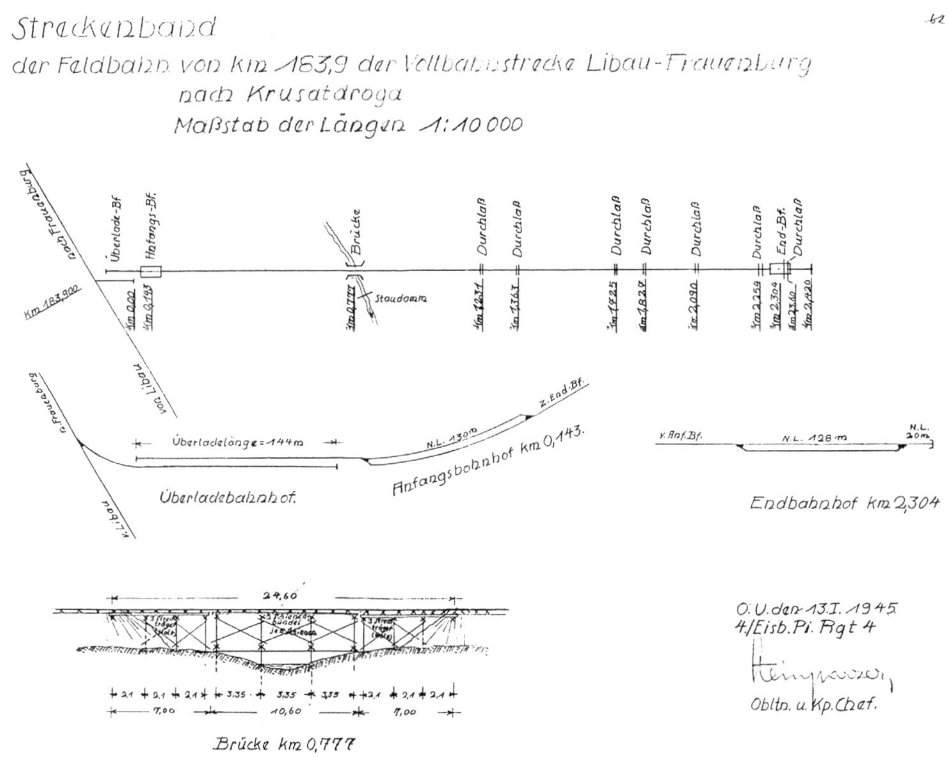

am Kilometer 183,9 der Vollbahn Libau – Frauenburg binnen 22 Tagen im Dezember 1944 eine nur 2,54 km lange Stichbahn (75 cm Spurweite) bis nach der Ortschaft Krusatdroga angelegt. Regen, Schneefall und Frost machten den vier eingesetzten Kompanien und 62 Kriegsgefangenen sowie Zivilisten bei der Erdbewegung von 3227 m³ und dem Verlegen des Schwellengleises wohl zu schaffen. Welche besonderen militärischen Aufgaben diese Strecke hatte, ist nicht bekannt. Bald nach ihrem Bau mußte sie aufgegeben werden.

12.4 EIN PROJEKT IN GRIECHENLAND 1944

Selbst aus Griechenland, zwischen April 1941 und September 1944 von deutschen Truppen besetzt, ist zumindest die Planung einer Feldbahnstrecke bekannt: Auf Vorschlag des Generals des Transportwesens Südost genehmigte der Chef des Transportwesens am 3. März 1944 die Verlängerung der 60-cm-Schmalspurbahn von Sarakli nach Stavros in Griechenland bis zur Strumamündung um rund 20 km. Der Struma-Fluß entspringt bei Sofia und mündet nach 330 km Länge östlich von Saloniki ins Ägäische Meer. Wie weit der Bau tatsächlich gediehen ist, bleibt unbekannt.

Griechenlandkarte des »Völkischen Beobachters« von 1941. Man erkennt die Städte Saloniki und Stavros sowie den Struma-Fluß, dazu die wichtigsten Bahnstrecken. Bei Stavros sollte eine Feldbahn entstehen.

13. Bilanz der Heeresfeldbahnen im Zweiten Weltkrieg

13.1 ZUSAMMENFASSUNG

Die Aufbau- und Ausbildungszeit der neuen Heeresfeldbahn-Truppe dauerte drei Jahre: von Mitte 1938 bis Mitte 1941. Spätestens ab Frühjahr 1940 war dann das Hauptziel klar ersichtlich; die Vorbereitung auf den Einsatz im geplanten Rußland-Krieg. Während des Vormarsches auf Moskau 1941 und bis hinein in das Frühjahr 1942 waren die Heeresfeldbahner eingesetzt, um zerstörte Vollbahnen wiederherzustellen, Strecken umzunageln und – getreu ihrer Pionieraufgabe – Brücken sowie andere Eisenbahnbauwerke zu reparieren oder neu zu bauen.
Erst im Frühjahr 1942 begann mit dem Bau der ersten Bahnen im Mittelabschnitt bei der 4. Armee die eigentliche Einsatzzeit der Heeresfeldbahnen. Diese Aktivzeit der Heeresfeldbahnen dauerte nur dreißig Monate, von Mitte 1942 bis Ende 1944. In dieser Periode wurden von den Eisenbahnpionieren unter Einsatz von Kriegsgefangenen und Zivilbevölkerung, wie schon während des Ersten Weltkrieges, etwa 2550 km Bahnen in den beiden Spurweiten 60 und 75 cm geplant und gebaut. Fertiggestellt davon wurden nur etwa drei Viertel. Die kürzeste Heeresfeldbahn von Dno zum dortigen Munitionsdepot bei der 18. Armee maß 5 km, die längste (Tamanbahn im Kuban-Brückenkopf bei der 17. Armee) hatte ein Streckennetz von 220 km. Nur sieben Bahnen mit zusammen etwa 770 km waren länger als sechs Monate in Betrieb:

1. HFB Finnland (1. Gebirgsarmee)	175 km
2. HFB Tuleblja-Demjansk (16. Armee)	60 km
3. HFB Taman (17. Armee)	220 km
4. HFB Orel (4. Armee)	63 km
5. HFB Cholm (16. Armee)	82 km
6. HFB Utoschkino (16. Armee)	60 km
7. HFB Wolchow (18. Armee)	110 km
	770 km

Die für die Erschließung der Ukraine überwiegend schmalspurig vorgesehenen Wirtschaftsbahnen sollten eine Gesamtlänge von weiteren 2000 km umfassen. Sie wurden aber nicht vom Heer, sondern von der Reichsbahn geplant und ihr Bau von deutschen Zivil-Firmen begonnen. Nur drei der 40 geplanten Bahnen wurden notdürftig fertiggestellt und zuletzt durch Eisenbahnpioniere als Heeresfeldbahnen in Betrieb genommen.

Im Laufe ihrer Einsatzzeit verfügten die Heeresfeldbahnen über etwa 1100 Lokomotiven, davon 430 Stück dampf- und 670 Stück motorgetrieben, ferner über etwa 8000 meist vierachsige Feldbahnwagen. Zu Vorbauzwecken wurden mehr als 5000 Muldenkipper eingesetzt.
Bei oftmals nicht ausreichenden Vollbahnverhältnissen oder ungenügendem Wegenetz wurden die Heeresfeldbahnen vielfach zum Hauptträger des Nachschubs an Massengütern wie Munition, Verpflegung und Pferdefutter. Aber sie dienten häufig auch dem Mannschaftstransport. Besonders wichtig waren sie während der Schlammperioden im Frühjahr und Herbst und in den schneereichen Wintermonaten.
Unter zumeist widrigen Umständen haben die Eisenbahnpioniere ihren Dienst versehen. Es gab bei ihnen nur selten herausragende Ereignisse, kaum die Möglichkeit, sich wie bei anderen Waffengattungen besonders auszuzeichnen. Und dennoch hatte auch diese Truppe hohe Verluste: viele Eisenbahnpioniere wurden verwundet, fielen, wurden vermißt oder gerieten in Gefangenschaft.

13.2 RÜCKZUG ZUM »MÄRZFELD« UND IN DIE »ALPENFESTUNG«

Durch die Frontereignisse des Rußlandkrieges hatte der Bestand an einsatzfähigen Heeresfeldbahn-Lokomotiven während des Kriegsjahres 1943 rapide abgenommen. Aus der unter 9.2 genannten Bestandsmeldung vom 26. September 1943 gingen, »als in der Heimat vorhandene Triebfahrzeuge in 60-cm-Spur« hervor: 43 Dampflokomotiven, 37 Motorlokomotiven, ferner noch 390 vierachsige und 670 zweiachsige Wagen sowie 130 km Rahmengleis, rund 200 Stück Weichen sowie 200 000 Stücke lose Schwellen.
Über den gleichzeitigen Bestand an Triebfahrzeugen in 75-cm-Spur wurde nichts mitgeteilt. Dazu sagt eine Bestandsmeldung vom 18. Januar 1944 aus, daß zu jenem Zeitpunkt bei In 10 (Inspektion Allgemeines Heeresamt Berlin, also im Depot Mellensee) 57 Motorloks und 29 Dampfloks vorhanden waren, dazu im Außenlager Baranowicze weitere 3 Motorloks und 12 Dampfloks. Eine nicht bekannte Anzahl dieser Lokomotiven kam im Mai/Juni 1944 bei der Feldbahn »VENUS« (siehe 12.2) zum Einsatz und ging dort verloren.

1946 auf dem Märzfeld bei Nürnberg: Fabrikneuer Henschel-Fünfkuppler der Heeresfeldbahn der Serie »HF 24 751« ff. mit der Anschrift »Allied Forces« als Beutestück.
(Foto: Schämer/Sammlung Ess)

Die schwere 1E1-Maschine von Jung, vermutlich HF 40 756, war 1946 ebenfalls in Nürnberg abgestellt. *(Foto: Schämer/Sammlung Ess)*

Zwei B-Kuppler (Henschel 19 936/1923 und O & K 7927/1918) abgestellt im Bf. Zell am See. (Foto: ETB Jocham)

Dieser B-Kuppler Henschel 26 212/1940 (Bautype »Riesa«) erreichte die »Alpenfeste Ostmark« zusammen mit einigen Schwestermaschinen. Hier abgestellt in Steyr-Lokatbahnhof. (Foto: Luft)

Man wird davon ausgehen können, daß die im Frühjahr 1944 noch bei In 10 vorhandenen Lokomotiven nicht mehr zum Front-Einsatz gekommen sind. Diese Bestände wurden im Laufe des Jahres 1944 noch ergänzt um Neuablieferungen der Industrie: z. B. um 36 Einheiten Dampflokomotiven Cn2 mit Schlepptender, um 5 Stück En2 – ebenfalls mit Schlepptender – sowie um eine nicht bekannte Anzahl der für das Heereswaffenamt gebauten KDL 11 aus dem Baulos von 55 Stück von Franco-Belge.
Nach dem Zusammenbruch der deutschen Front im Mittelabschnitt tauchten die sowjetischen Armeen im Winter 1944/45 an der Reichsgrenze auf. Einer der rasch aufgestellten Verteidigungspläne für das Reich sah die Schaffung einer sogenannten »Alpenfestung Ostmark« im Großraum Südbayern/Österreich vor. Vor allem in Österreich, aber auch im heutigen nördlichen Jugoslawien, waren Schmalspurstrecken, zumeist in 760-mm-Spur, reichlich vorhanden. Man kam deshalb auf die Idee, einen großen Teil der Heimatbestände an Heeresfeldbahn-Fahrzeugen nach Süden zu verlagern. Von Rehagen-Klausdorf wurden Anfang 1945 viele Güterzüge mit rollendem Material, zumeist mit Lokomotiven oder fabrikneuen Güterwagen, in Richtung »Alpenfestung« in Marsch gesetzt. Nicht alle erreichten ihr Ziel: zu einem großen Auffanglager mit dem baldigen Charakter einer Endstation wurde das sogenannte Märzfeld bei Nürnberg, der gigantische Aufmarschplatz für die früheren Reichsparteitage. Nach Kriegsende wurden dort 20 bis 30 Lokomotiven vorgefunden. Von vielen konnte der weitere Weg ermittelt werden. Sie sind beschrieben bei Walter Ess: »Heeresfeldbahn-Lokomotive Henschel 25 983«.
Die meisten dieser Lokomotiven wurden ab 1946 von den Amerikanern als Steg-Ware an Abnehmer in den damaligen amerikanischen und britischen Besatzungszonen verkauft. Über die bis in die »Alpenfestung« gelangten Lokomotiven und Wagen berichtet ausführlich Herbert Fritz: »Die Pinzgauer Lokalbahn« (herausgegeben vom Club 760). Diese Fahrzeuge wurden zunächst auf dem Gleisgelände der Heeres (Seilbahn-) Versuchsstelle Mittersill abgestellt, die bald überlastet war. Auch die Abstell-Kapazitäten der übrigen Bahnhöfe der Krimmlerbahn waren schnell erschöpft, so daß als nächstes die Auffüllung der Steyrtalbahn an die Reihe kam. Doch der Nachschub aus Berlin und Umgebung ließ noch immer nicht nach; als letztes Refugium diente schließlich auch die Bregenzerwaldbahn.
Bis Kriegsende hatten sich auf den erwähnten Bahnen ungefähr siebzig HF-Lokomotiven angesammelt. Es wären sicher noch mehr geworden, wenn nicht der totale Zusammenbruch dieser spektakulären Verlagerungsaktion ein vorzeitiges Ende bereitet hätte. Nach Kriegsende wurde die Räumung der Heeresversuchsstelle Mittersill und aller mit Feldbahn-Material angefüllten Stationen der Krimmlerbahn angeordnet. Sämtliche HF-Lokomotiven und Wagen wurden von ÖBB-Personal nach Zell am See überstellt und im Bereich der Zugförderungsstelle Zell oder des Spurwechselbahnhofs Tischlerhäusl abgestellt. Damit drehte sich kein Feldbahnrad mehr. Über die weitere Verwendung wird im nachfolgenden Kapitel berichtet.

Noch heute als Straßenbrücke verwendet: kleine Heeresfeldbahnbrücke bei Kuusamo in Finnland, aufgenommen dreißig Jahre nach ihrem Bau 1944. Viele Gedanken über deutsche Wertarbeit, über zu großen Bauaufwand und über den Sinn eines solchen Feldzuges lassen sich daran heute noch knüpfen. *(Foto: Archiv Kalliomäki)*

So bleibt die Frage, was eigentlich aus den Feldbahn-Strecken geworden ist. Nach dem Ende des Ersten Weltkrieges wurden ja in mehreren Ländern ehemalige Heeresfeldbahnstrecken, zumeist in 600-mm-Spur, für zivile Zwecke weiterbenutzt. Es sei in diesem Zusammenhang erinnert an die ausgedehnten Strecken in Frankreich, Polen und vor allem Jugoslawien (Mazedonien). Einige dieser Strecken wurden mit Planzügen bis in die Mitte der sechziger Jahre befahren.

Anders die Situation nach Ende des Zweiten Weltkrieges. In diesem Buch wurde geschildert, daß – von ganz wenigen Ausnahmen abgesehen – alle deutschen Heeresfeldbahnen im Rußlandkrieg gebaut wurden. Und die meisten stellten Provisorien dar: schnell gebaut, mit unzureichendem Unterbau. Sie waren überwiegend auch nur für ganz kurze Zeit in Betrieb, meist nur für wenige Monate. Oder sie wurden überhaupt nicht mehr in Betrieb genommen, da das Frontgeschehen inzwischen über sie hinweggerollt war. Es ist kaum anzunehmen, daß die sowjetischen Truppen die Bahnen weiter verwendet haben, denn oft wurden sie beim Rückzug – vor allem die Kunstbauten – nachhaltig zerstört, andererseits dienten sie nur selten dem Verkehr zwischen zwei wichtigen Punkten. Sie dürften also verfallen sein, vom Winde verweht. Der Spurensucher muß erkennen, daß ihre Lage heute nicht mehr genau festzustellen ist.

Anders verhält es sich mit Überresten der großen Heeresfeldbahn Kuusamo – Hyrynsalmi in Finnland. Sie wurde nach Kriegsende zwar auch nicht weiterbenutzt, aber es gibt noch Überreste zu sehen. Sie finden sich in der Nähe von Kuusamo: der Finne Reine Kalliomäki stellte ein Foto zur Verfügung, das 1974 dort gemacht worden ist. Solche Bilder dürften die letzten und einzigen steinernen Zeugen ehemaliger deutscher Feldbahn-Strecken sein.

14. Heeresfeldbahn-Lokomotiven im Frieden

Es ist nicht mehr genau festzustellen, wieviele ehemalige Heeresfeldbahn-Motor- und Dampflokomotiven das Kriegsende 1945 erlebt haben. Nur für manche der Dampflok-Baureihen gibt es aufgrund von Recherchen einiger Eisenbahnfreunde verläßliche Angaben. Der wesentliche Teil der Restbestände fand sich bei Kriegsende

1. im HF-Depot Mellensee (Rehagen-Klausdorf),
2. auf dem Märzfeld bei Nümberg,
3. auf österreichischen Schmalspurbahnen.

Die Zahl der übriggebliebenen Motorlokomotiven ist niemals ermittelt worden. Besonders aber von den beiden größeren Typen HF 130 C und HF 200 D wurden ab 1945 etliche Exemplare in mehreren europäischen Ländern eingesetzt. Einige davon sind noch heute in der BRD, in der DDR, in Österreich, in Jugoslawien und in Frankreich in Betrieb. Daten finden sich im Abschnitt 3.4 für Dieselloks und unter 3.3 für Dampfloks.

Von den 24 B-gekuppelten Tenderlokomotiven haben nur wenige das Kriegsende erreicht, einige in Österreich. Genaue Zahlen über die Verwendung gibt es nicht.

Von den 166 für die Heeresfeldbahnen gebauten Lokomotiven der Bauarten C und Ct konnte in 48 Fällen ihr Verbleib nach Kriegsende aufgeklärt werden. Die Geschichte dieser Lokomotiven wird ausführlich beschrieben bei Walter Ess: »Heeresfeldbahn-Lokomotive Henschel 25 983«. Übriggeblieben sind vor allem die meisten der erst 1944 ab Werk gelieferten Lokomotiven von Jung und ČKD sowie einige der Henschel-Loks, die ab 1941/42 zum Betrieb der Übungsfeldbahn in Rehagen-Klausdorf eingesetzt waren.

Auch die Anzahl der übriggebliebenen D-Kuppler konnte nie vollzählig ermittelt werden. Fest steht lediglich, daß 8 Maschinen nach Österreich gelangten und dort über unterschiedliche Zeiträume eingesetzt waren. Zwei waren dort noch lange bei der Steyrtalbahn sowie als Museumslok bei der Bregenzerwaldbahn in Betrieb. Je eine weitere läuft bei Museumsbahnen in England und Frankreich. Vermutlich laufen mehrere, umgespurt auf Normalspur, noch heute in Frankreich als Industriebahn-Lokomotiven. Eine KDL 11 befindet sich noch bei der Waldbahn ESKOLA in Finnland. Vermutlich stammt sie von der ehemaligen HF-Bahn Hyrynsalmi – Kuusamo. Von dort gelangten nach 1945 auch zwei Cn2 als Kriegsbeute in die Sowjetunion.

Von den neun gebauten E-Kupplern erlebten fünf das Kriegsende, eine war noch als Museumslokomotive bei der Bregenzerwaldbahn in Betrieb. Von den sechs mächtigsten Heeresfeldbahn-Dampflokomotiven 1E1 tauchten drei Stück nach Kriegsende auf: eine war jahrelang in Jugoslawien eingesetzt, zwei zu Tenderlokomotiven mit 1000-mm-Spur umgebaut bei der Kerkerbachbahn in der BRD.

Von den für die Heeresfeldbahnen gebauten 313 Dampflokomotiven plus 116 Beute-Lokomotiven waren selbst 1980 noch sechs bis acht Stück im Betrieb. Allein von der meistgebauten Bauart Cn2 waren von 1945 bis in die sechziger Jahre nicht weniger als 19 bei Kleinbahnen in mehreren europäischen Ländern unterwegs, davon neun sogar bei Staatsbahnen. Sie verteilten sich auf folgende Länder: 8 BRD, 3 DDR, 18 Österreich, 7 Jugoslawien, 2 Lettland, 1 USA, mindestens 3 UdSSR, 7 Indien.

Eine deutsche Heeresfeldbahnlok (HF 110 C) gelangte mit den Reichsbahnloks 19 1001, 52 2006 und anderen nach Fort Eustis, Virginia, in den USA, um dort untersucht zu werden.
(Foto: US Army)

Mit den Loknummern 99 4651 bis 4653 waren drei Feldbahnloks der Bauart HF 110 C nach 1945 bei der Kreiskleinbahn Jüterbog – Luckenwalde im Einsatz. Um 1950 entstand diese Aufnahme der Lok 99 4653 am Haltepunkt Dahme-Niendorfer Weg.
(Foto: Sammlung Nickel)

Jung-Exportlieferung der Halbtenderlok an die Dalmia Cement Ltd. In Kalkutta, Indien. Einsatz in den Orissa Works von Rajgangpur. Aufnahme um 1968.

Umladebetrieb mit Dampflok 99 4652 auf der Jüterbog-Luckenwalder Bahn in Hohenseefeld, ebenfalls in den fünfziger Jahren. (Foto: Sammlung Nickel)

Mitte der sechziger Jahre wurden die drei Loks aus Jüterbog noch auf die Insel Rügen zur Strecke von Fährhof nach Altenkirchen versetzt. Aufnahme der Lok 99 4653 (Jung 10 123/1941) vor dem Schülerzug P 848 bei Wiek auf Rügen, etwa 1967.

Die drei Feldbahnloks auf Rügen gehörten zum Bw Stralsund. Hier Lok 99 4652 bei der Rückkehr vom Auswaschen im Bahnhof Wittower Fähre am 15. Juni 1968 bei der Abfahrt vom Fährschiff »Bergen«. *(Foto: Luft)*

Herbstverkehr 1957 auf der Gartetalbahn bei Göttingen. Eine Dampflok der Bauart HF 110 C im Bahnhof Waferloo. *(Foto: Beckmann)*

Bei Kassel-Waldau war lange Zeit auch die Henschel-Maschine 25 351 der Bauart HF 110 C bei der Kiesgrube Oppermann abgestellt. Inzwischen wurden ihre Loks verlagert. Aufnahme vom Januar 1974.
(Foto: Lawrenz)

Viele Heeresfeldbahnloks blieben 1945 in Österreich stehen und wurden dort auf 760-mm-Spur weiter eingesetzt: hier Lok HF 11 810 der Steiermärkischen Landesbahnen (Jung 10 120) bei der Ausfahrt von Preding-Wiselsdorf in Richtung Stainz am 18. August 1954. Die Lok wurde im Mai 1967 abgestellt und nach Umspurung auf 700 mm bei der Waldbahn Abreschviller im Elsaß eingesetzt. *(Foto: Luft)*

In angestrengtem Einsatz stand auch die Henschel-Lok 25 981 von 1941 bei der Maximilianshütte in Sulzbach-Rosenberg, die auf Dreischienengleis auch Regelspurwagen zu ziehen hatte. Aufnahme vom 6. August 1966.
(Foto: Koppisch)

Auf der steiermärkischen Strecke Weiz – Ratten lief die Maschine HF 11 811 (Jung 10 121) bis Februar 1958; im Mai 1965 wurde sie verschrottet. Aufnahme mit dem nachträglich angebauten Kobel-Funkenfängerschornstein am 14. Juli 1953 in Weiz. *(Foto: Luft)*

Zur Überführung ihrer Schmalspurloks besaßen die Österreichischen Bundesbahnen spezielle Wagen. Hier der Transport der ÖBB-Lok 798 101 (Henschel 25 982) von St. Pölten-Obergrafendorf nach dem Alpenbahnhof im September 1972, als die Lok an einen Spielplatz in Hamburg verfrachtet wurde. Heute läuft sie wieder als »Nicki S.« im Jagsttal.
(Foto: Sicker/ Sammlung Zopf)

Kaum in Betrieb gewesen ist die Feldbahnlok HF 11 815 (Jung 10 116), die im Heizhaus Garsten der ÖBB stationiert war. Aufnahme am 6. Juli 1954, Ausmusterung erst am 10. November 1956.
(Foto: Luft)

Die Henschel-Lok 25 325/1952 bei der Waldbahn von Maglic in Foca (Jugoslawien). Diese Maschine wurde zur Tenderlok mit Holzfeuerung umgebaut; Bild vom August 1972. *(Foto: Brate)*

Nochmals die Feldbahnlok HF 11 810 auf den Steiermärkischen Landesbahnen, nun aber am Ende ihrer Dienstzeit im April 1966 vor einem aufgebockten Güterwagen. *(Foto: Luft)*

Die Jung-Maschine 10 129/1944 noch im Einsatz bei der Waldbahn von Teslic in Jugoslawien, etwa 1967. Sie stand lange Zeit ohne Tender in Zagreb und wurde 1985 zum Denkmal bei der Museumsbahn von Samobor. *(Foto: Luft)*

Auch die ÖSB-Maschine 898.01, hier in St. Pölten Alpenbahnhof während der fünfziger Jahre aufgenommen, war eine ehemalige Feldbahnlok. Es ist die Henschel-Fabriknummer 25 702/1941 mit 200 PS, ähnlich Einheitstype »Krutwig«. *(Foto: Sammlung Zopf)*

Unermüdlichen Streckendienst versah der einzelne Borsig-Fünfkuppler bei der Zillertalbahn als Lok ZB 4. In dieser Aufnahme vom Oktober 1974 trägt er bereits Eurovapor-Anschrift und ist damit zur Museumslok geworden; Ausfahrt Doren Sulzberg. (Foto: Zopf)

Auf der Pinzgauer Lokalbahn in Zell am See entstand bereits im August 1959 dieses Bild der ÖBB-Lok 699.01, die zum Typ KDL 11 gehört. (Foto: Jördens)

Beim Löscheziehen an der ehemaligen Feldbahnlok 699.01 im österreichischen Völkermarkt-Kühnsdorf, aufgenommen am 23. Juni 1967. (Foto: Zopf)

Eine Lok der Bauart KDL 11 auf der Waldbahn »Eskola« bei Hoara in Finnland. Bei dem Personenwage handelt es sich um den »Samstagwagen« für den Transport der Waldarbeiter.

(Foto: Sammlung Kalliomä

Einen guten Blick auf die Führerhausrückwand der Feldbahnlok gestattet dieses Bild von der Ausfahrt der 699.01 aus Völkermarkt-Kühnsdorf, ebenfalls am 23. Juni 1967 entstanden. (Foto: Zopf)

Umbau zur Tenderlok und Einbau des Giesl-Flachschornsteins hatte die Maschine 699.103 der ÖBB (Franco-Belge 2821/1944) vom Typ KDL 11 hinter sich, als diese Aufnahme am 27. August 1981 auf der Steyrtalbahn entstand. Bis 1971 hatte die Lok auf der Strecke Völkermarkt – Kühnsdorf – Rechberg gedient, nun soll sie auf der Steyrtal-Museumsbahn verkehren. Das Bild zeigt Grünburg bei Garsten. (Foto: Roggenkamp)

Sehr begehrt bei Kleinbahnen waren nach dem Kriege die Heeresfeldbahn-Motorloks der Type HF 130 C. Das Bild zeigt zwei Maschinen bei den Steiermärkischen Landesbahnen im April 1966, und zwar die Maschinen VL 2 und VL 3. *(Foto: Luft)*

Lokomotive V 18 der Nassauischen Kleinbahnen hat soeben einen Zug zur Silberhütte in Braubach am Rhein geschleppt; Aufnahmetag: 9. August 1977. Die Maschine befindet sich inzwischen bei den Steiermärkischen Landesbahnen, Fabrikat Gmeinder 3143/1941. *(Foto: Roggenkamp)*

Bis zur Einstellung der Steinbruchbahn der Bonner Zement AG, Kalksteinbrüche Budenheim bei Mainz, am 2. November 1984 waren dort vier HF-130-C-Loks eingesetzt. Aufnahme der Lok 3 von Gmeinder (Nr. 4043/1943) im Juni 1984. *(Foto: Roggenkamp)*

Zu exotischem Aussehen haben es einzelne Exemplare der Feldbahn-Motorlokreihe HF 130 C gebracht: auch die Maschine 2092.04 der ÖBB (Windhoff 759/1943) mit neuem Führerhaus, die hier (Aufnahme vom September 1978) bei den Waldviertler Schmalspurbahnen in Gmünd ihren Dienst tut, gehört zur Familie der Heeresmotorloks. *(Foto: Roggenkamp)*

Manche Feldbahn-Dieselloks hat man auf Normalspur umgesetzt: Diese Maschine von Gmeinder (Nr. 4235/1946) wurde am 28. Juni 1982 bei den Dyckerhoff-Zementwerken in Neuwied beobachtet. Führerhaus und Motorhaube lassen die Type HF 130 C klar erkennen. (Foto: Christopher)

Die letzte regelmäßig bei einer Werksbahn in der Bundesrepublik eingesetzte Diesellok der Bauart HF 50 C war diese mit einem Führerhaus ausgerüstete Maschine der »Ersten bayerischen Basaltstein-Industrie, Werk Steinmühle«. Die Lok (Gmeinder 4252/1944) rangiert Kaolinzüge auf 700-mm-Gleisen; Aufnahme vom April 1975. (Foto: Christopher)

15. Fahrzeuge der Heeresfeldbahn bei Museumseisenbahnen

Im vorangegangenen Kapitel wurde in Bildern dargestellt, daß nach dem Kriegsende bis weit in die sechziger Jahre hinein etliche ehemalige deutsche HF-Loks in mehreren Ländern als »Friedensloks« bei Staats- und Landesbahnen, bei Privat- und Industriebahnen gute Dienste taten. Nach Einstellung der meisten jener Bahnen oder nach Änderung der Traktionsarten gelangten einige dann noch zu Museums- und Hobbybahnen in der Bundesrepublik, in Österreich, Frankreich und Großbritannien.

Um welche Fülle von Heeresfeldbahnloks es sich im Detail handelte, läßt sich aus den Verbleibslisten im Abschnitt 8 entnehmen; dort sind heute noch vorhandene Maschinen durch halbfetten Druck besonders gekennzeichnet. Namentlich die Dampfloks der Typen KDL 11 und HF 110 C sowie die Diesellokreihe HF 130 C sind (neben den Brigadeloks aus dem Ersten Weltkrieg) in beachtlicher Stückzahl noch vorhanden und sogar betriebsfähig. Zu einer regelrechten »Hochburg« der Heeresfeldbahnloks wurde seit 1985 zeitweilig die Jagsttalbahn von Möckmühl nach Dörzbach in Baden, als die vier Maschinen eines Sammlers (die C-Kuppler Henschel 25 982, 25 983 und 25 325 sowie der Borsig-Fünfkuppler 14 806) dort für mehrere Jahre gemeinsam stationiert waren. Über die Entwicklungs- und Einsatzgeschichte dieser vier Fahrzeuge berichtet ausführlich Walter Ess: »Meine vier Dampfloks im Jagsttal« (Bielefeld/Lübbecke 1986).

Da die Vierkuppler-Type KDL 11 gegen Kriegsende besonders in Österreich und Frankreich verblieben ist, finden wir sie heute dort und in England. Hoffen wir, daß recht bald die Forschungen von Herbert Fritz zur Geschichte dieser Lokbauart vorliegen. Schließlich sei erwähnt , daß sich mit dem Thema der Wehrmachts-Motorlokomotiven für Vollbahn und Schmalspur auch Thomas Lauscher beschäftigt, dessen Arbeit mehr Licht auf die hier nur gestreiften Fragen von Lieferung und Verlagerung der Maschinen bei der Industrie vor 1945 werfen möge.

Damit kann die Geschichte der deutschen Heeresfeldbahnen beider Weltkriege als abgeschlossen angesehen werden. Neue Schmalspurbahnen des Militärs gibt es nicht, während sich ihre historischen Zeugnisse nur noch in Archiven und Museen finden. So endet dieses Buch mit einer Anzahl von Fotografien, welche die jetzt museal erhaltenen Heeresfeldbahnloks dokumentieren.

Sogar auf einen Denkmalsockel gelangte die Heeresfeldbahnlok HF 16 752 (Henschel 25 701/1941), und zwar am Bahnhof Haag in Niederösterreich. Aufnahme vom Oktober 1970. (Foto: Zopf)

Von Franco-Belge wurde die Maschine F.-Nr. 2843/1944 am 10. März 1946 nach Pithiviers in Frankreich geliefert. Nach gründlicher Restaurierung wurde die Lok im Sommer 1978 vom »Musée des Transport de Pithiviers« wieder in Betrieb genommen. *(Foto: Ess)*

Eine weitere KDL 11 des Baujahres 1945 wurde an die »Verrerie de Blanc-Misseron« in Nordfrankreich geliefert und auf Normalspur umgebaut. Schließlich kam sie zur Museumsbahn »Le Petit Train de la Vallée de la Doller«. *(Foto: Sammlung Ess)*

Diese Bildrarität zeigt Vorspannbetrieb mit zwei Heeresfeldbahnloks am 25. November 1978 auf Bahnhof Bezau der Bregenzerwaldbahn: vorn Lok 699.01 (Typ KDL 11), dahinter Lok ZB 4, der Einzelgänger von Borsig. Diese Maschine läuft seit 1985 im Jagsttal. (Foto: Zopf)

Nach der Ankunft im Jagsttal: Lokomotive »Frank S.« (Henschel 25 983/1941) beim ersten Anheizen am 12. Mai 1982 in Dörzbach. (Foto: Jagsttalbahn/Braun)

Mit dem Namen »Sir Drefaldwyn« läuft eine KDL 11 von Franco-Belge (Nr. 2855/1944) bei der Welshpool & Llanfair Light Railway in Wales, Großbritannien. Diese Maschine trug lange zuvor in Österreich ebenfalls einmal die Nummer »699.01«. (Foto: Beckmann)

Museumsbahnbetrieb im Jagsttal am 23. April 1984: Lokomotive »Nikki S.« mit einem Sonderzug aus vier Wagen von der Bottwartalbahn bei Olnhausen auf der SWEG-Strecke. (Foto: Roggenkamp)

Die wieder aufgearbeitete KDL 11 bei ihrer Probefahrt unter Nummer 699.01 am 23. November 1978 auf der Bregenzerwaldbahn in Lingenau. Erbauer war Franco-Belge 2818/1944. *(Foto: Zopf)*

Stelldichein alter Militärloks auf der Dampfkleinbahn Mühlenstroth bei Gütersloh: die Aufnahme zeigt rechts die Borsig-Brigadelok HF 2301 »Adolf Wolff«, links den Henschel-Dreikuppler F.-Nr. 25 982/1944 »Nicki S«, der sich jetzt auch im Jagsttal befindet. Aufnahme am 14. September 1980. *(Foto: Roggenkamp)*

Selbst auf Modellbahnen sind inzwischen Heeresfeldbahnloks zu finden. Diese Bauart HF 110 C im Maßstab 1:45 baute Herbert Eckardt.

Der Größenunterschied von Vollbahn und Feldbahn läßt sich auch im Modell darstellen: vorn die 1E1-Schlepptenderlok von Jung und Henschel, dahinter die schwere Kriegslok der Reichsbahn-Reihe 42, beide im Maßstab 1:87 für die Spur HO. *(Foto: Klisa)*

Verzeichnis der Abkürzungen

A-Wagen	Wagen 1. Klasse (usw.)
AOK	Armee-Oberkommando
APK	Artillerie-Prüfungs-Kommission
B-Kuppler	Lok mit zwei Treibachsen (usw.)
Bedeis	Befehlshaber der Eisenbahntruppen
Bf, Bhf	Bahnhof
BMAG	Berliner Maschinenbau-AG
Bw	Bahnbetriebswerk
C + C	Zwei jeweils drei achsige Loks
DEBG	Deutsche Eisenbahn-Betriebsgesellschaft
DGEG	Deutsche Gesellschaft für Eisenbahngeschichte
DR	Deutsche Reichsbahn
Dulag	Durchgangslager für Kriegsgefangene
Fb	Feldbahn
FBA (bt)	Feldbahn-Betriebsabteilung
FBD	Feldeisenbahndirektion
FBK	Feldbahnkompanie
FEKdo	Feldeisenbahnkommando
F.-Nr.	Fabriknummer
G-Wagen	Gedeckter Güterwagen
GenQ	Generalquartiermeister
GenTrspw	General des Transportwesens
Grukodeis	Kommandeur der Eisenbahntruppen einer Heeresgruppe
H-Wagen	Drehschemelwagen für Langholz
HBD	Haupteisenbahndirektion
HF, HFB	Heeresfeldbahn
HKL	Hauptkampflinie
HKP	Heeres-Kraftwagenpark
In	Inspektion
ISG	Internationale Schlafwagengesellschaft
KDL	Kriegs-Dampflokomotive
KED	Königliche Eisenbahndirektion
Kgf	Kriegsgefangener
KME	Königliche Militäreisenbahn
Kodeis	Kommandeur der Eisenbahntruppen
Kp	Kompanie
KVR	Kriegsverwaltungsrat
LEBK	Landwehr-Eisenbahnbetriebskompanie
LHW	Linke-Hofmann-Werke
MBA	Maschinenbau- und Bahnbedarfs-AG
mot	motorisiert
MUZ	Militärurlauberzug
MWM	Motorenwerke Mannheim
ÖBB	Österreichische Bundesbahnen
OEG	Oberrheinische Eisenbahn-Gesellschaft
O & K	Orenstein & Koppel
OKH	Oberkommando des Heeres
OKW	Oberkommando der Wehrmacht
OQ	Oberster Quartiermeister
OT	Organisation Todt
Pi	Pionier
Pw	Packwagen
Pz	Panzer
REBK	Reserve-Eisenbahnbetriebskompanie
RBD	Reichsbahndirektion
Regt	Regiment
RVD	Reichsverkehrsdirektion
RVM	Reichsverkehrsministerium
SO	Schienenoberkante
Stalag	Stammlager für Kriegsgefangene
t	Tenderlokomotive (nach Achsangaben)
WA	Waffenamt
WaPrüf5	Amtsgruppe für Entwicklung und Prüfung
WuG	Waffen und Gerät

Ausgewählte Literatur

1. Hille: Geschichte der preußischen Eisenbahntruppen. – Berlin 1913.
2. Kretzschmann: Die Wiederherstellung der Eisenbahnen auf dem westlichen (und östlichen) Kriegsschauplatz. – Berlin 1925.
3. Reichsarchiv: Der Weltkrieg 1914/1918. Feldeisenbahnwesen. – Berlin 1928.
4. Baur: Deutsche Eisenbahner im Weltkrieg . – Stuttgart 1927.
5. o. Verf.: Sanitätsbericht des deutschen Heeres über den Weltkrieg 1914/18. – Berlin 1934.
6. Heubes: Ehrenbuch der Feldeisenbahner. – Berlin 1930.
7. Röhr: Die Feldspurbahnen in Deutsch Südwestafrika. – Krefeld 1968.
8. Klebes: Die Lokomotiven der Eisenbahnen in den ehemals deutschen Schutzgebieten im Bild. – Krefeld 1978.
9. Kreidler: Die Eisenbahnen im Machtbereich der Achsenmächte während des Zweiten Weltkrieges. – Göttingen 1975.
10. Rohde: Das deutsche Wehrmachttransportwesen im Zweiten Weltkriege. – Stuttgart 1971.
11. Ess: Heeresfeldbahn-Lokomotive Henschel Nr. 25 983 und ihre Baureihe. – Bielefeld 1976.
12. Gottwaldt: Deutsche Kriegslokomotiven 1939 – 1945. Stuttgart 1973, 1983.
13. Pierson: Die Königliche Militär-Eisenbahn. – Stuttgart 1979.
14. Sarter: Die deutschen Eisenbahnen im Kriege. – Stuttgart 1930.
15. Pottgießer: Die Reichsbahn im Ostfeldzug. – Neckargemünd 1960.

WEITERE INTERESSANTE BÜCHER ZUM THEMA

Die großen Fernbahnhöfe, die Stadtbahnstrecke, die Ringbahn und die Vorortlinien bildeten das eiserne Rückgrat Berlins. Dieses Klassiker berichtet auch über Veränderungen der letzten Jahre und zeigt die typischen Lokomotiven, die legendären Züge und die Stadtlandschaften.
408 Seiten, 559 Bilder,
Format 210 x 242 mm
ISBN 978-3-613-71385-7
€ 19,95 / € (A) 20,60

Als erster Autor überhaupt setzte sich Alfred B. Gottwaldt mit der Produktion der Kriegslokomotiven in Deutschland während des Zweiten Weltkriegs auseinander. Die Einleitung des Buches würdigt Leben und Werk von Gottwaldt und skizziert den Forschungsstand zum Thema.
152 Seiten, 133 Bilder,
Format 230 x 265 mm
ISBN 978-3-613-71533-2
€ 24,90 / € (A) 25,60

Das Nahverkehrsnetz Hamburgs fasziniert Besucher und Einwohner gleichermaßen. Die zweitgrößte Stadt Deutschlands besitzt bereits seit 1906 eine elektrische Stadtbahn. Dieses Buch beschreibt detailliert den Nahverkehr der Hansestadt und seine Geschichte.
80 Seiten, 114 Bilder,
Format 260 x 220 mm
ISBN 978-3-613-71409-0
€ 14,95 / € (A) 15,40

Die Geschichte des Berliner U- und S-Bahnnetzes begann 1865 mit einer Pferde-Eisenbahn, die von Charlottenburg zum Brandenburger Tor führte. Dieses Buch enthält 40 historische Verkehrspläne von 1888 bis 2013 und ausführliche Beschreibungen dazu.
88 Seiten, 104 Bilder,
Format 260 x 220 mm
ISBN 978-3-613-71449-6
€ 14,95 / € (A) 15,40

Überall, wo es Bücher gibt, oder unter
WWW.MOTORBUCH-VERSAND.DE
Service-Hotline: 0711 / 78 99 21 51

trans press

Stand Januar 2018
Änderungen in Preis und Lieferfähigkeit vorbehalten.